DES EFFETS

DE LA

FÉCONDATION CROISÉE

ET DE LA FÉCONDATION DIRECTE

DANS LE RÈGNE VÉGÉTAL

PAR

CHARLES DARWIN, M.A., F.R.S.

ETC.

Ouvrage traduit de l'anglais et annoté avec autorisation de l'auteur

PAR LE

Dr Édouard HECKEL

Professeur de botanique à la Faculté des Sciences de Grenoble.

PARIS

C. REINWALD ET Cⁱᵉ, LIBRAIRES-ÉDITEURS

15, RUE DES SAINTS-PÈRES, 15

1877

DES EFFETS

DE LA

FÉCONDATION CROISÉE

ET DE LA FÉCONDATION DIRECTE

DANS LE RÈGNE VÉGÉTAL.

CHAPITRE IV.

CRUCIFÈRES, PAPAVÉRACÉES, RÉSÉDACÉES, ETC.

CHAPITRE V:

GÉRANIACÉES, LÉGUMINEUSES, ONAGRARIÉES, ETC.

CHAPITRE VI.

SOLANÉES, PRIMULACÉES, POLYGONÉES, ETC.

CHAPITRE VII.

RÉSUMÉ SUR LA HAUTEUR ET LE POIDS DES PLANTES CROISÉES ET AUTOFÉCONDÉES.

CHAPITRE VIII.

DIFFÉRENCE ENTRE LES PLANTES CROISÉES ET LES AUTOFÉCONDÉES POUR CE QUI A TRAIT A LEUR VIGUEUR CONSTITUTIONNELLE ET A D'AUTRES POINTS DE VUE.

CHAPITRE IX.

LES EFFETS DE LA FÉCONDATION CROISÉE ET DE L'AUTOFÉCONDATION SUR LA PRODUCTION DES GRAINES.

AVANT-PROPOS DU TRADUCTEUR

Le nouveau livre de Ch. Darwin, dont nous don-
nons aujourd'hui la traduction, n'est à proprement
parler que la suite et le complément de son étude sur
la *Fécondation des Orchidées* dont la deuxième
édition vient de paraître, enrichie d'une nouvelle série d'observations intéressantes, qui toutes
viennent corroborer les premières conclusions. Il
n'était pas possible qu'après avoir expérimentalement dégagé une loi dont l'action profonde semble
s'être accusée d'une manière particulière dans tout
le remarquable groupe des Orchidées, le savant
auteur de l'*Origine des espèces* ne fut pas conduit à
porter son observation sur les autres termes de la
série pour y poursuivre dans leur manifestation les
résultats de cette « horreur de la nature pour les
« perpétuelles autofécondations. » Le nombre des
familles assujetties à l'expérimentation la plus scru-
puleuse est suffisant, le choix en a été fait avec le
plus judicieux discernement, tant parmi les végétaux relativement peu élevés en organisation qu'au

milieu de ceux qui occupent le sommet de l'échelle. Il existe cependant quelques groupes qui ont pu se dérober à l'observation et aux recherches de l'auteur, en bénéficiant d'une disposition spéciale des organes reproducteurs, qui semble interdire toute introduction ou accidentelle ou même expérimentale d'un pollen étranger.

Quoi qu'il en soit, des faits nombreux que l'auteur met au jour de la science, il se dégage sans conteste, pour tout esprit non prévenu, à la fois la loi que nous avons déjà énoncée, et cette vérité non moins importante que le croisement n'est pas favorable par lui-même, mais bien par l'introduction d'un élément cellulaire fécondateur présentant quelque différence avec les éléments propres à la plante fécondée. A tous les points de vue, ces faits bien acquis sont d'une valeur indiscutable.

De même que les fonteniers de Florence savaient que la nature a horreur du vide, nous avons conquis, par les expériences de Ch. Darwin, cette notion certaine que la nature a intérêt à éviter, par tous les moyens possibles, les autofécondations perpétuelles dont l'action est funeste au développement de l'espèce. Mais pas plus qu'eux nous ne connaissons les causes de cette horreur. Quelle est la limite exacte de cette antipathie, dans quelle direction se produit-elle, quelles conditions la guident en l'accentuant ou la font varier en troublant les résultats ordinaires de la fécondation croisée, quelle est enfin la cause vraie, matérielle, tangible de cette préférence pour un pollen étranger développé sur une plante génératrice qui a vécu dans des conditions légèrement différentes de la porte-graine? Voilà maintenant ce qu'il nous faut apprendre, voilà ce qu'il nous faut chercher dans l'intérêt de la biologie générale. En entreprenant ces recherches dans les végétaux, dont les mystères de la reproduction sont plus accessibles à notre observation directe, n'avons-nous pas l'espérance (stimulant bien légitime!) de pouvoir étendre au règne organisé tout entier un fait qui se serait, dans cet ordre d'idées, nettement dégagé de l'expérimentation? La voie se trouve largement et magistralement ouverte par les résultats consignés dans le présent livre, les travailleurs ne manquent pas et la gloire des Torricelli et des Pascal est bien faite pour exciter l'envie : à l'œuvre donc!

Pour nous en tenir aux plantes, il est certain qu'il existe entre espèces voisines des *affinités spéciales* (mots euphémiques destinés à masquer notre ignorance) qui se traduisent ouvertement par la formation constante d'un même hybride, alors que rien n'explique jusqu'ici l'inégale diffusion de la forme réciproque. Ce fait est bien évident, pour n'en citer qu'un exemple, dans le *Stachys palustri-sylvatica* Rchb. que l'on rencontre toujours au voisinage des générateurs, tandis que le *Stachys sylvatico-palustris* est excessivement rare; et cependant les parents sont également visités par les insectes. C'est, à mon sens, en recherchant les causes

peut-être plus accentuées de ces anomalies bien connues [1] qu'on arrivera, par une voie indirecte mais
plus rapide et plus facile, à connaître les vraies causes
de l'horreur de la nature pour les perpétuelles autofécondations, car, en effet, sur ce terrain, les raisons matérielles qui excitent, toutes choses égales
d'ailleurs, les préférences de l'ovule pour tel ou tel
pollen se manifestent d'une façon qui, éveillant plus
immédiatement l'attention, doit les faire tomber
plus facilement sous nos sens.

Quant à la loi elle-même, aujourd'hui rendue
indiscutable par les résultats que l'on trouve ici
longuement et savamment développés, elle était
déjà généralement pressentie, depuis l'apparition
de la *Fécondation des Orchidées*, par la plupart des
naturalistes philosophes. On sent qu'en dehors de
toute expérimentation, la généralité s'en dégage,
pour tout esprit en quête des résultats du perfectionnement organique dans la série végétale, à la
suite d'un examen attentif de la direction spéciale
qu'affecte ce perfectionnement dans les organes reproducteurs. Toutes les fleurs gamopétales, pour
ne parler que des plus parfaites entre toutes, avec

---

[1] C'est dans cet esprit que j'avais entrepris, l'an dernier, en Lorraine,
sur la fécondation croisée des *Stachys palustris* et *S. sylvatica*, quelques
recherches dont j'ai fait connaître les résultats à la section de botanique
de l'association scientifique de Clermont-Ferrand (16 août 1876). Ces com-
munications, je le dis ici avec regret, ont été mal accueillies par quelques
esprits qui ne se sont pas aperçus qu'en les repoussant, ils donnaient la
preuve trop évidente d'un manque absolu de portée philosophique. Je
remercie M. Lamotte, le savant auteur de la flore du Centre, qui seul
m'a donné son appui, d'avoir compris que ces recherches n'étaient pas
inutiles.

les accessoires aussi multiples que variés qui, au
dehors comme au dedans, en ornent la corolle, ne
semblent-elles pas faites, en effet, pour assurer,
d'une manière toute particulière, l'intervention
fructueuse des insectes? N'est-ce pas dans les Gamopétales surtout qu'on rencontre ces artifices admirables par lesquels le végétal, perdant en apparence sa nature spéciale pour se rapprocher de
l'animalité, voit ses organes mâles ou femelles devenir le siége de mouvements qui ont évidemment pour but un croisement assuré? N'est-ce pas
un groupe particulier de ces mêmes Gamopétales
qui est caractérisé (nouvelle et surprenante division du travail!) par le stigmate bilamellaire et
irritable dont les lèvres saisissent avec avidité le
pollen étranger[1]? Une loi que consacre à la fois le
raisonnement et l'expérience ne saurait être ébran-
lée par quelques exceptions qui ne demandent qu'à
être mieux étudiées. Pour toute intelligence capable d'embrasser la nature dans une faible portion
de son vaste ensemble et d'en percevoir les grandes
harmonies, il n'est pas nécessaire d'insister sur l'importance de la mise au jour d'une telle vérité : si la
gloire personnelle de Ch. Darwin n'avait plus à l'am-
bitionner, celle de l'humanité nous poussait à la
désirer pour notre époque de progrès scientifique.
Car, on le remarquera, nous ne sommes pas ici en

---

[1] Je me propose de développer longuement sur ce point, dans un écrit
prochain, mes vues personnelles, dont une exposition plus longue serait
déplacée dans cette préface. Je me borne donc à en indiquer ici le sens.

présence d'une pure conquête de l'ordre spéculatif; toutes les sciences tributaires de la botanique devront, en effet, dans une large mesure, bénéficier immédiatement des résultats indiqués dans ce livre et de l'importante découverte qui les couronne.

On peut, sans se faire illusion, prévoir déjà que le croisement des plantes, abandonné jusqu'ici au caprice des éléments ou aux seules forces de la nature, sera désormais méthodiquement effectué, avec le succès qu'il promet, par toute la légion intelligente des praticiens, horticulteurs ou agriculteurs justement préoccupés de conserver à leurs variétés certains caractères importants obtenus à grand'peine. En un mot, toute une série d'applications nouvelles, quotidiennes et d'une utilité primordiale doit surgir de la mise en œuvre des faits observés. C'est là un des plus beaux priviléges presque toujours assurés, tôt ou tard, aux grandes découvertes péniblement acquises; celle dont le savant anglais a enrichi la science biologique, moins que toute autre, par sa nature même, ne saurait manquer d'en profiter.

Après ce que je viens de dire, la valeur de l'ouvrage me semble démontrée et sa traduction suffisamment justifiée. Pour ce qui me concerne, je n'ai cru mieux pouvoir témoigner mon admiration pour la patience des recherches qui y sont exposées, indépendamment de toute idée philosophique, qu'en acceptant le rôle modeste de traducteur qui est peu en harmonie avec mes habitudes de travaux personnels. J'offre donc ce livre avec confiance à ce public, dont l'esprit large et indépendant sait apprécier les grandes choses, quelle qu'en soit l'origine[1].

[1] J'ai adopté pour titre du livre non la traduction littérale de celui de C. Darwin, mais celle de l'esprit de ce titre. Beaucoup d'analyses de cet ouvrage l'ont présenté ainsi : *Des effets de la fécondation croisée et propre dans les végétaux.* Mon avis est que l'adjectif *propre* ne saurait, dans le cas actuel, remplacer celui de *directe*, que j'ai adopté parce que sous le nom d'autofécondation (selffertilisation) l'auteur ne comprend pas seulement la fécondation propre (c'est-à-dire par le pollen contenu dans la fleur), mais encore la fécondation réalisée par une fleur différente portée sur la même plante : or, ces deux variétés de l'autofécondation je les désigne cumulativement sous le nom de *fécondation directe.*

Grenoble, 23 mars 1877.

ÉDOUARD HECKEL.

LES EFFETS

FÉCONDATION CROISÉE ET DIRECTE

DANS LE RÈGNE VÉGÉTAL.

CHAPITRE PREMIER.

Introduction.

Différentes circonstances qui favorisent ou déterminent la fécondation croisée des plantes. — Bénéfices réalisés par la fécondation croisée. — Fécondation croisée favorable à la propagation de l'espèce. — Historique abrégé de ce sujet. — Objet des expériences et manière dont elles ont été conduites. — Appréciation statistique des mensurations. — Expériences faites durant plusieurs générations successives. — Nature de la parenté des plantes dans les dernières générations. — Uniformité des conditions auxquelles les plantes furent assujetties. — Quelques causes d'erreurs apparentes et réelles. — Somme de pollen employé. — Plan de l'ouvrage. — Importance des conclusions.

Il est de toute évidence que les fleurs du plus grand nombre des plantes sont construites de façon à être accidentellement ou habituellement fécondées par croisement au moyen du pollen d'une autre fleur située soit sur un même pied, soit plus généralement, comme nous le verrons dans la suite, sur un pied distinct. Quelquefois la fécondation croisée est assurée par la séparation des sexes ; dans un grand nombre de cas, elle l'est par la non-coïncidence de la maturité dans le pollen et dans le stigmate. De pareilles

plantes sont nommées *dichogames* et ont été divisées en
deux sous-classes : les *protérandres*, dans lesquelles le
pollen est mûr avant le stigmate, et les *protérogynes*,
dans lesquelles le contraire a lieu : cette dernière espèce
de dichogamie n'est, du reste pas, à beaucoup près, aussi
commune que la première. La fécondation croisée est aussi
assurée, dans de nombreux cas, par des dispositions mécaniques d'une remarquable beauté ayant pour résultat de
prévenir l'imprégnation des fleurs par leur propre pollen.
Il existe une petite classe de plantes que j'ai appelées
dimorphes et *trimorphes*, mais auxquelles Hildebrand
a donné le nom mieux approprié de *hétérostylées*. Cette
classe renferme des végétaux présentant deux ou trois
formes distinctes adaptées pour la fécondation réciproque,
si bien que, comme les plantes à sexes séparés, elles peuvent
difficilement être privées d'entre-croisement dans chaque
génération. Les organes mâles et femelles de quelques
fleurs sont irritables, et les insectes qui les touchent se
saupoudrent de pollen dont le transport sur les autres
fleurs est ainsi effectué. D'autre part, il y a une classe de
plantes dans lesquelles les ovules se refusent absolument à
l'imprégnation par le pollen de la même plante, mais peuvent
être fécondés par un autre individu de la même espèce. Il
existe aussi quelques espèces qui sont partiellement stériles
avec leur propre pollen. Enfin, il est une nombreuse classe
dans laquelle les fleurs ne présentent aucun obstacle apparent de quelque sorte que ce soit à la fécondation directe, et
cependant ces plantes sont fréquemment entre-croisées, à
cause de la prépondérance du pollen provenant d'un autre
individu ou d'une autre variété, sur le pollen propre à la
plante.

Comme, par ces moyens aussi diversifiés qu'efficaces, ces
plantes sont adaptées pour la fécondation croisée, il faut
en conclure qu'elles doivent tirer un grand profit de cette
manière d'être, et c'est l'objet du présent travail, de mon-

trer la nature et l'importance de ces avantages. Il y a
cependant quelques exceptions parmi les végétaux cons-
truits de façon à permettre ou à favoriser la fécondation
croisée, car quelques plantes semblent être invariablement
autofécondées, quoiqu'elles portent des traces indiquant
qu'elles ont été autrefois adaptées pour la fécondation croisée. Ces exceptions ne sont pas de nature à jeter du doute sur
la justesse de la règle ci-dessus formulée : il faudrait plus
que l'existence de quelques plantes fleurissant sans jamais
donner de graines, pour ébranler cette vérité que les fleurs
sont adaptées pour la production des semences et la propagation de l'espèce.

Nous devrions toujours avoir présent à l'esprit ce fait
évident que la fructification est le principal but de l'acte
fécondatif, et que ce but peut être atteint, chez les plantes
hermaphrodites, avec une certitude incomparablement plus
grande, par la fécondation propre que par l'union des éléments sexuels appartenant à deux fleurs ou à deux plantes
distinctes. De plus, il est d'une vérité incontestable que
d'innombrables fleurs sont adaptées pour la fécondation
croisée aussi bien que les dents et les serres d'un animal
carnivore sont faites pour saisir une proie, ou que les ai-
grettes, les plumules et les crochets d'une graine sont adaptés pour sa dissémination. Les fleurs sont donc construites de façon à atteindre deux buts qui jusqu'à un certain point sont antagonistes, ce qui explique certaines
anomalies apparentes dans leur structure. L'étroite
proximité des anthères et du stigmate dans une multitude d'espèces favorise et rend souvent obligatoire l'autofécondation, mais ce but eût été atteint bien plus sûrement
si les fleurs avaient été complétement closes, car alors le
pollen n'eût jamais été exposé à l'action malfaisante de la
pluie ou à la dent des insectes, comme cela se produit
souvent. De plus, dans ce cas, une très-petite quantité de
pollen eût été suffisante pour assurer la fécondation,

tandis qu'il s'en produit des millions de grains. Au contraire, l'épanouissement des fleurs et la production d'une
grande abondance de pollen sont nécessaires pour la fécondation croisée. Ces remarques sont bien mises en lumière par la manière d'être des plantes dites *cléistogènes* [1],
qui portent sur le même pied deux espèces de fleurs. Les
unes sont petites et complétement fermées, aussi ne peuvent-elles pas être croisées, mais elles sont très-fertiles,
malgré la minime quantité de pollen qu'elles produisent.
Les fleurs de l'autre espèce renferment beaucoup de pollen et sont ouvertes; celles-là peuvent être et sont, en
effet, souvent fécondées par croisement [2]. Hermann Müller
a aussi découvert ce fait important qu'il existe des
plantes se présentant sous deux formes, c'est-à-dire qui
produisent sur des pieds distincts deux espèces de fleurs
hermaphrodites. La première forme porte des petites
fleurs construites pour la fécondation directe, tandis que
l'autre engendre des fleurs plus grandes et plus remarquables, évidemment construites en vue de la fécondation
croisée déterminée par l'intervention des insectes, et ne
produisant pas de graines quand l'aide de ces animaux
vient à manquer.

L'adaptation des fleurs à la fécondation croisée est un
sujet qui m'a intéressé pendant les trente-sept années qui
viennent de s'écouler, et sur lequel j'ai rassemblé une masse

---

[1] Les fleurs cléistogènes ne sont autres que celles dont H. Mohl a fait
l'étude sous le nom de dimorphes (*Einige Beobachtungen über dimorphe Blüthen. — Botanische Zeitung*, 1863). Cette épithète a dû
être changée, en raison de la signification particulière que nous avons
vu l'auteur (M. Darwin) y ajouter, et celle de cleistogènes est du reste
très-bien appropriée aux fleurs qu'elle qualifie (κλειστός, fermé; γεννάω,
j'engendre).   (*Traducteur*.)

[2] Il existe quelques plantes cléistogènes dont les grandes fleurs normales ont, comme dans les *Viola*, une tendance très-accusée vers l'infécondité, ou même sont tout à fait stériles, comme dans les *Voandzeia*:
alors la reproduction de l'espèce est partiellement ou totalement confiée
aux fleurs anormales, et les fleurs normales prennent une signification
qui semble échapper jusqu'ici à toute explication.   (*Traducteur*.)

considérable d'observations, rendues du reste superflues par la publication récente de plusieurs excellents mémoires sur cette matière. En 1857, j'écrivais [1] un petit article sur la fécondation du haricot, et, en 1862, paraissait mon travail sur les artifices par lesquels les Orchidées exotiques et indigènes (de la Grande-Bretagne) sont fécondées par les insectes. Il me sembla qu'étudier un groupe de plantes aussi soigneusement que possible était un meilleur plan que de publier une longue série d'observations mêlées et imparfaites. Le présent ouvrage est le complément de mon livre sur les Orchidées, dans lequel j'ai démontré combien ces monocotylées sont admirablement construites pour permettre, favoriser ou rendre nécessaire la fécondation croisée. Les adaptations à ce genre de fécondation sont peut-être plus apparentes chez les Orchidées que dans quelques autres groupes de plantes; mais c'est une erreur que de dire, comme quelques auteurs l'ont fait, qu'elles constituent un cas exceptionnel. L'action comparable à celle d'un levier des étamines de *Salvia* (décrit par Hildebrand, Dr W. Ogle, et d'autres), par laquelle les anthères se trouvent abaissées et frottées sur le dos des abeilles, montre une structure aussi parfaite que celle qu'on peut rencontrer dans quelques Orchidées. Les fleurs papilionacées, comme l'ont décrit beaucoup d'auteurs, et en particulier M. T. H. Farrer, offrent d'innombrables adaptations fort curieuses pour la fécondation croisée. Le cas du *Posoqueria fragrans* (Rubiacée) est aussi remarquable que celui de la plus étonnante Orchidée. Les étamines, d'après Fritz Müller[2], sont irritables, de façon que dès qu'un papillon visite une fleur, les anthères éclatent et couvrent l'insecte de pollen : un des filets, qui est plus

---

[1] *Gardeners Chronicle* (Chronique des jardiniers), 1857, p. 725, et 1858, p. 824 et 844. — *Annals and Mag. of Nat. Hist.* (Annales et magasin d'histoire naturelle), 3e série, p. 462.

[2] *Botanische Zeitung*, 1866, p. 129.

large que les autres, se met alors en mouvement et ferme
la fleur pendant environ douze heures, pour retourner, ce
temps écoulé, à sa position initiale. Dès lors, le stigmate
ne peut plus être fécondé par le pollen de la même fleur,
mais seulement par celui qui est apporté d'une autre fleur
sur un insecte. Enfin d'autres remarquables dispositions
pour le même but pourraient être encore énumérées.

Bien avant que je ne me fusse occupé de la fécondation
des fleurs, avait paru, en Allemagne, l'an 1793, un remarquable livre de C. K. Sprengel : *Das entdeckte Ge-
heimniss der Natur*[1], dans lequel il prouve clairement,
par d'innombrables observations, le rôle essentiel que
jouent les insectes dans la fécondation de beaucoup de
plantes. Mais il était en avance sur son temps et ses découvertes passèrent longtemps inaperçues. Depuis l'apparition de mon livre sur les Orchidées, un grand nombre
d'excellents travaux sur la fécondation (tels que ceux de
Hildebrand, Delpino, Axel et Hermann Müller[2]), aussi
bien que de nombreux petits articles, ont été publiés.
Une liste de ces travaux remplirait plusieurs pages, et ce
n'est pas le lieu de donner ici leurs titres, car nous

[1] *Le Mystère de la nature découvert.*

[2] M. John Lubbock a donné un intéressant résumé de ce sujet tout
entier dans son article intitulé : *British Wild Flowers considered in
relation to Insects* (Fleurs sauvages de la Grande-Bretagne considérées
dans leurs rapports avec les insectes, 1875). Le travail d'Hermann Müller :
Die Befruchtung der Blumen durch Insecten (a) contient un nombre
immense d'observations originales et de généralisations. Il est, du reste,
inappréciable comme répertoire avec renvois indiquant tout ce qui a
paru sur la matière. Son travail diffère de tous ceux du même genre, par
le soin qu'il prend de spécifier quelles espèces d'insectes, autant que c'est
connu, visitent les fleurs de chaque espèce de plantes. Il entre également
sur un terrain nouveau, en montrant que non-seulement les fleurs sont
adaptées, en vue de leurs propres bénéfices, pour recevoir la visite de
certains insectes, mais que les insectes eux-mêmes sont parfaitement
adaptés pour se procurer le pollen ou le nectar de certaines fleurs. La valeur de l'ouvrage d'Hermann Müller peut hardiment être estimée très-haut
et il est vivement à désirer qu'il puisse être traduit en anglais. Le travail
de Severin Axel est écrit en suédois, de sorte que j'ai été incapable de le lire.

(a) *La Fécondation des fleurs par les insectes.*

n'avons pas en vue les moyens, mais bien les résultats de
la fécondation croisée. Quiconque s'intéresse aux mécanismes par lesquels la nature arrive à ses fins, lira ces
livres et ces mémoires avec le plus vif intérêt.

Par mes propres observations sur les plantes (observations guidées jusqu'à un certain point par l'expérience des
éleveurs d'animaux), je suis, depuis de longues années,
arrivé à être convaincu qu'une loi générale de la nature
veut que les fleurs soient adaptées pour le croisement, au
moins accidentel, par le pollen d'une plante distincte.
Sprengel, dans son temps, entrevit cette loi, mais en
partie seulement, car il ne paraît pas qu'il fît la moindre
différence entre le pouvoir du pollen de la même plante et
celui d'une plante distincte. Dans l'introduction de son
livre (p. 4), il dit, au sujet des sexes qui sont séparés
dans beaucoup de fleurs, et au sujet de beaucoup d'autres
fleurs qui sont dichogames : « Cela montre que la nature
n'a pas voulu que chaque fleur fût fécondée par son propre
pollen. » Du reste, il était loin d'avoir toujours eu cette
conclusion présente à l'esprit ou, du moins, il ne lui ac-
corda pas toute son importance (quiconque lit ses observations avec soin en est frappé); aussi se méprit-il sur la
signification de quelques dispositions variées. Mais ses découvertes sont si nombreuses et son travail si excellent,
qu'il ne perd rien à supporter quelque critique. Un juge
très-compétent, H. Müller, dit également[1] : « Il est remarquable de voir le grand nombre de cas dans lesquels
Sprengel a nettement compris que le pollen est nécessairement transporté sur le stigmate des autres fleurs de la

---

[1] *Die Befruchtung der Blumen*, 1875. Voici ce passage : « Es ist
« merkwürdig, in wie zahlreichen Fällen Sprengel richtig erkannte,
« dass durch die besuchenden Insekten der Blüthenstaub mit Noth-
« wendigkeit auf die Narben anderer Blüthen derselben Art übertragen
« wird, ohne auf die Vermuthung zu kommen, dass in dieser Wirkung
« der Nutzen des Insektenbesuches für die Pflanzen selbst gesucht wer-
« den müsse. »

même espèce par les insectes qui les visitent, et cependant il ne s'imagina pas que ce transport pût être de quelque utilité aux plantes elles-mêmes. »

André Knight[1] vit la vérité plus clairement, quand il dit : « La nature veut que des rapports sexuels s'établissent entre des plantes voisines de la même espèce. » Après avoir fait allusion, autant que le lui permettaient les connaissances imparfaites de l'époque, aux procédés différents par lesquels le pollen est porté d'une fleur à l'autre, il ajoute : « La nature á en vue quelque chose de plus que de faire servir chaque mâle à féconder sa propre fleur. » En 1811, Kölreuter faisait clairement allusion à la même loi, comme le fit plus tard un autre célèbre hybrideur de plantes, Herbert[2]. Mais aucun de ces distingués observateurs ne paraît avoir été assez imbu de la vérité et de la généralité de cette loi pour y insister et faire partager sa croyance à autrui.

En 1862, je résumai mes observations sur les Orchidées en disant que la nature « abhorre les perpétuelles autofécondations ». Si le mot de perpétuel avait été omis, l'aphorisme eût été faux. Tel qu'il est, je le crois vrai, quoique exprimé peut-être trop énergiquement, et j'aurais dû ajouter cette proposition évidente par elle-même, que la propagation de l'espèce, soit par autofécondation, soit par croisement, soit par procédés asexués (bourgeons, stolons, etc.), est le but capital. H. Müller, en insistant fréquemment sur ce dernier point, a rendu grand service à la science.

Il me vint souvent à l'esprit qu'il serait à propos d'essayer

---

[1] *Philosophical Transactions* (Transactions philosoph.), 1799, p. 202.

[2] Kölreuter, *Mémoires de l'Académie de Saint-Pétersbourg*, t. III, 1809 (publié en 1811), p. 197. — Après avoir montré combien les Malvacées sont heureusement adaptées pour la fécondation croisée, il demande : « An id aliquid in recessu habeat, quod hujuscemodi flores nunquam proprio suo pulvere, sed semper eo aliarum suæ speciei impregnentur, merito quæritur? Certe natura nil facit frustra. » Herbert, *Amaryllidaceœ, with a Treatise on Cross-bred Vegetables* (Amaryllidées, avec un traité sur les productions croisées des végétaux), 1837.

si les semis des fleurs croisées seraient, en quelque façon, supérieurs à ceux provenant des fleurs autofécondées. Mais, comme il n'existe aucun exemple connu chez les animaux d'un mauvais effet apparaissant, dès la première génération, à la suite d'un croisement même le plus rapproché possible (c'est-à-dire entre frères et sœurs), je pensai que la même règle pouvait s'appliquer aux végétaux, et qu'il faudrait sacrifier trop de temps à féconder et à entrecroiser des plantes, pendant de nombreuses générations successives, pour arriver à quelques résultats. J'aurais dû réfléchir à ceci, que tant de précautions accumulées pour favoriser la fécondation croisée (on les trouve dans un grand nombre de plantes) ne pouvaient pas avoir été prises dans le but soit d'atteindre quelque avantage médiocre et éloigné, soit d'éviter un mal léger ou à longue échéance. Du reste, la fécondation d'une fleur par son propre pollen correspond à une forme plus rapprochée d'entre-croisement qu'il n'est possible de l'obtenir avec des animaux bisexuels ordinaires, de façon qu'un résultat plus prompt pouvait être attendu.

Enfin je fus conduit à commencer les expériences que je rapporte ici, par les circonstances suivantes. Dans le but d'éclaircir certains points ayant trait à l'hérédité, et sans aucune pensée d'étudier les effets des entre-croisements rapprochés, j'établis très-près l'une de l'autre deux couches de semis autofécondés et croisés provenant du même pied de *Linaria vulgaris*. A ma surprise, les plants croisés parvenus à l'état adulte furent bien plus grands et bien plus vigoureux que les plants autofécondés. Les abeilles visitent incessamment les fleurs de cette linaire, transportant le pollen de l'un à l'autre stigmate : si ces insectes sont écartés, les fleurs produisent très-peu de graines, de sorte que les plantes sauvages, dont provenaient mes semis, devaient avoir été entre-croisées durant toutes les générations précédentes. Aussi me parut-il absolument inadmissible que la

différence entre lès deux couches de semis pût être rapportée
à un seul acte d'autofécondàtion, et j'attribuai ces résultats à
l'imparfaite maturité des graines autofécondées (il était cependant peu probable que toutes fussent dans cet état), ou à
toute autre cause accidentelle et inexplicable. L'année suivante, j'établis dans le même but, comme antérieurement,
deux grandes plates-bandes très-rapprochées contenant des
semis autofécondés et croisés d'œillets (*Dianthus caryophyllus*). Cette plante, comme la linaire, est presque stérile en dehors de l'action des insectes, et nous pouvons
tirer de ce fait la même conclusion que ci-dessus, à savoir, que les plants générateurs doivent avoir été entre-
croisés à chaque génération antérieure ou à peu près.
Néanmoins, les semis autofécondés furent nettement inférieurs aux croisés comme taille et comme vigueur.

Mon attention était maintenant tout à fait éveillée,
car je pouvais difficilement mettre en doute que la différence entre les deux couches ne fût attribuable à ce qu'une
série de plantes était la descendance des fleurs croisées et
l'autre celle des fleurs autofécondées. En conséquence, je
choisis, presque au hasard, deux autres plantes qui ve-
naient de fleurir dans ma serre : un *Mimulus luteus* et
un *Ipomœa purpurea ;* toutes deux, différant en cela de
la linaire et de l'œillet, sont parfaitement fertiles en dehors
de l'action des insectes. Quelques fleurs, sur une seule
plante des deux espèces, furent fécondées avec leur propre
pollen ; d'autres furent croisées avec le pollen d'un individu distinct : les deux plantes furent, du reste, protégées
contre les insectes par un tissu. On sema les graines croisées et autofécondées ainsi produites dans deux points opposés du même pot et on les traita de la même façon :
arrivées à l'état adûlte, ces plantes furent mesurées et
comparées. Dans les deux espèces, comme pour le cas de
la *linaire* et de l'*œillet*, les semis croisés furent remarquablement supérieurs, pour la taille et pour tous les autres

points, aux plants autofécondés. Je résolus alors de commencer avec des plantes variées une longue série d'expériences, qui furent continuées pendant onze années successives. Nous verrons dans la suite que les plantes croisées l'ont emporté, dans la plus grande majorité des cas, sur les plantes autofécondées. Du reste, quelques cas exceptionnels dans lesquels les plantes croisées n'ont pas eu la victoire pourront être expliqués.

Je ferai observer que par abréviation j'ai parlé et que je continuerai à parler de graines, de semis ou de plantes croisés et autofécondés; ces termes signifient : ceux ou celles qui sont le produit des fleurs autofécondées et croisées. Fécondation croisée, veut toujours dire croisement entre deux plantes distinctes qui furent obtenues de graines et jamais de boutures ou de bourgeons. Autofécondation, implique toujours que les fleurs en question ont été imprégnées par leur propre pollen.

Mes expériences furent faites de la manière suivante. Une seule plante, dans le cas où elle produisait suffisamment de fleurs (deux ou trois dans le cas contraire), fut placée sous une gaze tendue sur un châssis et assez large pour la couvrir, elle et son pot quand elle en comportait, sans la toucher. Ce dernier point est important, car si les fleurs touchent la gaze, elles peuvent être croisées par les abeilles, comme je l'ai constaté, et quand le tissu est humide, le pollen peut être endommagé. Je me servis d'abord d'un tissu de coton blanc à mailles très-fines, mais j'employai ensuite une gaze dont les mailles avaient un diamètre de $0^m,0022$: ce tissu, je l'ai appris par expérience, est un obstacle pour tous les insectes, excepté pour les *Thrips* qu'aucune gaze ne peut arrêter. Sur les plantes ainsi protégées, beaucoup de fleurs furent marquées, puis fécondées avec leur propre pollen; en même temps, sur la même plante, un égal nombre de fleurs marquées d'une manière différente furent croisées avec le pollen d'un plant distinct. Jamais les fleurs croisées ne furent châtrées, et cela, afin de rapprocher autant que possible ces expériences de ce qui se passe dans la nature avec les plantes fécondées par l'intervention des insectes. Dans ces conditions, quelques-unes des fleurs qui furent croisées peuvent avoir manqué d'être fécondées, et ont été, plus tard, autofécondées. Mais cette source d'erreurs, et quelques autres encore, seront bientôt discutées. Dans quelques rares cas d'espèces spontanément fertiles, les fleurs étaient disposées de façon à se féconder elles-mêmes au-dessous de la gaze, et, dans un plus petit nombre de cas encore, des plants découverts furent disposés de manière à être librement croisés par les insectes qui les visitent incessamment. L'obligation dans laquelle je me suis trouvé de varier occasionnellement ma façon de procéder, présente des avantages réels et de grands désavantages; mais lorsque j'ai dû recourir à une différence dans le mode de traitement, cela a été indiqué dans les développements afférents à chaque espèce.

Il a été pris soin que les graines fussent complétement mûres avant d'être cueillies. Plus tard, les graines croisées et autofécondées furent, dans le plus grand nombre des cas, enterrées au milieu du sable humide, en deux points opposés d'un grand verre recouvert avec une glace, en ayant soin de séparer les deux lots : le verre fut placé sur une cheminée dans une pièce chaude. Je pouvais ainsi observer la germination des graines. Il arriva quelquefois que certaines semences germèrent avant les autres; elles furent rejetées. Mais chaque fois que deux graines levèrent en même temps, elles furent semées dans le même pot, en deux points opposés et avec une séparation superficielle. Je procédai ainsi jusqu'à ce que, au total, six à vingt sujets et plus, du même âge, fussent plantés dans des points opposées de différents pots. Si un des jeunes plants devenait malade ou se trouvait endommagé d'une façon quelconque, il était arraché, puis jeté, et son antagoniste placé dans le côté opposé du même pot partageait le même sort.

Comme un grand nombre de graines furent enterrées dans le sable pour y germer, beaucoup y restèrent après l'enlèvement des couples choisis. Quelques-unes étaient en état de germination et les autres intactes ; elles furent semées dru dans des points opposés d'un ou de deux pots plus grands, ou encore en pleine terre, en deux longues rangées. Dans ce cas il se produisait, d'un côté du pot, parmi les jeunes pieds croisés, et, de l'autre côté, parmi les mêmes pieds autofécondés, un combat très-acharné pour l'existence, qui avait lieu également entre les deux lots végétant en concurrence dans le même vase. Un grand nombre périt ; les plus grands, parmi les survivants des deux côtés, furent mesurés après leur complet développement. Les plants traités de cette manière furent ainsi assujettis à peu près aux mêmes conditions que ceux qui vivent à l'état de nature, dont le sort est de combattre pour la maturité au milieu d'une foule de concurrents.

Dans d'autres circonstances, par manque de temps, les graines, quoique destinées à germer dans le sable humide, furent semées dans des points opposés du même pot, et les plantes complètement développées furent mesurées. Mais ce procédé est moins exact, car les graines germaient quelquefois plus rapidement d'un côté que de l'autre. Il fut, cependant, quelquefois nécessaire d'agir ainsi avec quelques espèces dont les graines ne lèvent pas bien quand elles sont exposées à la lumière, quoique les verres qui les contenaient fussent conservés sur une cheminée, d'un seul côté de la chambre, et à quelque distance de deux fenêtres qui font face au nord-est [1]. La terre des pots dans

---

[1] Ce fait se présenta de la manière la plus nette avec les graines de *Papaver vagum* et de *Delphinium consolida*, moins nettement avec celles de l'*Adonis œstivalis* et de l'*Ononis minutissima*. Dans le sable seul, rarement il germa plus d'une ou deux graines de ces quatre espèces, quoiqu'elles y fussent laissées pendant quelques semaines ; mais lorsque ces mêmes semences furent placées en terre dans des pots et recouvertes avec une petite couche de sable, elles germèrent immédiatement en grand nombre.

lesquels les sujets venus de graines furent plantés ou les
graines semées, était soigneusement mêlée, afin d'offrir une
composition uniforme. Les plants des deux côtés furent
toujours arrosés simultanément et aussi également que
possible, et même quand cette précaution n'a pu être prise,
les pots n'étant pas de dimension considérable, l'eau dut
être répandue presque également sur tous les points. Les
plants croisés et autofécondés furent séparés par une bar-
rière superficielle qui resta toujours orientée vers la principale source de lumière, de façon que les plants reçussent
un éclairage égal des deux côtés. Je ne crois pas qu'il
soit possible de soumettre deux plants à des conditions plus
étroitement égales que celles dont furent entourés mes
pieds croisés et autofécondés, cultivés ainsi qu'il a été
décrit ci-dessus.

Dans la comparaison des termes des deux séries, l'œil ne
fut jamais consulté seul. Généralement, des deux côtés, la
taille de chaque plante fut mesurée avec soin et plus d'une
fois, c'est-à-dire dans sa jeunesse, quelquefois à l'état un
peu plus vieux, et enfin après son entier ou presque entier
développement. Cependant, dans quelques cas (ils ont
toujours été spécifiés), pour gagner du temps, une seulement ou deux des plus grandes plantes, de chaque côté, fut
mesurée. Ce procédé, qui n'est pas recommandable, ne fut
jamais suivi, si ce n'est avec les plantes provenant des
graines restant après le choix des couples, et cependant les
plus grands pieds de chaque côté paraissent nettement représenter la différence moyenne entre ceux des deux côtés.
Il a, du reste, un grand avantage, c'est que les plants malades ou accidentellement endommagés, aussi bien que
la descendance des graines mal mûries, se trouvent ainsi
éliminés. Lorsque les plus grandes plantes seules de
chaque côté furent mesurées, leur hauteur moyenne excéda,
sans aucun doute, celle de tous les autres plants du même
côté pris ensemble. Mais dans le cas des plants provenant

des graines restant, la hauteur moyenne des plus grands
pieds était moindre que celle des plantes accouplées, à
cause des conditions défavorables auxquelles elles furent
soumises par leur grand rapprochement. Du reste, pour
notre but, qui est la comparaison entre plants croisés
et autofécondés, leur hauteur absolue a peu d'importance.

Les moyennes, ou mieux les hauteurs moyennes, furent
calculées par la méthode ordinaire approximative, c'est-à-
dire en additionnant toutes les mesures et divisant le produit par le nombre de plantes mesurées; le résultat est
donné en fractions décimales. Comme les différentes
espèces atteignent des hauteurs diverses, j'ai toujours
donné par surcroît, en vue d'une comparaison facile,
la hauteur moyenne pour cent des plantes croisées de
chaque espèce, et la taille moyenne des plantes autofécondées a été calculée sur la même base. Pour ce qui regarde les plantes croisées provenant des graines restant
après que les couples ont été prélevés, et parmi lesquelles quelques-unes seulement des plus grandes furent
mesurées de part et d'autre, je n'ai pas pensé qu'il fût
utile de compliquer les résultats en donnant séparément
leurs moyennes et celles des couples; j'ai seulement addi-
tionné toutes les hauteurs et obtenu ainsi un seul chiffre
moyen.

Je me suis longtemps demandé s'il y avait utilité à
donner les mesures de chaque plante séparément, et je me
suis arrêté à cette dernière manière de faire, afin de bien
montrer que la supériorité des plantes croisées sur les
autofécondées ne peut ordinairement dépendre de la présence, d'un côté, de deux ou trois plantes extraordinaires,
ou, de l'autre, de quelques sujets mal venus. Quoique plusieurs observateurs aient indiqué, avec insistance, en
termes généraux, la supériorité de la descendance des variétés entre-croisées sur l'une et l'autre forme génératrice,

ils n'ont donné aucune mesure précise [1]; aussi ai-je réuni les individus de la même variété sans aucune observation, ni sur leur croisement, ni sur leur autofécondation. Du reste, des expériences de cette nature demandent beaucoup de temps (les miennes ont duré onze ans); il n'est donc pas probable qu'elles soient répétées bientôt.

Un petit nombre de plantes croisées et autofécondées ayant été mesurées, il était pour moi très-important d'apprendre jusqu'à quel point mes moyennes étaient dignes de confiance. Je demandai donc à M. Galton, qui a acquis une grande expérience dans les recherches statistiques, d'examiner quelques-uns de mes tableaux de mensuration, au nombre de sept, et surtout ceux relatifs à l'*Ipomœa*, au *Digitalis*, aux *Reseda lutea, Viola, Limnanthcs, Petunia* et *Zea*. Je puis établir que, si nous prenons au hasard une douzaine ou une vingtaine d'hommes appartenant à deux nations différentes et que nous les mesurions, il serait, je crois, téméraire de vouloir, d'après un si petit nombre, asseoir une appréciation sur leur taille moyenne. Mais le cas est quelque peu différent avec mes plants croisés et autofécondés, qui furent pris du même âge, assujettis du commencement jusqu'à la fin aux mêmes conditions, et qui enfin provenaient des mêmes parents. Lorsque les mesures n'ont été prises que sur deux à six paires seulement, les résultats n'ont manifestement que peu ou point de valeur, excepté en tant qu'ils confirment les expériences faites sur une grande échelle avec les autres espèces ou qu'ils sont confirmés par elles. Je vais maintenant reproduire ici le rapport sur mes sept tableaux de mensuration, que M. Galton a eu la bonté de rédiger pour moi.

---

[1] On trouvera un résumé de ces propositions avec renvois dans ma *Variation of Animals and Plants under Domestication* (Variation des animaux et des plantes sous l'influence de la domestication), traduction française par J. Moulinié, chap. xvii.

« J'ai examiné avec soin, et par plusieurs méthodes, les mesures de plantes pour trouver jusqu'à quel point les moyennes des différentes séries représentent des réalités constantes, comme cela paraît être tant que les conditions générales de végétation restent inaltérées. Les principales méthodes qui furent adoptées sont facilement expliquées en choisissant comme exemple une des plus petites séries de plantes, celle du maïs.

Zea maïs (plantes jeunes).

Mensurations enregistrées par M. Darwin			Plants arrangés par ordre de grandeur				
			En pots séparés		En une seule série		
Colonne 1	II	III.	IV	V	VI	VII	VIII
	Croisés	Auto-fécondés	Croisés	Auto-fécondés	Croisés	Auto-fécondés	Différence
	mètres	mètres	mètres	mètres	mètres	mètres	mètres
Pot n° I	0,587	0,437	0,587	0,509	0,587	0,509	—0,078
	0,300	0,509	0,525	0,500	0,581	0,500	—0,081
	0,525	0,500	0,300	0,434	0,575	0,500	—0,075
					0,556	0,465	—0,087
Pot n° II	0,550	0,500	0,550	0,500	0,556	0,465	—0,087
	0,481	0,459	0,537	0,465	0,550	0,459	—0,090
	0,537	0,465	0,481	0,465	0,540	0,450	—0,090
					0,537	0,450	—0,087
Pot n° III	0,553	0,465	0,581	0,465	0,525	0,450	—0,075
	0,512	0,381	0,556	0,450	0,525	0,434	—0,090
	0,456	0,412	0,540	0,412	0,509	0,412	—0,096
	0,540	0,450	0,509	0,406	0,478	0,406	—0,071
	0,581	0,406	0,456	0,381	0,456	0,387	—0,068
					0,300	0,381	+0,081
Pot n° IV	0,525	0,450	0,575	0,450	0,300	0,318	+0,018
	0,553	0,312	0,556	0,450			
	0,575	0,387	0,525	0,487			
	0,300	0,450	0,300	0,318			

« Les observations, telles que je les reçus, sont indiquées dans les colonnes II et III, où elles n'ont certainement pas, à première vue, apparence de régularité. Mais dès qu'elles sont arrangées par ordre de grandeur comme dans les colonnes IV et V, le cas change essentiellement. Nous voyons maintenant qu'à peu d'exceptions près, la plus grande plante du côté croisé dépasse, dans chaque pot, la plus grande plante du côté autofécondé, que la deuxième dépasse la seconde, que la 3e dépasse la 3e, et ainsi de suite. Sur les quinze cas contenus dans le tableau, on compte seulement deux exceptions à cette règle. Nous pouvons donc affirmer avec confiance qu'une série de plantes croisées l'empor-

tera sur une série de plantes autofécondées, dans la limite des
conditions qui ont présidé à la présente expérience..

Pots	Croisées	Auto-fécondées	Différence
	mètres	mètres	mètres
I	0,471	0,481	+0,010
II	0,521	0,475	—0,046
III	0,528	0,421	—0,107
IV	0,493	0,400	—0,093

« En face de chaque cas un chiffre indique la valeur de cet
excédant. Les valeurs moyennes de plusieurs groupes sont si
discordantes, comme c'est montré dans le tableau ci-dessus,
qu'une estimation numérique juste et précise paraît impossible.
Mais il se dresse cette question de savoir si la différence entre
chaque pot ne serait pas d'un ordre d'importance plus considérable que celle des autres conditions qui ont modifié l'accroissement des plants. S'il en est ainsi, et seulement dans cette
condition, il doit en résulter que lorsque toutes les mensurations soit des plants croisés, soit des autofécondés, seront com-
binées en une seule série, cette dernière aura une régularité
statistique. L'expérience est faite dans les colonnes VII et VIII
où la régularité est bien apparente et nous justifie, quand nous
considérons ce moyen comme parfaitement digne de confiance.
J'ai remanié ces mesures et les ai revues à la manière ordinaire, en traçant à travers ces chiffres une courbe à main levée;
mais cette révision ne fait que modifier simplement les moyens
fournis par les premières observations. Dans le cas présent,
comme dans tous les autres rapprochés, la différence entre le
procédé original et le procédé révisé est au-dessous de 2 pour
cent de la valeur moyenne. Il existe cette très-remarquable
coïncidence que dans les 7 espèces de plantes dont j'ai examiné
les mensurations, les proportions entre les hauteurs moyennes
des plantes croisées et des autofécondées constituent cinq cas
renfermés dans des limites très-rapprochées. Dans le *Zea maïs*,
elle est comme 100 à 84, et dans les autres elle est comprise
entre 100 à 76 et 100 à 86.
« La détermination de la variabilité (mesurée par ce qu'on
appelle techniquement l'*erreur probable*) est un problème
d'une solution plus délicate que celui de la détermination de
la valeur des procédés; aussi, après plusieurs essais, je doute
qu'on puisse tirer quelques conclusions de ce petit nombre
d'observations. Il faudrait avoir à sa disposition les mesures

d'au moins 50 plants dans chaque cas, pour être en position
d'obtenir des résultats certains. Un fait, du reste, relatif à la
variabilité, quoique faisant défaut dans le *maïs*, entre évidemment dans le plus grand nombre des cas : c'est que les plantes
autofécondées renferment le plus grand nombre de spécimens
exceptionnellement petits, tandis que les croisées atteignent
généralement leur entier développement.

« Cet ensemble de cas dans lesquels les mesures ont été prises
sur quelques-uns des plus grands plants végétant en rangées
dont chacune renfermait un grand nombre de sujets, montre
très-clairement que les plants croisés surpassent en hauteur
les autofécondés, mais il ne permet aucune conclusion touchant leur valeur respective moyenne : si l'on arrivait à connaître qu'une série subit la loi *de l'erreur* ou toute autre loi,
et si, d'autre part, on savait le nombre des individus constituant
les séries, il serait toujours possible de reconstruire cette série
lorsqu'une fraction en aurait été donnée. Mais je n'ai pas trouvé
qu'une telle méthode pût être appliquée au cas présent. Le
doute relatif au nombre de plants composant chaque série est
de médiocre importance, la difficulté réelle gît dans notre ignorance de la loi précise suivie par les séries. L'expérience des
plantes en pots ne peut en rien nous aider à déterminer cette
loi, par cette raison que les observations qui les concernent sont
trop peu nombreuses pour nous mettre en état d'obtenir autre
chose que les termes moyens des séries auxquelles elles appartiennent avec quelque certitude, attendu que les cas que nous
considérons maintenant se rapportent aux termes extrêmes de
ces séries. Il existe encore d'autres difficultés spéciales dans
lesquelles il n'est pas nécessaire d'entrer, puisque celle dont
je viens de parler constitue à elle seule un obstacle infranchis-
sable. »

M. Galton m'a envoyé en même temps des tracés gra-
phiques qu'il a établis d'après mes mesures, et qui forment
évidemment des courbes parfaitement régulières. Il a appliqué la qualification « très-bonnes » à celles du maïs et du
Limnanthes. Il a aussi, dans les sept tableaux, calculé la
hauteur moyenne des plantes croisées et autofécondées, par
un procédé plus correct que celui dont je me servais, particulièrement en y comprenant, comme il est conforme aux
règles de la statistique, les hauteurs de quelques plants qui
moururent avant d'être mesurés, tandis que j'additionnai
dans le mien tout simplement les hauteurs des survivants et

divisai le total par leur nombre. La différence qui existe entre nos résultats est très-satisfaisante à un point de vue, car les hauteurs moyennes des plantes autofécondées obtenues par M. Galton, sont inférieures aux miennes dans tous les cas, excepté un seul où les chiffres sont les mêmes, et ce fait montre que je n'ai en aucune façon exagéré la supériorité des plantes croisées sur les autofécondées.

Après mensuration, les plantes croisées et autofécondées furent quelquefois coupées à ras de terre et pesées en égal nombre des deux côtés. Cette méthode de comparaison donne de très-remarquables résultats, et il serait à souhaiter qu'elle eût été plus souvent employée. Enfin, souvent il a été pris note de toute différence sensible dans le degré de germination des plantes croisées et autofécondées, de toute différence dans la durée relative de la floraison des plantes qui en provenaient, et de leur fécondité, c'est-à-dire du nombre des capsules séminifères qu'elles produisirent, autant que du chiffre moyen des graines contenues dans chaque capsule.

Lorsque je commençai mes expériences, je n'avais pas l'intention de cultiver des plantes croisées et autofécondées au delà de la première génération; mais dès que les plants de cet ordre furent en fleurs, je pensai qu'il fallait en cultiver une génération de plus, et j'opérai de la manière suivante. Diverses fleurs appartenant à une ou plusieurs plantes autofécondées furent de nouveau soumises à l'autofécondation, et, d'autre part, différentes fleurs prises sur une ou plusieurs plantes croisées furent fécondées avec le pollen d'un autre pied croisé du même lot. Ayant ainsi commencé, je suivis la même méthode avec quelques-unes des espèces, pendant dix générations successives. Les graines et les plants furent toujours exactement traités de la manière que j'ai déjà indiquée. Les plantes autofécondées provenant originellement soit d'une, soit de deux plantes

mères, furent entre-croisées aussi étroitement que possible
à chaque génération, et je ne crois pas avoir dépassé mon
but. Mais, au lieu de féconder une des plantes croisées avec
une autre croisée, j'aurais dû croiser les plantes autofécondées de chaque génération avec un pollen provenant
d'une plante sans parenté, c'est-à-dire d'une plante appartenant à une famille ou branche de la même espèce et de la
même variété. Cela fut pratiqué dans quelques cas comme
expérience additionnelle, et les résultats en furent remarquables. Mais la méthode la plus usuellement suivie fut de
mettre en compétition et de comparer les plantes entre-
croisées (qui furent presque toujours la descendance de
plants d'une parenté plus ou moins éloignée) avec les
plantes autofécondées de chaque génération successive,
toutes ensemble ayant, du reste, végété dans les conditions
le plus strictement semblables. Au demeurant, j'ai plus
appris par cette façon de procéder qui fut commencée par
inadvertance et ensuite nécessairement suivie, que si j'avais
toujours croisé les plants autofécondés de chaque génération successive avec le pollen d'un pied nouveau.

J'ai dit que les plantes croisés des différentes générations successives furent presque toujours entachées de
parenté. Lorsque les fleurs d'une plante hermaphrodite
sont croisées avec du pollen provenant d'une plante distincte, les plants qui en proviennent peuvent être considérés comme frères ou sœurs hermaphrodites, ceux qui
sortent des graines de la même capsule étant aussi rapprochés que le sont des jumeaux ou des animaux d'une même
portée. Mais, dans un certain sens, les fleurs de la même
plante sont des individus distincts ; aussi, toutes les fois que
des fleurs d'un pied-mère seront croisées par du pollen provenant de fleurs d'un pied-père, les plants qui en viendront pourront être considérés comme demi-frères ou demi-sœurs, mais
plus rapprochés cependant que ne le sont les demi-frères et
demi-sœurs chez les animaux ordinaires. Les fleurs sur le pied-

mère furent, du reste, ordinairement croisées avec du pollen provenant de deux ou plusieurs plantes distinctes, et, dans ces cas, les rejetons peuvent être appelés avec plus de vérité demi-frères ou demi-sœurs. Lorsque deux ou trois plantes mères furent croisées, comme cela arriva souvent, par deux ou trois plantes pères (les graines ayant été toutes entremêlées), quelques-uns des rejetons de la première génération n'étaient parents en aucune façon, tandis que beaucoup d'autres étaient ou complètement ou à demi frères et sœurs. A la seconde génération, un grand nombre des rejetons doivent avoir été ce qu'on peut appeler complètement ou à demi cousins-germains, mêlés à des frères et sœurs complets ou à demi et à d'autres plants dépourvus de tout degré de parenté. Il a dû en être ainsi dans les générations suivantes, qui auraient pu compter aussi beaucoup de cousins du second degré ou d'un degré plus éloigné. Avec les dernières générations, la parenté a dû devenir de cette manière de plus en plus inextricablement complexe, soit dans le plus grand nombre des plantes très-peu parentes, soit dans quelques-unes de parenté très-rapprochée.

Je n'ai plus à noter qu'un seul point, mais d'une très-haute importance : c'est que les plantes croisées et autofécondées furent le plus strictement possible assujetties, dans la même génération, à des conditions d'une similitude et d'une uniformité complètes. Dans les générations successives, elles furent soumises à des conditions légèrement différentes suivant les variations de saisons, car leur culture fut faite à diverses périodes. Mais, à tous les autres points de vue, le traitement fut semblable, puisqu'elles végétèrent empotées dans le même sol préparé artificiellement, furent arrosées en même temps et restèrent enfermées ensemble dans la même serre froide ou chaude. Elles échappèrent donc ainsi, pendant plusieurs années successives, aux vicissitudes climatériques auxquelles sont soumises les plantes végétant en pleine terre.

Sur quelques causes d'erreur apparentes et réelles dans mes expériences. — Il a été objecté contre des expériences semblables aux miennes, qu'en recouvrant des plantes avec une gaze, même pendant la courte durée de la floraison, on peut en compromettre la santé et la fécondité. Je n'ai point remarqué un pareil effet, si ce n'est dans un seul cas avec un myosotis, et encore, là cause réelle du dommage doit se trouver ailleurs que dans l'enveloppement de la plante. Mais, même en supposant que cette pratique ait été très-préjudiciable (et certainement elle ne l'était pas à un haut degré, si j'en juge par les apparences des plantes, et par les résultats de la comparaison de leur fécondité avec celles non recouvertes vivant dans le voisinage), elle n'a pas dû fausser mes expériences, car, dans tous les cas les plus importants, les fleurs furent croisées aussi bien qu'autofécondées sous un filet, si bien, qu'à ce point de vue, elles furent traitées exactement de la même façon.

Comme il est impossible de se garantir contre les insectes minuscules porteurs de pollen, tels que les *Thrips*, il a dû arriver que des fleurs destinées à être fécondées par elles-mêmes ont été croisées plus tard avec le pollen d'une autre fleur de la même plante apporté par ces insectes ; mais, comme nous le verrons bientôt, un pareil croisement doit rester sans effet ou n'en produire que bien peu. Lorsque deux ou plusieurs plantes furent placées les unes auprès des autres sous le même filet, comme cela fut pratiqué souvent, alors il y avait danger réel, quoique peu redoutable, que les fleurs réservées à l'autofécondation fussent croisées avec un pollen apporté d'une plante distincte par les Thrips. J'ai dit que le danger n'était pas redoutable, parce que j'ai constaté souvent que des plantes autostériles en dehors de l'action des insectes, restaient stériles quand plusieurs plantes de la même espèce étaient placées sous la même gaze. Du reste, si les fleurs que j'avais préalablement autofécondées furent, dans quelques cas, croisées par des

Thrips apportant du pollen d'une plante distincte, des rejetons croisés durent, d'autre part, être compris parmi les autofécondés, et l'on voudra bien remarquer que cet accident a pour effet de diminuer et non pas d'augmenter la supériorité en hauteur moyenne, en fécondité, etc., des plantes croisées sur les autofécondées.

Comme les fleurs appelées au croisement ne furent jamais châtrées, il est probable, et même peut-être certain, que je manquai quelquefois effectivement la fécondation croisée, et que ces fleurs furent ensuite spontanément autofécondées. Ce fait a dû se produire très-facilement avec les espèces dichogames, car, sans une grande attention, il est difficile de savoir si, dans ces fleurs, les stigmates sont aptes à la fécondation lorsque les anthères sont ouvertes. Mais, dans tous les cas, comme les fleurs étaient protégées contre le vent, la pluie et l'accès des insectes, le pollen déposé par moi sur la surface du stigmate, avant que cet organe fût mûr, doit généralement être resté intact jusqu'à sa maturité, et les fleurs doivent alors avoir été croisées comme je me le proposais. Néanmoins, il est très-probable que des rejetons autofécondés se sont trouvés quelquefois, de cette façon, compris parmi les plants croisés. L'effet de cet accident a été, comme dans le cas précédent, de ne pas exagérer, mais, bien au contraire, de diminuer la supériorité moyenne des plantes croisées sur les autofécondées.

Les erreurs provenant des deux causes sus-mentionnées et d'autres encore, telles que l'insuffisante maturité de quelques graines (quelque soin que l'on prît d'éviter cette erreur), la maladie ou quelque dommage inaperçu survenu à quelques plants, ont été écartées dans une large proportion pour ce qui a trait aux cas dans lesquels de nombreux plants croisés et autofécondés furent mesurés et évalués en moyenne. Beaucoup d'entre ces causes d'erreurs doivent aussi avoir été éliminées en prenant la précaution de faire germer les graines dans du sable humide, et en

prélevant les plants par paires, car il n'est pas admissible
que des graines mal et bien mûries ou malades et sâines
aient pu lever exactement dans le même temps. Un résultat semblable a dû être obtenu dans les nombreux cas
où quelques-uns seulement des plants parmi les plus grands,
les plus beaux et les plus sains, furent mesurés de chaque
côté des pots.

Kölreuter et Gärtner [1] ont prouvé que certaines plantes
exigent beaucoup de grains de pollen (jusqu'à 50 ou 60),
pour assurer la fécondation de tous les ovules contenus dans
l'ovaire. Naudin a trouvé aussi que, dans le cas du *Mirabilis,* un ou deux seulement des gros grains de pollen propres
à ce végétal étant placés sur le stigmate, les plantes qui
proviennent de ces graines restent rabougries. Aussi eus-je
grand soin de mettre toujours une ample provision de
poudre fécondante sur le stigmate que je recouvrais ainsi
généralement en entier, mais je ne pris pas la peine de mesurer exactement la même quantité de pollen pour l'appliquer
sur les stigmates des fleurs autofécondées et croisées. Après
avoir ainsi fait pendant deux saisons, je me souvins que
Gärtner pensait, quoique sans preuve directe, qu'un excès de
pollen était peut-être préjudiciable, et il a été prouvé par
Spallanzani, Quatrefages et Newport que, chez certains animaux, un excès de fluide séminal entrave complétement la
fécondation. Il était donc nécessaire d'acquérir une certitude sur ce point, à savoir, si la fécondité des fleurs est
affectée par l'application d'une très-petite et d'une très-
grande quantité de pollen sur le stigmate. Conséquemment,
une très-petite masse de pollen fut placée sur une portion du
large stigmate dans soixante-quatre fleurs d'*Ipomœa purpurea,* et, d'autre part, avec une grande quantité de pollen
on recouvrit la surface entière du même organe dans

---

[1] *Kenntniss der Befruchtung* (Connaissance de la fécondation), 1844,
p. 345. — Naudin, *Nouvelles archives du Muséum,* t. I, p. 27.

soixante-quatre autres fleurs. Afin de varier l'expérimentation, la moitié des fleurs de chaque lot fut prise sur les
plantes provenant de graines autofécondées, et l'autre moitié sur des plantes provenant de graines croisées. Les
soixante-quatre fleurs dotées d'un excès de pollen mûrirent soixante et une capsules, et, à l'exclusion de quatre
d'entre elles dont chacune contenait seulement une graine
unique mal venue, toutes les autres renfermaient une
moyenne de 5,07 graines par capsule. Les soixante-quatre
fleurs pourvues seulement d'une petite quantité de pollen
placée sur un côté du stigmate, mûrirent soixante-trois
capsules et, à l'exclusion d'une d'entre elles qui fut dans le
même cas que ci-dessus, toutes contenaient une moyenne de
5,129 graines. Ainsi, les fleurs fécondées avec une petite
quantité de pollen donnèrent un plus grand nombre de capsules et de graines que celles qui en avaient reçu un excès ;
mais la différence est trop faible pour avoir quelque importance. A un autre point de vue, les graines produites
par les fleurs munies d'un excès de pollen furent un peu
plus lourdes que les autres, car cent soixante-dix d'entre
elles pesèrent 79,67 grains (5^{gr},18), tandis que 170 graines
provenant de fleurs pourvues d'une très-petite quantité de
pollen pesèrent 79,20 grains (5^{gr},14). Les deux catégories de
graines, ayant été placées dans du sable humide, ne présentèrent aucune différence dans leur degré de germination.

Nous pouvons donc conclure que les expériences ne
furent pas troublées par une petite différence dans la
quantité de pollen mise en œuvre, car, dans tous les cas,
il en fut toujours employé suffisamment.

L'ordre suivant lequel notre sujet sera traité, dans le
présent volume, est celui-ci. Une longue série d'expériences
sera d'abord donnée dans les chapitres II jusqu'à VI. Des
tableaux seront ensuite ajoutés montrant, sous une forme
condensée, la hauteur, la fertilité et le poids relatifs de la
descendance des diverses espèces croisées et autofécondées.

Un autre tableau montrera les résultats remarquables de la fécondation de certains plants (lesquels, durant plusieurs générations, avaient été, ou bien autofécondés, ou bien croisés avec des sujets conservés constamment dans des conditions absolument semblables) par un pollen provenant de plantes d'un rameau distinct qui avaient été exposées à des conditions dissemblables. En terminant les chapitres, divers faits rapportés et différentes questions d'un intérêt général seront discutés.

Le lecteur qui n'est pas spécialement intéressé à ce sujet pourra se dispenser de lire ces détails, quoiqu'ils portent en eux, je le pense du moins, une certaine valeur et ne puissent être complétement résumés : mais je lui conseillerai de prendre comme types les expériences sur l'*Ipomœa* (dans le chapitre II) auxquelles il pourra ajouter celles qui ont trait à la digitale, l'origan, la violette ou au chou commun, parce que, dans ces divers cas, les plantes croisées ont montré, à un degré élevé, sur les autofécondées, une supériorité marquée mais non pas absolument semblable. Comme exemple de plantes autofécondées égales ou supérieures aux croisées, les expériences sur le *Bartonia*, le *Canna* et le pois commun devront être lues ; mais, dans ce dernier cas, et probablement dans celui du *Canna*, le manque de supériorité dans les plantes croisées peut être expliqué. Pour l'expérimentation, des espèces furent choisies dans des familles très-éloignées et habitant des contrées différentes. Dans quelques cas peu nombreux, plusieurs genres appartenant à la même famille furent mis à l'essai, et, alors, ces genres sont réunis ensemble; mais les familles elles-mêmes ont été arrangées, non d'après l'ordre naturel, mais dans celui qui convenait le mieux à mon but. Les expériences furent données en entier lorsque les résultats me parurent d'une valeur suffisante pour justifier les détails. Les plantes qui portent des fleurs hermaphrodites peuvent être plus exactement croisées qu'on ne peut le faire

avec les animaux bi-sexuels; elles sont par cela même bien
agencées pour mettre en lumière et la nature et l'étendue
des bons effets du croisement, aussi bien que les mauvais
résultats de l'autofécondation. La plus importante conclusion à laquelle je sois arrivé est que le simple acte du croisement n'est pas avantageux par lui-même. Le bien qui en
résulte dépend de la différence profonde de constitution qui
existe entre les individus croisés, différence qu'il faut attribuer aux conditions variées qui ont été imposées aux progéniteurs pendant de nombreuses générations, ou à cette
chose inconnue que, dans notre ignorance, nous appelons
la *variation spontanée*. Cette conclusion, comme nous le
verrons dans la suite, est intimement liée à de nombreux
problèmes physiologiques importants, comme l'est la question du bénéfice réalisé par des changements légers dans les
conditions de l'existence, et celle-là est en connexion très-
intime avec la vie elle-même. Cette conclusion jette encore
de la lumière sur l'origine des deux sexes et sur leur séparation ou leur union dans le même individu, enfin sur le
sujet tout entier de l'hybridation, qui est un des plus
grands obstacles à l'acceptation générale et au progrès du
grand principe de l'évolution.

Afin d'éviter tout malentendu, je demande la permission
de répéter que, dans tout ce volume, une plante, un rejeton ou une graine croisés, signifie d'une *parenté croisée*,
c'est-à-dire un plant, une graine ou un rejeton dérivant
d'une fleur fécondée avec le pollen d'une plante distincte,
mais appartenant à la même espèce. Une plante, une graine
ou un rejeton autofécondés, signifie d'*une parenté autofécondée*, c'est-à-dire une plante, un semis ou une graine
dérivés d'une fleur fécondée avec le pollen de la même
fleur ou quelquefois, lorsque c'est spécifié, d'une autre
fleur de la même plante.

CHAPITRE II.

Convolvulacées.

Ipomœa purpurea, comparaison entre la taille et la fécondité des plantes croisées et autofécondées pendant dix générations successives. — Vigueur constitutionnelle plus accentuée des plantes croisées. — Effets produits sur la descendance par le croisement des différentes fleurs de la même plante, au lieu du croisement par des individus différents. — Effets du croisement avec un rameau nouveau. — Descendance de la plante autofécondée nommée *Héros*. — Résumé de l'accroissement, de la vigueur et de la fécondité des générations successives croisées et autofécondées. — Petite quantité de pollen renfermée dans les anthères des plantes autofécondées de la dernière génération et stérilité de leurs premières fleurs. — Couleur uniforme des fleurs dans les plantes autofécondées. — L'avantage résultant d'un croisement entre deux plantes distinctes est lié à leur différence de constitution.

Un plant d'*Ipomœa purpurea*, ou, comme on l'appelle souvent en Angleterre, de Convolvulus major, originaire du Sud de l'Amérique, végétait dans ma serre. Dix fleurs de cette plante furent fécondées avec du pollen de la même fleur, et dix autres, portées sur le même pied, furent croisées avec du pollen d'une plante distincte. La fécondation des fleurs avec leur propre pollen était inutile, car ce Convolvulus est fécond par lui-même à un haut degré; mais j'agis ainsi afin de laisser à mes expériences un parallélisme complet à tous les points de vue. Pendant leur jeunesse, les fleurs présentent un stigmate faisant saillie au-dessus des anthères, et cette disposition a dû donner à penser qu'elles ne pouvaient être fécondées sans l'intervention des bourdons qui les visitent fréquemment; mais, quand les fleurs vieillissent, les étamines croissant en longueur, leurs an-

thères frottent contre le stigmate qui, de cette façon, reçoit
du pollen. Le nombre des graines produites par les fleurs
croisées et autofécondées différa très-peu.

Les graines croisées et autofécondées obtenues de la manière
ci-dessus indiquée furent mises à germer dans du sable humide, et les paires qui levèrent en même temps furent plantées, comme il a été décrit dans l'introduction, en des points
opposés de deux pots. Cinq paires furent ainsi plantées; et
toutes les graines restant, en état de germination ou non,
furent placées dans des points opposés d'un troisième pot, de
façon que les jeunes plants des deux côtés demeurèrent pressés
en foule et exposés à une rigoureuse compétition. Des baguettes
en fer ou en bois d'égal diamètre furent données à tous les
plants pour s'y enrouler, et aussitôt qu'un pied de chaque
paire en atteignait le sommet, les deux plants étaient mesurés
ensemble. Une seule baguette fut placée de chaque côté du pot
encombré de plants (numéro III), et le plus grand seulement
de ces plants fut mesuré de part et d'autre.

Tableau I. — *Première génération.*

Numéros des pots	Semis provenant de plantes croisées	Semis provenant de plantes autofécondées
	mètres	mètres
I.	2,187	1,725
	2,187	1,650
	2,225	1,825
II.	2,200	1,712
	2,175	1,512
III. Plants entassés, le plus grand seul est mesuré de chaque côté.	1,925	1,425
Total.	12,900	9,650

La hauteur moyenne des six plantes croisées est ici de
2^m,150, tandis que celle des six plants autofécondés est seulement de 1^m,625 à 1^m,650, de façon que pour la hauteur les
plants croisés sont aux autofécondés comme 100 à 76. On remarquera que cette différence n'est pas due à la taille très-élevée
de quelques plants croisés ou à l'extrême petitesse de quelques
pieds autofécondés, mais bien à ce que les plants croisés atteignent une plus grande élévation que leurs antagonistes. Les
trois paires du pot numéro I furent mesurées aux deux premières

périodes, et la différence fut quelquefois plus grande et d'autres fois plus petite qu'à la dernière mensuration. Mais un fait intéressant, et dont j'ai eu beaucoup d'autres exemples, c'est qu'une des plantes autofécondées ayant à peu près 1 pied de haut ($0^m,3049$) était de $0^m,012$ plus grande que la plante croisée; plus tard, ayant atteint 2 pieds, elle était de $0^m,035$ plus grande encore, mais pendant les jours suivants, la plante croisée commençait à gagner sur son antagoniste, et dans la suite elle continua toujours à affirmer sa supériorité jusqu'au point de dépasser le plant autofécondé de $0^m,40$.

Les cinq plants croisés, dans les pots I et II, furent couverts d'une gaze et produisirent 121 capsules; les cinq autofécondés en donnèrent 84, de façon que le nombre des capsules fut dans le rapport de 100 à 69. Des 121 capsules développées sur les plants croisés, 65 furent le produit des fleurs croisées avec le pollen d'une plante distincte, et elles contenaient une moyenne de 5,23 graines par capsule; les 55 fruits restant résultèrent d'une fécondation spontanée. Des 84 capsules mûries sur les plants autofécondés, résultant toutes de l'autofécondation renouvelée, 55 (les seules qui furent examinées) contenaient une moyenne de 4.85 semences par capsule. Donc, les capsules croisées comparées aux autofécondées donnèrent des graines dans la proportion de 100 à 93. Les semences croisées furent relativement plus lourdes que les autofécondées. En combinant les données ci-dessus, c'est-à-dire le nombre des capsules et le chiffre moyen des graines qu'elles renferment, les plantes croisées comparées aux autofécondées donnèrent des semences dans la proportion de 100 à 64.

Ces plantes croisées produisirent, comme nous l'avons établi déjà, 56 capsules spontanément autofécondées, et les plantes autofécondées donnèrent 29 capsules pareilles. Les premières, comparées aux dernières, renfermaient une moyenne de graines dans la proportion de 100 à 99.

Dans le pot numéro III qui, en des points opposés, renfermait un grand nombre de graines croisées et autofécondées dont les semis étaient appelés à combattre pour l'existence, les plants croisés eurent d'abord un avantage peu marqué. A un moment donné, le plus grand parmi les croisés mesurait $0^m,628$, et le plus grand des autofécondés $0^m,535$. Mais ensuite la différence devint beaucoup plus accentuée. Des deux côtés, les plants ainsi entassés devinrent de pauvres spécimens. Les fleurs furent disposées pour la fécondation spontanée sous une gaze : les plants croisés produisirent 37 capsules et les autofécondés 18 seulement, c'est-à-dire comme 100 est à 47. Les premières contenaient une moyenne de 3.62 graines par capsule et les dernières de 3.38, c'est-à-dire comme 100 est à 93. En combinant ces

données (c'est-à-dire le nombre de capsules et le chiffre moyen
des graines), les plantes croisées entassées produisirent des
graines qui, comparées aux autofécondées, sont dans le rapport
de 100 à 45. Ces dernières graines, du reste, furent décidément
plus lourdes (un cent pesait 41.64 grains, 2^{gr},48) que celles des
plants croisés, dont un cent pesa 36.79 grains (2^{gr},24) : ce résultat fut probablement dû au petit nombre de capsules nées sur
les plants autofécondés où elles furent mieux nourries. Ainsi
nous voyons les plantes croisées de la première génération,
qu'elles végètent dans des conditions favorables ou dans des
conditions rendues défavorables par leur entassement, sur-
passer de beaucoup en hauteur, de beaucoup aussi par le
nombre de leurs capsules et faiblement par le nombre des
graines de chaque capsule, les plantes autofécondées.

*Plantes croisées et autofécondées de la deuxième géné-
ration.* — Les fleurs, dans les plantes croisées de la dernière
génération (tableau I), furent fécondées avec du pollen de plants
distincts de la même génération, et les fleurs dans les plants
autofécondés furent fécondées avec du pollen de la même fleur.
Les graines ainsi obtenues furent traitées à tous les points de
vue comme ci-dessus, et nous avons le résultat des mensurations dans le tableau suivant :

Tableau II. — *Deuxième génération.*

Numéros des pots	Plantes croisées	Plantes autofécondées
	mètres	mètres
I.	2,175	1,687
	2,075	1,712
	2,075	2,012
II.	2,137	1,537
	2,225	1,975
	1,937	1,025
Total.	12,625	9,950

Ici encore chacune des plantes croisées est plus grande que
son antagoniste. La plante autofécondée du pot numéro 1, qui
finalement atteignit la hauteur inusitée de 2^m,012, fut pendant
longtemps plus grande que son adversaire croisée, quoique devant être à la fin battue par elle. La hauteur moyenne des six
plants croisés est de 2^m,104, tandis que celle des six plants
autofécondés est de 1^m,658, ou comme 100 est à 79.

*Plants croisés et autofécondés de la troisième géné-
ration.* — Les graines des plantes croisées de la dernière génération (tableau II) croisées de nouveau, puis celles des plants

autoféco̔ndés de nouveau ⋅fécond̔és par eux-mêmes furent soumises exactement au même traitement et donnèrent les résultats suivants :

TABLEAU III. — *Troisième génération.*

Numéros des pots	Plantes croisées	Plantes autofécondées
	mètres	mètres
I.	0,850	1,412
	1,800	1,287
	1,825	1,350
	2,050	1,475
II.	2,025	0,750
	2,050	1,650
Total.	11,612	7,925

Ici encore toutes les plantes croisées sont plus grandes que
leurs antagonistes ; leur hauteur moyenne atteint $1^m,935$, tandis que celle des autofécondées est de $1^m,320$, ou comme
100 est à 68.

Je portai grande attention à la fécondité des végétaux de cette
troisième génération. Sur les plantes croisées, trente fleurs furent
fécondées avec le pollen provenant d'autres plantes croisées de la
même génération, et les vingt-six capsules ainsi produites contenaient en moyenne 4.73 graines ; tandis que trente fleurs des
pieds autofécondés fertilisées avec le pollen de la même fleur produisirent vingt-trois capsules contenant chacune 4.43 graines.
Ainsi, le nombre moyen des graines dans les capsules croisées
fut, comparé à celui des graines des capsules autofécondées,
comme 100 est à 94. Un cent des semences croisées pesa
43.27 grains ($2^{gr},60$), tandis qu'un cent des autofécondées atteignit seulement le poids de 37.63 grains ($2^{gr},16$). Plusieurs de
ces graines autofécondées plus légères placées dans du sable
humide germèrent avant les croisées ; ainsi, trente-six des premières germèrent tandis que treize seulement des secondes
(croisées) levaient. Dans le pot numéro 1, les trois plantes croisées produisirent spontanément sous la gaze (outre les trente-
six capsules artificiellement fécondées par croisement) soixante-
dix-sept capsules autofécondées contenant une moyenne de
4.41 graines ; tandis que les trois plantes autofécondées ne
donnèrent spontanément (outre les trente-trois capsules artificiellement autofécondées) que vingt-neuf capsules autofécondées contenant une moyenne de 4.12 graines. Le nombre moyen
des graines, dans les deux lots de capsules spontanément autofécondées, fut comme 100 est à 94. Si nous prenons en considération

ensemble le nombre des capsules et le nombre moyen des
graines, les plantes croisées (spontanément fécondées) produisirent des graines qui furent, comparées avec celles des plants
autofécondés, (spontanément autofécondés), dans la proportion
de 100 à 35. Par quelque méthode qu'on compare la fécondité
de ces plantes, les croisées l'emportent de beaucoup sur les autofécondées.

J'essayai de différentes manières la vigueur comparative et
la puissance d'accroissement des plantes croisées et autofécondées de cette troisième génération. Ainsi, quatre graines autofécondées qui commençaient à peine à germer, furent plantées
dans un côté d'un pot et, après un intervalle de quarante-huit
heures, quatre graines croisées, dans le même état de germination, furent placées dans un point opposé du même pot, lequel
fut conservé dans la serre chaude. Je pensais que l'avantage
ainsi accordé aux semis autofécondés serait assez grand pour
qu'ils ne pussent jamais être battus par les croisés. Ils ne le
furent pas, en effet, avant que tous eussent atteint la hauteur
de $0^m,450$, et le degré auquel ils furent finalement vaincus est
indiqué dans le tableau suivant (n° IV). Nous y voyons que
la hauteur moyenne des quatre plantes croisées est de $1^m,931$,
et celle des quatre plants autofécondés de $1^m,648$, ou comme
100 est à 86, c'est-à-dire moindre que lorsque les plants des
deux côtés étaient dans des conditions égales.

TABLEAU IV. — *Troisième génération, les plants autofécondés
ayant une avance de 48 heures.*

Numéros des pots	Plantes croisées	Plantes autofécondées
	mètres	mètres
III.	1,950	1,837
	1,937	1,325
	1,825	1,537
	1,937	1,887
Total.	7,66	6,587

Des graines croisées et autofécondées de cette troisième génération furent aussi semées en pleine terre à la fin de l'été, par
conséquent dans des conditions défavorables, et une seule baguette fut donnée à chaque lot de plantes pour s'y enrouler. Les
deux lots furent suffisamment séparés pour ne pas nuire réciproquement à leur croissance, et la terre fut débarrassée des
mauvaises herbes. Dès qu'elles furent tuées par les premières
gelées (et à ce point de vue il n'y eut aucune différence dans
leur résistance), les deux plus grandes plantes croisées furent
trouvées avoir $0^m,612$ et $0^m,562$, tandis que les deux plus grands

plants autofécondés mesurèrent seulement 0^m,375 et 0^m,312 en hauteur, soit comme 100 est à 59.

Je semai pareillement, dans le même temps, deux lots des mêmes graines dans une partie du jardin qui était ombragée et remplie de mauvaises plantes. Les semis croisés de prime abord parurent les mieux portants, mais ils ne s'enroulèrent qu'à une hauteur de 0^m,183, tandis que les autofécondés ne purent même pas grimper, les plus grands ayant atteint seulement 0^m,087 de haut.

Enfin, deux lots des mêmes graines furent semés au milieu d'une couche d'*Iberis* végétant vigoureusement. Ces graines levèrent, mais tous les plants autofécondés périrent aussitôt, excepté un seul qui ne grimpa jamais et n'atteignit qu'une hauteur de 0^m,10. Au contraire, beaucoup d'entre les plants croisés survécurent, et quelques-uns s'enroulèrent sur les tiges d'*Iberis* à la hauteur de 0^m,275. Ces différents cas prouvent que les semis croisés ont sur les autofécondés un immense avantage, soit lorsque les uns et les autres s'accroissent isolément dans des conditions défavorables, soit quand ils entrent en compétition avec eux-mêmes ou avec d'autres plantes, comme cela se produit dans les conditions naturelles.

Plantes croisées et autofécondées de la quatrième génération. — Des semis provenant, comme antérieurement, des plantes croisées et autofécondées de la troisième génération portées dans le tableau III, donnèrent les résultats suivants :

TABLEAU V. — *Quatrième génération.*

Numéros des pots	Plantes croisées	Plantes autofécondées
	mètres	mètres
I.	2,100	2,000
	1,175	1,112
II.	2,075	1,837
	1,475	1,287
	2,050	1,412
III.	1,637	1,575
	1,700	1,300
Total.	12,212	10,525

Ici la hauteur moyenne des sept plantes croisées est de 0^m,1741, et celle des sept plantes autofécondées de 0^m,151, ou comme 100 est à 86. La différence moindre que l'on constate, entre ces plants et ceux des premières générations, doit être attribuée à ce que les sujets ont été élevés au cœur de l'hiver et par suite n'ont pu végéter vigoureusement, ce qui était démontré par une apparence générale mauvaise et une impossibilité absolue d'atteindre le sommet des baguettes. Dans le pot numéro II, un des plants autofécondés fut pendant longtemps plus grand de $0^m,050$ que son adversaire, mais il fut finalement battu par lui, de façon que tous les plants croisés dépassèrent en hauteur leurs antagonistes. Parmi les 28 capsules produites par les plantes croisées fécondées avec le pollen d'une plante distincte, chacune contenait une moyenne de 4.75 graines; parmi les 27 capsules autofécondées mûries sur les plantes autofécondées, chacune contenait une moyenne de 4.47 semences, de façon que la proportion des graines dans les capsules croisées et autofécondées fut de 100 à 94.

Quelques-unes de mêmes graines, desquelles provinrent les plants indiqués dans le tableau V, furent semées après leur germination en sable humide dans une caisse carrée où un grand *Brugmansia* avait longtemps végété. La terre en était extrêmement pauvre et pleine de racines; 6 graines croisées furent semées dans un coin et 6 autofécondées dans le coin opposé. Tous les semis provenant de ces dernières périrent immédiatement, excepté un seul, qui atteignit seulement la hauteur de $0^m,037$. Parmi les plantes croisées, trois survécurent, et elles atteignirent la taille de $0^m,062$, mais sans pouvoir cependant s'enrouler autour d'une baguette; néanmoins, à ma grande surprise, elles produisirent quelques misérables petites fleurs. Les plantes croisées eurent donc, au milieu de cet excès de conditions mauvaises, un avantage marqué sur les plantes autofécondées.

Plantes croisées et autofécondées de la cinquième génération. — Elles furent obtenues de la même manière que ci-dessus, et après mensuration donnèrent les résultats suivants :

TABLEAU VI. — *Cinquième génération.*

Numéros des pots	Plantes croisées	Plantes autofécondées
	mètres	mètres
I.	2,400	1,825
	2,150	1,825
	1,725	0,725
II.	2,100	1,275
	2,100	2,100
	1,903	1,475
Total.	12,38	9,35

La hauteur moyenne des six plantes croisées est de $2^m,064$, et celle des six plants autofécondés de $1^m,558$ seulement, c'est-à-dire comme 100 est à 75. Chaque plante croisée dépassa en hauteur son antagoniste. Dans le pot numéro I, la plante centrale parmi les croisées fut légèrement endommagée pendant sa jeunesse par un coup; elle fut pendant un certain temps battue par son adversaire, mais finalement elle recouvra la supériorité ordinaire. Les plants croisés produisirent spontanément un plus grand nombre de capsules que les autofécondés, et les capsules des premières contenaient en moyenne 3.37 graines, tandis que celles des dernières en comptaient seulement 3.0 par capsule, c'est-à-dire comme 100 est à 89. Mais pour ce qui regarde seulement les capsules artificiellement fécondées, celles des plantes croisées de nouveau fécondées par croisement contenaient en moyenne 4.46 graines, tandis que celles des plantes autofécondées de nouveau fécondées directement en comptaient 4.77; de façon que les capsules autofécondées furent les plus fertiles des deux, et c'est là un fait inaccoutumé dont je ne puis donner aucune explication.

Plants croisés et autofécondés de la sixième génération.— Ils furent obtenus de la manière ordinaire et donnèrent le résultat suivant. Je dois dire que, dans le cas actuel, nous avions d'abord huit plantes des deux côtés; mais, comme deux des autofécondées devinrent très-malades et ne recouvrèrent jamais leur entière santé, elles furent, comme leurs adversaires, écartées de la liste. Si elles y avaient été conservées, elles auraient injustement rendu la hauteur moyenne des plantes croisées plus grande que celle des autofécondées. J'ai agi de la même manière dans quelques autres cas, lorsqu'une plante des paires expérimentées devenait manifestement très-malade.

TABLEAU VII. — *Sixième génération.*

Numéros des pots	Plantes croisées	Plantes autofécondées
I.	mètres 2,32 2,27	mètres 1,27 1,62
II.	1,97 2,16 2,20	1,25 2,175 1,55
III.	2,187	1,613
Total.	13,125	9,48

Ici la hauteur moyenne des six plantes croisées est de $2^m,18$, et celle des six autofécondées de $1^m,58$, c'est-à-dire comme 100 est à 72. Cette grande différence fut due surtout à ce que le plus grand nombre des plantes, et particulièrement les autofécondées, devinrent malades presque à la fin de leur croissance et furent profondément attaquées par les pucerons. En raison de cette circonstance, rien ne peut être conclu au point de vue de leur fécondité relative. Dans cette troisième génération, nous avons le premier exemple d'une plante autofécondée (dans le pot numéro II), dépassant, quoique de $0^m,012$ seulement, son adversaire croisée. Cette victoire fut loyalement gagnée après un long combat. Tout d'abord, le plant autofécondé dépassait de plusieurs centimètres son adversaire; mais ce dernier ayant atteint $1^m,37$, la croissance en devint égale et il arriva même à une hauteur un peu plus grande que celle de l'autofécondé, pour être finalement battu de $0^m,0125$, comme c'est indiqué dans le tableau. Je fus tellement surpris de cette circonstance que, conservant les graines autofécondées de cette plante, à laquelle je donne le nom de « Héros », j'expérimentai sur sa descendance, comme je le dirai ensuite.

Outre les plantes indiquées dans le tableau VII, neuf plants croisés et autofécondés du même lot furent élevés dans deux pots, IV et V. Ces pots furent conservés dans la serre chaude, mais le besoin de place s'étant fait sentir, ils durent, quoique jeunes encore, être transportés par un temps très-rigoureux dans la partie la plus froide de la serre. Là ils souffrirent beaucoup et ne se rétablirent jamais entièrement. Après quinze jours, deux seulement des neuf pieds autofécondés étaient vivants, tandis que sept des croisés avaient survécu. Le plus élevé de ces derniers avait, quand il fut mesuré, $1^m,175$ de haut, alors que le plus grand des deux survivants autofécondés comptait $0^m,80$. Là encore nous voyons combien les plantes croisées l'emportent en vigueur sur les autofécondées.

Plantes croisées et autofécondées de la septième génération. — Elles furent obtenues par le procédé employé jusqu'ici et donnèrent le résultat suivant :

Tableau VIII. — *Septième génération.*

Numéros des pots	Plantes croisées	Plantes autofécondées
	mètres	mètres
I.	2,122	1,868
	2,118	2,100
	1,906	1,387
II.	2,122	1,625
	2,250	1,281
	2,056	2,012
III.	2,075	1,693
	2,150	1,506
Total.	18,88	15,35

Chacune des neuf plantes croisées est plus élevée que son adversaire, quoique dans un cas cette différence soit seulement de $0^m,018$. Leur hauteur moyenne est de $2^m,095$, et celle des autofécondées de $1^m,706$, c'est-à-dire comme 100 est à 81. Ces plantes, parvenues à leur plein développement, devinrent très-malades et furent infestées de pucerons juste au moment où les graines se formaient, de façon que beaucoup de capsules manquèrent, et dès lors rien ne peut être dit sur leur fécondité relative.

Plantes croisées et autofécondées de la huitième génération. — Comme je viens de l'établir, les plantes de la dernière génération, dont celles-ci provinrent, furent très-maladives et leurs graines eurent des dimensions fort réduites : par là s'explique probablement pourquoi les deux lots se comportèrent d'une manière différente de ce qu'ils furent dans quelques générations antérieures ou suivantes. Beaucoup d'entre les graines autofécondées germèrent avant les croisées, et les unes et les autres furent naturellement rejetées. Lorsque les semis croisés, dans le tableau IX, furent parvenus à la hauteur comprise entre $0^m,025$ et $0^m,050$, tous, ou presque tous, dépassèrent leurs antagonistes autofécondés, mais ils ne furent pas mesurés. Lorsqu'ils eurent acquis la hauteur moyenne de $0^m,087$, celle des plants autofécondés fut de $1^m,016$, ou comme 100 est à 122. Du reste, chaque plante autofécondée (une seule exceptée) dépassa son adversaire croisée. Quoi qu'il en soit, lorsque les plants croisés eurent atteint la taille moyenne de $1^m,938$, ils dépassèrent à peine (c'est-à-dire de $0^m,175$) la hauteur moyenne des plants autofécondés, mais deux de ces derniers furent cependant plus grands que leurs adversaires croisés. Je fus tellement étonné de l'ensemble de ce cas, que j'attachai des ficelles au sommet des baguettes, afin de permettre aux plantes de continuer à grimper. Lorsque leur croissance fut complète, elles furent déroulées, étendues en ligne droite et mesurées. Les plants croisés avaient presque regagné leur supériorité accoutumée, comme on peut le voir dans le tableau IX.

La hauteur moyenne des huit plantes croisées est ici de $2^m,831$ et celle des autofécondées de $2^m,416$, ou comme 100 est à 85. Néanmoins, deux des plantes autofécondées, comme on peut le voir dans le tableau, furent beaucoup plus élevées que leurs antagonistes croisées. Ces dernières avaient manifestement des tiges plus épaisses et beaucoup plus de branches latérales, leur aspect était du reste beaucoup plus vigoureux que celui des plants autofécondés, qu'elles devancèrent aussi comme floraison. Les premières fleurs portées par ces plantes autofécondées ne produisirent pas de capsules, et leurs anthères contenaient une très-petite quantité de pollen, mais je reviendrai sur ce

sujet. Néanmoins, des capsules produites par deux autres
plants autofécondés du même lot (non contenus dans le tableau IX), qui avaient été hautement favorisés par leur végétation en pots séparés, contenaient le nombre moyen élevé de
5.1 graines par capsule.

TABLEAU IX. — *Huitième génération.*

Numéros des pots	Plantes croisées .	Plantes autofécondées
	mètres	mètres
I.	2,794	2,400
	3,175	1,350
	3,268	2,338
II.	2,431	2,350
	2,237	3,143
III.	2,594	2,887
	2,512	2,118
	3,687	2,794
Total.	22,706	19,33

Plantes croisées et autofécondées de la neuvième généra-
tion. — Les plantes de cette génération furent obtenues de la
même manière que ci-dessus avec le résultat indiqué au tableau X. Les quatorze plantes croisées ont une moyenne de
2^m,033 et les quatorze autofécondées 1^m,608, ou comme 100 est
à 79. Une plante autofécondée, dans le pot numéro III, surpassa
son adversaire, et une autre, dans le pot numéro IV, l'égala en
hauteur. Les plantes autofécondées ne parurent pas avoir
hérité de l'accroissement précoce de leurs parents, ce qui
fut dû, selon toute apparence, à l'état anormal des graines résultant de l'état maladif des générateurs. Les quatorze plantes
autofécondées mûrirent seulement 40 capsules spontanément
autofécondées, auxquelles il faut en ajouter sept produites par
les fleurs artificiellement autofécondées. D'un autre côté, les
quatorze plants croisés donnèrent 152 capsules spontanément
autofécondées, mais 36 fleurs de ces plantes furent croisées
(elles mûrirent 33 capsules), et ces fleurs auraient, probablement, produit environ 30 capsules autofécondées. Donc, un
égal nombre de plants croisés et autofécondés aurait donné
des capsules dans la proportion d'environ 182 à 47, ou comme
100 est à 26. Un autre phénomène fut très-prononcé dans cette
génération, après s'être produit, je crois, antérieurement sur
une petite étendue, à savoir, que le plus grand nombre des
fleurs, dans les plantes autofécondées, furent un tant soit peu

monstrueuses. Le cas tératologique consistait en ce que la corolle,
fendue d'une manière irrégulière de façon à ne pas s'ouvrir convenablement, portait fortement adhérentes avec elle, une ou deux
étamines légèrement foliacées et colorées. Je n'ai observé cette
monstruosité que dans une seule fleur des plants croisés. S'ils
avaient été bien nourris, les pieds autofécondés eussent produit,
presque avec certitude, des fleurs doubles après quelques autres
générations, car ils étaient déjà frappés d'un certain degré de
stérilité [1].

Tableau X. — Neuvième génération.

Numéros des pots	Plantes croisées	Plantes autofécondées
	mètres	mètres
I.	2,087 2,137 2,087	1,425 1,775 1,209
II.	2,081 1,606 2,087	1,125 1,093 0,962
III.	1,975 2,203 1,525	1,575 1,775 2,237
IV.	2,312 2,250	2,062 1,903
V.	2,237 2,312 2,312	1,675 1,856 1,900
Total.	28,487	22,425

*Plantes croisées et autofécondées de la dixième généra-
tion.* — Six plantes furent obtenues à la manière ordinaire en
croisant de nouveau les plants croisés de la dernière génération (tableau X), et, d'un autre côté, en fécondant de nouveau
par elles-mêmes des plantes autofécondées de cette même génération. Un des plants croisés, dans le pot numéro I (tableau XI), devint malade, plissa ses feuilles, et produisit difficilement quelques capsules ; il fut dès lors enlevé du tableau,
ainsi que son adversaire.

---

[1] Voyez sur ce sujet, « *Variation of animals and Plants under Domestication* » (Variations dans les animaux et dans les plantes sous l'influence de la domestication, traduction française, chap. XXIII.)

TABLEAU XI. — *Dixième génération.*

Numéros des pots	Plantes croisées	Plantes autofécondées
	mètres	mètres
I.	2,309	1,181
	2,362	0,868
	2,175	1,353
II.	2,240	1,231
	2,625	1,656
Total.	11,712	6,300

Les cinq plantes croisées ont en moyenne 2^m,33 de haut et les cinq autofécondées, seulement 1^m,256, ou comme 100 est à 54. Cette différence, cependant, est si grande qu'elle doit être regardée en partie comme accidentelle. Les six plantes croisées (en y comprenant le pied malade) donnèrent spontanément 101 capsules, et les six plantes autofécondées 88; ces dernières avaient été surtout produites par un des sujets. Mais comme le plant malade qui mûrit difficilement quelques graines est ici compté, la proportion de 101 à 88 ne représente pas exactement la fertilité relative des deux lots. Les tiges des six plantes croisées parurent si belles, comparées à celles des six plantes autofécondées, qu'après la récolte des capsules et la chute du plus grand nombre de feuilles, elles furent pesées. Celles des plantes croisées donnèrent 2,693 grains (0^{gr},16) et celles des autofécondées 1,173 (0^{gr},07), c'est-à-dire comme 100 est à 44; mais, comme le plant croisé malade et rabougri est compté dans ce nombre, la supériorité des premiers comme poids était en réalité plus grande.

Effets produits sur la descendance par le croisement de différentes fleurs du même pied, au lieu du croisement d'individus distincts. — Dans toutes les expériences précédentes, des semis provenant de fleurs croisées avec du pollen d'une plante distincte (quoique entachée dans les dernières générations d'une parenté plus ou moins rapprochée) furent mis en compétition réciproque et se montrèrent presque invariablement supérieurs en hauteur à la descendance fournie par les fleurs autofécondées. Aussi eus-je le désir de m'assurer si un croisement entre deux fleurs de la même plante donnerait aux produits quelque supériorité sur la descendance des fleurs fécondées avec leur propre pollen. Je me procurai quelques graines récentes, en obtins deux plantes qui furent recouvertes d'une gaze, et croisai quelques-unes des fleurs avec le pollen d'une fleur distincte appartenant au même pied. Vingt-neuf capsules ainsi obtenues contenaient une moyenne de 4.86 graines par capsule, et 100 de ces graines pesèrent 36.77 grains ($2^{gr},21$). De nombreuses autres fleurs furent fécondées avec leur propre pollen, et 36 capsules ainsi produites contenaient par capsule une moyenne de 4.42 graines, dont un cent pesa 42.61 grains ($2^{gr},56$). Ainsi un croisement de cette espèce paraît avoir augmenté légèrement le nombre des graines par capsule dans la proportion de 100 à 91, mais ces semences croisées furent plus légères que les autofécondées dans la proportion de 86 à 100. Après d'autres expériences j'ai, du reste, lieu de mettre en doute la confiance que peuvent inspirer ces résultats. Les deux lots de graines, après germination dans du sable pur, furent placés par paires dans des points opposés de neuf pots, et reçurent un traitement complétement semblable, à tous égards, à celui dont furent l'objet les plants des expériences antérieures. Les graines restant, dont quelques-unes avaient germé et d'autres pas, furent semées dans des points opposés d'un large pot (numéro X), et on mesura de chaque côté de ce pot les quatre plus grandes plantes. Le résultat est indiqué dans le tableau suivant (XII).

La hauteur moyenne des 31 plants croisés est de $1^m,830$, et celle des 31 autofécondés de $1^m,935$, c'est-à-dire comme 100 est à 106. Pour ce qui concerne chaque paire, on verra que 13 seulement des plantes croisées pour 18 des autofécondées, dépassent leurs adversaires. Une note fut prise sur les plantes qui fleurirent les premières dans chaque pot, et 2 seulement parmi les croisées entrèrent en fleurs avant leur antagoniste autofécondée du même vase, tandis que 8 des autofécondées fleurirent les premières. Il résulte

Tableau XII.

Numéros des pots	Plantes croisées	Plantes autofécondées
	mètres	mètres
I.	2,050 1,875 1,625 1,900	1,937 2,175 1,600 2,181
II.	1,962 1,075 1,637	2,100 2,162 2,262
III.	1,531 2,125 2,225	2,150 1,737 2,187
IV.	2,075 1,837 1,675	2,012 2,212 2,112
V.	1,950 1,918 1,425	1,662 1,937 2,037
VI.	1,762 1,975 1,993	2,000 2,062 1,387
VII.	1,900 2,112 1,975	1,925 2,087 1,837
VIII.	1,825 1,675 2,075	1,912 2,050 2,012
IX.	1,825 1,950	1,962 1,687
X. Plantes entassées.	0,850 2,050 2,118 1,775	2,062 0,918 1,737 1,881
Total.	56,756	59,993

de là que les plantes croisées sont légèrement inférieures aux autofécondées en hauteur et en précocité de floraison. Mais cette infériorité est si faible (comme 100 à 106) que beaucoup de doutes se seraient élevés dans mon esprit sur sa réalité, si je n'avais coupé tous les plants (excepté ceux entassés dans le pot numéro X) au ras de terre pour les peser. Les 27 plantes croisées donnèrent un poids de 528 gr. et les 27 autofécondées de 656 gr., ce qui constitue une proportion de 100 à 124.

Une plante autofécondée de la même parenté que celle du tableau XII avait été, dans un but spécial, élevée en un pot séparé, où elle resta partiellement stérile, ses anthères contenant très-peu de pollen. Plusieurs fleurs de cette plante furent croisées avec le peu le pollen qui put être recueilli dans les autres fleurs du même pied, d'autres furent autofécondées. Des graines ainsi obtenues, il provint quatre plants croisés et quatre autofécondés qui furent plantés, à la manière ordinaire, en deux points opposés du même vase. Toutes ces quatre plantes croisées furent inférieures en hauteur à leurs adversaires, elles mesurèrent en moyenne 1^m,954, tandis que les autofécondées eurent 2^m,120 de haut. Ce cas confirme donc le précédent. En totalisant toutes ces preuves, nous devons conclure que les plantes strictement autofécondées deviennent un peu plus grandes, sont plus pesantes et généralement fleurissent plus promptement que celles dérivées d'un croisement entre deux fleurs du même pied. Ces dernières plantes présentent par cette manière d'être un singulier contraste avec celles qui proviennent d'un croisement entre deux individus distincts.

Effets produits sur la descendance par le croisement avec un pied distinct ou nouveau appartenant à la même variété. — Dans les deux séries d'expériences précédentes nous voyons d'abord, durant plusieurs générations successives, les bons effets du croisement entre plantes distinctes, se produisant malgré le degré de parenté dont elles furent entachées et malgré la sensible égalité des conditions dans lesquelles elles vécurent; en second lieu, l'absence de bons effets résultant d'un croisement entre fleurs du même pied, la comparaison, dans les deux cas, a été faite avec la descendance des fleurs fécondées par leur propre pollen. Les expériences que nous allons exposer maintenant prouveront quel bénéfice puissant et avantageux procure à des plantes ayant subi l'entrecroisement durant de nombreuses générations et conservées constamment dans des conditions sensiblement uniformes, un croisement avec une autre plante (appartenant à la même variété, mais d'une souche ou branche distincte) qui a végété dans des conditions différentes.

Diverses fleurs prises sur des plants croisés, appartenant à la neuvième génération (tableau X), furent fécondées avec le pollen d'une autre plante croisée du même lot. Les semis ainsi obtenus formèrent la dixième génération entrecroisée, et je les appellerai les *plantes entre-croisées*. Différentes autres fleurs appartenant aux mêmes plantes croisées de la neuvième génération furent fécondées (sans castration préalable) avec le pollen provenant de plantes de la même variété, mais appartenant à une famille distincte qui avait végété dans un jardin éloigné, à Colchester, et, par conséquent, dans des conditions quelque peu différentes. Les capsules résultant de ce croisement contenaient, à mon grand étonnement, des graines en plus petit nombre et plus légères que celles des capsules des plantes entre-croisées ; mais ce résultat, je le pense, dut être tout accidentel. Je nommerai *Colchester-croisés* les semis qui en provinrent. Les deux lots de semences, après germination dans le sable, furent placés, à la manière ordinaire, dans des points opposés de cinq pots, et les graines restant, qu'elles fussent ou non en état de germination, furent semées dru dans des points opposés d'un très-large vase numéro VI (tableau XIII). Dans trois des six pots, dès que les jeunes plants eurent commencé à s'enrouler sur leurs supports, chaque *Colchester-croisé* fut beaucoup plus grand que chacun des *entre-croisés* dans le point opposé du même pot, tandis que, dans les trois autres pots, chaque Colchester-croisé fut seulement un peu plus grand. Je dois relater que deux des Colchester-croisés (dans le pot numéro IV), parvenus aux deux tiers de leur croissance, devinrent très-malades et furent rejetés, ainsi que leurs antagonistes entre-croisés. Les dix-neuf plantes restant furent mesurées après leur presque entier développement, et donnèrent les résultats suivants :

Tableau.XIII.

Numéros des pots	Plantes Colchester-croisées	Plantes entre-croisées de la 10ᵉ génération
	mètres	mètres
I.	2,175 / 2,187 / 2,128	1,950 / 1,712 / 2,462
II.	2,343 / 2,137 / 2,265	1,500 / 2,181 / 1,137
III.	2,106 / 2,300 / 2,125	1,753 / 2,043 / 2,156
IV.	2,393	1,628
V.	2,262 / 2,168 / 2,100	2,143 / 1,575 / 1,560
VI.	2,262 / 1,875 / 1,775 / 2,093 / 1,575 / 1,625	1,087 / 0,993 / 0,756 / 2,150 / 1,325 / 1,218
Total.	39,912	31,243

Dans seize paires sur les dix-neuf mises en expérience, les
plants Colchester-croisés dépassèrent en hauteur leurs opposants
entre-croisés. La hauteur moyenne des Colchester-croisés est de
2ᵐ,100, et celle des entre-croisés de 1ᵐ,643, ou comme 100 est à
78. Au point de vue de la fertilité des deux lots, comme il était
trop pénible de ramasser et de compter les capsules de toutes
les plantes, je choisis deux des meilleurs pots (V et VI), et, dans
ceux-là, je comptai sur les Colchester-croisés 269 capsules mûres
complétement ou à demi, tandis qu'un nombre égal de plants
entre-croisés en donnèrent seulement 154, c'est-à-dire dans la
proportion de 100 à 57. Comme poids, les capsules des plantes
Colchester-croisées furent à celles des entre-croisées dans le
rapport de 100 à 51, de façon que les premières contenaient
probablement un plus grand nombre moyen de graines.

Cette importante expérience nous apprend que, des
plantes affectées de quelque degré de parenté, et qui avaient
été entre-croisées durant neuf premières générations, don-

nèrent, après fécondation par le pollen d'un rameau nouveau, des rejetons aussi supérieurs aux semis de la dixième génération entre-croisée, que ces derniers le furent aux plantes autofécondées de la génération correspondante. Si nous jetons, en effet, les yeux sur les plantes de la neuvième génération dans le tableau X (et celles-là offrent à tous les points de vue le plus beau type de comparaison), nous voyons que les plantes entre-croisées furent, en hauteur, aux autofécondées comme 100 est à 79, et, au point de vue de la fertilité, comme 100 est à 26; tandis que les plantes Colchester-croisées sont, en hauteur, aux entre-croisées comme 100 est à 78, et en fécondité comme 100 est à 51.

Descendance du plant fécondé directement, nommé Héros, *qui apparut dans la sixième génération autofécondée.* — Dans les cinq générations qui précédèrent la sixième, chaque plant croisé de chaque paire fut plus grand que son antagoniste autofécondé; mais, dans la sixième génération (table VII, pot II), *Héros* apparut qui, après un combat long et douteux, l'emporta, quoique seulement de $0^m,01225$, sur son adversaire. Ce fait me surprit à ce point que je résolus de vérifier si cette plante transmettrait à ses rejetons sa puissance de développement. Plusieurs fleurs de *Héros* furent donc fécondées avec leur propre pollen, et les semis qui en provinrent furent mis en compétition avec des plants entre-croisés et autofécondés de la génération correspondante. De cette manière les trois lots de semis appartenaient tous à la septième génération. Leurs hauteurs relatives sont indiquées dans le tableau suivant :

TABLEAU XIV.

Numéros des pots	Plants autofécondés de la 7ᵉ génération, produits de Héros	Plants autofécondés de la 7ᵉ génération
	mètres	mètres
I.	1,85	2,23
	1,50	1,52
	1,38	1,22
II.	2,30	2,05
	2,29	1,40
	1,85	0,95
Total.	11,17	9,37

La hauteur moyenne des six produits autofécondés de *Héros* est de 1ᵐ,86, tandis que celle des plants ordinaires autoféconcés de la génération correspondante est seulement de 1ᵐ,56, ou comme 100 est à 84.

TABLEAU XV.

Numéros des pots	Plants autofécondés de la 7ᵉ génération, produits de Héros	Plants entre-croisés de la 7ᵉ génération
	mètres	mètres
III.	2,30	1,91
IV.	2,17 2,19	2,22 2,16
Total.	6,66	6,29

Ici, la hauteur moyenne des trois produits autofécondés de *Héros* est de 2ᵐ,22, tandis que celle des plants entre-croisés est de 2ᵐ,10, ou comme 100 est à 95. Nous voyons, par là, que les produits autofécondés de *Héros* ont hérité certainement de la puissance de développement de leurs générateurs, car ils excèdent grandement en hauteur la descendance autofécondée des autres plantes fécondées directement, et dépassent même légèrement les plantes entre-croisées de la génération correspondante.

Plusieurs fleurs prises sur les produits autofécondés de *Héros* (tableau XIV) furent fécondées avec le pollen de la même fleur, et avec les graines ainsi obtenues, on fit lever des plantes autofécondées de la huitième génération (petits-fils de *Héros*). Plusieurs autres fleurs des mêmes plantes furent croisées avec le pollen d'autres fils de *Héros*. Les rejetons obtenus de ce croisement doivent être considérés comme la descendance provenant de l'union de frères et sœurs. Le résultat de la compétition établie entre ces deux séries de plants (c'est-à-dire les autofécondés et la descendance des frères et sœurs) est donné dans le tableau suivant.

La hauteur moyenne des treize petits-fils autofécondés de *Héros* est de 1ᵐ,99 et celle des petits-fils provenant du croisement des fils autofécondés est de 1ᵐ,86, ou comme 100 est à 95. Mais dans le pot numéro IV, un des plants croisés n'atteignit que la hauteur de 0ᵐ,38, et si cette plante, ainsi que son adversaire, avaient été écartées, comme c'eût été convenable, la hauteur moyenne des plants croisés eût excédé seulement de 0ᵐ,025 celle des autofécondés. Il est donc évident qu'un croisement entre les produits autofécondés de *Héros* ne produisit aucun effet avantageux digne d'être noté, et il est très-douteux

TABLEAU XVI.

Numéros des pots	Petits-fils autofécondés de Héros, provenant des fils autofécondés (8ᵉ génération)	Petits-fils provenant d'un croisement entre les fils autofécondés de Héros (8ᵉ génération)
	mètres	mètres
I.	2,16 2,25	2,39 2,38
II.	2,40 1,93	2,125 2,325
III.	1,825 1,65 2,11	2,156 2,056 1,768
IV.	2,20 2,10 0,90 1,85	1,66 0,38 0,95 1,96
V.	2,253 2,251	2,02 2,09
Total.	25,89	24,29

que ce résultat négatif puisse être attribué surtout à ce fait que des frères et des sœurs avaient été unis, car, les plantes entre-croisées ordinaires résultant de plusieurs générations successives durent dériver aussi de l'union de frères et sœurs (comme c'est démontré dans le chapitre I), et cependant chacune d'elles fut bien supérieure aux autofécondées. Nous sommes donc conduits à cette supposition (nous la verrons bientôt se raffermir), que *Héros* a transmis à sa descendance une constitution particulière adaptée pour l'autofécondation.

Il apparaîtra que les descendants autofécondés de *Héros* n'ont pas seulement reçu en héritage de leur générateur une puissance de végétation égale à celle des plantes ordinaires entre-croisées, mais sont devenus plus fertiles, après autofécondation, que ce n'est la règle avec les plantes de cette espèce. Les fleurs des petits-fils autofécondés de *Héros*, dans le tableau XVI (la huitième génération des plantes autofécondées), furent fécondées avec leur propre pollen et produisirent beaucoup de capsules, dont cinq (ce nombre est trop petit pour donner une moyenne certaine) contenaient 5,2 graines par capsule, ce qui constitue une moyenne plus élevée que celle qui fut observée dans quelques autres cas avec les plantes autofécondées. Les anthères produites par ces petits-fils autofécondés furent aussi bien développées et continrent autant de pollen que celles des plantes entre-croisées de la génération correspondante, tandis que ce n'était pas le cas avec les plantes autofécondées ordinaires des dernières générations. Néanmoins, quelques-unes des fleurs produites par les petits-fils de *Héros* furent légèrement monstrueuses, comme celles des plantes autofécondées ordinaires de la dernière génération. Afin de ne plus avoir à revenir sur leur fécondité, j'ajouterai que 21 capsules autofécondées, produites spontanément par les arrière-petits-fils de *Héros* (formant la neuvième génération des plants autofécondés), contenaient moyennement 4.47 graines, et c'est là une moyenne aussi élevée que celle des fleurs autofécondées de chaque génération obtenue par les moyens ordinaires.

Plusieurs fleurs des petits-fils autofécondés de *Héros*, dans le tableau XVI, furent fécondées avec le pollen de la même fleur ; les semis qui en provinrent (arrière-petits-fils de *Héros*) formèrent la neuvième génération autofécondée. Plusieurs autres fleurs furent croisées avec le pollen d'un autre petit-fils, de façon qu'elles peuvent être considérées comme la descendance de frères et sœurs, et les semis qui en provinrent peuvent être appelés les petits-fils *entre-croisés*. Enfin, d'autres fleurs furent fécondées avec le pollen d'un pied distinct, et les rejetons ainsi obtenus peuvent être appelés les arrière-petits-fils *Colchester-croisés*. Dans mon anxiété de voir quel serait le résultat, je plaçai, malheureusement, les trois lots de graines (après les avoir fait germer dans le sable) en serre chaude au milieu de l'hiver, et la conséquence de ce fait fut que les semis (au nombre de 30 pour chaque espèce) étant devenus très-malades, quelques-uns atteignirent seulement la hauteur de quelques pouces et très-peu arrivèrent à leur taille habituelle. Le résultat ne peut donc inspirer une complète confiance, et il serait inutile de donner les mensurations en détail. Afin de déduire une moyenne aussi élevée que possible, j'exclus d'abord toutes les plantes qui avaient moins de $1^m,25$, rejetant ainsi les pieds les plus malades. Les six autofécondés qui restèrent eurent en moyenne $1^m,67$ de haut ; les huit entre-croisés, $1^m,58$, et les sept Colchester-croisés, $1^m,63$; de sorte qu'il n'y eut pas une grande différence entre les trois séries, les plants autofécondés, seulement, ayant un léger avantage. La différence ne fut pas plus grande lorsque les plants ayant moins de $0^m,90$ de haut furent exclus ; elle ne le fut pas davantage lorsque tous les plants, du reste très-rabougris et malades, furent inclus. Dans ce dernier cas, les Colchester-croisés donnèrent la moyenne la plus faible de toutes, et si ces plants avaient eu une supériorité marquée sur les deux autres lots, comme je l'espérais après mes premières expériences, je ne puis pas penser que quelques

traces de cette supériorité eussent été évidentes dans les conditions maladives du plus grand nombre des plants. Aucun avantage, autant que nous pouvons en juger, ne fut donc tiré de
l'entre-croisement de deux des petits-fils de Héros, pas plus que
du croisement de deux de ses fils. Il en résulte que *Héros* et sa
descendance ont varié dans le type commun, non pas seulement en acquérant une grande puissance de végétation et une
fertilité accentuée, lorsqu'ils ont été soumis à l'autofécondation, mais encore en ne tirant aucun profit d'un croisement
avec un pied distinct, et ce dernier fait, s'il est digne de confiance, constitue un cas unique dans toutes mes expériences,
aussi loin que j'aie observé.

Résumé de la croissance, de la vigueur et de la fertilité
des générations successives de plants croisés et autofé-
*condés d'*Ipomœa purpurea, *joint à quelques observations*
diverses.

Dans le tableau suivant (n° XVII), nous voyons les
moyennes en hauteur des dix générations successives de
plantes entre-croisées et autofécondées placées en regard les
unes des autres, et, dans la dernière colonne de droite,
nous avons les proportions des unes aux autres, les hauteurs des plantes entre-croisées étant exprimées par le
chiffre 100. Dans la dernière ligne, la hauteur moyenne
des 73 plantes entre-croisées est de 2m,14, et celle des
73 plants autofécondés de 1m,65, ou comme 100 est à 77.

La hauteur moyenne des plants autofécondés dans chacune des dix générations est aussi mise en évidence dans
le diagramme ci-joint, celle des plantes entre-croisées étant
indiquée par 100; à droite, nous voyons les hauteurs relatives des 73 plantes entre-croisées et des 73 autofécondées.
La différence en hauteur entre les plantes autofécondées
et croisées sera peut-être mieux appréciée par une comparaison : si, dans une contrée, tous les hommes avaient en
moyenne 1m,83, et qu'il s'y trouvât quelques familles longuement et intimement entre-croisées, les membres en seraient presque nains si leur taille moyenne était pendant
dix générations seulement de 1m,425.

TABLEAU XVII. — *Ipomœa purpurea. Résumé des mensurations des dix générations.*

Nombre des générations	Nombre des plants croisés	Hauteur moyenne des plants croisés	Nombre des plants auto-fécondés	Hauteur moyenne des plants auto-fécondés	Proportion entre les hauteurs moyennes des plants croisés et autofécondés
1ʳᵉ génération... (Tableau I.)	6	2ᵐ,05	6	1ᵐ,64	comme 100 est à 76
2ᵉ génération... (Tableau II.)	6	2,10	6	1,66	— 100 — 79
3ᵉ génération... (Tableau III.)	6	1,93	6	1,32	— 100 — 68
4ᵉ génération... (Tableau V.)	7	1,74	7	1,50	— 100 — 86
5ᵉ génération... (Tableau VI.)	6	2,06	6	1,56	— 100 — 75
6ᵉ génération... (Tableau VII.)	6	2,18	6	1,58	— 100 — 72
7ᵉ génération... (Tableau VIII.)	9	2,09	9	1,70	— 100 — 81
8ᵉ génération... (Tableau IX.)	8	2,83	8	2,41	— 100 — 85
9ᵉ génération... (Tableau X.)	14	2,03	14	1,60	— 100 — 79
10ᵉ génération.. (Tableau XI.)	5	2,34	5	1,26	— 100 — 54
Toutes les générations ensemble......	73	2,14	73	1,65	— 100 — 77

On remarquera surtout que la différence moyenne entre les plantes croisées et autofécondées n'est pas due à ce qu'un petit nombre des premières a atteint une hauteur extraordinaire, ou à ce que quelques-unes des autofécondées sont restées très-petites, mais bien à ce que tous les plants croisés ont surpassé leurs adversaires autofécondés, sauf les quelques exceptions suivantes. La première se présenta à la sixième génération, dans laquelle la plante nommée

« Héros » apparut; deux se firent jour dans la huitième génération, où les plantes autofécondées furent dans des conditions anormales, en ce qu'elles grandirent tout d'abord
d'une manière inaccoutumée et l'emportèrent pendant un
certain temps sur leurs antagonistes croisées; enfin, deux
exceptions se produisirent dans la neuvième génération,
quoique une de ces plantes seulement atteignit son oppo-

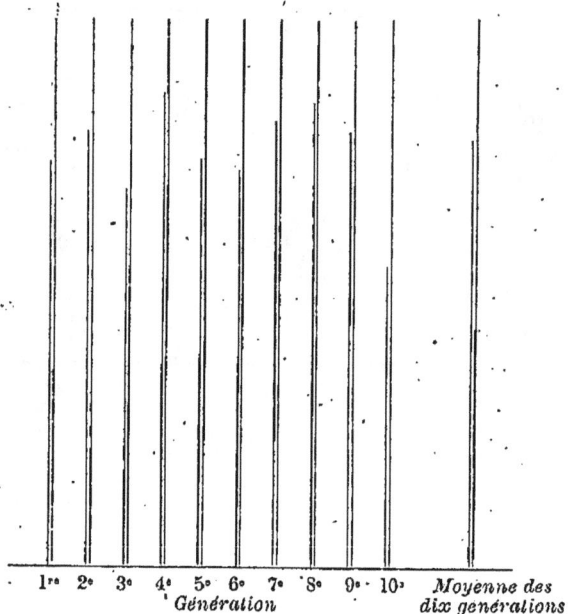

1re 2e 3e 4e 5e 6e 7e 8e 9e 10e *Moyenne des*
Génération   *dix générations*

Diagramme indiquant les hauteurs moyennes des plantes croisées et
autofécondées de l'*Ipomœa purpurea* dans les dix générations; la hauteur moyenne des plants croisés est indiquée par le chiffre 100. A droite
est portée la hauteur moyenne des plants croisés et autofécondés dans
toutes les générations prises ensemble.

sant croisé. Donc, sur les 73 plantes croisées, 68 atteignirent une plus grande hauteur que les plantes autofécondées auxquelles elles furent opposées.

Dans les chiffres de la colonne de droite, la différence en
hauteur entre les plantes croisées et autofécondées paraît
varier plus qu'on n'aurait pu s'y attendre, en tenant
compte de ce que le petit nombre de plantes mesurées dans

chaque génération a été insuffisant pour donner une bonne moyenne. Il faut se rappeler que la hauteur absolue des plantes n'a aucune signification, puisque chaque paire fut mesurée aussitôt que l'une des plantes eut atteint dans ses spirales le sommet de sa baguette. La grande différence (établie par la proportion de 100 à 54) qui existe dans la dixième génération doit être, sans aucun doute, attribuée en partie à un accident, quoique ces plantes par leur poids offrissent une différence plus grande encore (marquée par la proportion de 100 à 44). La plus petite somme de différence se présenta dans la quatrième et la huitième génération, et ce résultat fut dû apparamment à ce que cumulativement les plantes autofécondées et croisées devinrent malades, ce qui empêcha les dernières d'atteindre leur degré habituel de supériorité. Ce fut là une circonstance malheureuse, mais cependant mes expériences n'en furent point viciées, parce que les deux lots de plantes restèrent exposés aux mêmes conditions, soit favorables, soit défavorables.

Il y a des raisons pour croire que les fleurs de cet *Ipomœa*, lorsqu'il végète en pleine terre, sont habituellement croisées par les insectes; aussi les premiers semis que j'obtins de graines achetées furent-ils probablement la descendance d'un croisement. Je suppose qu'il en est ainsi : 1º parce que les bourdons visitent fréquemment ces fleurs et laissent une grande quantité de pollen sur leurs stigmates; 2º parce que les plantes obtenues du même lot de graines variaient considérablement dans la couleur de leurs fleurs; or, nous verrons plus tard que c'est là un indice d'entre-croisements nombreux[1]. Il est donc remarquable de voir que des plants

---

[1] Verlot dit (*Sur la production des variétés*, 1865, p. 66) que certaines variétés d'une plante très-rapprochée, le *Convolvulus tricolor*, ne peuvent être conservées pures, quoique végétant à distance de toutes les autres variétés.

obtenus par moi de fleurs qui furent, selon toute probabilité, autofécondées pour la première fois après plusieurs
générations de croisements, aient été inférieurs comme hauteur aux plantes entre-croisées, jusqu'au point d'arriver, par
exemple, à la proportion de 76 à 100. Comme les plantes
qui furent autofécondées dans chaque génération successive devinrent nécessairement plus intimement rapprochées
dans les dernières que dans les premières générations, on
aurait dû s'attendre à ce que la différence en hauteur entre
elles et les plantes croisées eût été sans cesse progressive;
mais c'est là si peu le cas, que la différence entre les deux
séries de plantes dans les septième, huitième et neuvième
générations prises ensemble est moindre que dans la première et la deuxième génération totalisées. Lorsque, du
reste, on se rappelle que les plantes autofécondées et
croisées descendent toutes de la même génératrice, que
beaucoup de plantes croisées dans chaque génération furent
atteintes de parenté souvent très-rapprochée, et qu'elles
furent exposées toutes aux mêmes conditions, ce qui,
comme nous le verrons plus tard, est une circonstance
très-importante, on n'est pas surpris de voir que la différence entre elles ait été en diminuant dans les dernières
générations. S'il est un fait étonnant, c'est, au contraire,
que les plantes croisées aient été victorieuses des plantes
autofécondées, même à un faible degré, dans les dernières
générations.

La vigueur constitutionnelle, plus accentuée dans les
plantes croisées que dans les autofécondées, fut prouvée en
cinq occasions par des moyens variés, savoir : en les expo-
sant pendant leur jeunesse à des froids sensibles ou à des
changements soudains de température, ou encore en les
élevant dans des conditions très-défavorables en compétition avec des plantes d'autres espèces complétement développées. Au point de vue de la productivité des plantes
croisées et autofécondées dans les générations successives,

mes observations malheureusement ne furent pas faites sur
un plan uniforme, à cause, d'une part, du manque de temps,
et de l'autre de ce que, dans le principe, je me proposais de
n'observer qu'une seule génération. Un résumé des résultats obtenus sur ce point est donné ici sous forme de tableau, la fertilité des plantes croisées étant indiquée par 100.

*Première génération des plantes croisées et
autofécondées végétant en compétition avec une
autre.* — 65 capsules provenant des fleurs de cinq
plantes croisées fécondées par le pollen d'une plante
distincte, et 55 capsules provenant des fleurs de
cinq plantes autofécondées, imprégnées par leur
propre pollen, contenaient des graines dans la proportion de. . . . . 100 à 93

56 capsules spontanément autofécondées des cinq
plantes croisées ci-dessus, et 25 capsules spontanément autofécondées des cinq plantes ci-dessus, donnèrent des graines dans la proportion de. . . . 100 à 99

En combinant le nombre total des capsules produites par ces plantes et le nombre moyen des
graines dans chacune d'elles, les plantes croisées
et autofécondées ci-dessus donnèrent des graines
dans la proportion de. . . . . 100 à 64

D'autres plantes de cette première génération, végétant dans des conditions défavorables et spontanément autofécondées, mûrirent des graines dans
la proportion de. . . . . 100 à 45

*Troisième génération des plantes croisées et
autofécondées.* — Des capsules croisées comparées
aux autofécondées contenaient des graines dans la
proportion de. . . . . 100 à 94

Un égal nombre de plantes croisées et autofécondées, toutes spontanément autofécondées, produisit
des capsules dans la proportion de. . . . . . . 100 à 38

Et les capsules contenaient des graines dans la
proportion de. . . . . 100 à 94

En combinant ces données, la productivité des
plantes croisées était à celle des plantes autofécondées (les unes et les autres étant spontanément autofécondées) comme. . . . . 100 à 35

Quatrième génération des plantes croisées et autofécondées. — Des capsules provenant de fleurs appartenant à des plants fécondés par le pollen d'une autre plante, et des capsules provenant de fleurs appartenant à des plantes autofécondées imprégnées par leur propre pollen, contenaient des graines dans la proportion de. . . . . . . 100 à 94

Cinquième génération des plantes croisées et autofécondées. — Les plantes croisées produisirent spontanément un plus grand nombre de fruits (ils ne furent pas comptés) que les autofécondées, et celles-ci contenaient des graines dans la proportion de. . . . . 100 à 89

Neuvième génération des plantes croisées et autofécondées. — Quatorze plantes croisées spontanément autofécondées et quatorze autofécondées spontanément imprégnées de leur pollen, donnèrent des capsules (le nombre moyen des graines par capsule n'ayant pas été constaté) dans la proportion de. . . . . 100 à 26

Plantes dérivées d'un croisement avec un pied nouveau, comparées aux plantes entre-croisées. — La descendance des plantes entre-croisées de la neuvième génération, croisées par un pied nouveau, étant comparée avec celle des plantes de la même souche entre-croisées pendant dix générations (ces deux séries de plantes laissées à découvert furent fécondées naturellement), produisit des capsules dont le poids fût comme. . . . . 100 à 51

Nous voyons par ce tableau que les plantes croisées sont toujours, à un certain degré, plus productives que les autofécondées, de quelque manière qu'on les compare. Ce degré diffère beaucoup, mais cela tient surtout à ce que la moyenne fut prise tantôt sur les graines seules, tantôt sur les capsules seules, tantôt enfin sur les unes et les autres ensemble. La supériorité relative des plantes croisées est principalement due à ce qu'elles produisent un plus grand nombre de capsules, et pas du tout à ce que chaque capsule renferme un plus grand nombre moyen de semences. Par exemple, dans la troisième génération, les plantes croi-

sées et autofécondées produisirent des capsules dans la proportion de 100 à 38, tandis que les sémences dans les capsules des plantes croisées furent à celles des plantes autofécondées, seulement comme 100 est à 94. Dans la huitième
génération, les capsules de deux plantes autofécondées
(elles ne sont pas renfermées dans le tableau ci-dessus),
qui végétèrent dans des pots séparés et restèrent ainsi en
dehors de toute compétition, donnèrent la forte moyenne de
5.1 graines. Le nombre plus petit de capsules produit par
les plantes autofécondées doit être attribué en partie, mais
non pas complétement, à la diminution de leur taille, et ce
fait est dû surtout à un apauvrissement de leur vigueur
constitutionnelle qui ne leur permit point d'entrer en concurrence avec les plantes croisées végétant dans le même
pot. Les semences produites par les fleurs croisées des
plantes croisées ne furent pas toujours plus lourdes que
les graines autofécondées portées par des pieds autofécondés. Les semences les plus légères, qu'elles provinssent des
fleurs croisées ou autofécondées, germèrent généralement
avant les plus lourdes. Je dois ajouter que les plantes croisées, à peu d'exceptions près, fleurirent avant leurs adversaires autofécondées, comme cela pouvait être préjugé
d'après leur vigueur plus accentuée et leur taille plus
élevée.

L'affaiblissement de la fertilité des plantes autofécondées
se trouvait encore démontrée d'une autre manière; je veux
dire, par ceci, que leurs anthères étaient plus petites que celles
des fleurs appartenant aux plantes croisées. Ce fait fut observé pour la première fois dans la septième génération,
mais il dut s'être présenté plus tôt. Plusieurs anthères des
fleurs appartenant aux plantes croisées et autofécondées de
la huitième génération purent être comparées sous le mi-
croscope : celles des premières furent généralement plus
longues et nettement plus larges que celles des plantes autofécondées. La quantité de pollen contenue dans une de

ces dernières fut, autant qu'il est permis d'en juger à simple vue, d'environ moitié moindre que celle renfermée dans une anthère d'un plant croisé. L'altération de la fécondité dans les plantes autofécondées de la huitième génération fut encore mise en évidence par cet autre fait, qui est fréquent chez les hybrides : la stérilité des premières fleurs formées. Ainsi, par exemple, les quinze premières fleurs d'un plant autofécondé, appartenant à l'une des dernières générations, furent fécondées avec soin par leur propre pollen, et huit d'entre elles tombèrent ; dans le même temps, quinze fleurs d'une plante croisée végétant dans le même pot furent autofécondées, et une seule tomba. Dans deux autres plantes croisées de la même génération, plusieurs d'entre les premières fleurs se fécondèrent elles-mêmes et produisirent des capsules. Dans les plantes de la neuvième génération, et de quelques générations antérieures je pense, un grand nombre de fleurs, comme je l'ai déjà établi, furent légèrement monstrueuses, et ce fait était probablement en connexion avec la diminution de la fécondité dans les mêmes fleurs.

Toutes les plantes autofécondées de la septième génération, et de quelques générations antérieures je pense, produisirent des fleurs de la même teinte : d'un riche pourpre sombre. Il en fut de même, sans exception, dans les plantes des trois générations suivantes autofécondées (beaucoup d'entre elles furent obtenues dans le courant d'autres expériences en cours d'exécution, qui ne sont pas rapportées ici). Mon attention fut appelée pour la première fois sur ce fait par mon jardinier : il remarqua qu'il n'était pas nécessaire d'étiqueter les plants autofécondés, puisqu'ils pouvaient toujours être reconnus par leur couleur. Les fleurs eurent une teinte aussi uniforme que celles d'une espèce sauvage végétant à l'état naturel, mais la même teinte se présenta-t-elle, comme c'est probable, dès les premières générations? Voilà ce que mon jardinier ne put pas se rappeler. · Aussi bien que celles des premières généner. générations, les fleurs des plantes qui furent obtenues tout d'abord des semences achetées varièrent considérablement en intensité dans leur couleur pourpre ; beaucoup d'entre elles furent plus ou moins roses et, accidentellement, il apparut une variété blanche. Jusqu'à la dixième génération, les plantes croisées continuèrent à varier de la même manière, mais à un beaucoup plus faible degré, ce qui tient probablement à ce que leur parenté devint plus ou moins rapprochée. Nous devons donc attribuer l'uniformité extraordinaire de la couleur dans les fleurs de la septième génération et des suivantes, à l'influence d'une hérédité qui ne fut pas troublée par des croisements durant de nombreuses générations précédentes, et qui vint s'ajouter à des conditions vitales très-uniformes.

Une plante apparut dans la sixième génération, qui reçut le nom de *Héros :* elle dépassa légèrement en hauteur son antagoniste croisé et transmit sa puissance de végétation aussi bien que son accroissement en autofécondité à ses fils et à ses petits-fils. Un croisement entre les fils de Héros ne donna aux petits-fils qui en provinrent, aucun avantage sur les petits-fils autofécondés issus des fils autofécondés ; et si mes observations faites sur des sujets malades peuvent inspirer quelque confiance, j'ajoute que les arrière-petits-fils obtenus d'un croisement entre les petits-fils ne furent doués d'aucune supériorité comparativement aux semis de petits-fils produits par l'autofécondation continuée. Bien plus, et ce fait est très-remarquable, les arrière-petits-fils résultant d'un croisement entre les petits-fils et un pied nouveau, ne présentèrent aucun avantage sur les petits-fils entre-croisés ou autofécondés. Il résulte de ces faits que Héros et sa descendance furent doués d'une constitution extraordinairement différente de celle des autres plantes de la même espèce.

Bien que les plantes obtenues, pendant dix générations

successives, de croisements entre plants distincts quoique
parents, surpassassent presque invariablement en hauteur,
en vigueur constitutionnelle, et en fécondité, leurs adversaires autofécondées, il a été prouvé que les semis provenant de fleurs entre-croisées sur la même plante ne sont
en aucune façon supérieurs, mais tout au contraire quelque peu inférieurs en hauteur et en poids aux semis provenant de fleurs impressionnées par leur propre pollen.
C'est là un fait remarquable, qui semble indiquer que l'autofécondation est en quelque façon plus avantageuse que
le croisement, quoique le croisement apporte avec lui,
comme c'est généralement le cas, quelque avantage marqué et prépondérant; mais je reviendrai sur ce sujet dans
un prochain chapitre.

Les bénéfices qui résultent si généralement d'un croisement entre deux plantes, dépendent évidemment de ce que
les deux sujets diffèrent quelque peu comme constitution
ou comme caractère. Ce fait est mis en lumière par les semis des plantes entre-croisées de la neuvième génération,
qui, après croisement avec le pollen d'un rameau nouveau,
furent aussi supérieurs en hauteur et presque aussi supérieurs en fécondité aux autres plantes entre-croisées
de nouveau, que ces dernières le furent aux plants autofécondés de la génération correspondante. Ainsi se dégage
pour nous ce point important, que le simple acte de croisement entre deux plantes qui, quoique distinctes, sont
affectées d'un certain degré de parenté et ont été longtemps
soumises à des conditions à peu près semblables, ne produit pas des effets avantageux si on les compare à ceux qui
résultent d'un croisement entre plants appartenant à deux
branches ou familles distinctes ayant été assujetties à des
conditions quelque peu différentes. Nous pouvons attribuer
le bien qui découle du croisement des plantes entre-croisées
pendant dix générations successives, à la légère différence
qui subsiste encore entre elles comme constitution ou comme

caractère, ce qui est prouvé par ce fait que les fleurs varièrent légèremont comme couleur; mais, les nombreuses
conclusions qui peuvent être tirées de mes expériences sur
l'*Ipomœa* seront examinées plus à fond dans les derniers
chapitres, après que j'aurai fait connaître toutes mes autres observations.

CHAPITRE III.

Scrophularinées, Gesnériacées, Labiées, etc.

Mimulus luteus, hauteur, vigueur et fécondité des plants croisés et autofécondés de la première génération. — Apparition d'une nouvelle variété grande et très-fertile. — Descendance résultant d'un croisement entre des plants autofécondés. — Effets du croisement avec un rameau nouveau. — Effets du croisement entre fleurs de la même plante. — Résumé des observations faites sur le *Mimulus luteus.* — *Digitalis purpurea,* supériorité des plants croisés. — Effets du croisement des fleurs du même plant. — *Calceolaria.* — *Linaria. vulgaris.* — *Verbascum thapsus.* — *Vandellia nummularifolia.* — Fleurs cléistogènes. — *Gesneria pendulina.* — *Salvia coccinea.* — *Origanum vulgare;* grand développement des plants croisés par les stolons. — *Thunbergia alata.*

Dans la famille des Scrophularinées, j'ai expérimenté sur des espèces appartenant aux six genres suivants : *Mimulus, Digitalis, Calceolaria, Linaria, Verbascum* et *Vandellia.*

II. SCROPHULARINÉES. — MIMULUS LUTEUS.

Les plants que j'obtins de graines achetées varièrent considérablement dans la couleur de leurs fleurs, si bien que deux individus furent difficilement tout à fait semblables, la corolle ayant présenté toutes les nuances du jaune avec des taches très-différentes : pourpre, cramoisi, orange et brun cuivreux. Ces plantes ne différèrent, du reste, à aucun autre point de vue[1]. Les fleurs sont évidemment bien adaptées pour la fécondation par les insectes. Dans le cas d'une espèce très-proche

---

[1] J'adressai différents spécimens portant des fleurs diversement colorées à Kew, et le docteur Hooker m'informe que tous appartiennent au *Mimulus luteus.* Les fleurs très-fortement teintées de rouge ont été nommées par les horticulteurs, variété *Youngiana.*

parente, *Mimulus roseus*.[1], j'ai observé l'entrée des abeilles dans ces fleurs et elles avaient leur dos saupoudré de pollen : quand elles pénétraient dans une autre fleur, ce pollen était léché sur leur corps par les deux lèvres du stigmate, qui sont irritables et se ferment comme une pince en enserrant les grains polliniques. Si le pollen n'est pas enfermé entre les lèvres stigmatiques, celles-ci s'ouvrent de nouveau après un certain temps. M. Kitchener a ingénieusement expliqué[2] l'utilité de ces mouvements, surtout pour prévenir l'autofécondation. Si une abeille dont le dos ne porte pas de pollen entre dans la fleur, elle touche le stigmate qui se ferme immédiatement, et lorsqu'elle se retire couverte de pollen elle ne peut en laisser un seul grain sur le stigmate de la même fleur. Mais aussitôt qu'elle pénètre dans une autre, une grande quantité de poudre fécondante est laissée sur le stigmate, qui se trouve ainsi fécondé par croisement. Néanmoins, si les insectes sont éloignés, les fleurs se fécondent elles-mêmes parfaitement et produisent beaucoup de graines. Mais je ne pus pas m'assurer si ce résultat est obtenu par l'accroissement en longueur des étamines à mesure qu'elles avancent en âge, ou par une incurvation du pistil vers les anthères[3]. Le principal intérêt que présentent mes expériences sur l'espèce actuelle se trouve dans l'apparence qu'offrit, à la quatrième génération autofécondée, une variété plus élevée que toutes les autres et portant des fleurs d'une

---

[1] Le *Mimulus roseus*, Dougl. et non *rosea* comme c'est indiqué, par suite de faute d'impression sans doute, dans le texte anglais (In *Bot. reg.*, t. 159. — *Bot. mag.*, t. 3353. — *Bot. cab.*, t. 1976. — *Brit. fl. gard. n. ser.*, t. 210), n'est autre que le *M. Lewisii* Pursh. (*Prod. D. C.*, pars X, p. 370).   (*Traducteur.*)

[2] *A Year's Botany* (Annales de Botanique), 1874, p. 118.

[3] Ayant eu occasion d'observer ce qui se passe dans les organes reproducteurs du *Mimulus luteus*, dont j'ai étudié le mouvement stigmatique dans mon travail sur le *Mouvement végétal dans les organes reproducteurs des Phanérogames*, il m'est permis de répondre à la question laissée non résolue par M. Darwin. Les fleurs du *Mimulus luteus*, comme celles du Cornaret et du *Catalpa syringifolia*, sont protérandres au plus haut degré ; mais dans les genres *Bignonia* et *Tecoma* (quoi qu'en dise H. Müller, d'après Delpino, dans son *Befruchtung*, p. 306), le contraire a lieu, ainsi que je l'ai dit dans mon travail (*loc. cit.*, p. 77). Dans ces deux genres, le stigmate est mûr et possède ses deux lèvres étalées horizontalement et *irritables*, bien avant que la fleur soit épanouie ; les étamines, au contraire, ne sont mûres que bien après l'anthèse. Cet état favorise singulièrement la fécondation croisée, on le comprend sans peine, car ces fleurs étant visitées par les insectes dès qu'elles sont entr'ouvertes, peuvent être ainsi fécondées de suite par le pollen des fleurs déjà épanouies depuis longtemps. Je n'ai jamais remarqué un mouvement quel qu'il soit du style vers les anthères, ni de ces dernières vers l'organe femelle, si ce n'est celui qui résulte de l'accroissement. (*Traducteur.*)

coloration particulière; elle fut également douée d'une autofécondité plus marquée : aussi cette variété rappelle-t-elle la
plante nommée *Héros*, qui apparut à la sixième génération
autofécondée de l'*Ipomœa*.

Quelques fleurs portées par un des plants obtenus des graines
achetées furent fécondées avec leur propre pollen, et d'autres de
la même plante furent croisées avec le pollen d'une plante distincte. Les semences des onze capsules ainsi obtenues furent
mises dans des verres de montre séparément, pour y être comparées. Celles des six capsules croisées parurent, au simple coup
d'œil, à peine plus nombreuses que celles des six capsules autofécondées. Mais leur poids ayant été pris, celles des capsules
croisées donnèrent un total de 1,02 grain (0gr,061), tandis
que celles des capsules autofécondées atteignirent seulement
0,81 grain (0gr,046), de façon que les premières furent non-
seulement plus lourdes, mais plus nombreuses que les dernières, dans la proportion de 100 à 79.

*Plantes croisées et autofécondées de la première généra-.
tion.* — M'étant assuré, en laissant dans du sable humide des
semences croisées et autofécondées, qu'elles germent simultanément, je semai dru les deux espèces de graines dans des points
opposés d'une terrine large et peu profonde, de sorte que les
deux séries de semis qui en provinrent dans le même temps
fussent soumises aux mêmes conditions défavorables. C'était là
une mauvaise façon d'opérer, mais cette espèce fut une des premières sur lesquelles j'expérimentai. Lorsque les pieds croisés
eurent en moyenne 0m,0125 de haut, les autofécondés ne
comptaient que 0m,0062. Lorsqu'ils eurent acquis tout leur développement au milieu des conditions défavorables qui les en-
touraient, les quatre plus grands pieds croisés donnèrent une
moyenne de 0m,19 en hauteur, et les quatre plus grands parmi
les autofécondés 0m,14. Dix fleurs des pieds entre-croisés furent
complétement épanouies avant qu'une seule, dans les plants
autofécondés, eût atteint le même point. Quelques-unes des
plantes des deux lots furent transplantées dans un large pot
rempli de bonne terre, et les plants autofécondés n'étant plus
assujettis à une compétition sévère, devinrent pendant l'année
suivante aussi grands que les plants croisés; mais, d'après le
cas qui suit, il est douteux qu'ils eussent continué à être
égaux. Quelques-unes des plantes croisées furent fécondées
avec le pollen d'une autre plante, et les capsules ainsi produites continrent un poids plus considérable de graines que
celles des plants autofécondés impressionnés de nouveau par
leur propre pollen.

*Plantes croisées et autofécondées de la deuxième généra-
tion.* — Les semences des plants précédents fécondés comme

nous venons de le dire, furent semées dans des points opposés d'un petit pot (n° I) et levèrent en masse. Au moment de la floraison, les quatre plus grands semis croisés atteignirent en moyenne la hauteur de $0^m,20$, pendant que les quatre plus grands pieds autofécondés arrivaient seulement à $0^m,10$. Les graines croisées se semèrent d'elles-mêmes dans un second petit pot, et les autofécondées firent de même dans un troisième vase de petite taille, de sorte qu'il n'y eut aucune compétition entre ces deux lots. Cependant les plants croisés eurent en hauteur une supériorité moyenne de $0^m,025$ à $0^m,050$ sur les autofécondés. Dans le pot numéro I, où les deux lots étaient en compétition l'un avec l'autre, les plants croisés fleurirent d'abord et produisirent un nombre considérable de capsules, tandis que les autofécondés en donnèrent seulement 19. Le contenu de onze capsules, parmi les fleurs croisées des plantes croisées et de onze capsules provenant de fleurs autofécondées appartenant aux plants autofécondés, fut placé dans des verres de montre distincts, pour y être comparé; les semences croisées parurent de moitié plus nombreuses que les autofécondées.

Les plantes des deux côtés du pot numéro I, après fructification, furent arrachées et transplantées dans un grand vase contenant une grande quantité de bonne terre, et au printemps suivant, lorsqu'elles eurent atteint environ $0^m,125$ à $0^m,150$, les deux lots furent égaux, comme cela s'était présenté dans une expérience semblable faite sur la dernière génération: Quelques semaines après, les plants croisés l'emportèrent sur les autofécondés placés dans un point opposé du même pot, mais à un degré qui n'était pas, à beaucoup près, aussi élevé que lorsque ces plantes furent assujetties, comme antérieurement, à une compétition très-rigoureuse.

Plantes croisées et autofécondées de la troisième génération. — Les semences croisées et les semences autofécondées provenant des plantes croisées et des plantes autofécondées de la dernière génération, furent semées épais dans les deux côtés opposés d'un petit vase (numéro I). Les deux plus grands pieds de chaque côté furent mesurés après floraison : les deux croisés donnèrent $0^m,30$ et $0^m,187$, les deux autofécondés $0^m,20$ et $0^m,137$; ils furent donc en hauteur dans la proportion de 100 à 69. On croisa à nouveau vingt fleurs des plantes croisées et elles produisirent 20 capsules; 10 d'entre elles contenaient des graines pesant 1,33 grain ($0^{gr},079$). Trente fleurs des plants autofécondés furent imprégnées de nouveau par leur propre pollen et produisirent 26 capsules, dont 10 des plus belles (beaucoup d'entre elles étaient très-pauvres) contenaient seulement 0,87 grain ($0^{gr},052$) de graines. Ces semences furent donc comme poids dans la proportion de 100 à 65.

La supériorité des plants autofécondés fut mise en évidence de différentes manières. Des graines autofécondées ayant été semées dans une certaine partie d'un vase, deux jours après des semences croisées furent placées dans un point opposé. Les deux lots de semis restèrent égaux jusqu'à ce qu'ils eussent atteint environ $0^m,012$ de haut, mais, après complet développement, les deux plus grandes plantes croisées atteignirent les hauteurs de $0^m,312$ et $0^m,218$, tandis que les deux plus grandes autofécondées n'en eurent que $0^m,20$ et $0^m,137$.

Dans un troisième pot, des semences croisées furent semées quatre jours après les autofécondées : les semis provenant de ces dernières eurent tout d'abord, comme on pouvait s'y attendre, un avantage marqué ; mais lorsque les deux lots eurent atteint $0^m,125$ à $0^m,150$ de haut, il y eut égalité, et enfin les trois plus grands pieds croisés atteignirent $0^m,275$, $0^m,25$ et $0^m,20$, tandis que les trois plus grands autofécondés en mesuraient seulement $0^m,30$, $0^m,212$ et $0^m,187$. De façon qu'il n'y eut pas beaucoup de différence, les plants croisés ayant un avantage de seulement $0^m,008$. Les plants furent arrachés, et, quoique troublés dans leur végétation, furent transplantés dans un grand vase. Les deux lots partirent bien au printemps suivant et les plantes croisées montrèrent encore leur supériorité naturelle, car les deux plus grandes croisées eurent $0^m,325$, tandis que les deux plus grandes autofécondées mesurèrent seulement $0^m,275$ et $0^m,212$ en hauteur, c'est-à-dire comme 100 est à 75. Les deux lots furent disposés pour se féconder spontanément eux-mêmes, et les plantes croisées produisirent un grand nombre de capsules, tandis que les autofécondées en donnèrent très-peu et de fort pauvres. Les semences des huit capsules croisées pesèrent 0,65 grain ($0^{gr},039$), tandis que celles des huit capsules autofécondées eurent un poids de 0,22 grain ($0^{gr},014$), ou comme 100 est à 34.

Les plantes croisées des trois pots ci-dessus, comme cela se produisit du reste dans les expériences antérieures, fleurirent avant les autofécondées. Le même fait se présenta dans le troisième pot, où les graines croisées avaient été semées quatre jours après les autofécondées.

Enfin des graines des deux lots furent semées en des points opposés d'un grand vase, dans lequel un fuchsia avait longtemps végété et dont la terre était, par conséquent, pleine de racines. Les deux lots grandirent misérablement, mais les semis croisés eurent constamment un avantage pour atteindre enfin à la hauteur de $0^m,087$, tandis que les semis autofécondés ne dépassèrent pas $0^m,025$. Les nombreuses expériences précédentes prouvent d'une manière décisive la supériorité comme vigueur constitutionnelle des plantes croisées sur les autofécondées.

Dans les trois générations qui viennent d'être décrites prises ensemble, la hauteur moyenne des dix plus grandes plantes croisées fut de 0^m,204 et celle des dix plus grandes plantes autofécondées de 0^m,132, ou comme 100 est à 65. Il est à remarquer que ces plantes ont été élevées dans de petits vases.

Dans la quatrième (prochaine) génération autofécondée, ont apparu plusieurs plants d'une variété grande et nouvelle qui, dans les dernières générations autofécondées, prit une prépondérance absolue (ce qui est dû à sa grande autofécondité) sur les races originelles. La même variété se fit jour aussi parmi les plantes croisées, mais, comme tout d'abord elle ne fut pas examinée avec une attention particulière, je ne saurais dire jusqu'à quel point elle est intervenue dans l'obtention des plantes entre-croisées; de plus elle était rarement présente dans les dernières générations croisées. A cause de l'apparition de cette grande variété, la comparaison entre les plantes croisées et autofécondées de la sixième génération et des suivantes manqua de justesse, et cela, parce que cette variété dominait parmi les plantes autofécondées et était seulement représentée par quelques-unes des plantes croisées, ou même manquait complètement dans celles-ci. Cependant les résultats des dernières expériences sont, à divers points de vue, très-dignes d'être relatés.

Plantes croisées et autofécondées de la quatrième génération. — Les graines des deux espèces produites, à la manière ordinaire, par les deux séries de plantes de la troisième génération, furent semées dans deux côtés opposés de deux pots (I et II); mais les semis ne furent pas assez éclaircis et végétèrent mal. Beaucoup d'entre les plants autofécondés, spécialement dans un des vases, appartenaient à cette nouvelle et grande variété ci-dessus indiquée et portèrent de grandes fleurs presque blanches marquées de taches cramoisies. Je l'appellerai la *variété blanche*. Je crois qu'elle apparut à la fois parmi les fleurs des plantes croisées et autofécondées de la dernière génération, mais ni mon jardinier ni moi ne pouvons nous souvenir si une pareille variété se fit remarquer parmi les semis venus des graines achetées. Elle doit donc s'être formée ou par variation ordinaire, ou mieux encore, si l'on en juge par son apparence au milieu des plants croisés et autofécondés, par un retour à une variété existant antérieurement.

Dans le pot numéro I, le pied croisé le plus élevé eut 0^m,218, et le plus grand autofécondé mesura 0^m,125, en hauteur. Dans le pot numéro II, le plant croisé le plus développé avait 0^m,162 de haut et le plus grand autofécondé, qui appartenait à la variété blanche, 0^m,175 : c'est là le premier exemple, dans mes expériences sur les *Mimulus*, d'un plant autofécondé ayant

distancé un plant croisé. Toutefois, les deux plus grands pieds
croisés pris ensemble furent en hauteur, aux deux plus grands
plants autofécondés, comme 100 est à 80. De plus, les plants
croisés furent supérieurs comme fécondité aux autofécondés,
car douze fleurs des plantes croisées ayant été croisées à nouveau, mûrirent dix capsules dont les graines pesèrent 1.72 grain
(0^{gr},103), tandis que vingt fleurs des plantes autofécondées
ayant été imprégnées de leur propre pollen, produisirent quinze
capsules, toutes d'apparence très-pauvre et dont les semences
pesèrent 0.68 grain (0^{gr},041). De cette façon, les graines d'un
nombre égal de capsules croisées et autofécondées furent entre
elles, par leur poids, comme 100 est à 40.

*Plantes croisées et autofécondées de la cinquième généra-
tion.* — Les graines appartenant aux deux lots de la quatrième génération fécondées à la manière ordinaire, furent semées en des points opposés de trois pots. Lorsque les semis
fleurirent, la plupart d'entre les pieds autofécondés se trouvèrent appartenir à la grande variété blanche. Plusieurs des
plants croisés, dans le pot numéro I, furent formés par cette
variété, mais il n'y en eut qu'un très-petit nombre dans les
pots numéros II et III. Le plus grand plant croisé dans le pot
numéro I avait 0^m,175 et l'autofécondé le plus élevé du côté
opposé, 0^m,20; dans les pots numéros II et III, les plus grands
pieds croisés mesurèrent 0^m,114 et 0^m,137, tandis que les
plus grands autofécondés eurent 0^m,175 et 0^m,163; si bien
que la hauteur moyenne des plants les plus élevés dans les
deux lots fut comme 100 (pour les croisés) est à 126 (pour
les autofécondés) : nous avons donc ici absolument l'inverse de
ce qui s'est produit dans les quatre premières générations.
Néanmoins, dans tous les trois pots, les plants croisés conservèrent leur habitude de fleurir avant les autofécondés. Les
plantes ayant été rendues souffrantes, par leur entassement autant que par l'extrême chaleur de la saison, elles furent toutes
plus ou moins stériles, et cependant les pieds croisés le furent
en quelque façon moins que les autofécondés.

Plantes croisées et autofécondées de la sixième génération.
— Les semences des plantes de la cinquième génération croisées et autofécondées à la manière ordinaire, furent semées
dans des points opposés de plusieurs pots. Du côté des autofécondées, il n'y eut jamais qu'une seule plante appartenant à la
grande variété blanche; du côté des plantes croisées, on
en compta quelques-unes de cette variété, mais le plus grand
nombre se rapprocha de l'ancienne et petite espèce portant de
petites fleurs jaunes tachées de brun cuivreux. Lorsque les
plantes des deux côtés atteignirent 0^m,050 à 0^m,075 en hauteur, elles étaient égales; mais, après complet développement,

les autofécondées furent décidément les plus grandes et les plus belles : par manque de temps, on ne put pas alors les mesurer. Dans la moitié des pots, la première fleur apparut sur une plante autofécondée, et, dans l'autre moitié, la priorité fut aux croisées. Dès ce moment, un autre remarquable changement était clairement perçu, à savoir, que les plantes autofécondées devenaient plus fécondes par elles-mêmes que les croisées. Tous les pots furent placés sous une gaze, en vue d'écarter les insectes, et les plantes croisées produisirent spontanément 55 capsules seulement, tandis que les autofécondées en donnèrent 81, ou comme 100 est à 147. Les graines de neuf capsules prises dans chaque lot furent placées séparément dans des verres de montre pour y être comparées, et les autofécondées parurent bien plus nombreuses. Outre ces capsules spontanément autofécondées, vingt fleurs des plantes croisées furent croisées de nouveau et donnèrent 16 capsules, et vingt-cinq fleurs des plantes autofécondées, fécondées à nouveau par leur propre pollen, mûrirent 17 capsules : c'est là un nombre proportionnel de capsules plus grand que celui qui fut produit par les fleurs autofécondées des plantes autofécondées, dans les générations antérieures. Le contenu de 10 capsules de ces deux lots fut comparé dans des verres de montre séparés, et les semences des plantes autofécondées parurent positivement plus nombreuses que celles des croisées.

Plantes croisées et autofécondées de la septième généra-tion. — Les graines croisées et autofécondées des plantes croisées et autofécondées de la sixième génération furent semées à la manière ordinaire en des points opposés de trois pots, et les semis furent très-également éclaircis. Dans cette génération aussi bien que dans les huitième et neuvième, chacun des plants autofécondés (et ils furent obtenus en grand nombre) appartenait à la grande variété blanche. Leur uniformité de caractère, en comparaison de celle des semis obtenus des semences achetées, fut tout à fait remarquable. D'un autre côté, les plants croisés différèrent beaucoup comme teinte de fleurs, mais cependant à un degré moindre je pense, que ceux qui furent obtenus les premiers. Je résolus cette fois de mesurer avec grand soin les plants des deux provenances. Les autofécondés levèrent plus tôt que leurs antagonistes, mais les deux lots furent pendant quelque temps d'égale hauteur. Au moment de la première mensuration, la hauteur moyenne des six plus grands pieds croisés, dans les trois pots, fut de $0^m,1755$, et celle des six plus grands pieds autofécondés, de $0^m,224$, c'est-à-dire comme 100 est à 128. Après complet développement, les mêmes plants, mesurés de nouveau, donnèrent les résultats suivants :

Tableau XVIII. — *Septième génération.*

Numéros des pots	Plantes croisées	Plantes autofécondées
I.	mètres 0,281 0,296	mètres 0,478 0,450
II.	0,318 0,281	0,456 0,368
III.	0,243 0,293	0,318 0,275
Total.	1,712	2,345

La hauteur moyenne des six plantes croisées est ici de
$0^m,285$ et celle des six autofécondées de $0^m,391$, ou comme 100
est à 137.

Comme il était, dès lors, évident que la grande variété blanche
transmettait fidèlement ses caractères et que les plants autofécondés étaient tous formés par cette variété, il parut manifeste qu'ils dépasseraient toujours désormais les plantes
croisées qui appartenaient principalement aux petites variétés
originelles. Cette série de recherches fut donc interrompue et
j'essayai si l'entre-croisement de deux plantes autofécondées
de la sixième génération, vivant dans des pots distincts, aurait
pour résultat de donner à leur descendance quelque avantage
sur les produits provenant de fleurs de la même plante fécondées avec leur propre pollen. Ces derniers semis formèrent
la septième génération des plantes autofécondées comme
ceux qui occupent la colonne de droite du tableau XVIII : les
plants croisés furent le résultat des six générations autofécondées antérieures avec un entre-croisement à la dernière génération. Les semences ayant été mises à germer dans le sable,
les semis qui en provinrent furent plantés par paires dans des
points opposés de quatre pots : toutes les graines restant furent
semées serrées en des points opposés du pot V, dans le tableau XIX, et les trois plus grands semis seulement, de chaque
côté de ce dernier pot, furent mesurés. Toutes les plantes
furent l'objet de deux mensurations : la première fut faite pendant leur jeunesse, et la hauteur moyenne des plants croisés,
comparée à celle des autofécondés, fut comme 100 est à 122;
la seconde, faite après leur entier développement, donna les résultats suivants :

TABLEAU XIX.

Numéros des pots	Plantes entre-croisées provenant des plantes autofécondées de la 6ᵉ génération	Plantes autofécondées de la 6ᵉ génération
	mètres	mètres
I.	0,318	0,381
	0,262	0,290
	0,250	0,275
	0,365	0,275
II.	0,256	0,284
	0,193	0,287
	0,303	0.215
	0,175	0,359
III.	0,340	0,259
	0,306	0,293
IV.	0,178	0,368
	0,206	0,175
	0,181	0,200
V. Plants entassés	0,215	0,256
	0,225	0,234
	0,206	0,231
Total.	3,979	4,382

La hauteur moyenne des 16 plants entre-croisés est ici de 0ᵐ,249 et celle des 16 autofécondés de 0ᵐ,254, ou comme 100 est à 110; de sorte que les plants entre-croisés, dont les progéniteurs avaient été autofécondés pendant six générations antérieures, et avaient été exposés constamment à des conditions remarquables par leur uniformité, furent quelque peu inférieurs aux plants de la septième génération autofécondée. Mais comme nous allons voir maintenant qu'une expérience semblable, faite après deux nouvelles générations autofécondées, a donné un résultat différent, je ne saurais préciser la limite exacte de la confiance qu'il faut accorder à celle-là. Dans trois des cinq pots du tableau XIX, une plante autofécondée fleurit la première, et dans les autres, deux plants croisés eurent la priorité. Ces plants autofécondés furent d'une remarquable fécondité, car vingt fleurs fécondées par leur propre pollen ne produisirent pas moins de 19 capsules fort belles!

Effets du croisement avec un pied distinct. — Quelques fleurs appartenant à des plants autofécondés dans le pot numéro IV, du tableau XIX, furent fécondées avec leur propre pollen, et on obtint ainsi des plantes de la huitième génération

autofécondée destinées à servir de générateurs dans l'expérience
suivante. Plusieurs fleurs appartenant à ces plants furent mises
en état d'être fécondées spontanément (les insectes ayant été,
bien entendu, écartés), et les plantes issues de ces graines formèrent la neuvième génération autofécondée : elles appartenaient toutes à la grande variété blanche pourvue de taches
cramoisies. D'autres fleurs des mêmes plantes de la huitième
génération autofécondée furent croisées avec le pollen d'une
autre plante du même lot, de sorte que les semis ainsi obtenus
furent la descendance des huit générations antérieures autoatécon-
dées ayant subi un entre-croisement dans la dernière génération :
je les appellerai les *plants entre-croisés*. Enfin, d'autres fleurs
des mêmes plantes de la huitième génération autofécondée furent croisées avec du pollen pris sur des plants qui avaient été
obtenus de graines provenant d'un jardin de Chelsea. Les plants-
Chelsea portaient des fleurs jaunes tachées de rouge, mais ne
différaient des précédents à aucun autre point de vue. Ils avaient
été cultivés en pleine terre, tandis que les miens avaient été
élevés en pots dans la serre, pendant les huit dernières générations, et dans une terre végétale d'espèce différente. Les semis obtenus par ce croisement avec un pied complétement différent, seront appelés *Chelsea-croisés*. Les trois lots de graines ainsi
obtenues furent mis à germer dans le sable, et, lorsque trois
graines ou deux seulement appartenant à chacun des lots levaient en même temps, les semis étaient plantés dans des pots
divisés superficiellement, suivant le cas, en deux ou trois compartiments. Les graines restant, qu'elles fussent ou non en
état de germination, furent semées dru dans trois divisions du
grand pot numéro X (tableau XX). Lorsque les plants eurent
atteint leur complet développement, on les mesura comme
c'est indiqué dans le tableau suivant, mais en ne comprenant
dans cette opération que les trois plus grands sujets de chacune des trois divisions du pot X.

Dans ce tableau, la hauteur moyenne des 28 Chelsea-croisés
est de $0^m,540$, celle des 27 plantes entre-croisées de $0^m,302$, et
celle des 19 autofécondées de $0^m,260$; mais pour ce qui concerne
ces dernières, il serait bon d'en rejeter deux sujets rabougris ayant
seulement $0^m,10$ de hauteur, afin de ne pas exagérer l'infériorité
des plants autofécondés, ce qui porterait la hauteur moyenne des
17 plantes autofécondées restant à $0^m,280$. Les Chelsea-croisés
sont donc en hauteur, aux entre-croisés, comme 100 est à 56,
et aux autofécondés, comme 100 est à 52; les entre-croisés sont
aux autofécondés comme 100 est à 92. Nous voyons par là quelle
supériorité immense ont, en hauteur, les Chelsea-croisés sur les
pieds entre-croisés et autofécondés.

Ils commencèrent à montrer cette supériorité lorsqu'ils

TABLEAU XX.

Numéros des pots	Plants provenant des plantes autofécondées de la 8ᵉ génération croisées par un pied de Chelsea	Plants provenant d'un entre-croisement entre les plants de la 8ᵉ génération autofécondée	Plants autofécondés de la 9ᵉ génération provenant de plants de la 8ᵉ génération autofécondée
	mètres	mètres	mètres
I.	0,771 0,721 —	0,350 0,343 0,346	0,237 0,265 0,250
II.	0,518 0,556 —	0,287 0,300 0,228	0,293 0,309 —
III.	0,593 0,603 0,643	0,306 — —	0,215 0,287 0,171
IV.	0,565 0,550 0,425	0,231 0,203 —	0,100 0.334 0,275
V.	0,559 0,490 0,587	0,225 0,275	0,112 0,315 0,337
VI.	0,706 0,550 —	0,468 0,165 0,312	0,300 0,403 —
VII.	0,312 0,609 0,512 0,662	0,375 0,309 0,281 0,381	— — — —
VIII.	0,431 0,568 0,675	0,334 0,365 0,359	— — —
IX.	0,568 0,150 0,506	0,293 0,425 0,371	— — —
X. Plantes entassées	0,453 0,515 0,437	0,231 0,206 0,250	0,259 0,203 0,281
Total.	15,130	8,237	4,962

avaient à peine 0ᵐ,025 de haut. A leur complet développement,
ils furent aussi plus ramifiés, pourvus de feuilles plus grandes
et de fleurs quelque peu plus développées que les deux autres

lots, si bien que, s'ils avaient été pesés, la proportion eût été
certainement plus élevée que 100 à 56 ou 52.

Les plants entre-croisés sont ici en hauteur, aux autofécondés, comme 100 à 92; du reste, dans l'expérience analogue
donnée au tableau XIX, les plants entre-croisés provenant des
plants autofécondés de la sixième génération furent inférieurs
en hauteur aux plants autofécondés dans la proportion de 100
à 110. Je doute que la discordance des résultats obtenus dans
ces deux expériences puisse être expliquée, soit par ce fait que,
dans le cas présent, les plants autofécondés ont été obtenus de
semences spontanément autofécondées (tandis que, dans le premier cas, elles avaient été obtenues de semences artificiellement autofécondées), soit parce que les plants actuels ont été
autofécondées pendant deux générations de plus, et c'est là cependant l'explication la plus probable.

Au point de vue de la fécondité, les 28 plantes Chelsea-croi-
sées produisirent 272 capsules; les 27 entrecroisées en donnèrent 24, et les 17 autofécondées 17. Toutes ces plantes avaient
été laissées à découvert, afin d'être fécondées naturellement, et
leurs capsules vides avaient été rejetées.

Donc, 20 Chelsea-croisés auraient produit   194.29 capsules
— 20 entre-croisés   —   —   17.77 —
— 20 autofécondés   —   —   20.00 —

Les semences contenues dans 8 capsules des plants
    Chelsea-croisés pesaient 1 grain 1. . . . . . 0^{gr},071
Les semences contenues dans 8 capsules des plants
    entre-croisés pesaient 0 grain 51 . . . . 0^{gr},033
Les semences contenues dans 8 capsules des plants
    autofécondés pesaient 0 grain 33. . . . . 0^{gr},020

Si nous combinons le nombre de capsules produites avec le
poids moyen des semences qu'elles contiennent, nous arrivons
aux proportions extraordinaires qui suivent :

Poids des graines produites par le même
    nombre de plants Chelsea-croisés et en-
    tre-croisés. . . . . comme 100 à 4
Poids des graines produites par le même
    nombre de plants Chelsea-croisés et
    autofécondés. . . . . comme 100 à 3
Poids des graines produites par le même
    nombre d'entre-croisés et d'autofécondés. comme 100 à 73

Il est aussi remarquable de voir que les plants Chelsea-croisés surpassèrent, en vigueur, les deux lots d'une manière aussi

marquée qu'ils l'avaient fait en hauteur, en exubérance vitale
et en fécondité. Au commencement de l'automne, le plus grand
nombre des pots fut mis en pleine terre, pratique qui a pour résultat d'endommager toujours les plantes longtemps conservées
dans une serre chaude. Les trois lots souffrirent donc beaucoup,
mais les Chelsea-croisés furent moins éprouvés que les deux
autres lots. Le 3 octobre, les Chelsea-croisés commencèrent une
nouvelle floraison et la continuèrent pendant quelque temps,
tandis que pas une fleur n'apparut sur les plantes des deux
autres lots, dont les tiges furent coupées presque à ras de terre
et parurent mortes à moitié. Au commencement de décembre,
il y eut une forte gelée et les tiges des Chelsea-croisés furent
rasées; mais le 23 du même mois, ils commençaient à repousser
de nouveau par les racines, tandis que toutes les plantes des
deux autres lots avaient complétement succombé.

Quoique plusieurs des semences autofécondées, dont provinrent les plants de la colonne de droite dans le tableau XX,
aient germé avant celles des deux autres lots (et alors elles furent
naturellement rejetées), ce n'est que dans un seul des dix pots
que les pieds autofécondés fleurirent avant les Chelsea-croisés
ou avant les entre-croisés végétant dans le même vase. Les
plants de ces deux dernières catégories fleurirent en même
temps, et cependant les Chelsea-croisés étaient beaucoup plus
grands et plus vigoureux que les entre-croisés.

Ainsi qu'il a été établi déjà, les fleurs obtenues dans le principe des semences de Chelsea furent de couleur jaune, et il est
digne de remarque que chacun des 28 semis obtenus de la
grande variété blanche fécondée, sans castration préalable,
par le pollen des plants Chelsea, produisit des fleurs jaunes;
ce fait montre combien la couleur jaune qui appartient naturellement à l'espèce a de prépondérance sur la blanche.

*Effets produits sur la descendance par l'entre-croisement
de fleurs de la même plante au lieu du croisement de deux
individus distincts.* — Dans toutes les expériences précédentes, les plants croisés furent le produit d'un croisement
entre plantes distinctes. Je choisis alors un plant très-vigoureux
du tableau XX, issu du croisement d'une plante de la
huitième génération autofécondée par le pollen d'un pied de
Chelsea; plusieurs fleurs de cette plante furent croisées avec le
pollen d'autres fleurs de la même plante, tandis que plusieurs
autres étaient imprégnées de leur propre pollen. Les semences
ainsi obtenues furent mises à germer dans du sable seul, et les
semis furent placés, à la manière ordinaire, dans des points
opposés de six pots différents. Toutes les graines restant,
qu'elles fussent ou non en état de germination, ayant été semées
dru dans le pot numéro VII, les trois plus grands plants

seuls de chaque côté de ce dernier pot furent mesurés. Dans mon empressement de connaître les résultats de cette expérience, quelques-unes des graines furent semées à la fin de l'automne, mais les plants qui en provinrent végétèrent si irrégulièrement pendant l'hiver, que l'un des croisés avait $0^m,712$ en hauteur, et les deux autres $0^m,10$ ou même moins, comme on peut le voir dans le tableau XXI. Dans de pareilles circonstances, comme je l'ai fait remarquer pour quelques autres cas, le résultat n'est pas complétement digne de confiance; cependant je me crois obligé de donner ces mensurations.

TABLEAU XXI.

Numéros des pots	Plants résultant d'un croisement entre différentes fleurs de la même plante	Plants obtenus de fleurs fécondées avec leur propre pollen
I.	mètres 0,425 0,225	mètres 0,425 0,078
II.	0,706 0,412 0,340	0,478 0,150 0,050
III.	0,100 0,056	0,393 0,250
IV.	0,587 0,387	0,156 0,178
V.	0,175	0,337
VI.	0,459 0,275	0,037 0,050
VII. Plantes entassées	0,525 0,293 0,303	0,378 0,275 0,281
Total.	5,270	3,518

Les quinze plantes croisées ont en hauteur une moyenne de $0^m,352$, et les quinze autofécondées de $0^m,233$, ou comme 100 est à 67. Mais si les plantes au-dessous de $0^m,250$ étaient rejetées, la proportion des onze pieds croisés aux huit autofécondés serait de 100 à 82.

Au printemps suivant, quelques graines des deux lots non employées furent traitées exactement de la même manière; les mensurations des semis sont données dans le tableau suivant :

TABLEAU XXII.

Numéros des pots	Plantes provenant d'un croisement entre différentes fleurs de la meme plante	Plantes provenant de fleurs fécondées avec leur propre pollen
	mètres	mètres
I.	0,378 0,300 0,253	0,478 0,515 0,318
II.	0,406 0,340 0,503	0,281 0,484 0,437
III.	0,471 0,375 0,346	0,318 0,393 0,425
IV.	0,481 0,493	0,406 0,540
V.	0,634	0,565
VI.	0,375 0,506 0,681	0,490 0,406 0,490
VII.	0,193 0,350 0,337	0,193 0,200 0,175
VIII. Plantes entassées	0,456 0,468 0,459 0,459	0,509 0,443 0,387 0,378
Total.	9,27	8,84

Ici la hauteur moyenne des vingt-deux plantes croisées est de 0^m,421, et celle des vingt-deux autofécondées de 0^m,404, ou comme 100 est à 95. Mais si on écarte quatre des plantes contenues dans le pot VII (et ce serait la meilleure méthode), lesquelles sont beaucoup plus petites que les autres, les vingt et une croisées sont alors aux dix-neuf autofécondées comme 100 est à 100,6; il y a donc égalité. Tous les plants, excepté ceux qui furent entassés dans le pot numéro VIII, furent arrachés après mensuration, et les huit croisés pesèrent 310 grammes, tandis que le même nombre d'autofécondés donna le poids de 318 gr., ou comme 100 est à 102,5; mais si les plantes rabougries du pot numéro VII avaient été écartées, les autofécondées auraient dépassé les croisées en poids dans une haute proportion. Pour toutes les expériences antérieures, dans lesquelles les semis obtenus d'un croisement entre plantes distinctes furent mis en compétition avec des plants autofécondés, ce furent les premiers qui fleurirent d'abord; mais, pour le cas présent, dans sept pots sur huit une plante autofécondée fleurit avant une plante croisée occupant le côté opposé du même vase. D'après le témoignage donné par les plantes du tableau XXII, un croisement entre deux fleurs du même pied semble ne procurer aucun avantage à la descendance qui en provient, puisque les plants autofécondés sont supérieurs en poids. Mais cette conclusion ne peut pas inspirer une confiance absolue, si l'on tient compte des mensurations indiquées dans le tableau XXI. Ces dernières cependant, par la cause déjà indiquée, sont bien moins dignes de confiance que les présentes.

Résumé des observations sur le Mimulus luteus. — Durant les trois premières générations de plantes croisées et autofécondées, les trois plus grands pieds seuls furent mesurés, de chaque côté, dans beaucoup de pots, et la hauteur moyenne des dix croisés fut à celle des dix autofécondés comme 100 est à 64. Les croisés furent aussi beaucoup plus féconds que les autofécondés, et leur vigueur fut si bien supérieure qu'ils dépassèrent ces derniers en hauteur, même quand ils furent semés dans des points opposés du même pot après un intervalle de quatre jours. La même supériorité se fit jour d'une manière remarquable lorsque les deux catégories de graines furent semées dans des points opposés d'un vase rempli d'une terre très-pauvre et envahie par les racines d'une plante étrangère. Dans un cas, des semis croisés et autofécondés, végétant en terre riche et n'étant pas en compétition les uns avec les autres, atteignirent une hauteur égale. Si nous arrivons à la quatrième génération, nous voyons les quatre plus grands pieds croisés pris ensemble dépasser très-faiblement les deux plus grands autofécondés, et l'un de ces derniers battre son antagoniste croisé, circonstance qui ne s'était pas présentée encore dans les générations antérieures. Cette plante autofécondée victorieuse appartenait à une nouvelle variété à fleurs blanches, qui devint plus grande que les

anciennes variétés jaunâtres. Dès l'abord, elle se montra
beaucoup plus féconde après autofécondation que les
vieilles variétés, et elle devint, dans les générations autofécondées suivantes, de plus en plus féconde par elle-même.
Dans la sixième génération, les deux lots de plants ayant
été livrés à la fécondation spontanée directe, les plants
autofécondés de cette variété, comparés aux plants croisés,
produisirent des capsules dans la proportion de 147 à 100.
A la septième génération, vingt fleurs prises sur l'une de
ces plantes artificiellement autofécondées, ne donnèrent
pas moins de dix-neuf très-belles capsules!

Cette variété transmit si fidèlement sa caractéristique à
toutes les générations autofécondées successives jusqu'à la
dernière (la neuvième), que toutes les nombreuses plantes
qui en provinrent présentèrent une complète uniformité
de caractères, offrant ainsi un remarquable contraste avec
ce qui se passe dans les semis obtenus de graines achetées. Cependant, cette variété conserva jusqu'à la fin une
tendance latente à produire des fleurs jaunes; car lorsqu'une plante de la huitième génération autofécondée fut
croisée avec le pollen d'une plante à fleurs jaunes du rameau Chelsea, chaque semis porta des fleurs jaunes. Une
variété semblable, au moins par la couleur de ses fleurs,
apparut aussi parmi les plantes croisées de la troisième
génération. On ne fit d'abord aucune attention à cette apparition, si bien que j'ignore dans quelle mesure elle intervint au commencement des opérations, soit pour le croisement, soit pour l'autofécondation. Dans la cinquième génération, le plus grand nombre des plants autofécondés,
et dans la sixième aussi bien que dans chacune des générations suivantes, tous les plants de cette provenance appartenaient à cette variété : ce fait était dû partiellement
sans doute, à son autofécondité accentuée et accrescente.
D'un autre côté, elle disparut du nombre des plantes croisées dans les dernières générations, et ce fait est probable-

ment lié à l'entrecroisement continu des nombreux plants. La grande taille de cette variété eut pour résultat de donner aux plantes autofécondées la supériorité en hauteur sur les croisés dans toutes les générations, de la cinquième à la septième inclusivement, et il n'y a pas de doute qu'il en eût été ainsi dans les dernières générations si elles avaient été mises en compétition les unes avec les autres. Dans la cinquième génération, les plants croisés furent, en hauteur, aux autofécondés, comme 100 est à 126; dans la sixième, comme 100 est à 147; dans la septième enfin, comme 100 est à 137. Cet excès en hauteur doit être attribué non-seulement à ce que cette variété est naturellement plus grande que les autres, mais encore à ce qu'elle possède une constitution particulière qui lui permet de ne pas souffrir de l'autofécondation continuée.

Le cas de cette variété présente une analogie étroite avec celui de la plante nommée « Héros », qui apparut dans la sixième génération autofécondée de l'*Ipomœa*. Si les graines que produisit Héros l'avaient emporté par le nombre sur celles produites par les autres plants, et, ainsi que ce fut le cas pour le *Mimulus*, si toutes les semences avaient été mêlées ensemble, la descendance de Héros aurait grandi à l'exclusion entière des plantes ordinaires dans les dernières générations autofécondées, et, comme elle est naturellement plus grande, elle eût surpassé en hauteur les plants croisés dans chaque génération suivante.

Quelques-unes des plantes autofécondées de la sixième génération furent entre-croisées comme le furent aussi quelques-unes de la huitième, et les semis provenant de ces croisements furent mis en compétition avec des plants autofécondés des deux générations correspondantes. Dans la première expérience, les plantes entre-croisées furent moins fertiles que les autofécondées et moins grandes dans la proportion de 100 à 110. Dans la seconde expérience, les plantes entre-croisées furent plus fécondes que les autofé-

condées dans la proportion de 100 à 73, et plus grandes
dans la proportion de 100 à 92. Quoique les plants autofécondés, dans la deuxième expérience, fussent le produit
de deux générations additionnelles obtenues par autofécondation, je ne puis m'expliquer cette discordance dans
les résultats de ces deux expériences analogues.

Les plus importantes de toutes les expériences faites sur
le *Mimulus*, sont celles dans lesquelles des fleurs de certaines plantes de la huitième génération autofécondée
furent autofécondées de nouveau, pendant que d'autres
fleurs, sur des plantes distinctes du même lot, furent
entre-croisées, et enfin que d'autres furent croisées avec
une nouvelle souche de plantes de Chelsea. Les semis
croisés-Chelsea furent en hauteur, aux entre-croisés, comme
100 à 56, et en fécondité comme 100 à 4 ; les mêmes furent
en hauteur, aux autofécondés, comme 100 à 52, et en fécondité comme 100 est à 3. Ces Chelsea-croisés furent donc
bien plus vigoureux que les plants des deux autres lots,
de façon que le bénéfice réalisé par un croisement avec un
pied nouveau fut remarquablement accentué.

Enfin, des semis provenant d'un croisement entre fleurs
de la même plante n'eurent aucune supériorité sur ceux
résultant de fleurs fécondées avec leur propre pollen ;
mais ce résultat ne peut inspirer une confiance absolue, si
l'on tient compte de quelques observations antérieures, qui,
du reste, furent faites dans des circonstances défavorables.

DIGITALIS PURPUREA.

Les fleurs de la digitale commune sont *protérandres*,
c'est-à-dire que le pollen est mûr et se répand le plus souvent
avant que le stigmate de la même fleur soit prêt pour la fécondation. Cet acte est assuré par l'intervention de grands bourdons, qui, occupés à la recherche du nectar, charrient le pollen
de fleur en fleur. Les deux étamines supérieures, plus longues, épanchent leur pollen avant les deux inférieures plus
courtes. Ce fait peut probablement s'expliquer ainsi, suivant les

remarques du docteur Ogle[1] : les anthères des étamines les plus longues, se trouvant rapprochées du stigmate, seraient admirablement placées pour une très-facile autofécondation, et, comme il est avantageux de l'éviter, elles répandent tout d'abord leur pollen, en diminuant ainsi la chance de la réaliser. Il n'y a du reste pas imminent danger d'autofécondation avant l'ouverture du stigmate bifide, car Hildebrand[2] a constaté que l'application du pollen sur le stigmate avant l'épanouissement de cet organe restait sans effet. Les anthères de grandes dimensions se tiennent d'abord dans une position transversale, eu égard à l'axe du tube de la corolle; si elles entraient en déhiscence dans cette position, elles enduiraient complétement de pollen, selon la remarque du docteur Ogle, et le dos et les côtés d'un bourdon pénétrant dans la fleur à la manière ordinaire. Mais les anthères s'enroulent et se placent spontanément dans une position longitudinale avant de s'entr'ouvrir. Le fond et l'intérieur de la gorge dans la corolle sont complétement fermés par des poils, et ces exodermies ramassent si bien tout le pollen tombé, que j'ai vu la surface inférieure d'un bourdon abondamment revêtue de cette poudre, qui du reste ne peut jamais être ainsi appliquée sur le stigmate, parce que les abeilles en se retirant ne tournent pas leur abdomen en haut. J'étais donc embarrassé de savoir si ces poils servent à quelque usage, mais M. Belta, je crois, a expliqué leur rôle. Les petites espèces d'abeilles ne sont pas adaptées pour féconder les fleurs; si elles pouvaient y pénétrer facilement, elles déroberaient beaucoup de nectar, et dès lors ces fleurs seraient fréquentées par un plus petit nombre de grandes abeilles. Les bourdons, au contraire, peuvent s'insinuer avec la plus grande facilité dans les fleurs pendantes en se servant « des poils comme point d'appui pendant « qu'ils sucent le nectar; mais les petites abeilles en sont empêchées « par ces poils, et lorsque à la longue elles les ont traversés, elles « trouvent en dessous un précipice glissant, ce qui déjoue com- « plétement leur dessein. » M. Belt dit avoir observé un grand nombre de fleurs pendant toute la saison propice dans les Galles du nord, et « une fois seulement, il put voir une petite abeille « atteindre le nectar, tandis que beaucoup d'autres tentaient en « vain d'arriver à ce résultat[3]. »

Je recouvris d'un tissu une plante végétant dans son sol

---

[1] *Popular Science Review* (Revue populaire de la science), janv. 1870, p. 50.

[2] *Geschlechter-Vertheilung bei den Pflanzen,* 1867, p. 20.

[3] *The Naturalist in Nicaragua* (Le naturaliste au Nicaragua), 1874, p. 132. Mais il paraît, d'après H. Müller (*Die Befruchtung der Blumen,* La fécondation des fleurs, 1873, p. 285), que de petits insectes réussissent parfois à pénétrer dans ces fleurs.

natif (Galles septentrionales), et fécondai six de ses fleurs chacune avec leur pollen, et six autres avec le pollen d'une
plante distincte vivant à la distance de quelques pieds. La
plante recouverte fut de temps en temps secouée violem-
ment, afin d'imiter les effets d'un coup de vent et de faciliter
ainsi, autant que possible, l'autofécondation. Outre la douzaine
artificiellement fécondée, il naquit, sur le même pied, 92 fleurs,
parmi lesquelles 24 seulement produisirent des capsules; du
reste, presque toutes les fleurs des plantes voisines vivant à découvert furent remplies de fruits. Des 24 capsules autofécondées,
deux seulement contenaient leur plein de graines, 6 en renfermaient une provision modérée, et les 16 restant en avaient
très-peu. Un peu de pollen adhérent aux anthères après leur déhiscence et tombant accidentellement sur le stigmate parvenu
à maturité, tel doit avoir été le moyen par lequel les 24 fleurs
ci-dessus furent partiellement autofécondées. En effet, les bords
de la corolle en se flétrissant ne se recourbent pas en dedans,
les fleurs en tombant ne tournent pas sur leur axe de façon à
porter les poils couverts de pollen dont la face inférieure est
revêtue en contact avec le stigmate, et c'est par l'un ou l'autre
de ces moyens que l'autofécondation peut être effectuée.

Les semences des capsules ci-dessus croisées et autofécondées,
après germination dans du sable pur, furent placées par paires
dans des points opposés de cinq pots de grandeur moyenne, qui
furent conservés dans la serre. Après un certain temps, les
plants parurent souffrir d'inanition et furent enlevés de leurs
pots, sans être endommagés, pour être plantés en pleine terre en
deux séries parallèles rapprochées. Ils furent soumis à une compétition d'une rigueur supportable, et non pas, à bien près,
aussi rigoureuse qu'elle l'eût été s'ils étaient restés dans les pots.
Au moment où ils furent dépotés, leurs feuilles avaient environ
$0^m,125$ à $0^m,20$ de long; la plus longue feuille du plus beau
plant des deux côtés fut mesurée dans chaque pot, et il en résulta
que les feuilles des plants croisés dépassaient en moyenne celles
des autofécondés de $0^m,010$.

L'été suivant, la plus grande tige florale fut mesurée dans
chaque pot après complet développement. Il y avait 17 plants
croisés, mais un d'entre eux ne donna pas de tige florifère. Il y
avait aussi, dans le principe, 17 plants autofécondés, mais ils
présentèrent une constitution si pauvre qu'il n'en mourut pas
pas moins de neuf dans le courant de l'hiver et du printemps; il
n'en resta donc que 8 vivants pour les mensurations qui sont
indiquées dans le tableau suivant :

Tableau XXIII. — *Les plus grandes tiges florales de chaque plante ont été mesurées. 0 signifie que la plante est morte avant d'avoir produit sa tige florifère.*

Numéros des pots	Plantes croisées	Plantes autofécondées
	mètres	mètres
I.	1,343 1,437 1,443 0,000	0,687 1,393 0 0
II.	0,862 1,312 1,593	0,975 0,800 0,525
III.	1,437 1,337 1,268 0,931	1,337 0 0 0
IV.	1,612 0,937 —	0,862 0,593 0
V.	1,325 1,193 0,868	0 0 0
Total.	18,13	7,17

La hauteur moyenne des tiges florifères portées par 16 plantes croisées est ici de 1^m,286 et celle des huit autofécondées de 0^m,895, ou comme 100 est à 70. Mais cette différence en hauteur ne donne en rien une juste idée de la grande supériorité des plantes croisées. Ces dernières produisirent ensemble soixante-quatre tiges florifères, chaque plante ayant donné exactement quatre branches florales, tandis que les huit plantes autofécondées produisirent seulement quinze tiges florifères, chacune ayant donné en moyenne seulement cent quatre-vingt-sept tiges florifères, et présentèrent une apparence moins luxuriante. Nous pouvons exprimer ce résultat d'une autre manière : le nombre de tiges florales sur les plantes croisées fut à celui d'un égal nombre de plantes autofécondées comme 100 à 48.

Trois semences croisées en état de germination furent semées dans trois pots séparés, et trois autofécondées, dans un état semblable, furent placées dans trois autres pots. Ces plantes ne furent donc soumises d'abord à aucune compétition réciproque, et même lorsqu'elles furent dépotées pour être placées en pleine terre, on prit soin de mettre une distance modérée entre elles, de façon qu'elles furent exposées à une compétition moins rigoureuse que dans le dernier cas. Les feuilles les plus longues dans les trois plantes croisées, au moment du transvasement, l'emportaient de fort peu sur les correspondantes dans les autofécondées, c'est-à-dire en moyenne de $0^m,0042$. Après complet développement, les trois plantes croisées produisirent vingt-six grappes florales, dont les deux plus grandes dans chacune des plantes croisées eurent une hauteur moyenne de $1^m,351$. Les trois plantes autofécondées produisirent vingt-trois tiges florifères, dont les plus grandes dans chaque plante avaient en hauteur moyenne $1^m,154$. De façon que la différence entre ces deux lots, dont la compétition fut sévère, est moindre que dans le dernier cas, où la lutte fut modérée, et s'exprime par le rapport de 100 à 85, au lieu 100 à 70.

Effets produits sur la descendance par l'entrecroisement de différentes fleurs de la même plante, au lieu du croisement d'individus distincts. — Une belle plante, qui provenait de mes semis antérieurs végétant dans mon jardin, fut recouverte d'une tulle, et six de ses fleurs furent croisées avec le pollen d'une autre fleur de la même plante, tandis que six autres étaient fécondées avec leur propre pollen. Toutes produisirent de bonnes capsules. Les semences de chaque catégorie furent placées séparément dans des verres de montre, et aucune différence ne se trahissait à l'œil entre les deux lots. A la balance, elles ne présentèrent non plus aucune différence notable, car les semences des capsules autofécondées pesaient 7,65 grains $(0^{gr},497)$, tandis que celles des capules croisées en pesaient 77 $(0^{gr},50)$. La stérilité de cette espèce, lorsque les insectes sont écartés, n'est donc pas due au défaut d'action du pollen sur le stigmate de la même fleur. Les deux lots de semences et de semis furent traités exactement de la même manière que dans le tableau précédent (XXIII), avec cette différence, qu'après germination, les paires de graines ayant été placées dans des points opposés de huit pots, toutes celles qui restèrent furent semées dru dans des points opposés des vases IX et X (tableau XXIV). Les jeunes plants ayant été, au printemps suivant, dépotés sans être endommagés, furent plantés en pleine terre, sur deux rangs assez distants l'un de l'autre pour que les sujets ne fussent soumis les uns vis-à-vis des autres qu'à une compétition d'une rigueur modérée. S'éloignant ainsi du résultat de la première expérience, dans laquelle les sujets furent soumis à une assez rigoureuse compétition mutuelle, un égal nombre de plants de part et d'autre mourut ou ne produisit pas de tige florale. Les plus grandes tiges florifères dans les plants survivants furent mesurées et donnèrent les résultats indiqués dans le tableau suivant :

TABLEAU XXIV. — *N. B. 0 signifie que la plante est morte avant d'avoir produit une tige florale.*

Numéros des pots	Plantes provenant d'un croisement entre différentes fleurs du même pied	Plantes obtenues de fleurs fécondées avec leur propre pollen
	mètres	mètres
I.	1,237 1,171 1,093	1,140 1,300 0
II.	0,962 1,187 0	1,362 1,187 0,815
III.	1,371	1,165
IV.	0,803 0 1,094	1,034 0,746 0,928
V.	1,168 1,012 1,075	1,053 1,053 0
VI.	1,206 1,156	1,196 1,206
VII.	1,215 1,050	0,625 1,015
VIII.	1,171	0,978
IX. Plantes entassées	1,225 1,259 1,159 1,196 0	0,759 0,375 0,921 1,103 0,793
X. Plantes entassées	1,162 0,881 0,615 1,037 0,434	1,196 0 0,871 1,021 1,028
Total.	26,950	24,884

La hauteur moyenne des tiges florifères pour les vingt-cinq plantes croisées dans tous les pots pris ensemble est de 1^m,076, et celle des vingt-cinq autofécondées de 0^m,984, c'est-à-dire dans la proportion de 100 à 92. Afin de mettre ce résultat à l'épreuve, les sujets plantés par paires dans les pots depuis I jusqu'à VIII furent examinés à part, et la hauteur moyenne des seize croisés fut de

1^m,122, tandis que celle des autofécondés fut de 1^m,051, c'est-à-dire dans la proportion de 100 à 94. D'autre part, les plantes venues des graines semées dru dans les pots numéros IX et X, qui eurent à subir une très-sévère compétition mutuelle, furent prises à part, et la hauteur moyenne des neuf plantes croisées fut de 0^m,995, tandis que celle des neuf plantes autofécondées fut de 0^m,895, c'est-à-dire dans la proportion de 100 à 90. Les plantes dans ces deux derniers pots IX et X, après mensuration, furent coupées à ras de terre et pesèrent, les neuf croisées 1776^{gr},46 et les neuf autofécondées 1402^{gr},75, c'est-à-dire dans la proportion de 100 à 78. De tous ces faits nous pouvons conclure, spécialement d'après le témoignage donné par le poids, que les semis provenant d'un croisement entre fleurs de la même plante ont un avantage réel, quoique faible, sur celles résultant de fleurs fécondées avec leur propre pollen, et particulièrement dans le cas des plantes soumises à une rigoureuse compétition mutuelle. Mais l'avantage est plus faible que celui qui s'accuse dans la descendance croisée de plantes distinctes, car cette dernière dépassait les plantes autofécondées comme hauteur dans la proportion de 100 à 70, et comme nombre de tiges florales dans la proportion de 100 à 48. La digitale diffère donc de l'Ipomœa et presque à coup sûr du Mimulus, car dans ces deux derniers genres un croisement entre fleurs du même plant n'a pas produit de bons effets.

CALCEOLARIA.

Une variété (de serre) touffue, à fleurs jaunes tachées de pourpre.

Dans ce genre, les fleurs sont construites de façon à favoriser et presque à assurer la fécondation croisée[1]; aussi M. Anderson[2] fait-il remarquer qu'il est nécessaire d'écarter les insectes avec grand soin si l'on veut conserver quelques espèces pures. Il ajoute ce fait intéressant que, lorsque la corolle est enlevée, les insectes, autant qu'il a pu l'observer, ne découvrent jamais ces fleurs et ne les visitent plus. Mes expériences furent si peu nombreuses qu'elles méritent à peine d'être rapportées. Des semences croisées et autofécondées furent semées dans des points opposés d'un même pot, et, après un certain temps, les semis croisés dépassèrent légèrement les autofécondés en hauteur. A un âge un peu plus avancé, les plus longues feuilles des premiers mesurèrent à peu près 0^m,075 de long, tandis que celles des autofécondés en eurent 0^m,050 seulement. Un accident étant survenu,

[1] Hildebrand, cité par H. Müller, *Die Befruchtung der Blumen*, 1873, p. 277.

[2] *Gardeners' Chronicle* (Chronique des jardiniers), 1853, p. 534.

et le pot étant du reste trop petit, une seule plante de chaque côté grandit et fleurit; la plante croisée mesurait en hauteur $0^m,487$ et l'autofécondée $0^m,375$, c'est-à-dire qu'elles furent comme 100 est à 77.

LINARIA VULGARIS.

Dans le chapitre d'introduction, il a été mentionné que deux grands carrés de cette plante avaient été obtenus par moi, depuis plusieurs années, de graines croisées et autofécondées, et qu'il existait une différence sensible en hauteur et en apparence générale entre les deux lots. L'essai fut répété plus tard avec plus de soin; mais, comme c'était là une des premières plantes sur lesquelles j'expérimentais, la méthode ordinaire ne fut pas suivie. Des graines furent prises sur des plantes sauvages végétant dans le voisinage et semées en terre pauvre dans mon jardin. Cinq plants furent recouverts d'un tissu et les autres restèrent abandonnés à l'action des abeilles, qui visitent incessamment les fleurs de cette espèce, dont elles seraient, d'après H. Müller, les fécondateurs exclusifs. Cet excellent observateur [1] fait remarquer que lorsque le stigmate est couché entre les anthères et arrive à maturité en même temps que ces dernières, l'autofécondation est possible. Mais un si petit nombre de graines se produisit sur les plantes protégées que le pollen et le stigmate de la même fleur paraissent être doués, à un bien faible degré, d'action réciproque. Les plantes vivant à découvert donnèrent de nombreuses capsules formant des épis serrés. Cinq de ces fruits furent examinés et parurent contenir un nombre égal de graines; ce nombre, relevé dans une capsule, fut trouvé de cent soixante-six. Les cinq plantes couvertes produisirent ensemble seulement vingt-cinq capsules, dont cinq plus grandes que les autres contenaient en moyenne 23,6 semences, le minimum des graines étant dans une capsule de cinquante-cinq. De cette façon, le nombre des semences, dans les capsules des plantes découvertes, fut au nombre moyen de graines, dans les plus belles capsules des plantes protégées, comme 100 est à 14.

Quelques-unes des semences autofécondées venues sous la gaze et quelques graines provenant des plantes découvertes fécondées naturellement et presque certainement entre-croisées par les abeilles, furent semées séparément dans deux grands pots de même dimension; de cette façon, les deux lots ne furent soumis à aucune compétition mutuelle. Trois des plantes croisées parvenues à pleine floraison furent mesurées, mais sans prendre le soin de choisir les plus développées; leur hauteur moyenne fut de $0^m,187$, $0^m,181$ et $0^m,162$. Les trois plus grands sujets, parmi

---

[1] *Die Befruchtung*, etc., p. 279.

les autofécondés, furent choisis avec soin, et leur hauteur donna
0^m,159, 0^m,140 et 0^m,131, c'est-à-dire en moyenne 0^m,143. Ainsi
donc, les plants naturellement croisés furent aux plants spontanément autofécondés comme 100 à 81.

VERBASCUM THAPSUS.

Les fleurs de cette plante sont fréquentées par de nombreux
insectes, et surtout par les abeilles, qui vont y chercher du pollen. H. Müller a démontré, du reste, que le *V. nigrum* (*Die
Befruchtung,* etc., p. 277) sécrète de petites gouttes de nectar.
L'arrangement des organes reproducteurs, quoique simple, favorise la fécondation croisée; des espèces distinctes subissent
même souvent le croisement, car un plus grand nombre d'hybrides
naturels a été observé dans ce genre que dans presque tous les
autres [1]. Néanmoins, l'espèce dont il s'agit ici reste parfaitement
féconde par elle-même quand les insectes en sont écartés, car
une plante protégée par un tissu était aussi lourdement chargée
de capsules que les plantes non couvertes vivant auprès d'elle.
Le *Verbascum lychnitis* jouit d'une moindre autofécondité, car
quelques plants couverts portèrent moins de capsules que leurs
voisins non couverts.

Les plants de *V. thapsus* avaient été obtenus dans un but spécial de graines autofécondées; quelques fleurs de ces plants furent
autofécondées à nouveau et donnèrent des semences de la
deuxième génération autofécondée, tandis que d'autres fleurs furent croisées avec le pollen d'une plante distincte. Les semences
ainsi obtenues furent semées en des points opposés de quatre
grands pots. Elles germèrent du reste si irrégulièrement (les
semis croisés apparaissant généralement les premiers), que j'ar-
rivai à peine à en sauver six paires du même âge. Parvenus à
pleine floraison, ces derniers furent mesurés et donnèrent les
résultats indiqués dans le tableau XXV.

Nous voyons ici deux plants autofécondés surpassant en hauteur leurs opposants croisés. Néanmoins, la hauteur moyenne
des six plantes croisées est de 1^m,632 et celle des six autofécondées de 1^m,412, c'est-à-dire comme 100 est à 86.

VANDELLIA NUMMULARIFOLIA.

Des semences de cette petite plante herbacée indienne me
furent adressées de Calcutta par M. J. Scott : elle porte à la

---

[1] J'en ai fait connaître un cas remarquable dans le grand nombre
d'hybrides produits entre les *V. thapsus* et *lychnitis* et trouvés vivant
à l'état sauvage, *Journal of Linn. Soc. Bot.* (Journal de la Société
linnéenne), vol. X, p. 451.

TABLEAU XXV.

Numéros des pots	Plantes croisées	Plantes autofécondées de la 2ᵉ génération
	mètres	mètres
I.	1,900	1,337
II.	1,350	1,650
III.	1,550 1,515	1,875 0,762
IV.	1,825 1,662	1,550 1,300
Total.	9,828	8,475

fois des fleurs parfaites et cléistogènes[1]. Ces dernières sont très-petites, imparfaitement développées et ne s'épanouissent jamais : elles donnent cependant beaucoup de graines. Les fleurs parfaites et ouvertes sont également petites, de couleur blanche, tachées de pourpre, et elles produisent généralement des graines (quoique le contraire ait été affirmé), même quand elles sont protégées contre les insectes. Elles ont une structure plus compliquée et semblent être adaptées pour la fécondation croisée, mais je ne les ai pas examinées avec soin. Il n'est pas facile de les féconder artificiellement et, dès lors, il est possible que quelques fleurs dont je pensais avoir assuré le croisement, fussent spontanément autofécondées à l'abri du tissu. Seize capsules provenant des fleurs parfaites croisées contenaient en moyenne 93 semences (le maximum dans chaque capsule étant de 137), et treize capsules provenant des fleurs parfaites croisées contenaient 62 graines (le maximum dans chaque fruit étant de 135), c'est-à-dire dans la proportion de 100 à 67 ; mais j'ai lieu de supposer que cette différence considérable fut accidentelle, car, dans un cas, neuf capsules croisées furent comparées à dix autofécondées (le tout appartenant au nombre des plantes ci-dessus indiquées) et elles continrent presque exactement le même chiffre de graines. Je dois ajouter que quinze capsules provenant des fleurs autofécondées cléistogènes contenaient en

[1] Le terme approprié de *cléistogène* fut proposé par Kuhn dans un article sur ce genre inséré dans *Botanische Zeitung*, 1867, p. 65 *.

* Plusieurs auteurs allemands et anglais lui ont préféré celui de *cléistogame*, qui ne dit rien de plus ni rien de moins. On trouve particulièrement cette dernière qualification dans H. Müller (*Befruchtung*, etc.), et dans John Lubbock (*British wild flowers*, etc.) ; M. Duchartre a adopté, pour ces mêmes fleurs, la qualification de *clandestines*, qui me paraît, à plusieurs égards, être la plus convenable.   (*Traducteur.*)

moyenne 64 semences, le maximum contenu dans l'une d'elles étant de 87.

Des graines croisées et autofécondées issues de fleurs parfaites, puis d'autres graines provenant de fleurs cléistogènes autofécondées, furent semées dans cinq pots dont la superficie était divisée en trois compartiments. Les semis furent éclaircis dès leur bas âge, de façon que 20 plantes seulement furent laissées dans chacune des trois divisions. Les sujets croisés, arrivés à floraison, avaient en moyenne $0^m,108$ en hauteur et les autofécondés, provenant de fleurs parfaites, $0^m,113$; c'est-à-dire dans la proportion de 100 à 99. Les plants autofécondés issus de fleurs cléistogènes mesurèrent en moyenne $0^m,121$ de haut, de façon que les croisés furent en hauteur à ces derniers, comme 100 est à 94.

Je résolus de comparer de nouveau la croissance des plantes issues du croisement et de l'autofécondation des fleurs parfaites et obtins deux nouveaux lots de graines. Elles furent semées dans des points opposés de cinq pots, mais, comme les semis n'en furent pas suffisamment éclaircis, elles végétèrent plus entassées que les précédentes. Parvenues à complet développement, on choisit toutes celles qui mesuraient plus de $0^m,050$ en hauteur, et toutes celles qui étaient au-dessous de ce chiffre furent rejetées : les premières consistaient en 47 plantes croisées et en 41 autofécondées. Ainsi, un plus grand nombre de plantes croisées que d'autofécondées parvint à la hauteur de $0^m,050$. Parmi les croisées, les 24 plus grandes eurent une moyenne de $0^m,087$ de haut, tandis que les 24 plus grandes autofécondées mesurèrent moyennement $0^m,083$: elles furent donc dans la proportion de 100 à 94. Toutes ces plantes furent coupées à ras de terre, les 27 croisées pesèrent 1090.3 grains ($70^{gr},82$) et les 41 autofécondées 887.4 grains ($57^{gr},68$). Les plants croisés et autofécondés, en égal nombre, furent donc entre eux comme 100 à 97. De ces nombreux faits, nous pouvons conclure que les plantes croisées ont un avantage réel, quoique faible, soit en hauteur soit en poids sur les autofécondées, lorsqu'elles végètent luttant les unes contre les autres.

Les plantes croisées furent, d'ailleurs, inférieures en fécondité aux autofécondées. Six des plus belles furent choisies parmi les 47 plantes croisées ci-dessus, et six parmi les 41 autofécondées ; les premières produisirent 598 capsules, tandis que les autres en donnèrent 752. Toutes ces capsules résultèrent, du reste, des fleurs cléistogènes, car les plantes ne portèrent pas, durant toute cette saison, une seule fleur parfaite. Les semences furent comptées dans dix capsules cléistogènes prises sur les plants croisés et leur nombre moyen fut de 46.4 par capsule, tandis que ce nombre fut de 49.4 dans dix capsules cléistogènes produites par les plants autofécondés.

III. GESNÉRIACÉES. — GESNERIA PENDULINA.

Dans le genre Gesneria, les différentes parties de la fleur sont disposées à peu près sur le même plan que dans la digitale[1], et la plupart des espèces, pour ne pas dire toutes, sont dichogames. Des plants me furent envoyés du Brésil méridional par Fritz Müller. Sept fleurs furent croisées avec le pollen d'une plante distincte et produisirent sept capsules contenant, en poids, 3.01 grains (1^{gr},95) de semences. Sept fleurs des mêmes plants furent fécondées avec leur propre pollen, et leurs sept capsules continrent exactement le même poids de semences. Des graines furent, après germination, placées dans des points opposés de quatre pots, et les semis étant parvenus à leur complet développement, furent mesurés jusqu'à la pointe de leurs feuilles.

TABLEAU XXVI.

Numéros des pots	Plantes croisées	Plantes autofécondées
	mètres	mètres
I.	1,056	0,975
	0,612	0,687
II.	0,825	0,768
	0,675	0,481
III.	0,837	0,796
	0,737	0,718
IV.	0,768	0,743
	0,900	0,662
Total.	4,18	3,17

La hauteur moyenne des huit plantes croisées est ici de 0^m,801 et celle des huit autofécondées de 0^m,737 : elles sont donc comme 100 est à 90.

IV. LABIÉES. — SALVIA COCCINEA [2].

Cette espèce, se distinguant ainsi des autres du même genre, donne de nombreuses semences fécondes sans l'intervention des

---

[1] Dr Ogle, *Popular Science Review* (Revue de la science populaire), janvier 1870, p. 51.

[2] Dans ce genre, les mécanismes admirables de l'adaptation, en vue de favoriser ou d'assurer la fécondation croisée, ont été complétement décrits par Sprengel, Hildebrand, Delpino, H. Müller, Ogle et d'autres, dans leurs nombreux travaux.

insectes. Je ramassai 98 capsules produites par des fleurs spontanément autofécondées à l'abri d'une gaze, et elles contenaient
en moyenne 1.45 graines, tandis que des fleurs artificiellement
autofécondées, et dans lesquelles le stigmate avait reçu beaucoup de pollen, donnèrent une moyenne de 3.3 graines, c'est-à-
dire plus du double des autres. Vingt fleurs furent croisées avec
le pollen d'une plante distincte et vingt-six autres furent autofécondées. Il n'y eut pas une grande différence dans le nombre
proportionnel des fleurs qui produisirent des capsules par ces
deux procédés, pas plus que dans le nombre des semences
enfermées en capsules ou dans le poids d'un égal nombre de
graines.

Des graines des deux lots furent semées très-dru dans des points
opposés de trois pots. Lorsque les semis eurent environ 0m,075 de
haut, les croisés montrèrent un léger avantage sur les autofécondés. Parvenus aux deux tiers de leur croissance, les deux plus
grands pieds de chaque lot furent mesurés dans chaque pot : les
croisés eurent moyennement en hauteur 0m,416, et les autofécondés 0m,281 : ils furent donc comme 100 à 71. Après complet
développement et floraison, les deux plus grands-plants de chaque
côté furent mesurés à nouveau et donnèrent les résultats portés
dans le tableau qui suit :

Tableau XXVII.

Numéros des pots	Plantes croisées	Plantes autofécondées
	mètres	mètres
I.	0,818	0,625
	0,500	0,468
II.	0,809	0,518
	0,612	0,487
III.	0,737	0,625
	0,700	0,450
Total.	4,178	3,175

On peut voir, ici, que chacun des six plus grands plants croisés
dépasse en hauteur son antagoniste autofécondé : les premiers ont
une moyenne de 0m,695 de haut, tandis que les six plus grands
plants autofécondés mesurent en moyenne 0m,529 ; ils sont donc
comme 100 à 76. Dans les trois pots, la première plante qui entra
en floraison fut une plante croisée. Tous les plants croisés ensemble
produisirent 409 fleurs, tandis que les autofécondés n'en donnèrent
que 232, c'est-à-dire comme 100 est à 57. Les plants croisés
furent donc, à ce point de vue, plus productifs que les autofécondés.

ORIGANUM VULGARE.

Cette plante existe, d'après H. Müller, sous deux formes : l'une hermaphrodite et fortement protérandre, de façon qu'il est presque certain qu'elle est fécondée par le pollen d'une autre fleur ; l'autre, exclusivement femelle, possède une corolle plus petite et doit naturellement être fécondée par le pollen d'une plante distincte pour donner des graines. Les plantes sur lesquelles j'expérimentai étaient hermaphrodites ; elles avaient été cultivées pendant longtemps comme plantes potagères dans mon jardin potager, et étaient extrêmement stériles comme beaucoup de plantes qui ont été soumises à une longue culture. Comme j'avais des doutes sur le nom spécifique de la plante, j'en envoyai des spécimens à Kiew et j'acquis l'assurance que c'était bien l'*Origanum vulgare*. Mes plantes formaient une grande touffe et s'étaient évidemment développées d'une simple racine, par stolons. Dans le sens strict, elles appartenaient donc au même individu. Mon but, en les mettant en expérience, était d'abord de m'assurer si le croisement des fleurs portées par des plantes ayant des racines distinctes, mais toutes dérivées asexuellement du même individu, serait, à un certain point de vue, plus avantageux que l'autofécondation ; secondement, d'obtenir pour un futur essai des semis constituant réellement des individus distincts. Plusieurs plants du groupe ci-dessus furent recouverts d'un tissu, et deux douzaines environ de semences (beaucoup d'entre elles étaient, du reste, petites et flétries) furent obtenues de fleurs ainsi spontanément autofécondées. Les plants restant furent laissés à découvert et reçurent incessamment la visite des abeilles, ce qui, sans aucun doute, eut pour résultat d'assurer leur croisement. Les plants découverts donnèrent des semences plus belles et plus nombreuses (ce nombre était pourtant fort petit) que les plantes couvertes. Les deux lots de graines ainsi obtenues furent semés en des points opposés de deux pots ; les semis qui en provinrent furent observés avec soin depuis leur apparition jusqu'à leur maturité, mais ils ne différèrent, à quelque période que ce fût, ni en hauteur ni en vigueur : nous allons voir maintenant l'importance de cette dernière observation. Après complet développement, dans un des pots le plus grand plant croisé fut de très-peu plus élevé que le plus grand autofécondé situé dans le côté opposé, et c'est exactement le contraire qui arriva dans l'autre pot. De cette façon, les deux lots furent égaux en réalité, et un croisement de cette espèce n'eut pas de meilleur résultat que le croisement de deux fleurs du même pied dans l'*Ipomœa* ou le *Mimulus*. Les plants furent retirés des deux pots sans être endommagés, et mis en pleine terre, afin qu'ils pussent croître plus vigoureusement. L'été suivant, tous les autofécondés et quelques-uns des quasi-croisés furent re-

couverts d'une gaze. Parmi ces derniers, plusieurs fleurs furent
croisées par mes soins avec le pollen d'une plante distincte et d'autres furent abandonnées aux abeilles pour le croisement. Ces
plantes quasi-croisées produisirent un plus grand nombre de graines que les premières réunies en un grand groupe, qui avaient été
livrées à l'action des abeilles. Plusieurs fleurs des plantes autofécondées furent artificiellement fécondées par elles-mêmes, et
d'autres furent disposées pour l'autofécondation spontanée sous
un tissu, mais elles donnèrent ensemble très-peu de semences. Ces
deux lots de graine (produits d'un croisement entre semis distincts et non pas, comme dans le cas précédent, entre plants multipliés par stolons et provenant de fleurs autofécondées) furent
mis à germer dans du sable pur et de nombreuses paires de semis
égaux furent plantées dans des points opposés de deux grands
pots. Dès le plus bas âge, les plants croisés montrèrent sur les autofécondés une certaine supériorité, qu'ils conservèrent dans la
suite. Parvenus à complet développement, les deux plus grands
croisés et les deux plus grands autofécondés de chaque pot furent
mesurés comme c'est indiqué dans le tableau suivant. Je regrette
que, pressé par le temps, je n'aie pu mesurer toutes les paires de
plantes, mais les plus grands sujets de chaque côté me paraissent
représenter avec précision la différence moyenne qui existe entre
les deux lots.

TABLEAU XXVIII.

Numéros des pots	Plantes croisées (les deux plus grandes dans chaque pot)	Plantes autofécondées (les deux plus grandes dans chaque pot)
	mètres	mètres
I.	0,650 0,525	0,600 0,525
II.	0,425 0,400	0,300 0,287
Total.	2,000	1,712

La hauteur moyenne des plants croisés est ici de 0ᵐ,500 et
celle des autofécondés de 0ᵐ,430, c'est-à-dire dans la proportion
de 100 à 86. Cette différence en hauteur ne donne en aucune
façon une juste idée de l'immense supériorité, en vigueur, des
plantes croisées sur les autofécondées. Les croisées fleurirent
d'abord et produisirent 30 tiges florales, tandis que les autofécondées n'en donnèrent que 15, c'est-à-dire moitié moins. Les
pots furent alors couchés en terre, et les racines étant sorties
probablement par les ouvertures du fond des pots, aidèrent ainsi

à leur développement. Dès le commencement de l'été suivant, la supériorité des plants croisés (à cause de leur développement par stolons) sur les autofécondés fut vraiment remarquable. Dans le pot I, et il ne faut pas oublier qu'on ne se servit que de très-grands vases, le groupe ovale des plantes croisées avait $0^m,250$ de longueur sur $0^m,112$ de largeur, et la plus grande tige, quoique encore jeune, mesurait $0^m,137$ de haut : au contraire le groupe des plants autofécondés, du côté opposé, dans le même pot, avait $0^m,082$ de long sur $0^m,625$ de large, et la plus grande jeune tige mesurait $0^m,100$ de haut. Dans le pot numéro II, le groupe de plantes croisées avait $0^m,450$ de long sur $0^m,225$ de large, et la plus grande tige jeune mesurait $0^m,212$ en hauteur; tandis que le groupe autofécondé du côté opposé du même pot avait $0^m,300$ de long sur $0^m,115$ de large, et la plus grande des tiges jeunes mesurait $0^m,150$ en hauteur. Durant cette saison, comme pendant la dernière, les plantes croisées fleurirent les premières. Les plants croisés et autofécondés ayant été laissés les uns et les autres exposés librement à la visite des insectes, produisirent manifestement beaucoup plus de graines que leurs grands parents, c'est-à-dire les plantes du groupe primitif, vivant rapprochées dans le même jardin et également abandonnées à l'action des insectes.

V. ACANTHACÉES. — Thunbergia alata.

Il résulte de la description d'Hildebrand (*Bot. Zeitung*, 1867, p. 285) que les fleurs remarquables de cette plante sont adaptées pour la fécondation croisée. Des semis furent deux fois obtenus de graines, mais pendant le commencement de l'été, lorsqu'ils furent expérimentés pour la première fois, leur stérilité fut extrême, beaucoup de leurs anthères contenant à peine un peu de pollen; néanmoins, durant l'automne, les mêmes plants produisirent spontanément des semences bonnes et nombreuses. 26 fleurs, dans l'espace de deux ans, furent croisées avec le pollen d'une plante distincte, mais elles donnèrent seulement 11 capsules qui contenaient très-peu de graines! 28 fleurs furent fécondées avec le pollen de la même fleur et elles donnèrent seulement 10 capsules qui, du reste, contenaient bien moins de graines que les capsules croisées. Après germination, huit paires de graines furent placées dans des points opposés de cinq pots, et exactement la moitié des plants croisés et des plants autofécondés l'emporta en hauteur sur ses adversaires. Deux des plants autofécondés moururent jeunes avant d'être mesurés, et leurs antagonistes croisés furent rejetés. Les six paires restant s'accrurent très-inégalement, car certains pieds parmi les croisés et les autofécondés furent plus de deux fois plus grands que les autres. La hauteur

moyenne des plantes croisées fut de 1^m,500 et celle des autofécondées de 1^m,625, c'est-à-dire dans la proportion de 100 à 108. Un
croisement entre individus distincts ne parut donc pas ici produire de bons effets ; mais ce résultat est déduit d'un si petit nombre de plantes vivant dans une condition très-stérile et s'accroissant d'une manière très-inégale, qu'il ne peut pas inspirer une
confiance absolue.

CHAPITRE IV.

Crucifères, Papavéracées, Résédacées, etc.

Brassica oleracea, plants croisés et autofécondés. — Effet considérable d'un croisement par un rameau nouveau sur le poids de la descendance. — *Iberis umbellata.* — *Papaver vagum.* — *Eschscholtzia californica,* semis provenant du croisement avec un rameau nouveau n'ayant pas plus de vigueur, mais doué d'une plus grande fécondité que les semis autofécondés. — *Reseda lutea* et *odorata,* beaucoup d'individus stériles avec leur propre pollen. — *Viola tricolor,* effets remarquables du croisement. — *Adonis æstivalis.* — *Delphinium consolida.* — *Viscaria oculata,* les plantes croisées sont à peine plus grandes, mais sont plus fertiles que les autofécondées. — *Dianthus caryophyllus,* plantes croisées et autofécondées, comparées pendant quatre générations. — Effets considérables du croisement avec un rameau nouveau. — Couleur uniforme des fleurs dans les plantes autofécondées. — *Hibiscus africanus.*

VI. CRUCIFÈRES. — Brassica oleracea.

Variété : chou hâtif de Cattel (chou cœur de bœuf).

Les fleurs du chou commun sont adaptées pour la fécondation croisée, comme l'a montré H. Müller[1]; elles avorteraient sous l'influence de l'autofécondation. Il est bien connu que les variétés en sont si largement croisées par les insectes qu'il est impossible d'obtenir des espèces pures dans le même jardin, lorsque plus d'une espèce se trouve fleurie dans le même temps. A un certain point de vue, les choux étaient mal appropriés à mes expériences, car dès qu'ils avaient formé leur tête, il était fort difficile de les mesurer. Les tiges florales diffèrent aussi beaucoup en hauteur, car une plante très-pauvre développe quelquefois une tige plus élevée qu'une plante bien venue. Dans les dernières expériences, les plantes complétement développées furent arrachées, puis pesées, et alors l'immense avantage d'un croisement fut manifeste.

[1] *Die Befruchtung,* etc., p. 139.

Un seul plant de la variété ci-dessus avait été recouvert d'un tissu peu de temps avant la floraison et croisé avec le pollen d'une autre plante de la même variété végétant tout près d'elle : les sept capsules ainsi produites contenaient une moyenne de 16.3 graines, avec un maximum de vingt dans une silique. Quelques fleurs furent artificiellement autofécondées, mais leurs capsules ne renfermèrent pas autant de graines que celles des fleurs spontanément autofécondées sous une gaze, qui en donnèrent un grand nombre. Quatorze de ces dernières capsules contenaient en moyenne 4.1 graines, avec un maximum de dix graines dans l'une d'elles, de façon que les semences dans les capsules croisées furent numériquement à celles des autofécondées comme 100 est à 25. Les semences autofécondées, dont cinquante-huit donnèrent le poids de 3,88 grains (0^{gr},232), furent du reste un peu plus belles que celles des capsules croisées, dont trente-huit pesèrent 3,76 (0^{gr},225). Quand les graines furent produites en petit nombre, elles parurent souvent être mieux ñourries et plus lourdes que lorsqu'il s'en formait beaucoup.

Les deux lots de graines, dans un état égal de germination, furent placés mi-partie dans des points opposés d'un seul pot et mi-partie en pleine terre. Dans le pot, les jeunes plants croisés dépassèrent d'abord, mais faiblement, en hauteur les autofécondés, ensuite ils furent égalés par eux, puis battus, et enfin de nouveau victorieux. Les plants, sans avoir à en souffrir, furent dépotés et plantés en pleine terre; après un certain temps d'accroissement, les sujets croisés, qui étaient tous à peu près de même taille, dépassèrent tous les autofécondés de 0^m,050. A l'époque de la floraison, la tige florifère de la plus grande plante croisée dépassa de 0^m,150 celle de la plus grande autofécondée. Les autres semis qui furent placés en pleine terre vécurent séparés, de façon qu'ils ne furent pas en compétition les uns avec les autres; cependant les plants croisés parvinrent certainement à une hauteur plus considérable que les autofécondés, mais aucune mesure ne fut prise. Les plants croisés qui avaient été obtenus dans le pot, aussi bien que ceux plantés en pleine terre, fleurirent un peu avant les autofécondés.

Plants croisés et autofécondés de la deuxième génération. — Quelques fleurs des plantes croisées de la dernière génération furent de nouveau fécondées avec le pollen d'une autre plante croisée et produisirent de belles capsules. Les fleurs des plantes autofécondées de la dernière génération furent disposées pour se féconder elles-mêmes au-dessous d'une gaze et produisirent quelques superbes capsules. Les deux lots de semences ainsi produites germèrent dans le sable, et huit paires de semis furent placées dans des points opposés de quatre pots. Ces plants furent mesurés jusqu'à la pointe de leurs feuilles le 20 octobre de la même année et donnèrent une moyenne de 0^m,205, tandis que les autofécondés en marquèrent 0^m,212, c'est-à-dire que les croisés eurent une certaine infériorité en hauteur dans la proportion de 100 à 101,5. Le 5 juin de l'année suivante, ces plants s'étaient accrus en volume et commençaient à former des têtes. Les croisés avaient alors acquis une supériorité marquée comme apparence générale et mesuraient en moyenne 0^m,202 en hauteur, tandis que les autofécondés en avaient seulement 0^m,183; ils étaient donc comme 100 à 91. Ces plants furent alors enlevés de leurs pots sans avoir à en souffrir et placés en pleine terre. Le 5 août, les têtes étaient complétement formées, mais plusieurs d'entre les plants étaient devenus si gibbeux qu'il était difficile de prendre la hauteur avec exactitude. Les plants croisés furent du reste, tout bien considéré, beaucoup plus grands que les autofécondés. L'année suivante, ils entrèrent en floraison; les plants croisés arrivèrent à cet état avant les autofécondés dans trois des pots, et en même temps dans le pot numéro II. Les tiges florales furent alors mesurées comme c'est indiqué dans le tableau XXIX.

TABLEAU XXIX. — *Mesures prises jusqu'à l'extrémité des tiges florales.* — *0 signifie qu'il ne se forma pas de tige florifère.*

Numéros des pots	Plantes croisées	Plantes autofécondées
	mètres	mètres
I.	1,231	1,100
	0,987	1,025
II.	0,937	0,950
	0,837	0,887
III.	1,175	1,278
	1,000	1,031
	1,050	1,162
IV.	1,093	0,506
	1,931	0,834
	0	0,
Total.	9,243	8,775

Les neuf tiges florales des plants croisés eurent ici une moyenne de 0^m,031 en hauteur, et les autofécondés 0^m,975 seulement; ils furent donc comme 100 est à 95. Mais cette légère différence, qui dépend du reste presque complétement de l'un des pieds fécondés, dont la taille est de 0^m,500 seulement, ne montre pas du tout la supériorité des plants croisés sur les autofécondés. L'un et l'autre lots, en y comprenant les deux plants du pot numéro IV, qui ne fleurirent pas, furent coupés à ras de terre et pesés; on dut en exclure les plantes du pot numéro II, qui avaient été accidentellement endommagées, et dont l'une avait été presque tuée dans l'opération de la transplantation. Les huit plants croisés donnèrent un poids de 6^k,789, tandis que les huit autofécondés pesèrent seulement 2^k,542; ils furent donc comme 100 est à 37 : il en résulte que la supériorité en poids des premiers sur les derniers fut considérable.

Effets d'un croisement par un rameau nouveau. — Quelques fleurs d'une plante croisée de la dernière (deuxième) génération furent fécondées, sans castration préalable, avec du pollen d'une plante appartenant à la même variété, mais dépourvue de toute parenté avec mes plantes et apportée d'un jardin pépiniériste (d'où mes semences avaient été extraites dans le principe) différant du mien comme terre végétale et comme aspect. Les fleurs des plantes autofécondées de la dernière (deuxième) génération (tableau XXIX) furent disposées pour se féconder elles-mêmes spontanément sous une gaze; elles donnèrent beaucoup de graines. Ces dernières, aussi bien que les semences croisées, furent semées par paires dans des points opposés de six grands pots, qui furent d'abord conservés dans une serre froide. Au commencement de janvier, leur hauteur fut mesurée jusqu'à la pointe de leurs feuilles. Les treize plantes croisées donnèrent une moyenne de 0^m,329, et les douze autofécondées (une d'elles avait succombé) de 0^m,345; elles furent donc, en hauteur, comme 100 est à 104, et ainsi les plants autofécondés surpassèrent un peu les croisés.

TABLEAU XXX. — *Poids des plantes ayant formé une tête.*

Numéros des pots	Plantes croisées avec le pollen d'un rameau nouveau	Plantes autofécondées de la 3e génération
	kil.	kil.
I.	4,030	0,570
II.	2,294	1,075
III.	3,751	0,543
IV.	3,952	0,434
V.	2,790	0,356
VI.	3,301	1,426
Total.	20,118	4,404

Dès le début du printemps, les sujets s'endurcirent graduellement et furent tirés de leurs pots sans être endommagés, pour être placés en pleine terre. A la fin d'août, le plus grand nombre des plants avait formé de fortes têtes, mais plusieurs d'entre eux devinrent extrêmement gibbeux pour avoir été, dans la serre, exposés à la lumière. Comme il était difficile de prendre leur hauteur, on choisit les plus grands pieds de chaque côté du pot, et on les pesa après les avoir coupés à ras de terre. Les résultats de cette pesée sont indiqués dans le tableau précédent.

Les six plus belles plantes croisées pesèrent en moyenne 3^k,352, tandis que les six plus belles autofécondées donnèrent seulement un poids moyen de 0^k,734; elles furent donc en poids comme 100 est à 22. Cette différence montre de la manière la plus claire l'énorme bénéfice réalisé par ces plantes à la suite d'un croisement avec une autre plante appartenant à la même sous-variété, mais à une branche nouvelle, et ayant été, en somme, soumise à des conditions quelque peu différentes pendant les trois générations antérieures.

Descendance d'un chou à feuilles découpées, frisées et nuancées du blanc au vert, croisé avec un autre chou à feuilles découpées, frisées et nuancées du cramoisi au vert, comparée à la descendance autofécondée de ces deux variétés. — Ces essais furent faits, non en vue de comparer la croissance des semis croisés et autofécondés, mais parce que je savais admis en fait que ces variétés ne s'entre-croisent pas naturellement quand elles vivent découvertes et rapprochées les unes des autres. Cette croyance est complétement erronée, cependant la variété blanc verdâtre est à un certain degré stérile dans mon jardin, où elle produit peu de pollen et peu de graines. Il ne fut donc pas étonnant que des semis obtenus de fleurs autofécondées appartenant à cette variété fussent de beaucoup surpassés en hauteur par des semis provenant d'un croisement entre cette variété et la variété plus vigoureuse vert cramoisi; il n'est pas nécessaire d'ajouter quoi que ce soit de plus sur cette expérience.

Les semis provenant d'un croisement réciproque, c'est-à-dire de la variété cramoisi-verte fécondée avec le pollen de la variété blanche-verte, offrent un cas un peu plus curieux. Quelques-uns de ces semis croisés firent retour à la variété vert pur, dont les feuilles sont plus entières et moins frisées, et furent ainsi dans un état bien plus naturel; ces plantes poussèrent plus vigoureusement et devinrent plus grandes que les autres. Mais il se produisit cet étrange fait, qu'un nombre plus considérable de semis autofécondés de la variété cramoisi-verte que de semis croisés subit ce retour, et il en résulta que les semis autofécondés dépassèrent de 0ᵐ,062 en hauteur moyenne les croisés avec lesquels ils avaient été mis en compétition. Du reste, les semis croisés avaient tout d'abord surpassé les autofécondés d'une moyenne de 0ᵐ,006. Nous voyons par là que le retour à une condition plus naturelle agit plus efficacement, en vue de favoriser le développement ultime de ces plantes, que ne peut le faire un croisement; mais il ne faut pas oublier que le croisement se produisait avec une variété à demi stérile d'une faible constitution.

IBERIS UMBELLATA.

Variété : Thlaspi violet pourpre.

Sous une gaze, cette variété produisit beaucoup de semences spontanément autofécondées. D'autres plants en pots furent laissés découverts dans la serre, et comme je vis de petites mouches visiter ces fleurs, il me parut probable qu'elles avaient été entre-croisées. En conséquence, des graines, supposées aussi croisées et d'autres spontanément autofécondées, furent semées en des points opposés d'un même pot. Les semis autofécondés s'accrurent d'abord plus rapidement que ceux supposés croisés, et quand les deux lots furent en pleine floraison, les premiers dépassèrent les derniers de 0ᵐ,125 à 0ᵐ,150. Je trouve dans mes notes que les graines autofécondées d'où provinrent ces plants autofécondés ne mûrirent pas si bien que les croisées; c'est à cette cause qu'il faut rapporter la grande différence des plants comme croissance. Un fait semblable s'était présenté avec les plantes autofécondées de la huitième génération de l'*Ipomœa*, obtenues de parents maladifs. Une circonstance curieuse, c'est que deux autres lots des semences ci-dessus ayant été semés dans du sable pur mêlé à de la terre brûlée et par conséquent dépourvue de toute matière organique, les semis supposés croisés parvinrent à une hauteur double des autofécondés avant que les deux lots ne succombassent, ce qui arriva nécessairement après un temps très-court. Nous rencontrerons plus tard, dans la troisième génération du Petunia, un autre cas semblable en apparence à celui de l'Iberis.

Les plantes ci-dessus autofécondées furent disposées sous une gaze pour une nouvelle autofécondation, destinée à donner naissance à la deuxième génération; d'autre part, les plants supposés autofécondés furent croisés avec le pollen d'une plante distincte; mais, par manque de temps, cette opération fut faite sans soin, en frottant les axes floraux épanouis l'un contre l'autre. Je pus croire avoir opéré avec succès et peut-être en fut-il ainsi; mais le fait que cent huit des semences autofécondées pesèrent 4,87 grains (0ᵍʳ,292), tandis que le même nombre

de supposés croisés ne donna qu'un poids de 3.57 grains
(0ᵍʳ,214), me permit d'en douter. Cinq semis furent obtenus de
chaque lot de graines, et les plants autofécondés, après complet
développement, dépassèrent très-légèrement de 0ᵐ,010 les cinq
plants supposés croisés. J'ai pensé qu'il était juste de relater ce
cas aussi bien que le précédent, par ce fait que si les plantes
croisées avaient montré leur supériorité sur les autofécondées,
j'aurais été conduit à admettre que les premiers avaient été
réellement croisés, tandis que, dans l'état actuel des expériences, je ne sais vraiment que conclure.

Ma suprise ayant été grande à la suite des deux précédentes
expériences, je résolus d'en faire une autre, dans laquelle il n'y
aurait pas de doute sur le croisement. Je fécondai donc avec
grand soin (mais comme toujours sans castration préalable)
vingt-quatre fleurs, prises sur les plants supposés croisés de la
dernière génération avec le pollen de plantes distinctes, et j'obtins ainsi vingt et une capsules. Les plantes de la dernière génération furent disposées pour se féconder de nouveau elles-
mêmes sous une gaze, et les semis qui levèrent de ces graines
formèrent la troisième génération autofécondée. Les deux lots
de semences, après germination dans le sable pur, furent placés
par paires dans des points opposés de deux pots. Toutes les semences restant furent semées dru dans des points opposés d'un
troisième pot; mais tous les semis autofécondés dans ce dernier
vase succombèrent avant d'avoir atteint une hauteur convenable et ne furent point mesurés. Les plants des pots numéros I
et II furent mesurés lorsqu'ils eurent 0ᵐ,175 à 0ᵐ,200 de haut, et
les croisés surpassèrent les autofécondés d'une hauteur moyenne
de 0ᵐ,038. Après complet développement, ils furent de nouveau
mesurés jusqu'au moment de leurs capitules florales et donnèrent les résultats suivants :

TABLEAU XXXI.

Numéros des pots	Plantes croisées	Plantes autofécondées de la 3ᵉ génération
	mètres	mètres
I.	0,450	0,475
	0,525	0,525
	0,456	0,487
II.	0,475	0,418
	0,462	0,187
	0,425	0,362
	0,534	0,412
Total.	3,337	2,868

La hauteur moyenne des sept plants croisés est ici de 0ᵐ,478, et celle des sept autofécondés de 0ᵐ,409 ; elle fut comme 100 à 86. Mais comme les plants du côté autofécondé s'accrurent très-inégalement, cette proportion ne peut inspirer complète confiance, car elle est probablement trop élevée. Dans les deux pots, chaque plante croisée fleurit avant chaque autofécondée. Ces plantes furent laissées à découvert dans la serre, mais comme elles avaient été trop entassées, elles ne furent pas très-productives. Les semences des sept plantes renfermées dans chaque lot furent comptées ; les croisées en donnèrent deux cent-six et les autofécondées cent cinquante-quatre, c'est-à-dire comme 100 est à 56.

Croisement par un rameau nouveau. — D'une part, à cause des doutes que me laissèrent les deux premiers essais, dans lesquels je ne savais pas avec certitude si les plants avaient été croisés, et, d'autre part, parce que les plants croisés, dans la dernière expérience, avaient été mis en compétition avec des plants autofécondés pendant trois générations, qui s'étaient accrus du reste très-inégalement, je pris la résolution de répéter l'expérience sur une plus grande échelle et d'une manière toute différente. Je me procurai d'un autre jardin pépiniériste des semences de la même variété cramoisie de l'*I. umbellata*, et en obtins des semis. Quelques-unes de ces plantes furent disposées pour l'autofécondation spontanée sous une gaze, et d'autres furent croisées par le pollen provenant de plantes issues de graines qui m'avaient été envoyées par le docteur Durando, d'Alger, où les plantes génératrices avaient été cultivées pendant plusieurs générations. Ces derniers plants différèrent dès premiers à un seul point de vue : ils avaient les fleurs colorées de rose pâle au lieu de cramoisi. Quoique les fleurs de la plante-mère n'eussent pas été châtrées, il fut bien prouvé, au moment de la floraison, que le croisement avait été effectif, car vingt-quatre des fleurs produites furent rose pâle, revêtant ainsi exactement la livrée paternelle ; et les six autres furent cramoisies, c'est-à-dire qu'elles portèrent la couleur de leur mère et celle de tous les semis autofécondés. Ce cas présente un bon exemple d'un fait qui n'est pas rare comme conséquence d'un croisement de deux variétés à fleurs douées de couleurs différentes, c'est-à-dire la non-fusion des couleurs et la reproduction de celle qui existe, soit chez le père, soit chez la mère. Les semences des deux lots, après germination dans le sable, furent placées dans des points opposés de huit pots. Après complet développement, les semis furent mesurés jusqu'au sommet des capitules, comme c'est indiqué dans le tableau suivant :

TABLEAU XXXII.

Iberis umbellata : 0 veut dire que la plante a succombé.

Numéros des pots	Plants provenant d'un croisement avec un rameau nouveau	Plants provenant de semences spontané- ment autofécondées
	mètres	mètres
I.	0,468 0,440 0,443 0,503	0,431 0,421 0,328 0,381
II.	0,506 0,396 0,425	0 0,418 0,381
III.	0,481 0,453 0,381	0,343 0,356 0,337
IV.	0,428 0,471 0,440 0,493 0,362	0,312 0,353 0,400 0,384 0,371
V.	0,453 0,371 0,406 0,390 0,312	0,412 0,406 0,356 0,356 0,403
VI.	0,468 0,468 0,434	0,403 0,375 0,381
VII.	0,450 0,412 0,456	0,409 0,362 0,340
VIII.	0,518 0,446 0,340 0,481	0,393 0,409 0,506 0,393
Total.	13,009	11,247

La hauteur moyenne des trente plantes croisées est ici de 0^m,433, et celle des vingt-neuf autofécondées (une d'elles mourut) de 0^m,378, c'est-à-dire comme 100 est à 89. Je suis surpris de voir que cette différence ne fut pas plus accentuée, surtout en considérant que dans la dernière expérience elle fut de 100 à 86; mais cette proportion, comme je l'ai expliqué, est probablement trop élevée. Il faut, du reste, remarquer que dans la dernière expérience (tableau XXXI) les plants croisés étaient en lutte avec ceux de la troisième génération autofécondée, tandis que, dans le cas présent, les plants provenant d'un croisement avec un pied nouveau étaient en compétition avec des plants autofécondés de la première génération.

Dans le cas présent, comme dans le précédent, les plants croisés furent plus féconds que les autofécondés, les deux lots ayant été laissés découverts dans la serre. Les trente plants croisés produisirent cent trois capitules porte-graines, auxquelles il faut ajouter quelques inflorescences qui restèrent stériles, tandis que les vingt-neuf plants autofécondés produisirent seulement quatre-vingt-une capitules séminifères; les trente plants semblables auraient donc donné 83,7 capitules. Nous avons alors la proportion de 100 à 81 pour le nombre de capitules porte-graines produites par les plants croisés et autofécondés. Du reste, un certain nombre d'inflorescences séminifères des plants croisés, comparées au même nombre de capitules des plants autofécondés, donna en poids des semences dans la proportion de 100 à 92. En combinant ces deux éléments, c'est-à-dire le nombre de têtes porte-graines et le poids des semences dans chaque tête, la productivité des plants croisés fut à celle des autofécondés comme 100 est à 75.

Les semences croisées et autofécondées (les unes intactes et les autres en état de germination) qui restèrent après que les paires ci-dessus indiquées eurent été plantées, furent, dès le commencement de l'année, semées en pleine terre, sur deux rangs. Plusieurs des semis autofécondés souffrirent considérablement, et il en périt un nombre beaucoup plus grand que de croisés. A l'automne, les plants autofécondés survivant furent beaucoup moins bien venus que les croisés.

VII. PAPAVÉRACÉES. — PAPAVER VAGUM.

Une sous-espèce du P. dubium, *du sud de la France.*

Les pavots ne sécrètent pas de nectar, mais les fleurs en sont très-remarquables et reçoivent la visite de nombreuses abeilles collectrices de pollen, de mouches et de coléoptères. Les anthères perdent leur pollen de très-bonne heure, et, dans le cas du *P. rhœas,* il tombe sur la circonférence du stigmate rayonné; il en résulte que cette espèce doit être le plus souvent autofécondée; mais avec le *P. dubium* le même résultat ne doit pas se produire (d'après H. Müller, *Die Befruchtung,* p. 128), à cause de la petitesse des étamines, quoique cependant les fleurs soient souvent inclinées. La présente espèce ne paraît

donc pas si bien adaptée pour l'autofécondation que le plus
grand nombre des autres. Cependant, le *P. vagum* produisit
beaucoup de capsules dans mon jardin après que les insectes en
furent écartés, mais à la fin de la saison seulement. Je dois
ajouter que le *P. somniferum* produit en abondance des capsules spontanément autofécondées, et le professeur H. Hoffmann
l'a aussi constaté[1]. Quelques espèces de Papaver se croisent
facilement quand elles végètent dans le même jardin, et j'ai démontré que c'était le cas pour les *P. bracteatum* et *orientale*.

Des plants de *P. vagum* furent obtenus de graines que je
reçus d'Antibes, et que je dus à la complaisance du docteur
Bornet. Peu de temps après, les fleurs en étaient épanouies,
et quelques-unes d'entre elles furent fécondées par leur propre
pollen, tandis que d'autres étaient croisées (sans castration
préalable) avec le pollen d'un individu distinct; mais j'ai des
raisons de croire, d'après mes expériences subséquentes, que
ces dernières fleurs avaient été fécondées déjà avec leur propre
pollen, cette opération se produisant immédiatement après
l'épanouissement des fleurs[2]. J'obtins, du reste, quelques semis
des deux lots et les autofécondés dépassèrent de beaucoup en
hauteur les croisés.

Au commencement de l'année suivante, j'opérai d'une façon
différente, en fécondant sept fleurs, bien peu après leur anthèse,
avec le pollen d'une autre plante, et j'obtins ainsi six capsules.
Après avoir compté les graines contenues dans une capsule de
grandeur moyenne, j'estimai que le nombre moyen de semences
était dans chacune d'elles de cent vingt. Quatre fruits, parmi les
onze spontanément autofécondés obtenus dans le même temps,
continrent de mauvaises graines, et les huit restant n'en renfermèrent qu'une moyenne de 6,6 par capsule; mais il est bon de
faire observer qu'à la fin de la saison les mêmes plantes donnèrent, sous une gaze, un grand nombre de très-bonnes capsules
spontanément autofécondées.

Les deux lots de graines ci-dessus, après germination dans le
sable, furent placés par paires dans des points opposés de cinq
pots. Les deux lots de semis, parvenus à la hauteur de 0^m,025,
puis plus tard à celle de 0^m,150, furent mesurés jusqu'à la pointe

---

[1] *Zur Speciesfrage* (sur la question de l'espèce), 1875, p. 53.
[2] M. J. Scott a trouvé (*Report on the Experimental Culture of the
Opium Poppy,* Rapport sur la culture expérimentale du pavot à opium,
Calcutta, 1874, p. 47) que dans le cas du *Papaver somniferum,* l'enlèvement de la surface stigmatique avant l'épanouissement des fleurs empêche la production des graines. Mais si cette opération est pratiquée,
« le second jour ou même quelques heures après l'anthèse, une autofécondation partielle s'est déjà produite et quelques bonnes graines sont
invariablement produites ». Ceci prouve combien précoce est l'acte de la
fécondation.

de leurs feuilles; ils ne présentèrent aucune différence. Après complet développement, les pédoncules floraux furent mesurés jusqu'aux sommets des capsules seminifères, et donnèrent les résultats suivants :

TABLEAU XXXIII. — *Papaver vagum.*

Numéros des pots	Plantes croisées	Plantes autofécondées
	mètres	mètres
I.	0,606	0,525
	0,750	0,665
	0,462	0,400
II.	0,362	0,384
	0,550	0,503
	0,490	0,353
	0,525	0,412
III.	0,518	0,481
	0,506	0,331
	0,518	0,450
IV.	0,634	0,581
	0,606	0,575
V.	0,500	0,459
	0,696	0,675
	0,475	0,531
Total.	8,418	7,328

Les quinze plantes croisées ont ici en hauteur moyenne $0^m,550$, et les quinze autofécondées $0^m,488$; ils sont comme 100 à 89. Ces plantes ne différèrent pas comme fécondité, autant qu'on peut en juger par le nombre de capsules produites; il y en eut, en effet, soixante-quinze sur les pieds croisés et soixante-quatorze sur les autofécondés.

ESCHSCHOLTZIA CALIFORNICA.

Cette plante est remarquable en ce que ses semis croisés ne surpassèrent ni en hauteur, ni en vigueur les autofécondés. D'un autre côté, un croisement ayant pour effet d'augmenter considérablement la productivité des fleurs dans les plantes génératrices, devient quelquefois nécessaire pour assurer la formation de quelques graines; du reste, les plantes obtenues par ce moyen sont par elles-mêmes plus fécondes que celles qui proviennent des fleurs autofécondées. De cette façon, tout l'avantage résultant d'un croisement est concentré sur le système reproducteur. Il me paraît nécessaire de m'étendre avec grands détails sur ce cas singulier.

Douze fleurs, prises sur quelques plantes de mes parterres, furent fécondées avec le pollen de plantes distinctes et produisirent douze capsules, dont une seule contenait de mauvaises graines. Les semences des onze bonnes capsules pesèrent 17,4 grains (1^{gr},04). Dix-huit fleurs de la même plante furent fécondées avec leur propre pollen et produisirent douze bonnes capsules, qui contenaient un poids de 13,61 grains (0^{gr},816) de semences. Donc, un égal nombre de capsules croisées et autofécondées aurait produit des graines dont le poids serait comme 100 à 71[1]. Si nous tenons compte de ce fait qu'une bien plus grande proportion des fleurs produisit des capsules après croisement qu'après autofécondation, la fertilité relative des fleurs croisées et autofécondées se trouve être comme 100 à 52. Néanmoins ces plantes, quoique protégées par une gaze, produisirent spontanément un nombre considérable de capsules autofécondées.

Les semences des deux lots, après germination dans le sable, furent placées par paires dans des points opposés de quatre grands pots. D'abord, on n'observa aucune différence dans leur développement; mais, finalement, les semis croisés surpassèrent considérablement les autofécondés en hauteur, ainsi que c'est démontré dans le tableau suivant :

TABLEAU XXXIV. — *Eschscholtzia californica.*

Numéros des pots	Plantes croisées	Plantes autofécondées
	mètres	mètres
I.	0,837	0,625
II.	0,856	0,875
III.	0,725	0,681
IV.	0,550	0,375
Total.	2,968	2,456

Mais je suis porté à croire, d'après le cas qui suit, que ce résultat tout accidentel est attribuable au petit nombre de plantes mesurées, et à ce que l'une de ces plantes seulement atteignit la

---

[1] Le professeur Hildebrand a expérimenté, en Allemagne, sur un bien plus grand nombre de plantes que je n'ai pu le faire, et leur a trouvé une autostérilité beaucoup plus accentuée. Dix-huit capsules produites par fécondation croisée continrent en moyenne 85 graines, tandis que quatorze capsules provenant de fleurs autofécondées en renfermèrent une moyenne de 9, c'est-à-dire comme 100 est à 11 (*Jahresb. für wissensch. Botanik,* Bd. VIII, p. 467).

hauteur de 0^m,375. Ces plantes avaient été conservées dans la
serre, et afin de les exposer à la lumière elles avaient dû être
liées à des baguettes, aussi bien dans le cas suivant. Les mensurations atteignirent jusqu'au sommet de leurs tiges florales.

Les quatre plants croisés ont ici une moyenne de 0^m,740 en
hauteur, et les quatre autofécondés de 0^m,640, c'est-à-dire comme
100 est à 86. Les semences restant furent semées dans un grand
pot où une Cinéraire avait longtemps végété ; et, dans ce cas
encore, les deux plants croisés d'un côté surpassèrent grandement
en hauteur les deux autofécondés du côté opposé. Les plants des
quatre pots ci-dessus, ayant été conservés dans la serre, ne
produisirent pas beaucoup de capsules ni dans cette occasion ni
dans d'autres circonstances similaires, mais les fleurs des plantes
croisées ayant été de nouveau croisées, furent plus productives
que celles des fleurs des plantes autofécondées après une nouvelle autofécondation. Ces plantes, après avoir grainé, furent
coupées et conservées dans la serre, et l'année suivante, quand
elles végétèrent de nouveau, leur hauteur relative était renver-
sée, car trois sur quatre des plants autofécondés furent alors
plus grands que les croisés et entrèrent en fleur avant ces
derniers.

Plants croisés et autofécondés de la deuxième génération.
— Le fait que je viens de rapporter relatif au développement
des plantes coupées m'inspira des doutes sur ma première expérience, et je résolus d'en faire une autre sur une plus large
échelle avec les semis croisés et autofécondés, obtenus des
plants croisés et autofécondés de la dernière génération. Onze
paires en furent obtenues et végétèrent en compétition à la manière ordinaire : là le résultat fut différent, car les deux lots
gardèrent une égalité presque complète durant toute leur période
végétative. Il serait donc superflu de donner ici un tableau de
leur hauteur. Mesurés après complet développement, les plants
croisés eurent une taille moyenne de 0^m,811 et les autofécondés de
0^m,820, c'est-à-dire comme 100 est à 101. Il n'y eut pas une
grande différence entre le nombre des fleurs et des capsules produites dans les deux lots, lorsqu'ils furent exposés à la visite des
insectes.

Plants obtenus des semences brésiliennes. — Fritz Müller
m'envoya du Brésil méridional des semences provenant de plantes
qui, dans ce pays, sont absolument stériles après fécondation
par le pollen de la même plante, et deviennent très-fertiles, au contraire, après croisement avec le pollen de quelque autre pied.
Les plants que j'obtins en Angleterre, de ces semences, furent
examinés par le professeur Asa-Gray, qui les reconnut comme
appartenant à l'*E. californica*, avec lequel ils sont identiques
comme apparence générale. Deux de ces plants furent recouverts

d'une gaze et me parurent n'être pas aussi complétement stériles qu'ils le sont dans le Brésil. Mais je reviendrai plus tard
sur ce sujet, dans une autre partie de cet ouvrage. Ici, il me
suffira d'établir que huit fleurs de ces deux plants fécondés
sous la gaze, avec le pollen d'un autre plant, produisirent huit
belles capsules dont chacune contenait en moyenne 80 graines.
Huit fleurs de la même plante, fécondées avec leur propre pollen, produisirent sept capsules qui contenaient en moyenne seulement 12 semences, avec un maximum de 16 pour l'une d'elles.
Les capsules croisées, comparées aux autofécondées, donnèrent
donc des semences dans la proportion de 100 à 15. Ces plantes de
lignage brésilien différèrent donc d'une manière très-marquée
des plantes anglaises, en ce qu'elles produisirent, sous gaze,
extrêmement peu de capsules spontanément autofécondées. Des
semences croisées et autofécondées issues des plants ci-dessus,
après germination dans le sable pur, furent placées par paires
dans des points opposés de cinq grands pots. Les semis ainsi obtenus furent les petits-fils des plantes qui végétèrent au Brésil :
leurs générateurs s'étaient développés en Angleterre. Comme les
grands-parents, au Brésil, exigent absolument une fécondation
croisée pour donner quelques graines, j'espérai que l'autofécondation aurait de mauvais résultats pour les semis, et que les
plants croisés montreraient une grande supériorité, en taille et
en vigueur, sur ceux obtenus des fleurs autofécondées. Mais le
résultat prouve que ma prévision était erronée, car, comme dans
la dernière expérience faite avec les plantes d'une branche anglaise, les autofécondés, dans le cas présent, surpassèrent un peu
les croisés en hauteur. Il sera suffisant d'établir que les quatorze
plants croisés eurent une hauteur moyenne de 1^m,115 et les quatorze autofécondés de 1^m,131, c'est-à-dire comme 100 est à 101.

Effets du croisement avec un rameau nouveau. — J'essayai
alors une autre expérience. Huit fleurs d'un plant autofécondé,
provenant de la dernière expérience (c'est-à-dire petits-fils des
plantes qui vécurent au Brésil), furent fécondées de nouveau avec
le pollen de la même plante et produisirent cinq capsules contenant en moyenne 27.4 semences, le maximum étant, dans l'une
d'elles, de 42. Les semis obtenus de ces semences formèrent la
deuxième génération autofécondée de la souche brésilienne.

Huit fleurs, sur l'un des plants croisés de la dernière expérience, furent croisées avec le pollen d'un autre petit-fils et donnèrent cinq capsules. Elles contenaient en moyenne 31.6 graines,
avec un maximum, pour l'une d'elles, de 49. Les semis obtenus
de ces graines seront appelés les *entre-croisés*.

Enfin, huit autres fleurs des plants croisés de la dernière expérience furent fécondées avec le pollen d'une plante de souche anglaise végétant dans mon jardin, et qui durent avoir été soumises

pendant de nombreuses générations antérieures à des conditions
très-différentes de celles auxquelles les progéniteurs brésiliens de
la plante mère avaient été exposés. Ces huit fleurs produisirent
seulement quatre capsules contenant, en moyenne, 63.2 graines,
avec un maximum de 90 pour l'une d'elles. Les plants venus de
ces graines seront nommés *Anglais-croisés*. S'il est possible
d'accorder confiance aux moyennes ci-dessus, prises sur un si
petit nombre de fruits, les capsules *Anglais-croisées* fournirent
deux fois plus de graines que les entre-croisées, et plus de deux
fois autant que les capsules autofécondées. Les plants que donnèrent ces capsules vécurent en pot, dans la serre, de façon que
leur productivité absolue ne peut être comparée à celle des plants
vivant en plein air.

Les trois lots de graines ci-dessus, c'est-à-dire autofécondées,
croisées et Anglais-croisées, étant arrivés à un égal degré de germination (ces graines avaient été, comme de coutume, semées dans
du sable pur), furent placés dans neuf grands pots, dont chacun
était partagé en trois parties par des divisions superficielles.
Beaucoup d'entre les graines autofécondées germèrent avant
celles des deux lots croisés, et celles-là furent naturellement rejetées. Les semis ainsi obtenus sont les arrière-petits-fils des
plants qui vécurent au Brésil. Arrivés à la hauteur de $0^m,050$ à
$0^m,100$, les trois lots étaient égaux. Ils furent mesurés d'abord
quand ils eurent atteint les 4/5 de leur développement, puis de
nouveau après complet développement; mais comme leur hauteur relative fut presque exactement la même dans ces deux
âges, je ne donnerai que les dernières mesures. La hauteur
moyenne des dix-neuf Anglais-croisés fut de $1^m,145$, celle des
dix-huit entre-croisés (un d'eux avait succombé) de $1^m,083$, enfin
celle des dix-neuf pieds autofécondés de $1^m,258$. Ils furent donc,
comme hauteur, dans les proportions suivantes :

Les Anglais-croisés aux autofécondés,   comme 100 est à 109
Les Anglais-croisés aux entre-croisés,   — 100 — 94
Les entre-croisés aux autofécondés,   — 100 — 116

Lorsque toutes les capsules séminifères furent cueillies, toutes
les plantes furent coupées à ras de terre et pesées. Les dix-neuf
Anglais-croisées donnèrent un poids de $565^{gr},75$; les entre-croisées (leur poids étant calculé comme s'il y en avait eu dix-neuf)
pesèrent $565^{gr},20$ et les dix-neuf autofécondées $666^{gr},50$. Nous
avons donc pour le poids des trois lots de plantes les proportions
suivantes :

Les Anglais-croisées furent aux autofécondées, comme 100 à 118
Les Anglais-croisées furent aux entre-croisées,   — 100 à 100
Les entre-croisées furent aux autofécondées,   — 100 à 118

Nous voyons par là que, comme poids et comme hauteur, les plantes autofécondées ont un avantage marqué sur les croisées.

Les graines des trois espèces restant, en état de germination ou non, furent semées en trois longues séries parallèles en pleine terre : là, les semis autofécondés dépassèrent en hauteur, d'environ 0^m,050 à 0^m,075, les semis des deux autres rangées, qui furent à peu près de hauteur égale. Les trois séries ayant été laissées découvertes pendant l'hiver, toutes les plantes furent brûlées par le froid, à l'exception de deux autofécondées : de façon que, si peu que vaille cette preuve, quelques plants autofécondés furent plus vigoureux que quelques-uns des croisés de chaque lot.

Nous voyons par là que les plants autofécondés, qui végétèrent dans les neuf pots, furent supérieurs en hauteur (comme 116 est à 100), et en poids (comme 118 est à 100), et apparemment en vigueur aux entre-croisés provenant d'un croisement entre les petits-fils de la souche brésilienne. La supériorité est ici bien plus fortement marquée que dans la deuxième expérience avec les plants de souche anglaise, dans lesquels les autofécondés furent en poids aux croisés, comme 101 à 100. Il y a un fait bien plus remarquable encore, si nous nous rappelons les effets du croisement avec le pollen d'un pied nouveau dans le cas de l'Ipomœa, Mimulus, Brassica et Iberis : c'est que les plants autofécondés surpassèrent en hauteur (dans la proportion de 109 à 100) et en poids (comme 118 à 100), la descendance de la souche brésilienne croisée avec un pied anglais, les deux souches ayant été longtemps soumises à des conditions profondément dissemblables.

Si nous revenons maintenant à la fécondité des trois lots de plantes, nous trouvons des résultats bien différents. Je peux établir d'abord que, dans cinq pots sur neuf, les premières plantes qui fleurirent furent les Anglais-croisées, que dans les quatre autres ce fut un autofécondé qui eut la priorité, et que jamais un plant croisé ne donna la première fleur : ces dernières plantes furent donc battues de ce côté comme de beaucoup d'autres. Les trois séries très-contiguës de plantes végétant en pleine terre fleurirent avec profusion, ces fleurs reçurent incessamment la visite des abeilles et furent certainement entre-croisées.

La manière dont plusieurs plantes, dans les expériences antérieures, continuèrent à rester presque stériles tant qu'elles furent couvertes d'une gaze et à donner, par contre, une multitude de capsules dès qu'elles furent découvertes, prouve combien est efficace le transport du pollen de plante à plante par les insectes. Mon jardinier cueillit, à trois reprises successives, un nombre égal de capsules mûres sur les plants de trois lots, jusqu'à ce qu'il en eût ramassé quarante-cinq dans chaque lot. Il est im-

possible de juger d'après leur apparence extérieure si les fruits
renferment ou non de bonnes graines, aussi dus-je ouvrir toutes
les capsules. Sur les quarante-cinq, provenant de plants Anglais-
croisés, quatre furent trouvées vides, il y en eut cinq parmi les
entre-croisés, et enfin on en compta neuf parmi les autofécondés.
Les semences furent comptées dans vingt-et-une capsules prises
au hasard dans chaque lot, et le nombre moyen de graines dans
les capsules des plants Anglais-croisés fut de 67, dans celles
des entre-croisés de 56, enfin dans celles des autofécondés de
48.52. Il s'ensuit que :

	Graines
Les 45 capsules (y compris les 4 vides) des plants Anglais-croisés contenaient	2747
Les 45 capsules (y compris les 4 vides) des plants entre-croisés contenaient.	2240
Les 45 capsules (y compris les 9 vides) des plants autofécondés contenaient.	1746,7

Le lecteur se rappellera que ces capsules sont le produit de la
fécondation croisée réalisée par les abeilles, et que la différence
dans le nombre de semences contenues doit dépendre de la constitution des plants, c'est-à-dire de ce qu'ils furent ou le produit d'un
croisement avec un pied distinct, ou celui d'un croisement entre
plants de la même souche, ou enfin résultèrent d'une autofécondation. Des faits ci-dessus, nous extrayons les proportions suivantes :

Quantité de semences contenues dans un nombre égal de capsules naturellement fécondées, produites

Par les plants Anglais-croisés et autofécondés, comme 100 est à 63
Par les plants Anglais-croisés et entre-croisés,   —   100 — 81
Par les plants entre-croisés et autofécondés,   —   100 — 78

Mais, pour que la productivité des trois lots de plantes fût bien
constatée, il était nécessaire de connaître la quantité de capsules produites par le même nombre de plants. Les trois longues séries ne furent pas, du reste, d'égale longueur, et les plants vécurent
très-entassés, de telle sorte qu'il m'eût été extrêmement difficile de
déterminer le nombre de capsules qu'ils produisirent, même dans
le cas où j'aurais eu la volonté d'entreprendre une tâche aussi
laborieuse que celle de ramasser et de compter ces capsules.
Mais cette opération était réalisable avec les plantes végétant en
pots dans la serre, et quoique ces dernières fussent moins fécondes
de beaucoup que celles qui étaient en plein air, leur fécondité relative parut égale, après une observation attentive. Les dix-neuf
plants de la souche Anglais-croisé produisirent dans les pots, ensemble 240 capsules, les entre-croisés (calculés sur le nombre

de dix-neuf) en donnèrent 137.22, et les dix-neuf autofécondés enfin, 152. Maintenant que nous connaissons la quantité de graines contenues dans 45 capsules de chaque lot, il nous est facile de calculer les nombres relatifs de semences produites par un égal nombre de plants des trois lots.

Quantité de semences produites par un égal nombre de plants naturellement fécondés : ·

Plants Anglais-croisés et autofécondés,	comme	100 à 40
Plants Anglais-croisés et entre-croisés,	—	100 à 45
Plants entre-croisés et autofécondés,	—	100 à 89

La supériorité en productivité des plants entre-croisés (c'est-à-dire produits par un croisement entre les petits-fils des pieds qui vécurent au Brésil) sur les autofécondés, quelque faible qu'elle soit, est entièrement due au plus grand nombre moyen des semences contenues dans les capsules, car les plants entre-croisés produisirent, dans la serre, moins de capsules que les autofécondés. Comme productivité, la grande supériorité des plants Anglais-entre-croisés sur les autofécondés est montrée par le plus grand nombre de capsules produites, par la quantité plus considérable de graines qu'elles renferment et par le nombre moindre de capsules vides. Les plants Anglais-croisés et entre-croisés ayant formé la descendance des croisés dans chaque génération antérieure (et cela dut résulter de ce fait que les fleurs restèrent stériles avec leur propre pollen), nous pouvons en conclure que la grande supériorité comme productivité, des Anglais-croisés sur les entre-croisés, est due à ce que les deux parents des premiers furent longtemps assujettis à des conditions différentes.

Les plants Anglais-croisés, malgré leur grande supériorité génésique, furent, comme nous l'avons vu, décidément inférieurs en hauteur et en poids aux autofécondés, et seulement égaux ou à peine supérieurs aux entre-croisés. Donc, tout l'avantage résultant d'un croisement avec un pied distinct est ici concentré sur la productivité, et je n'ai jamais rencontré un cas semblable.

VIII. RÉSÉDACÉES. — RESEDA LUTEA.

Des graines ramassées sur des plantes sauvages qui croissent aux alentours furent semées dans mon jardin potager, et plusieurs des semis ainsi obtenus furent couverts d'une gaze; quelques-uns de ceux-ci furent trouvés complétement stériles (comme je le décrirai plus tard complétement), après avoir été abandonnés à l'autofécondation spontanée, quoique leurs stigmates fussent remplis de pollen. Ils furent également stériles après une fécondation artificielle répétée avec leur propre pollen, tandis que d'autres plants produisirent quelques capsules spontanément autofécondées. Les sujets restant furent laissés découverts, et, comme le pollen fut transporté de plante en plante par les abeilles et les bourdons qui visitent incessamment ces fleurs, ils produisirent un grand nombre de capsules. Ce qui se passe dans cette espèce et dans le *R. odorata* rendit amplement évidente pour moi la nécessité du transport du pollen d'une plante à une autre, car ces plantes, qui ne produisirent que peu ou pas de graines tant qu'elles furent protégées par les insectes, devinrent chargées de capsules aussitôt après qu'elles eurent été mises à découvert.

Les semences des fleurs spontanément autofécondées sous une gaze, et celles des fleurs naturellement croisées par les abeilles furent semées dans des points opposés de cinq grands pots. Les semis furent éclaircis dès qu'ils sortirent de terre, de façon à ce qu'un égal nombre en fut laissé des deux côtés. Après un certain

TABLEAU XXXV. — *Reseda lutea, en pots.*

Numéros des pots	Plants croisés	Plants autofécondés
	mètres	mètres
I.	0,525	0,321
	0,356	0,400
	0,478	0,296
	0,175	0,381
	0,378	0,478
II.	0,512	0,312
	0,434	0,406
	0,596	0,406
	0,428	0,334
	0,518	0,340
III.	0,403	0,362
	0,443	0,487
	0,406	0,521
	0,250	0,196
	0,250	0,443
IV.	0,553	0,225
	0,475	0,287
	0,471	0,275
	0,412	0,400
	0,481	0,409
V.	0,631	0,368
	0,550	0,400
	0,218	0,359
	0,356	0,356
Total.	10,307	8,771

temps, les pots furent enfoncés en pleine terre. Le même nombre de plants des deux lignages croisé et autoféconddé, fut mesuré jusqu'au sommet des tiges florales avec le résultat indiqué dans le tableau précédent. Ceux qui ne produisirent pas de tiges florales ne furent pas mesurés (tableau XXXV).

La hauteur moyenne des vingt-quatre plants croisés est ici de 0^m,430 et celle du même nombre de plants autofécondés de 0^m,365, c'est-à-dire comme 100 est à 85. Tous les croisés à l'exception de cinq fleurirent, tandis que de nombreux autofécondés ne purent arriver à floraison. Les paires ci-dessus, quoique encore en fleur, mais portant quelques capsules déjà formées, furent coupées à ras de terre et pesées : les sujets croisés donnèrent un poids de 2^k,805 et un égal nombre d'autofécondés de 589 grammes seulement, ou comme 100 est à 21; ce qui constitue une différence surprenante.

Des graines des deux mêmes lots furent aussi semées sous deux rangées contiguës en pleine terre. Il y eut vingt croisés dans une série et trente-trois autofécondés dans l'autre, ce qui fausse l'expérience, mais moins qu'on pourrait le croire d'abord, car les plantes de la même série ne furent pas assez sérieusement entassées pour entraver leur développement mutuel, et de plus la terre était libre en dehors des deux séries de résédas. Ces plants furent mieux nourris que ceux des pots et atteignirent une plus grande hauteur. Les huit plus grands, dans chaque série, furent mesurés de la même manière que ci-dessus, et donnèrent les résultats suivants :

TABLEAU XXXVI. — *Reseda lutea, en pleine terre.*

Plants croisés	Plants autofécondés
mètres	mètres
0,700	0,831
0,684	0,575
0,690	0,540
0,718	0,512
0,746	0,540
0,668	0,550
0,656	0,531
0,753	0,546
5,518	4,628

La hauteur moyenne des plants croisés, parvenus à pleine floraison, fut ici de 0^m,703 et celle des autofécondés de 0^m,578, c'est-à-dire comme 100 est à 82. Un fait étrange, c'est que le plus grand plant des deux séries fut un des autofécondés. Ces derniers portèrent des feuilles plus petites et plus pâles que les croisés. Tous les plants des deux séries furent ensuite coupés et pesés : les vingt croisés donnèrent un poids de 2^k,015 et les vingt autofécondés (ce calcul étant établi d'après le poids de trente-deux plants autofécondés) de seulement 813^{gr},75, c'est-à-dire comme 100 est à 40. Les plantes croisées ne surpassèrent donc pas en poids, à beaucoup près, les autofécondées à un degré aussi élevé que le firent celles végétant en pot, et cela tient probablement à ce que ces dernières avaient été soumises à une plus rigoureuse compétition. D'autre part, elles dépassèrent les autofécondées en hauteur, à un degré légèrement plus marqué.

RESEDA ODORATA.

Des plants de réséda commun ayant été obtenus de graines achetées, quelques-uns d'entre eux furent placés séparément sous des gazes. Parmi ces derniers, les uns furent chargés de capsules spontanément autofécondées, d'autres en donnèrent peu, d'autres enfin pas une seule. Il est impossible d'alléguer comme cause de l'infécondité absolue de ces derniers plants, ce fait que leurs stigmates n'auraient pas reçu de pollen, car les fleurs furent à plusieurs reprises fécondées, sans résultat, avec du pollen

Tableau XXXVII.

Reseda odorata (semis d'une plante très-féconde par elle-même).

Numéros des pots	Plantes croisées	Plantes autofécondées
	mètres	mètres
I.	0,521 0,871 0,668 0,818	0,562 0,715 0,581 0,762
II.	0,859 0,865 0,290 0,834	0,715 0,765 0,575 0,753
III.	0,446 0,675 0,753 0,756	0,115 0,625 0,659 0,628
IV.	0,540 0,700 0,815 0,809	0,568 0,637 0,381 0,618
V.	0,525 0,631 0,636	0,293 0,496 0,262
Total.	13,056	10,712

provenant de la même plante, et devinrent au contraire parfaitement fécondes après l'action du pollen pris sur un autre pied. Des semences autofécondées, provenant de plants hautement féconds par eux-mêmes, furent mises en réserve et d'autres furent ramassées sur des pieds végétant à découvert, qui avaient été croisés par l'intervention des abeilles. Ces semences, après germination dans du sable, furent semées par paires, dans des points opposés de cinq pots. Les plantes furent mises à grimper sur des baguettes, et on en prit la mesure jusqu'au sommet de leurs tiges feuillues, les axes floraux ayant été laissés de côté. (Voir le résultat de ces mensurations au tableau XXXVII.)

La hauteur moyenne des dix-neuf plants croisés est ici de $0^m,687$, et celle des dix-neuf autofécondés de $0^m,563$; c'est-à-dire qu'ils furent dans la proportion de 100 à 82. Toutes ces plantes furent coupées au commencement de l'automne et pesées : les croisées donnèrent un poids de $356^{gr},5$ et les autofécondées de $234^{gr},25$, c'est-à-dire comme 100 est à 67. Ces deux lots ayant été abandonnés au libre accès des insectes, ne présentèrent aucune différence apparente dans le nombre de capsules séminifères qu'ils produisirent.

Le restant des graines de ces deux lots fut semé en pleine terre sous deux rangées contiguës, de façon que les plants furent exposés à une compétition modérée. Les huit plus grands de chaque côté furent mesurés, comme c'est indiqué dans le tableau suivant :

Tableau XXXVIII. — *Reseda odorata, végétant en pleine terre.*

Plants croisés	Plants autofécondés
mètres	mètres
0,612	0,665
0,681	0,646
0,600	0,625
0,668	0,709
0,625	0,746
0,656	0,646
0,681	0,671
0,628	0,706
5,153	5,418

La hauteur moyenne des huit plants croisés est ici de $0^m,644$ et celle des huit autofécondés de $0^m,677$, c'est-à-dire comme 100 est à 105.

Nous arrivons donc à ce résultat anormal, à savoir que les plants autofécondés sont un peu plus grands que les croisés, et ce fait échappe à mon explication. Il est possible, quoique non probable, que les étiquettes aient été interverties par accident.

. On procéda à une autre expérience : toutes les capsules auto-fécondées, quoique en nombre très-peu élevé, furent cueillies sur un des plants à demi autostériles conservés sous une gaze ; et comme plusieurs fleurs de cette même plante avaient été fécondées avec le pollen d'un individu distinct, on obtint ainsi des semences croisées. J'espérais que les semis de cette plante quasi autostérile profiteraient d'un croisement à un degré plus marqué que ne le firent les semis complétement féconds par eux-mêmes, mais ma prévision ne fut pas justifiée, car ils n'en bénéficièrent qu'à un degré moindre. Un résultat analogue fut obtenu avec l'*Eschscholtzia*, dont la descendance dans les plantes de lignée brésilienne (qui furent partiellement stériles) ne profita pas plus d'un croisement que ne le firent les plants de la branche anglaise, bien plus fertile par elle-même. Les deux lots ci-dessus de graines croisées et autofécondées provenant du même plant de *Reseda odorata*, furent, après germination dans le sable, semés dans des points opposés de cinq pots, et mesurés, comme dans le dernier cas, avec les résultats suivants :

TABLEAU XXXIX.

Reseda odorata, semis issus d'une plante à demi autostérile.

Numéros des pots	Plantes croisées	Plantes autofécondées
	mètres	mètres
I.	0,837 0,768 0,743 0,500	0,775 0,700 0,331 0,800
II.	0,556 0,837 0,781 0,812	0,543 0,668 0,631 0,762
III.	0,753 0,803 0,787 0,806	0,431 0,743 0,618 0,856
IV.	0,478 0,753 0,609 0,768	0,518 0,818 0,787 0,918
V.	0,868 0,928 0,781 0,825	0,615 0,850 0,556 0,928
Total.	14,99	13,856

La hauteur moyenne des vingt plants croisés est ici de $0^m,749$ et celle des vingt autofécondés de $0^m,693$, c'est-à-dire comme 100 est à 92. Ces plants furent alors coupés et pesés, et les croisés dans ce cas surpassèrent en poids les autofécondés d'une très-petite quantité, c'est-à-dire dans la proportion de 100 à 99. Les deux lots laissés librement exposés à l'action des insectes parurent d'une égale fécondité.

Le reste des graines fut semé sous deux séries contiguës, en pleine terre, et les huit plus grands plants ayant été mesurés donnèrent les résultats suivants :

TABLEAU XL.

Reseda odorata, semis issus d'une plante à demi autostérile, placés en pleine terre.

Plants croisés	Plants autofécondés
mètres	mètres
0,706	0,662
0,562	0,609
0,646	0,587
0,634	0,537
0,737	0,565
0,681	0,684
0,562	0,684
0,656	0,481
5,184	4,709

La hauteur moyenne des huit plants croisés est ici de $0^m,648$ et celle des huit autofécondés de $0^m,588$, c'est-à-dire comme 100 est à 90.

IX. VIOLARIÉES. — VIOLA TRICOLOR.

Dans les fleurs jeunes de la pensée communément cultivée, les anthères laissent choir leur pollen dans un canal demi-cylindrique formé par la base du pétale inférieur et entouré de papilles. Le pollen ainsi amassé se trouve auprès du stigmate, mais parvient rarement à en atteindre la cavité, si ce n'est avec l'aide des insectes qui, à travers le passage, plongent leur trompe dans le nectar [1]. Aussi, lorsque je recouvris un grand plant appar-

---

[1] Les fleurs de cette plante ont été complétement décrites par Sprengel, Hildebrand, Delpino et H. Müller. Ce dernier auteur a résumé toutes les observations antérieures dans son *Befruchtung der Blumen* et dans. *Nature*, 20 novembre 1873, p. 44. Voyez aussi M. A. W. Bennett dans *Nature*, 15 mai 1873, p. 50; et quelques remarques par M. Kitchener, *ibidem*, p. 143. Les faits qui suivent, relatifs au recouvrement d'un plant de *Viola tricolor*, ont été mentionnés par sir John Lubbock dans ses *British Wild Flowers*, etc. (Fleurs sauvages de la Grande-Bretagne, etc.), p. 62.

tenant à une variété cultivée, il ne donna que dix-huit capsules et le plus grand nombre d'entre elles contenait très-peu de bonnes graines (plusieurs en avaient une seulement sur trois), tandis qu'un nombre égal de beaux plants de la même variété, vivant à découvert tout près des premiers, donna cent cinq superbes capsules. Les quelques rares fleurs qui fructifièrent après exclusion des insectes, furent peut-être fécondées par l'enroulement intérieur des pétales sous l'influence de la dessiccation, car par ce moyen les graines de pollen adhérentes aux papilles peuvent être introduites dans la cavité stigmatique. Mais il est plus probable que leur fécondation est effectuée, comme le pense M. Bennett, par les Thrips et par certains petits Coléoptères qui hantent ces fleurs et qu'aucun tissu ne peut écarter. Les bourdons en sont les fécondateurs ordinaires, mais j'ai eu l'occasion de surprendre plus d'une fois à l'œuvre des mouches *(Rhingia rostrata)* ayant la partie inférieure de leurs corps, leurs têtes et leurs pattes couvertes de pollen ; je marquai les fleurs qu'elles visitèrent et constatai après quelques jours qu'elles étaient fécondées [1]. Il était curieux de connaître pendant combien de temps des fleurs de pensée et de quelques autres plantes peuvent être observées sans qu'on voie un insecte les visiter. Pendant l'été de 1841, j'observai dans mon jardin, plusieurs fois chaque jour, pendant plus d'une quinzaine, quelques larges bouquets de pensées avant d'y voir un seul bourdon à l'œuvre. Dans le courant d'un autre été je fis de même, et à la fin je pus voir quelques bourdons de couleur sombre visiter, pendant trois jours consécutifs, à peu près chaque fleur dans de nombreux groupes : presque toutes se flétrirent promptement et produisirent de belles capsules. Je soupçonne qu'une certaine manière d'être de l'atmosphère est nécessaire pour la sé-

---

[1] Je dois ajouter que cette mouche ne paraît pas sucer le nectar, mais être attirée par les papilles qui entourent le stigmate. H. Müller vit aussi une petite abeille, une Andrène (qui ne doit pas rechercher le nectar), enfoncer sa trompe au-dessous du stigmate au point où les papilles sont situées, si bien que ces appendices doivent avoir quelque attrait pour les insectes. Un auteur affirme (*Zoologist,* Zoologiste, vol. III-IV, p. 1225) qu'une mouche (*Plusia*) visite fréquemment les fleurs de pensée. Les mouches à miel ne les visitent pas ordinairement, mais un cas a été rapporté (*Gardeners' Chronicle,* Chronique des jardiniers, 1844, p. 374) où le contraire eut lieu. H. Müller a vu aussi les abeilles à l'œuvre, mais seulement dans la forme sauvage à petites fleurs. Il a donné une liste (*Nature,* 1873, p. 45) de tous les insectes qu'il a vus visiter les deux formes à grandes et à petites fleurs. D'après cet auteur, je suis porté à croire que les fleurs des plantes à l'état de nature sont plus fréquemment visitées par les insectes que celles des variétés cultivées. Il a vu plusieurs papillons sucer les fleurs de ces plantes sauvages, ce que je n'ai jamais constaté dans les jardins, quoique j'y aie observé ces fleurs pendant plusieurs années.

crétion du nectar, et que dès qu'elle s'est produite, les insectes, le reconnaissant par l'odeur émise, visitent immédiatement ces fleurs.

Comme les fleurs demandent l'intervention des insectes pour leur complète fécondation, et qu'elles ne sont pas visitées, à beaucoup près, aussi souvent que le plus grand nombre des fleurs nectarifères, il est permis de comprendre le fait découvert par H. Müller et décrit par cet auteur dans « Nature », c'est-à-dire l'existence de cette espèce sous deux formes. L'une d'elles porte des fleurs remarquables, qui, comme nous l'avons vu, exigent l'intervention des insectes et sont adaptées pour être croisées par l'action de ces animaux; tandis que l'autre a des fleurs beaucoup plus petites, moins remarquablement colorées, et qui, construites sur un plan légèrement différent, favorable à l'autofécondation, deviennent aptes aussi à assurer la propagation de l'espèce. La forme féconde par elle-même est, du reste, accidentellement visitée par les insectes et peut être même croisée par eux, mais ceci est plus douteux.

Dans mes premières expériences sur le *Viola tricolor*, ce fut sans succès que je cherchai à avoir des semis. J'obtins seulement un plant croisé complètement développé et un autre autofécondé. Le premier avait 0^m,312 de haut et le deuxième 0^m,200. L'année suivante, quelques fleurs d'un plant nouveau furent croisées avec le pollen d'une autre plante que je savais constituer un semis distinct, point sur lequel il importait de porter attention. Plusieurs autres fleurs de la même plante furent fécondées par leur propre pollen. Le nombre moyen de graines contenues dans les dix capsules croisées fut de 18.7, et celui des onze capsules autofécondées de 12.83; c'est-à-dire comme 100 est à 69. Ces semences, après avoir germé dans le sable pur, furent placées par paires dans des points opposés de cinq pots. Elles furent mesurées pour la première fois quand elles eurent atteint le tiers de leur développement total, et les plantes croisées donnèrent une moyenne de 0^m,090, tandis que les autofécondées en mesurèrent 0^m,050 en hauteur, c'est-à-dire comme 100 est à 52. Gardées dans la serre, elles n'y végétèrent pas vigoureusement. Parvenues à floraison, elles furent de nouveau mesurées jusqu'au sommet de leurs tiges, avec les résultats indiqués au tableau XLI.

La hauteur moyenne des quatorze plants croisés est ici de 0^m,139, et celle des quatorze autofécondés de 0^m,059, ou comme 100 est à 42. Dans quatre des cinq pots, un plant croisé fleurit avant chacun des plants autofécondés, ainsi que cela se présenta avec la paire obtenue dans le courant de l'année précédente. Ces plants furent dépotés sans être endommagés et mis en pleine terre, de façon à former cinq groupes séparés. Dès le commencement de l'été (1869), ils donnèrent des fleurs en abondance, et comme elles étaient visitées par les bourdons, elles fournirent un

TABLEAU XLI. — *Viola tricolor.*

Numéros des pots	Plantes croisées	Plantes autofécondées
	mètres	mètres
I.	0,206	0,006
	0,187	0,056
	0,125	0,031
II.	0,125	0,150
	0,100	0,100
	0,112	0,078
III.	0,237	0,078
	0,084	0,046
	0,212	0,015
IV.	0,121	0,053
	0,106	0,043
	0,100	0,053
V.	0,150	0,075
	0,084	0,037
Total.	1,953	0,831

grand nombre de capsules, qui furent ramassées avec soin sur toutes les plantes des deux lignées. Les plants croisés produisirent cent soixante-sept capsules et les autofécondés dix-sept seulement, c'est-à-dire dans la proportion de 100 à 10. Les plants croisés eurent donc plus de deux fois la hauteur des autofécondés ; ils fleurirent généralement les premiers et produisirent dix fois plus de capsules que les plants fécondés naturellement.

Dans la première partie de l'été 1870, les plants croisés, eu égard aux autofécondés, s'étaient accrus et étendus à un point tel que toute comparaison entre eux était superflue. Les plants croisés furent abondamment couverts de fleurs, tandis qu'un seul des autofécondés, bien plus développé que ses frères, fleurit. Les plants croisés et autofécondés avaient alors vécu en lutte les uns contre les autres dans les limites respectives de la division superficielle qui les séparait, et dans le groupe qui renfermait le plus développé des autofécondés, j'estimai que la surface couverte par les plants croisés était environ neuf fois plus grande que celle occupée par les autofécondés. La supériorité extraordinaire des croisés sur les autofécondés dans l'ensemble des cinq groupes doit être attribuée, sans aucun doute, à ce que les plants croisés avaient obtenu tout d'abord un avantage marqué sur les autofécondés, et à ce qu'ensuite ils leur avaient de plus en plus dérobé la nourriture pendant les saisons successives. Mais il ne faut pas oublier que le même résultat eût été obtenu dans les conditions naturelles et même à un degré plus élevé, car mes plantes végétèrent dans un terrain débarrassé de mauvaises herbes, et les autofécondés n'eurent ainsi à lutter qu'avec les croisés. Du reste, la surface entière du sol est naturellement couverte par différentes espèces de plantes, qui se livrent les unes contre les autres au combat pour l'existence.

L'hiver qui suivit fut très-rigoureux, et au printemps suivant les plantes furent examinées de nouveau. Toutes les autofécondées avaient succombé; il ne survécut de l'une de ces plantes qu'une seule branche, qui portait à son sommet une petite rosette de feuilles grandes comme un pois. Par contre, tous les plants croisés sans exception s'étaient accrus vigoureusement. Ainsi donc les plantes autofécondées, outre leur infériorité à d'autres points de vue, furent encore plus délicates.

Une autre expérience fut alors instituée dans le but de vérifier jusqu'à quel point la supériorité des plants croisés, ou, pour parler plus correctement, l'infériorité des plants autofécondés, serait transmise à leur descendance. Un plant croisé et un autre autofécondé, parmi ceux qui avaient été obtenus tout d'abord, furent dépotés et mis en pleine terre; tous deux produisirent en abondance de très-belles capsules, fait dont nous pouvons déduire que la fécondation croisée par les insectes avait eu lieu. Des semences de l'une et de l'autre plante, après germination dans le sable, furent placées par paires dans des points opposés de trois pots. Les semis naturellement croisés dérivés de plantes croisées fleurirent, dans les trois pots, avant les semis naturellement fécondés dérivés des plants autofécondés. Lorsque les deux lots furent en pleine floraison, les deux plus grands plants de chaque côté furent mesurés dans chaque pot, et le résultat est donné dans le tableau suivant :

TABLEAU XLII. — *Viola tricolor : semis provenant de plants croisés et autofécondés, les parents des deux séries ayant été livrés à la fécondation naturelle.*

Numéros des pots	Plants naturellement croisés provenant de plants artificiellement croisés	Plants naturellement croisés provenant de plants autofécondés
	mètres	mètres
I.	0,303 0,293	0,243 0,209
II.	0,331 0,250	0,243 0,287
III.	0,362 0,343	0,278 0,284
Total.	1,884	1,547

La hauteur moyenne des six plus grands plants dérivés des plants croisés est de 0ᵐ,314, et celle des six plus grands plants dérivés des plants autofécondés de 0ᵐ,2577 seulement, c'est-à-dire dans la proportion de 100 à 82. Nous trouvons ici entre les deux séries une différence en hauteur considérable, quoique n'égalant pas toutefois celle que nous avons trouvée, dans les expériences précédentes, entre la descendance des fleurs croisées et celle des autofécondées. Cette différence doit être attribuée à ce que la dernière série de plantes hérita de la faible constitution des parents qui constituèrent la descendance de fleurs autofécondées, tandis que les parents eux-mêmes avaient été librement entre-croisés par d'autres plants sous l'influence des insectes.

RENONCULACÉES. — Adonis æstivalis.

Les résultats de mes expériences sur cette plante sont à peine dignes d'être rapportés, car je trouve ceci dans mes notes prises en leur temps : « Semis, par une cause inconnue, d'une santé misérable. » Ces semis ne revinrent jamais en bon état; cependant je me crois obligé de rapporter le cas présent, parce qu'il est en opposition avec les résultats généraux auxquels je suis arrivé. Quinze fleurs furent croisées et toutes produisirent des fruits, contenant en moyenne 32,5 graines; dix-neuf fleurs furent fécondées avec leur propre pollen et toutes aussi donnèrent des fruits, contenant une plus forte moyenne (34,5) de semences, c'est-à-dire dans la proportion de 100 à 106. Des semis furent obtenus de ces graines. Dans l'un des pots, tous les plants autofécondés succombèrent dès leur première jeunesse; dans les autres, les mesures furent les suivantes :

TABLEAU XLIII. — *Adonis æstivalis.*

Numéros des pots	Plantes croisées	Plantes autofécondées
I.	mètres 0,350 0,337	mètres 0,337 0,337
II.	0,406 0,331	0,381 0,375
Total.	1,424	1,430

La hauteur moyenne des quatre plants croisés est de 0ᵐ,356, et celle des quatre autofécondés de 0ᵐ,357, c'est-à-dire dans la proportion de 100 à 100,4; ils furent donc en réalité de taille

égale. D'après le professeur H. Hoffmann[1], cette plante est protérandre; cependant, protégée contre les insectes, elle donne
beaucoup de graines.

DELPHINIUM CONSOLIDA.

On a dit, pour cette plante comme pour beaucoup d'autres,
que les fleurs sont fécondées à l'état de bouton et que des plants
distincts ou des variétés ne peuvent jamais être naturellement
entrecroisés[2]. C'est là une erreur dont la preuve se déduit :
1° de ce que les fleurs sont protérandres (les étamines mûres se
penchent l'une après l'autre sur le passage qui conduit au nectar, et plus tard les pistils arrivés à maturité effectuent un
mouvement semblable); 2° du nombre de bourdons qui visitent
ces fleurs[3], et 3° de la plus grande fécondité des fleurs après
croisement avec le pollen d'une plante distincte qu'après autofécondation spontanée. En 1863, j'enfermai sous une gaze une
grande branche de cette plante et croisai cinq fleurs avec le
pollen d'une plante distincte; elles donnèrent des capsules contenant 35,2 fort belles graines, avec un maximum de 42 pour
l'une d'elles. Trente-deux autres fleurs de la même branche
produisirent vingt-huit capsules spontanément autofécondées,
renfermant en moyenne 17.2 graines, avec un maximum de
36 pour l'une d'elles. Mais six de ces capsules furent très-pauvres, et renfermèrent seulement une à six semences; si nous
écartons ces capsules, les vingt-deux qui restent donnent une
moyenne de 20,9 semences, quoique beaucoup d'entre elles
fussent très-petites. La meilleure proportion entre le nombre de
semences produites par un croisement et celles résultant de
l'autofécondation spontanée est donc de 100 à 59. Ces graines
ne furent pas semées, parce que j'avais beaucoup d'autres expériences en cours d'exécution.

Dans le cours de l'été 1867, qui fut un des plus défavorables,
je croisai de nouveau plusieurs fleurs sous une gaze avec le pollen d'un plante distincte, et fécondai d'autres fleurs de la
même plante avec leur propre pollen. Les premières donnèrent
une plus large proportion de capsules que les dernières, et dans
les capsules autofécondées, plusieurs des semences, quoique
nombreuses, furent si pauvres qu'une quantité égale des capsules croisées et autofécondées fut en poids comme 100 est à 45.
Les deux lots de graines furent mis à germer dans le sable, et
les paires de semis qui en provinrent furent placées dans des

---

[1] *Zur Speciesfrage* (Sur la question de l'espèce), 1875, p. 11.
[2] Decaisne, *Comptes rendus*, juillet 1863, p. 5.
[3] Leur structure est décrite par H. Müller, *Befruchtung*, etc., p. 122.

points opposés de quatre pots. Parvenues à peu près aux deux tiers de leur développement, elles furent mesurées avec les résultats suivants.:

Tableau XLIV. — *Delphinium consolida.*

Numéros des pots	Plantes croisées	Plantes autofécondées
I.	mètres 0,275	mètres 0,275
II.	0,475 0,406	0,406 0,287
III.	0,650	0,550
IV.	0,237 0,200	0,206 0,162
Total.	2,243	1,886

Les six plantes croisées ont ici une moyenne de $0^m,373$ de haut, et les autofécondées de $0^m,312$, c'est-à-dire dans la proportion de 100 à 84. Après complet développement, elles furent mesurées de nouveau, mais, par manque de temps, un seul plant de chaque côté fut soumis à cette opération; aussi ai-je pensé qu'il était plus convenable de rapporter les premières mensurations. A la dernière période, les trois plus grands plants croisés surpassaient encore considérablement en hauteur les trois plus grands autofécondés, mais à un moindre degré qu'antérieurement. Les pots furent laissés à découvert dans la serre, et j'ignore si les fleurs furent entre-croisées par les abeilles ou autofécondées. Les six plants croisés produisirent deux cent quatre-vingt-deux capsules mûres ou non, tandis que les six autofécondés en donnèrent seulement cent cinquante-neuf, c'est-à-dire dans la porportion de 100 à 56. Les plants croisés furent donc beaucoup plus productifs que les autofécondés.

XI. CARYOPHYLLÉES. — Viscaria oculata.

Onze fleurs furent croisées avec le pollen d'une autre plante et donnèrent dix capsules contenant en poids 5.77 grains ($0^{gr},346$) de semences. Dix-huit fleurs furent fécondées avec leur propre pollen, et produisirent douze capsules contenant en poids 2,63 ($0^{gr},157$) de semences. Les graines d'un nombre égal de fleurs croisées et autofécondées seraient donc en poids comme 100 à 38. J'avais antérieurement choisi une capsule de grosseur moyenne dans chaque lot et compté les semences dans chacune d'elles ; les croisées en contenaient deux cent quatre-vingt-quatre et les autofécondées cent vingt-six, c'est-à-dire dans la proportion de 100 à 44. Ces graines furent semées dans des points opposés de trois pots ; elles donnèrent de nombreux semis, mais il ne fut mesuré que la plus grande tige florale seule de chaque côté. Les trois plants du côté croisé donnèrent en hauteur une moyenne de $0^m,812$ et les trois autofécondés de $0^m,850$, c'est-à-dire dans la proportion de 100 à 104. Cette expérience fut faite sur une trop petite échelle pour inspirer une grande confiance ; d'autre part, les plants s'accrurent si inégalement que l'une des trois tiges florifères des plants croisés fut bien près de deux fois aussi grande que l'une quelconque des autres, et que l'une des trois tiges florales des plants autofécondés dépassa une des autres à peu près d'autant.

L'année suivante, l'expérience fut répétée sur une plus large échelle : dix fleurs furent croisées sur une nouvelle série de plantes et donnèrent dix capsules, contenant en poids 6,54 grains ($0^{gr},392$) de semences. Dix-huit capsules spontanément autofécondées furent cueillies ; d'eux d'entre elles ne contenaient pas de graines ; les seize restant en renfermaient 6,07 grains ($0^{gr},364$). Le poids des graines d'un égal nombre de fleurs croisées et spontanément fécondées (au lieu de l'être artificiellement comme dans le cas précédent) fut comme 100 est à 58.

Les semences, après germination dans le sable, furent placées par paires dans des points opposés de quatre pots, tandis que le restant était semé dru dans des points opposés d'un cinquième ; dans ce dernier vase seulement, le plus grand plant de chaque côté fut mesuré. Jusqu'au moment où les semis eurent atteint environ $0^m,125$ de haut, aucune différence ne fut remarquée dans les deux lots. La floraison y fut à peu près simultanée. Après floraison presque complète, les plus grandes tiges florifères de chaque plant furent mesurées comme c'est montré dans le tableau XLV.

Les quinze plantes croisées ont ici une hauteur moyenne de $0^m,862$, et les quinze autofécondées de $0^m,838$, c'est-à-dire dans la proportion de 100 à 97 : l'excès en hauteur des plants croisés est donc complétement insignifiant. Comme productivité la différence fut beaucoup plus marquée. Toutes les capsules furent cueillies sur les deux lots (excepté sur les plants entassés et improductifs du pot numéro V), et à la fin de la saison, le petit nombre de fleurs restant fut ajouté aux fruits. Les quatorze plants croisés produisirent trois cent quatre-vingt-une capsules et fleurs totalisées, tandis que les quatorze autofécondés en donnèrent seulement deux cent quatre-vingt-treize, c'est-à-dire dans la proportion de 100 à 77.

Tableau XLV. — *Viscaria oculata.*

Numéros des pots	Plantes croisées	Plantes autofécondées
	mètres	mètres
I.	0,475	0,809
	0,825	0,950
	1,025	0,950
	1,025	0,696
II.	0,937	0,900
	0,912	0,809
	0,950	0,893
III.	1,112	0,900
	0,987	0,521
	0,975	0,765
IV.	0,756	0,900
	0,775	0,975
	0,828	0,725
	0,600	0,962
V. Plants entassés.	0,756	0,800
Total.	12,940	12,584

DIANTHUS CARYOPHYLLUS.

L'œillet commun est fortement protérandre ; sa fécondation dépend, dans une large mesure, de l'action des insectes. Je n'ai vu que des bourdons visiter ces fleurs, mais je crois bien que d'autres insectes font de même. Il est bien connu que lorsqu'on désire obtenir des graines pures, il faut prendre, de toute nécessité, les plus grands soins pour empêcher l'entre-croisement des variétés qui croissent dans le même jardin [1]. Le pollen est généralement répandu et perdu avant que les deux stigmates de la même fleur divergent et soient ainsi aptes à la fécondation. Aussi fus-je souvent forcé de me servir pour l'autofécondation du pollen de la même plante au lieu de celui de la même fleur. Mais dans deux occasions, alors que mon attention était éveillée sur ce point, il me fut impossible de découvrir quelque différence notable dans le nombre des graines produites par ces deux formes d'autofécondation.

Plusieurs œillets uniflores furent plantés dans une bonne terre et recouverts d'une gaze. Huit fleurs furent croisées avec le pollen d'une plante distincte, et donnèrent six capsules contenant en moyenne 88,6 semences, avec un maximum dans

[1] *Gardeners' Chronicle* (Chronique des jardiniers), 1847, p. 268.

l'une d'elles de 112 semences. Huit autres fleurs furent autofécondées de la manière ci-dessus indiquée, et donnèrent sept capsules contenant en moyenne 82 semences, avec un maximum pour l'une d'elles de 112. Il n'y eut qu'une très-faible différence dans le nombre de semences produites par fécondation croisée et directe, elle est marquée par la proportion de 100 à 92. Comme ces plantes furent couvertes d'une gaze, elles produisirent d'une façon spontanée quelques capsules seulement contenant peu de graines, encore ces rares capsules peuvent-elles être le résultat de l'action des Thrips et autres petits insectes qui hantent ces fleurs. Une grande majorité des capsules spontanément autofécondées produites par plusieurs plantes, ou ne contenaient pas de graines ou n'en contenaient qu'une seulement. Ayant exclu ces dernières capsules, je comptai les semences renfermées dans les dix-huit plus belles; elles y étaient en moyenne au nombre de 18. Un des plants fut spontanement fertile par lui-même à un plus haut degré que les autres. Dans une autre circonstance, un seul plant recouvert produisit spontanément dix-huit capsules, mais deux seulement de ces dernières renfermaient quelques graines (de 10 à 15).

Plants croisés et autofécondés de la première génération. — Les nombreuses graines obtenues des fleurs ci-dessus croisées et artificiellement autofécondées furent semées en pleine terre, et on obtient ainsi deux grandes bandes de semis très-rapprochées l'une de l'autre. Comme cette plante fut la première sur laquelle j'expérimentai; je n'avais alors formé encore aucun plan d'opération. Lorsque les deux lots furent en pleine floraison, je mesurai sans ordre un grand nombre de plants et je me souviens seulement que les croisés eurent en moyenne 0ᵐ,100 de plus, en hauteur, que les autofécondés. Si nous en jugeons par les mensurations subséquentes, nous pouvons assurer que les plants croisés eurent environ 0ᵐ,700, et les autofécondés 0ᵐ,600, ce qui nous donne la proportion de 100 à 86. Sur un grand nombre de plants, quatre croisés fleurirent avant chacun des autofécondés.

Trente fleurs, appartenant aux plants croisés de la première génération, furent de nouveau croisées avec le pollen d'une plante distincte du même lot, et donnèrent vingt-neuf capsules contenant en moyenne 55.62 semences, avec un maximum de 110 pour l'une d'elles.

Trente fleurs des plants autofécondés furent fécondées de nouveau par elles-mêmes : huit d'entre elles avec le pollen de la même fleur et le reste avec le pollen d'une autre fleur du même pied, et celles-ci produisirent vingt-deux capsules contenant en moyenne 35.95 semences, avec un maximum de soixante et une pour l'une d'elles. Jugeant d'après le nombre de semences produites dans chaque capsule, nous voyons que les plants croisés, ayant subi un nouveau croisement, furent plus productifs que les plants autofécondés à nouveau fécondés directement, et ce dans la proportion de 100 à 65. Les deux lots de plants croisés et autofécondés, par ce fait qu'ils végétèrent entassés dans deux bandes, produisirent des capsules moins belles et des graines moins nombreuses que ne le firent leurs parents.

Plants croisés et autofécondés de la deuxième génération. — Les graines croisées et autofécondées provenant des plants croisés et autofécondés de la dernière génération furent semées dans des points opposés de deux pots; mais les semis ne furent pas assez éclaircis. Il en résulta que les deux lots s'accrurent très-irrégulièrement et que le plus grand nombre de plants autofécondés mourut étouffé peu de temps après. Mes mensurations furent donc très-incomplètes. D'abord les premiers semis parurent les plus beaux, car lorsqu'ils eurent, en moyenne, approximativement $0^m,125$ de haut, les autofécondés en mesurèrent seulement $0^m,100$. Dans les deux pots, les plants croisés fleurirent les premiers. Les deux plus grandes tiges florifères dans les plants croisés des deux pots mesurèrent $0^m,425$ et $0^m,412$ de haut, et les deux plus grandes tiges florales des plants autofécondés $0^m,262$ et $0^m,225$ seulement, de sorte que leurs hauteurs furent comme 100 est à 58. Mais cette proportion déduite de l'examen de deux paires de plantes n'est pas du tout digne de confiance et n'eut pas été donnée si elle n'avait été appuyée sur d'autres résultats. Je constate dans mes notes que les plants croisés furent beaucoup plus vigoureux que leurs antagonistes, et parurent être deux fois plus volumineux. Cette dernière estimation doit être acceptable, car elle est confirmée par la valeur pondérable des deux lots dans la génération suivante. Quelques fleurs de ces plants croisés furent de nouveau croisées avec le pollen d'une autre plante du même lot, et quelques autres fleurs des plants autofécondés furent de nouveau fécondées directement; des semences ainsi obtenues on tira les plants de la génération suivante.

Plants croisés et autofécondés de la troisième génération. — Les semences dont je viens de parler furent mises à germer dans du sable pur et placées ensuite par paires dans des points opposés de quatre pots. Lorsque les semis fleurirent complétement, la plus grande tige dans chaque plant fut mesurée jusqu'à la base des calices. Ces mensurations sont données dans le tableau suivant (XLVI). Dans le pot I, les plants croisés et autofécondés fleurirent les premiers, mais dans les trois autres pots, les croisés eurent la priorité dans ce sens. Ces derniers plants continuèrent aussi à fleurir plus avant dans l'automne que les autofécondés.

TABLEAU XLVI.

Dianthus caryophyllus (troisième génération).

Numéros des pots	Plantes croisées	Plantes autofécondées
	mètres	mètres
I.	0,718 0,693	0,750 0,650
II.	0,725 0,737	0,771 0,687
III.	0,712 0,587	0,793 0,615
IV.	0,675 0,837	0,750 0,625
Total.	5,671	5,631

La hauteur moyenne des huit plants croisés est de 0^m,567, et celle des huit autofécondés de 0^m,564, ou comme 100 est à 99. La différence en hauteur ne mérite donc pas qu'on en tienne compte, mais comme végétation luxuriante (décelée par leur poids), la distance fut étonnante. Après que les capsules séminifères eurent été cueillies, les huit plants croisés et les huit autofécondés furent coupés et pesés; les premiers donnèrent un poids de 1^k,333 et les derniers de 0^k,651, c'est-à-dire comme 100 est à 49.

Ces plantes furent toutes conservées sous une gaze, si bien que les capsules qui en provinrent doivent avoir toutes été autofécondées. Les huit plants croisés produisirent vingt et une capsules, et onze seulement d'entre elles contenaient quelques graines, en moyenne 8.5 par capsule. D'un autre côté, les huit plants autofécondés ne donnèrent pas moins de trente-six capsules, et j'en examinai vingt-cinq, qui, à l'exception de trois, contenaient en moyenne 10.63 semences par capsule. Ainsi, le nombre proportionnel de graines par capsules provenant de plants d'origine croisée fut à celui des graines produites par les sujets d'origine autofécondée (les deux lots étant, du reste, spontanément autofécondés), comme 100 est à 125. Ce résultat anormal est probablement dû à ce que quelques-uns des plants autofécondés avaient varié au point du mûrir leur pollen et leurs stigmates dans un temps plus rapproché que ce n'est le propre de cette espèce; et nous avons vu déjà que quelques plants, dans la première expérience, différèrent des autres en ce qu'ils furent légèrement plus féconds par eux-mêmes.

Effets d'un croisement avec un pied nouveau. — Vingt

fleurs prises sur les plants autofécondés de la dernière (troisième) génération, portée sur le tableau XLVI, furent fécondées avec le pollen prélevé sur d'autres fleurs des mêmes plants. Elles produisirent quinze capsules, qui contenaient (abstraction faite de deux d'entre elles, qui n'en renfermaient que trois ou six) en moyenne 47.23 semences, avec un maximum de 70 dans l'une d'elles. Les capsules autofécondées des plants autofécondés de la première génération donnèrent une moyenne beaucoup moindre de 35.95 semences; mais comme les sujets vécurent extrêmement entassés, rien ne peut être déduit de cette différence au point de vue de leur autofécondité. Les semis venus des graines ci-dessus constituent les plants de la quatrième génération autofécondée dans le tableau suivant (XLVII).

Douze fleurs des mêmes plants de la troisième génération (tableau XLVI) furent croisées avec le pollen de plants croisés portés sur le même tableau. Ces sujets croisés avaient subi un entre-croisement durant les trois précédentes générations, et beaucoup d'entre eux, sans aucun doute, furent d'une parenté plus ou moins intime, mais cependant moins rapprochée que dans quelques-unes des expériences faites sur les autres espèces, car plusieurs plants d'œillet avaient été obtenus et croisés dans les générations premières. Ils ne furent donc point alliés aux plants autofécondés, si ce n'est à un degré éloigné. Les parents des plants croisés et autofécondés furent ensemble soumis autant que possible aux mêmes conditions durant les trois générations antérieures. Les douze fleurs ci-dessus donnèrent dix capsules contenant en moyenne 48.66 semences, avec un maximum dans l'une d'elles de soixante-douze semences. Les plants obtenus de ces semences seront appelés *entre-croisés*.

Enfin, douze fleurs des mêmes plants autofécondés de la troisième génération furent croisées avec le pollen de plantes qui étaient sorties de graines achetées à Londres. Il est presque certain que les plants qui donnèrent ces semences avaient végété dans des conditions très-différentes de celles auxquelles mes plants autofécondés et croisés avaient été assujettis; ils ne furent donc affectés d'aucun degré de parenté. Les douze fleurs ci-dessus ainsi croisées donnèrent toutes des capsules, mais elles contenaient la faible moyenne de 37.41 semences par capsule, avec un maximum de 64 pour l'une d'elles. Il est surprenant de voir ce croisement avec un pied nouveau ne donner qu'un nombre moyen peu élevé de graines, car, comme nous allons le voir de suite, les plants obtenus de ces semences (nous les appellerons les *Londres-croisés*) bénéficièrent grandement, tant en développement qu'en fertilité, de cette fécondation croisée.

TABLEAU XLVII: — *Dianthus caryophyllus.*

Numéros des pots	Plants Londres-croisés	Plants entre-croisés	Plants autofécondés
	mètres	mètres	mètres
I.	0,990 0,771	0,628 0,543	0,731 +
II.	0,906 0		0,559 +
III.	0,715 +	0,756 0,578	
IV.	0,837 0,696	0,890 0,800	0,750 0,612
V.	0,700 0	0,862 0,606	+ +
VI.	0,815 0,775	0,621 0,650	0,759 0,612
VII.	1,046 0,871	0,746 0,662	0,696 0,675
VIII.	0,865 0,715	0,725 0	0,668 +
IX.	0,650 0	0,715 +	+ 0
X.	0,950 0,803	0,712 +	0,571 0
Total.	13,128	10,500	6,637

Les trois lots de semences ci-dessus furent mis à germer dans le sable pur. Beaucoup des Londres-croisées germèrent avant les autres (elles furent rejetées), et beaucoup d'entre-croisées levèrent avant celles des deux autres lots. Après germination, les semences furent placées dans dix pots, partagés superficiellement en trois divisions; toutefois, lorsque deux catégories de graines seulement levèrent, elles furent placées dans des points opposés d'autres vases, et ceci est indiqué par l'espace laissé en blanc dans une des trois colonnes du tableau XLVII. Le 0 dans ce tableau veut dire que les semis ainsi indiqués moururent avant d'être mesurés, et le signe + signifie que la plante ne donna pas de tige florale et dès lors ne fut pas non plus mesurée. Il est bon de noter qu'il n'y eut pas moins de huit plants sur dix-huit autofécondés qui succombèrent ou ne donnèrent pas de fleurs, tandis que trois seulement des dix-huit entre-croisés et quatre sur les vingt Londres-croisés furent dans le même cas. Les plants auto-fécondés présentèrent une apparence positivement moins vigou-reuse que les plants des deux autres lots, leurs feuilles furent plus petites et plus étroites. Dans un pot seulement, un plant autofécondé fleurit avant une des deux espèces de plantes croi-sées, entre lesquelles il n'y eut pas une différence marquée dans la période de floraison. Les sujets furent mesurés jusqu'à la base des calices, après qu'ils eurent acquis leur complet déve-loppement, à la fin de l'automne.

La hauteur moyenne des seize Londres-croisés, dans le pré-cédent tableau, est de 0^m,821, celle des quinze entre-croisés de 0^m,700, enfin celle des autofécondés de 0^m,663. De cette façon, nous avons en hauteur les proportions suivantes :

Les Londres-croisés aux autofécondés,   comme 100 est à 81
Les Londres-croisés aux entre-croisés,   —   100.   —   85
Les entre-croisés aux autofécondés,   —   100   —   95

Les trois lots de plants qui, on se le rappelle, furent tous déri-vés, du côté maternel, de la troisième génération autofécondée fertilisée de trois manières différentes, furent laissés exposés à la visite des insectes et leurs fleurs furent librement croisées par l'action de ces animaux. Lorsque les capsules de chaque lot arrivèrent à maturité, elles furent cueillies et conservées à part, après rejet des vides et des mauvaises. Mais vers le milieu d'octobre, lorsque les capsules ne purent plus mûrir davantage, toutes, bonnes ou mauvaises, furent cueillies et comptées. Les capsules furent alors écrasées et les semences ayant été passées au tamis pour être appropriées, furent pesées. Pour conserver l'uniformité, les résultats sont calculés comme s'il y avait eu vingt plants dans chaque lot.

Les seize Londres-croisés donnèrent effectivement deux cent quatre-vingt-six capsules, donc vingt de ces plants en eussent produit 357,5, et d'après le poids effectif des graines, les vingt plants auraient donné quatre cent soixante-deux grains de se-mences (27^{gr},72).

Les quinze plants entre-croisés produisirent réellement cent cinquante-sept capsules, donc vingt en eussent donné 209,3 et les graines auraient pesé 208.48 grains (12^{gr},50).

Les dix autofécondés donnèrent effectivement soixante-dix capsules et vingt en eussent donné cent quarante; le poids des graines eût été de 153.2 grains (9^{gr},193).

D'après ces données, nous avons les proportions suivantes :

Nombre des capsules produites par un nombre égal de plants des trois lots.

	Nombre des capsules.
Les Londres-croisés sont aux autofécondés,	comme 100 est à 39
Les Londres-croisés sont aux entre-croisés,	— 100 — 45
Les entre-croisés sont aux autofécondés,	— 100 — 67

Poids des graines produites par un égal nombre de plants des trois lots.

	Poids des graines.
Les Londres-croisés sont aux autofécondés,	comme 100 est à 33
Les Londres-croisés sont aux entre-croisés,	— 100 — 45
Les entre-croisés sont aux autofécondés,	— 100 — 73

Nous voyons ainsi à quel point élevé la descendance des plants de la troisième génération croisée par un pied nouveau eut sa fécondité augmentée : le fait est attesté soit par le nombre de capsules produites, soit par le poids des semences qu'elles renfermaient, et cette dernière preuve est du reste la plus digne de confiance. Bien plus, la descendance des plants autofécondés croisée par une des plantes croisées de la même souche, quoique les deux lots eussent été longtemps assujettis aux mêmes conditions, eut sa fécondité considérablement augmentée, ainsi que l'affirment les deux mêmes preuves.

En concluant, il sera bon de répéter, pour ce qui touche à la fécondité de ces trois lots de plantes, que leurs fleurs furent laissées librement exposées à la visite des insectes et furent indubitablement croisées par leur action, comme on peut le déduire du grand nombre de bonnes capsules produites. Ces plantes furent toutes issues de la même plante mère, et la différence marquée qui existe dans leur fécondité doit être rapportée à la nature du pollen employé en fécondant leurs générateurs. Quant à la différence dans la nature du pollen, elle doit être attribuée au traitement différent auquel les parents porteurs de pollen avaient été soumis durant les nombreuses générations antérieures.

Couleur des fleurs. — Les fleurs produites par les plantes de la dernière des quatre générations eurent une coloration aussi uniforme dans ses teintes que celles des espèces sauvages ; elles furent rose ou rose pâle. Dans le Mimulus et l'Ipomœa, des cas semblables observés après plusieurs générations autofécondées ont été déjà relatés. Les fleurs des plants entre-croisés de la quatrième génération furent également d'une couleur à peu près uniforme. D'autre part, les fleurs des plants Londres-croisés ou de ceux obtenus d'un croisement avec le pied nouveau qui portait des fleurs d'un cramoisi sombre, varièrent extrêmement en couleur, comme c'était prévu, car c'est là généralement la règle avec les semis d'œillet. Il importe de remarquer que deux ou trois plants Londres-croisés seulement donnèrent des fleurs cramoisi foncé comme leurs pères, et qu'un très-petit nombre en eut de rose pâle, c'est-à-dire de la couleur maternelle. La grande majo- rité des fleurs avait ses pétales rayés longitudinalement et d'une façon variée, mais pourvue de ses deux couleurs : la teinte fon- damentale était du reste, dans quelques cas, plus sombre que celle de la plante mère.

XII. MALVACÉES. — Hibiscus africanus.

Beaucoup de fleurs de cet Hibiscus furent croisées avec le pollen d'une plante distincte, beaucoup d'autres furent autofé- condées. Un plus grand nombre proportionnel de fleurs croisées que de fleurs autofécondées donna des capsules, et les croisées parmi ces dernières contenaient plus de graines. Les semences autofécondées furent un peu plus lourdes que les semences croi- sées en nombre égal, mais elles germèrent mal, et j'obtins seule- ment quatre plants de chaque lot. Dans trois des quatre pots les fleurs croisées fleurirent les premières.

TABLEAU XLVIII. — *Hibiscus africanus.*

Numéros des pots	Plantes croisées	Plantes autofécondées
	mètres	mètres
I.	0,337	0,406
II.	0,350	0,350
III.	0,200	0,175
IV.	0,437	0,512
Total.	1,325	1,431

Le quatre plants croisés ont ici une moyenne de 0^m,331 en hauteur et les autofécondés de 0^m,360, c'est-à-dire comme 100 est à 109. Nous sommes donc ici en présence d'un cas inaccou- tumé dans lequel les plants autofécondés dépassent en hauteur les croisés; mais quatre paires seulement furent mesurées, et elles ne s'accrurent ni d'une façon égale, ni convenablement. Je ne comparai pas la fécondité des deux lots.

CHAPITRE V.

Géraniacées, Légumineuses, Onagrariées, etc.

Pelargonium zonale, un croisement entre plants propagés par boutures, ne produit pas de bons effets. — *Tropæolum minus.* — *Limnanthes Douglasii.* — *Lupinus luteus* et *pilosus.* — *Phaseolus multiflorus* et *vulgaris.* — *Lathyrus odoratus,* ses variétés, elles ne sont jamais entre-croisées en Angleterre. — *Pisum sativum,* ses variétés, l'entre-croisement en est très-rare, mais il produit de très-bons effets. — *Sarothamnus scoparius,* effets remarquables d'un croisement. — *Ononis minutissima,* ses fleurs cléistogènes. — Résumé sur les Légumineuses. — *Clarkia elegans.* — *Bartonia aurea.* — *Passiflora gracilis.* — *Apium petroselinum.* — *Scabiosa atropurpurea.* — *Lactuca sativa.* — *Specularia speculum.* — *Lobelia ramosa,* avantages résultant d'un croisement durant deux générations. — *Lobelia fulgens.* — *Nemophila insignis,* grands avantages d'un croisement. — *Borrago officinalis.* — *Nolana prostrata.*

GÉRANIACÉES. — PELARGONIUM ZONALE.

Cette plante, suivant la règle générale, est fortement protérandre[1]; elle est donc adaptée pour être croisée sous l'influence des insectes. Quelques fleurs de la variété commune écarlate furent autofécondées, et d'autres fleurs furent croisées avec le pollen d'une autre plante, mais, dès que j'eus ainsi opéré,

---

[1] M. J. Denny, grand créateur de variétés de *Pelargonium,* après avoir établi que cette espèce est protérandre, ajoute (*The Florist and Pomologist,* Le Floriste et le Pomologiste, janvier 1872, p. 11) : « Il existe des variétés, particulièrement celles à pétales de couleur rose ou celles qui possèdent une faible constitution, dans lesquelles le pistil se dilate aussitôt ou même avant que les sacs polliniques s'entr'ouvrent, et dans lesquelles aussi le pistil est fréquemment court. Il s'ensuit que lorsque l'organe femelle se développe, il est caché par les anthères en déhiscence; ces variétés produisent beaucoup de graines et cependant chaque ovule est fécondé par son propre pollen. Je citerai comme exemple de ce fait la variété *Christine.* » Nous avons là un cas intéressant de variabilité sur un point fonctionnel important.

je me souvins que ces plants avaient été propagés par
boutures prises sur la même branche et n'étaient par conséquent, dans un sens strict, que des portions d'un même individu.
Néanmoins, ayant pratiqué le croisement, je résolus de mettre
en réserve les graines, qui, après germination dans le sable,
furent placées en des points opposés de trois pots. Dans un
des pots, la plante quasi croisée fut immédiatement plus
grande et plus belle que l'autofécondée et conserva dans la
suite ce caractère. Dans les deux autres pots, les semis des deux
côtés furent, pendant un certain temps, exactement égaux;
mais lorsque les plants autofécondés eurent atteint en hauteur
0^m,250, ils surpassèrent un peu leurs antagonistes et montrèrent
toujours dans la suite un avantage plus marqué; ainsi donc
les plants autofécondés pris ensemble furent de quelque peu supérieurs aux quasi croisés. Dans ce cas, comme dans celui de
l'Origan, nous voyons que si des individus asexuellement propagés par la même branche et soumis pendant longtemps
aux mêmes conditions sont fécondés par croisement, il n'en
résulte pour eux aucun avantage.

Plusieurs fleurs d'une autre plante de la même variété
furent fécondées par les plus jeunes fleurs du même pied,
dans le but d'écarter le pollen vieilli et répandu depuis longtemps de la même plante, qui, à mon sens, doit avoir moins
d'efficacité que le pollen frais. D'autres fleurs appartenant au même
sujet furent croisées avec le pollen d'une plante qui, quoique
d'une similitude étroite, m'était connue comme provenant d'un
semis distinct. Les semences autofécondées germèrent bien
avant les autres ; j'obtins cependant des paires de semis égaux et
je les plantai dans des points opposés de quatre pots.

TABLEAU XLIX. — *Pelargonium zonale.*

Numéros des pots	Plants croisés	Plants autofécondés
	mètres	mètres
I.	0,559	0,640
	0,493	0,312
II.	0,375	0,493
	0,306	0,559
III.	0,765	0,487
	0,462	0,187
IV.	0,950	0,228
Total.	3,910	2,906

Lorsque les deux lots de semis eurent atteint la hauteur com-

prise entre 0^m,100 et 0^m,125, ils furent égaux, excepté dans le
pot IV, où la plante croisée fut de beaucoup la plus grande. Lorsqu'ils eurent entre 0^m,275 et 0^m,350 de haut, ils furent mesurés jusqu'à la pointe de leurs feuilles les plus élevées, : les croisés atteignirent en moyenne 0^m,335 et les autofécondés 0^m,277
de haut; ils furent donc dans la proportion de 100 à 82. Cinq
mois après, ils furent mesurés de nouveau de la même manière
et les résultats sont donnés dans le tableau ci-dessus.

Les sept plants croisés avaient alors en moyenne 0^m,557 et
les sept autofécondés 0^m,414, c'est-à-dire comme 100 est à 74.
Mais, à cause de l'inégalité remarquable de plusieurs plants, le
résultat est moins digne de confiance que dans le plus grand
nombre des autres cas. Dans le pot II, les deux plantes autofécondées eurent toujours un avantage sur les deux croisées, excepté dans leur tout jeune âge.

Comme je désirais connaître la façon dont les plantes se
comporteraient durant une seconde végétation, elles furent coupées à ras de terre pendant leur libre accroissement. Là encore les
plants croisés montrèrent leur supériorité, mais d'une autre manière, car un seul sur sept fut tué par cette opération, tandis que
trois des autofécondés succombèrent. Il ne servit donc de rien de
conserver quelques-uns des plants, excepté ceux des pots I et III,
et l'année suivante, les plants croisés de ces deux pots montrèrent, durant leur seconde végétation, à peu près la même supériorité relative qu'ils avaient obtenue antérieurement sur les
plants autofécondés.

TROPÆOLUM MINUS.

Les fleurs sont protérandres et manifestement adaptées pour
la fécondation croisée par les insectes, comme l'ont démontré
Sprengel et Delpino. Douze fleurs de quelques plants végétant en
plein air ayant été croisées avec le pollen d'une plante distincte, produisirent onze capsules contenant ensemble vingt-quatre bonnes
graines. Dix-huit fleurs furent fécondées avec leur propre pollen et produisirent seulement onze capsules contenant vingt-
deux bonnes semences; donc, une plus grande proportion de
fleurs croisées que d'autofécondées produisit des capsules, et
dans ces dernières, les croisées renfermèrent un plus grand
nombre de semences que les autofécondées dans la proportion de
100 à 92. Les semences des capsules autofécondées furent, du
reste, les plus lourdes des deux dans la proportion de 100 à 87.

Les semences dans un état égal de germination furent placées
dans des points opposés de quatre pots, mais les deux plus
grands plants seulement, de part et d'autre de chaque pot, furent
mesurés jusqu'au sommet de leurs tiges. Les pots furent placés

dans la serre et les plants enroulés sur des baguettes, de sorte qu'ils s'élevèrent jusqu'à une hauteur inaccoutumée. Dans trois des pots, les plants croisés fleurirent les premiers, et dans le quatrième, la floraison fut simultanée des deux côtés. Lorsque les semis eurent $0^m,150$ à $0^m,175$ de haut, les plants croisés commencèrent à montrer un léger avantage sur leurs antagonistes. Quand ils eurent atteint une hauteur considérable, les huit plus grands plants croisés eurent une moyenne de $1^m,112$ et les huit plus grands autofécondés de $0^m,933$, c'est-à-dire qu'ils furent dans la proportion de 100 à 84. Après leur développement complet, on les mesura de nouveau, ainsi que c'est indiqué dans le tableau suivant :

TABLEAU L. — *Tropœolum minus.*

Numéros des pots	Plants croisés	Plants autofécondés
	mètres	mètres
I.	1,625	0,775
	1,250	0,125
II.	1,725	1,150
	0,875	1,125
III.	1,750	1,262
	1,487	1,387
IV.	1,537	0,937
	1,437	1,537
Total.	11,686	9,198

Les huit plus grands plants croisés eurent alors en moyenne $1^m,461$ de haut, et les huit plus grands autofécondés $1^m,150$. Le 17 septembre, les capsules de tous les plants furent cueillies, et leurs graines comptées. Les plants croisés donnèrent 243 graines, tandis que le même nombre de plants autofécondés en donna seulement 155, c'est-à-dire dans la proportion de 100 à 64.

LIMNANTHES DOUGLASII.

Plusieurs fleurs furent croisées et d'autres autofécondées à la manière ordinaire, mais il n'y eut qu'une très-faible différence dans le nombre de graines qu'elles donnèrent. Beaucoup de capsules spontanément autofécondées furent aussi produites sous une gaze. Des semis furent obtenus des graines ci-dessus dans cinq pots, et lorsque les croisés eurent environ $0^m,70$, ils commencèrent à montrer un léger avantage sur les autofécondés. Quand ils eurent atteint le double de cette hauteur, les seize croisés et les seize autofécondés furent mesurés jusqu'à la pointe de leurs feuilles : les premiers eurent une moyenne de 0m,180 et les autofécondés de 0m,156, c'est-à-dire comme 100 est à 83. Dans les autres pots, excepté le numéro IV, un plant croisé fleurit avant chaque autofécondé. Les plants, après complet développement, furent mesurés jusqu'au sommet de leurs capsules mûres, avec le résultat suivant :

TABLEAU LI. — *Limnanthes Douglasii.*

Numéros des pots	Plantes croisées	Plantes autofécondées
	mètres	mètres
I.	0,446	0,378
	0,443	0,412
	0,325	0,275
II.	0,500	0,362
	0,550	0,393
	0,525	0,403
	0,462	0,425
III.	0,493	0,287
	0,431	0,262
	0,350	0
IV.	0,512	0,337
	0,350	0,325
	0,450	0,306
V.	0,425	0,356
	0,465	0,353
	0,356	0,315
Total.	7,083	4,988

Les seize plants croisés avaient maintenant en hauteur moyenne 0m,439 et les quinze autofécondés (un d'eux étant mort) 0m,341, c'est-à-dire comme 100 est à 79. M. Galton considère une proportion plus élevée, celle de 100 à 76, comme étant plus juste. Il a dressé une représentation graphique des mensurations ci-dessus, et a ajouté les mots « très-bonne » à la courbe ainsi formée. Les deux lots de plantes produisirent en abondance des capsules séminifères, et, autant qu'on peut en juger à simple vue, il n'y eut aucune différence dans leur fécondité.

XIV. LÉGUMINEUSES.

Dans cette famille, j'ai expérimenté sur les six genres

suivants : Lupinus, Phaseolus, Lathyrus, Pisum, Sarothamnus et Ononis.

LUPINUS LUTEUS[1].

Quelques fleurs furent croisées avec le pollen d'une plante
distincte; mais comme la saison n'était pas favorable, elles ne
produisirent que deux semences. On mit en réserve neuf semences provenant de fleurs spontanément autofécondées sous
une gaze, appartenant à la même plante qui donna les deux semences croisées. Une de ces graines croisées fut semée dans
un pot avec deux semences autofécondées placées dans un
point opposé. Ces dernières levèrent deux ou trois jours avant
les croisées. La deuxième graine croisée fut semée de la
même manière avec deux semences autofécondées dans un point
opposé; ces dernières germèrent également un jour environ avant
les croisées. Aussi dans les deux pots, les semis croisés ayant
germé les premiers, furent d'abord complétement battus par les
autofécondés; mais cet état de choses fut, dans la suite, complétement renversé. Les graines furent semées à la fin de l'automne, et les pots, qui étaient beaucoup trop petits, furent
conservés dans la serre. Tous les plants végétèrent mal et les
autofécondés souffrirent le plus dans les deux pots. Au printemps
suivant, les deux croisés arrivés à floraison eurent $0^m,225$ de
haut; un des autofécondés marqua $0^m,200$ et les trois autres
seulement $0^m,175$, c'est-à-dire qu'ils furent entièrement nains.
Les deux plants croisés produisirent treize gousses, tandis que
les quatre autofécondés n'en donnèrent qu'une seule. Quelques
autres plants autofécondés qui avaient été obtenus séparément
dans de plus grands pots produisirent plusieurs gousses spontanément autofécondées sous une gaze, et les semences qui en
provinrent furent employées dans l'expérience suivante.

*Plants croisés et autofécondés de la deuxième généra-
tion.* — Les semences spontanément autofécondées ci-dessus
mentionnées et les graines croisées obtenues par un entre-croisement de deux plantes croisées de la dernière génération,
après avoir germé dans le sable, furent placées par paires dans

[1] La structure des fleurs de cette plante et leur mode de fécondation
ont été décrits par H. Müller, *Befruchtung,* etc., p. 243. Ces fleurs ne
sécrètent pas de nectar libre, aussi les abeilles les visitent-elles pour
leur pollen. M. Farrer dit (*Nature,* 1872, p. 499) : « Il y a à la base et sur
le dos de l'étendard une cavité dans laquelle je n'ai pu trouver de nectar; mais, attirées par leurs besoins, les abeilles qui visitent constamment ces fleurs, vont certainement dans cette cavité et non pas dans le
tube staminal. »

des points opposés de trois grands vases. Lorsque les semis mesurèrent 0ᵐ,100 de haut, les croisés eurent un léger avantage sur leurs adversaires. Arrivés à complet développement, chaque plant croisé surpassa son antagoniste en hauteur, et cependant les autofécondés fleurirent dans les trois pots avant les croisés! Les mensurations sont données dans le tableau suivant.

TABLEAU LII. — *Lupinus luteus.*

Numéros des pots	Plants croisés	Plants autofécondés
	mètres	mètres
I.	0,831	0,612
	0,762	0,462
	0,750	0,700
II.	0,737	0,650
	0,750	0,625
III.	0,762	0,700
	0,775	0,681
	0,787	0,612
Total.	6,164	5,042

Les huit plants croisés eurent ici en hauteur moyenne 0ᵐ,769, et les autofécondés 0ᵐ,630, c'est-à-dire qu'ils furent dans la proportion de 100 à 82. Ces plants ayant été laissés à découvert dans la serre pour y développer leurs gousses en donnèrent très-peu de bonnes, peut-être parce qu'un trop petit nombre d'abeilles les visitèrent. Les plants croisés mûrirent neuf gousses contenant en moyenne 3.4 semences; les plants autofécondés en donnèrent sept qui renfermaient en moyenne 3 graines; les semences d'un égal nombre de plants furent donc numériquement comme 100 est à 88.

Deux autres semis croisés (chacun étant accompagné de son semis autofécondé placé en face de lui dans le même grand pot) furent dépotés au début de la saison sans avoir à en souffrir et mis en pleine terre de bonne qualité. Ils furent assujettis les uns contre les autres à une compétition très-légère en comparaison de ce qu'elle fut dans les plantes des trois pots ci-dessus. A l'automne, les deux plants croisés furent d'environ 0ᵐ,075 plus grands que les quatre autofécondés; ils eurent aussi un aspect plus vigoureux et produisirent beaucoup plus de gousses.

Deux autres semences croisées et autofécondées du même lot, après germination dans le sable, furent placées en des points opposés d'un grand pot, dans lequel une calcéolaire avait

longtemps végété : elles furent en conséquence exposées à des conditions défavorables. Les deux plants croisés atteignirent finalement les hauteurs de 0ᵐ,512 et 0ᵐ,500, tandis que les autofécondés n'arrivèrent qu'à 0ᵐ,450 et 0ᵐ,237.

LUPINUS PILOSUS.

Par suite d'une série d'accidents, je fus encore malheureux
dans mes efforts en vue d'obtenir un nombre suffisant de semis
croisés; aussi les résultats suivants seraient à peine dignes
d'être relatés s'ils ne concordaient pas strictement avec ceux que
je viens de donner concernant le *L. luteus*. J'obtins d'abord un
seul semis croisé, qui fut mis en compétition avec deux autofécondés dans des points opposés du même pot. Ces plants,
sans être endommagés, furent placés immédiatement après en
pleine terre. A l'automne, le plant croisé s'était accru à un point
tel qu'il étouffa presque les deux autofécondés, qui restèrent complétement nains; ce dernier mourut sans mûrir une
seule semence. Plusieurs graines autofécondées avaient été semées à la même époque séparément en pleine terre; les deux
plus grands plants qui en provinrent eurent 0ᵐ,800 et 0ᵐ,825,
tandis qu'un plant croisé mesurait 0ᵐ,950 de haut. Cette dernière plante produisit aussi beaucoup plus de gousses que ne le
firent les autofécondées même végétant séparément. Quelques
fleurs d'un plant croisé furent fécondées avec le pollen d'un
plant autofécondé, parce que je n'avais pas d'autre plant croisé
qui pût me donner sa poudre fécondante. Un des plants autofécondés ayant été couvert avec une gaze produisit beaucoup de
gousses spontanément autofécondées.

*Plantes croisées et autofécondées de la seconde généra-
tion.* — Des semences croisées et autofécondées obtenues
comme je viens de le dire, je ne réussis à conduire à maturité
que deux paires de plantes, qui furent conservées dans un pot
en serre. Les croisées atteignirent à une hauteur de 0ᵐ,825 et
les autofécondées de 0ᵐ,612. Les premières, quoique conservées
dans la serre, produisirent huit gousses contenant en moyenne
2.77 graines, et les dernières, deux gousses seulement, renfermant une moyenne de 2.5 semences. La hauteur moyenne des
deux plants croisés dans les deux premières générations prises
ensemble fut de 0ᵐ,887, et celle des trois autofécondés des deux
mêmes générations, de 0ᵐ,762; c'est-à-dire comme 100 est à 86 [1].

---

[1] Nous voyons ici que les *Lupinus luteus* et *pilosus* donnent facile-
ment des graines, lorsque les insectes sont écartés; mais M. Swale, de
Christchurch (Nouvelle-Zélande), m'informe (voir *Gardeners' Chronicle*,
Chronique des jardiniers, 1858, p. 828) que les variétés de lupins cultivées

PHASEOLUS MULTIFLORUS.

Cette plante, appelée communément le haricot d'Espagne
(*P. coccineus* de Lamark), serait originaire de Mexico, d'après
des renseignements que je tiens de M. Bentham. Les fleurs sont
construites de telle façon que les abeilles et les bourdons, dont
la visite est incessante, s'abattent presque toujours sur l'*aile*
gauche de la corolle, à cause de la plus grande facilité qu'éprou-
vent les insectes à atteindre le nectar par ce côté de la fleur. Par
la double action de leur poids et de leurs mouvements, le pétale
est déprimé et le stigmate se trouve forcé de saillir en dehors
de la carène enroulée en spirale; dans ce mouvement, un pin-
ceau de poils entourant le stigmate pousse le pollen au dehors.
Ce pollen adhère à la tête ou la trompe de l'abeille en travail et
sera ensuite placé, soit sur le stigmate de la même fleur, soit,
après transport, sur l'organe femelle d'une autre fleur[1]. Il y a
plusieurs années, je recouvris quelques-unes de ces plantes avec
une grande gaze, et elles produisirent dans une circonstance à peu
près un tiers et dans une autre un huitième environ du nombre
des gousses qui avait été donné par des plantes non recouvertes
végétant tout à côté d'elles[2]. L'amoindrissement de la fertilité
ne tenait pas à ce que la gaze avait causé quelques dommages
aux plantes, car je remuai les ailes de gauche de plusieurs fleurs
protégées, comme le pratiquent les abeilles, et alors elles donnèrent de fort belles gousses. Après l'enlèvement du tissu protecteur, les fleurs devinrent immédiatement l'objet des visites

dans les jardins de cette île océanienne ne sont pas visitées par les abeilles et
qu'elles grainent moins facilement que les autres légumineuses introduites, à l'exception toutefois de la variété à couleur rouge. Il ajoute :
« Pour me distraire, j'ai séparé, pendant l'été, les étamines avec une
épingle, et une gousse féconde m'a toujours récompensé de ma peine ;
dans les fleurs voisines, il n'en fut pas ainsi, car toutes se montrèrent
stériles. » J'ignore à quelle espèce s'applique cette observation.

[1] Ces fleurs ont été décrites par Delpino et d'une manière admirable
par M. Farrer dans les *Annals and Mag. of Nat. Hist.* (Annales et
magasin d'Histoire naturelle), vol. II, 4ᵉ série, octobre 1868, p. 256. Mon
fils Francis a expliqué (*Nature*, 8 janvier 1874, p. 189) l'utilité d'un point
particulier de leur structure ; je veux parler d'une petite saillie verticale
qui existe près de la base de l'unique étamine libre et qui semble placée
là pour défendre l'entrée des deux cavités nectarifères dans le tube staminal.
Il a montré que cette saillie paralyse les efforts que font les abeilles en
vue d'atteindre le nectar, tant qu'elles ne pénètrent pas par le côté gauche
de la fleur, et il est absolument nécessaire, pour la fécondation croisée,
que ces insectes s'abattent sur l'aile de gauche de la corolle.

[2] *Gardeners' Chronicle* (Chronique des jardiniers), 1857, p. 125 et
plus spécialement : *ibidem*, 1858, p. 828. Voir aussi *Annals and Mag.
of Nat. Hist.* (Annales et magasin d'Histoire naturelle), 3ᵉ série, vol. II,
1858, p. 462.

des abeilles, et il fut remarquable de voir avec quelle rapidité les plants se recouvrirent de jeunes fruits. Comme ces fleurs sont très-fréquentées par les Thrips, l'autofécondation du plus grand nombre d'entre elles sous la gaze doit être attribuée à l'action de ces petits insectes. Le docteur Ogle a aussi recouvert une large portion d'une plante, et « sur le grand nombre de « fleurs ainsi protégées (contre les insectes), pas une seule ne « produisit de gousse, tandis que les fleurs découvertes furent « en grande partie fructifères. » M. Belt cite un fait plus curieux encore : cette plante végète bien et fleurit dans le Nicaragua, mais comme aucune des abeilles indigènes n'en visite les fleurs, elles ne produisent jamais de gousses[1].

D'après les faits que nous venons d'indiquer, nous pouvons être à peu près assurés que si des individus de la même variété ou de variétés différentes vivant rapprochés les uns des autres entrent en fleur dans le même temps, ils seront entre-croisés ; mais je ne puis par moi-même fournir aucune preuve de cette proposition, parce qu'il n'existe en Angleterre qu'une seule variété communément cultivée. J'ai toutefois reçu du révérend W. A. Leigton un travail montrant que des plantes obtenues par cet observateur de semences ordinaires, produisirent des graines différant entre elles d'une manière extraordinaire comme couleur et comme forme, ce qui le conduit à admettre que leurs parents doivent avoir été croisés. En France, M. Fermond a planté plus d'une fois, à côté les unes des autres, des variétés qui ordinairement se fixèrent et qui portèrent des fleurs et des graines différemment colorées ; la descendance ainsi obtenue varia si considérablement qu'il ne peut y avoir de doute sur la réalité de l'entre-croisement[2]. D'autre part, le professeur H. Hoffmann[3] ne croit pas à l'entre-croisement des variétés, car quoique des semis obtenus de deux variétés végétant à proximité eussent produit des plants qui donnèrent des semences à caractères mixtes, il a trouvé que le même fait se présente dans des plants séparés par une distance de 40 à 150 pas de ceux d'une autre variété ; il attribue donc le mélange des caractères

[1] Docteur Ogle, *Pop. Science Review* (Revue de la Science populaire), 1870, p. 168 ; M. Belt, *The Naturalist in Nicaragua* (Le naturaliste au Nicaragua), 1874, p. 70. Ce dernier auteur rapporte le cas (*Nature*, 1875, p. 26) de la dernière récolte de *Ph. multiflorus*, près de Londres, qui fut « rendue stérile » par ce fait que les abeilles, comme elles le pratiquent souvent, ouvrirent des trous à la base des fleurs, au lieu d'y pénétrer d'une manière naturelle.

[2] *Fécondation chez les végétaux*, 1859, p. 34 à 40. Il ajoute que M. Villiers a décrit un hybride spontané sous le nom de *P. coccineus hybridus* dans les *Annales de la Soc. royale d'horticulture*, juin 1844.

[3] *Bestimmung des Werthes von Species und Varietät* (Détermination de la valeur de l'espèce et de la variété), 1869, p. 47 à 72.

dans les graines à la variation spontanée. Cependant la distance ci-dessus indiquée serait loin d'être suffisante pour empêcher l'entre-croisement; on sait que les choux ont pu se croiser souvent à cette distance, et le consciencieux Gärtner[1] cite plusieurs exemples de plantes végétant à la distance de 731 à 822 mètres et se fécondant les unes les autres. Le professeur Hoffmann soutient même que les fleurs du haricot sont spécialement adaptées pour l'autofécondation. Cet auteur renferme plusieurs fleurs dans des sacs, et comme les boutons tombent, il attribue la stérilité partielle de ces fleurs aux dommages produits par les sacs et non pas à l'exclusion des insectes. La seule méthode sûre d'expérimentation consiste à recouvrir entièrement la plante, qui alors n'en souffre jamais.

J'obtins des semences autofécondées en soulevant et en abaissant, comme le font les abeilles, les ailes des fleurs protégées par une gaze; d'autre part j'obtins aussi des semences croisées en fécondant par croisement deux plants placés sous la même tulle. Après germination dans le sable, les semences furent placées dans des points opposés de deux grands pots, et des baguettes égales leur furent données pour s'y enrouler. Quand ils eurent 0m,20 de haut, les plants furent égaux des deux côtés. Les croisés fleurirent avant les autofécondés dans les deux pots. Aussitôt qu'un sujet de chaque paire eut atteint le sommet de son bâton, l'un et l'autre fut mesuré.

TABLEAU LIII. — *Phaseolus multiflorus*.

Numéros des pots	Plants croisés	Plants autofécondés
	mètres	mètres
I.	2,175 2,200 2,062	2,118 2,175 1,900
II.	2,250 2,062	1,912 2,187
Total.	10,749	10,292

La hauteur moyenne des cinq plants croisés est de 2m,150, et celle des cinq autofécondés de 2m,058, c'est-à-dire dans la proportion de 100 à 96. Les pots furent conservés dans la serre; aussi n'y eut-il que peu ou pas de différence dans la fécondité des deux lots. Donc, autant qu'on peut en juger par ce petit nombre d'observations, l'avantage acquis par un croisement fut fort petit.

[1] *Kenntniss der Befruchtung* (Connaissance de la fécondation), 1844, p. 573 à 577.

PHASEOLUS VULGARIS.

Pour ce qui concerne cette espèce, j'ai constaté seulement que les fleurs sont fécondes à un degré élevé après exclusion des insectes, ce qui doit être le cas le plus fréquent, car cette plante est souvent forcée pendant l'hiver alors que les insectes sont absents. Quelques plants des deux variétés (Canterbury et haricot forcé de Fulmer) furent recouverts d'une gaze et me parurent avoir produit autant de gousses contenant autant de graines que quelques plants découverts végétant côte à côte; mais ni les graines ni les gousses ne furent alors comptées. Cette différence en autofécondité entre le *P. vulgaris* et le *P. multiflorus* est remarquable, car ces deux espèces sont si étroitement rapprochées que Linné les considérait comme n'en formant qu'une seule. Lorsque les variétés du *P. vulgaris* vécurent côte à côte en pleine terre, elles s'entre-croisèrent quelquefois nonobstant leur pouvoir autofécondateur. M. Coe m'a transmis un remarquable exemple de ce fait pour ce qui touche aux variétés à graines noires, blanches et brunes, qui furent semées toutes ensemble. La diversité de caractères dans les semis de la deuxième génération que j'obtins de ces plants, fut remarquable. Je pourrais ajouter d'autres cas analogues, et le fait est bien connu des jardiniers[1].

LATHYRUS ODORATUS.

Quiconque a étudié la structure des fleurs papilionacées est convaincu qu'elles sont spécialement adaptées en vue de la fécondation croisée, quoique plusieurs espèces soient capables d'autofécondation. Le cas du *Lathyrus odoratus* ou pois de senteur est donc curieux en ce que dans ce pays il semble invariablement se féconder lui-même. J'ai conclu qu'il en était ainsi de ce que cinq variétés différant beaucoup comme couleur de fleurs, mais ne présentant que cette seule différence, sont communément achetées et se fixent; de plus, d'après les informations de deux grands obtenteurs de graines pour le commerce, je sais que ces praticiens ne prennent aucune précaution pour les avoir pures et que les cinq variétés sont habituellement cultivées côte à côte[2]. J'ai moi-même, de propos délibéré, fait des essais semblables avec le même résultat. Quoique les variétés se fixent

[1] J'ai relaté le cas observé par M. Coe dans *Gardeners' Chronicle* (Chronique des jardiniers), 1858, p. 829. Voir encore pour un autre cas, *ibidem*, p. 845.

[2] Voir M. W. Earley dans *Nature*, 1872, p. 242, qui arrive au même résultat. Il a vu, cependant, les abeilles visiter ces fleurs et suppose que, dans cette circonstance, elles doivent avoir été entre-croisées.

toujours, cependant, comme nous allons le voir, une des cinq variétés bien connues donne occasionnellement naissance à une autre;
qui présente tous ses caractères ordinaires. En raison de ce fait
curieux, et parce que la variété à couleur plus foncée est la plus
productive, celle-ci augmente à l'exclusion des autres (ainsi
que j'en fus informé par feu M. Masters), comme s'il n'existait
pas de sélection.

Afin de connaître quel serait le résultat du croisement entre
deux variétés, quelques fleurs d'un pois de senteur pourpre,
qui avaient leur étendard rougeâtre pourpre et les ailes violettes aussi bien que la carène, furent châtrées dès leur jeune
âge et fécondées avec le pollen de la *Dame fardée*. Cette dernière variété a un étendard couleur cerise pâle avec des ailes
et une carène presque blanches. Dans deux circonstances, j'obtins
d'une fleur ainsi croisée des plants reproduisant parfaitement
les deux formes génératrices, mais le plus grand nombre res-
sembla à la variété paternelle. La ressemblance était même si
parfaite que j'aurais pu supposer quelque erreur dans mes étiquettes, si mes plants, qui furent d'abord identiques en apparence avec le père (la Dame fardée), n'avaient produit, quand
la saison fut plus avancée, des fleurs tachées et panachées de
pourpre sombre. C'est là un exemple intéressant de retour par-
tiel, dans la même individualité végétale, à mesure qu'elle
vieillit. Les plants à fleurs pourpres furent rejetés dès que, la
castration n'ayant pas été efficace, il fut possible de les considérer comme ayant été le produit d'une autofécondation accidentelle de la plante mère. Mais les plants qui par la couleur
de leurs fleurs reproduisaient la variété paternelle (Dame fardée), furent conservés et leurs graines mises en réserve. L'été
suivant, plusieurs plants furent obtenus de ces graines, et ils
ressemblèrent généralement à leur grand-père (Dame fardée),
mais le plus grand nombre avait les ailes de la corolle rayées
et, tachées de sombre; quelques-uns eurent leurs ailes d'un
pourpre pâle, avec l'étendard d'un cramoisi plus foncé que
dans la Dame fardée, si bien qu'ils formèrent une sous-variété nouvelle. Parmi ces plants, un seul apparut avec des
fleurs pourpres semblables à celles de la grand'mère, mais avec
des pétales portant des raies d'une couleur plus pâle; ce plant
fut rejeté. Des graines des plantes précédentes furent de nouveau mises en réserve, et les semis ainsi obtenus ressemblèrent
encore à la Dame fardée, c'est-à-dire au grand-père, mais elles
varièrent encore beaucoup, car l'étendard oscilla entre la couleur rouge pâle et rouge foncé, et dans plusieurs cas il fut taché
de blanc; quant aux ailes, elles varièrent du blanc presque pur
au pourpre; la carène, dans tous les cas, avait été à peu
près blanche.

Comme aucune variabilité de cette espèce ne peut être découverte dans des plantes obtenues de graines dont les générateurs ont végété côte à côte pendant plusieurs générations successives, nous pouvons en conclure qu'elles ne peuvent pas
avoir été entre-croisées. Ce qui se présenta occasionnellement,
c'est qu'une série de plants étant obtenus des graines d'une variété, une autre variété vraie de la même espèce apparut; par
exemple dans une longue série d'Écarlates (les semences
avaient été recueillies avec soin sur des Écarlates en vue de
cette expérience), il apparut deux Pourpres et une Dame fardée. Des semences de ces trois plantes aberrantes furent mises
en réserve et semées dans des carrés séparés. Les semis obtenus des deux Pourpres furent surtout des Pourpres mêlés de
quelques Dames fardées et de quelques Écarlates. Les semis
provenant du plant aberrant Dame fardée furent surtout des
Dames fardées mêlés de quelques Écarlates. Chaque variété,
quelle que pût être sa parenté, conserva tous ses caractères
parfaits, et il n'y eut dans les couleurs ni taches ni raies,
comme cela se présenta dans les plantes d'origine croisée. Toutefois, il existe une variété très-commerciale qui est rayée et
tachée de pourpre foncé : elle est probablement d'origine croisée, car j'ai constaté comme M. Masters qu'elle ne transmet
pas fidèlement ses caractères.

De l'ensemble des preuves que nous venons de donner, nous
pouvons conclure que les variétés du pois de senteur ne s'entre-croisent que rarement ou même jamais dans ce pays. C'est
là un fait remarquable si nous tenons compte : 1° de la structure
générale des fleurs ; 2° de la grande quantité de pollen produite
qui est bien plus que suffisante pour assurer l'autofécondation ; et
3° de la visite occasionnelle des insectes. Que les insectes manquent qelquefois de croiser les fleurs, cela se comprend, car
j'ai vu trois fois des bourdons de deux espèces et des abeilles
suçer le nectar sans déprimer la carène, et par conséquent
sans démasquer les étamines et le stigmate : dans ces conditions, ils furent inefficaces à féconder ces fleurs. Un de ces
insectes, le *Bombus lapidarius*, se tenait de côté, à la base de
l'étendard, et insérait sa trompe au-dessous de la seule étamine
libre ; je m'en assurai plus tard, car, en ouvrant la fleur, je
trouvai cette étamine relevée. Les abeilles sont forcées d'agir
ainsi parce que la fente du tube staminal est complètement couverte par les larges bords marginaux de la seule étamine et
parce que le tube n'est pas perforé par les conduits nectarifères. D'un autre côté, dans les trois espèces anglaises de Lathyrus que j'ai examinées et dans le genre voisin Vicia, il
existe deux conduits nectarifères. Les abeilles anglaises peuvent
dès lors être embarrassées dans leur action devant le cas spé-

cial du pois de senteur. Je dois ajouter que le tube staminal
d'une autre espèce exotique, *Lathyrus grandiflorus*, n'est
point perforé par les conduits nectarifères, et que cette espèce
a rarément donné des gousses dans mon jardin, à moins toutefois que les ailes de la corolle ne fussent levées et abaissées,
comme le pratiquent les abeilles. Alors les gousses se formèrent
généralement, mais pour une raison quelconque elles se flétris-
saient souvent ensuite. Un de mes fils captura un Sphynx élé-
phant au moment où il s'introduisait dans les fleurs du pois odo-
rant, mais cet insecte n'eût pas suffi à déprimer soit les ailes,
soit la carène de la corolle. D'un autre côté, j'ai pu voir dans
une circonstance des abeilles et dans deux ou trois occasions le
Megachile willughbiella déprimant cette pièce corollaire;
ces insectes avaient la partie inférieure de leur corps recouverte d'une épaisse couche de pollen et ne pouvaient manquer de le transporter d'une fleur sur le stigmate de l'autre. Pourquoi donc alors ces variétés ne sont-elles pas quelquefois entre-
croisées, quoique le fait ne doive pas se produire souvent, l'action des insectes étant rarement efficace? Il ne paraît guère
que ce fait puisse être expliqué par l'autofécondation des fleurs
dans le jeune âge, car, quoique le nectar soit quelquefois secrété et le pollen adhérent au stigmate visqueux avant que les
fleurs soient complément épanouies, j'ai trouvé dans cinq jeunes
fleurs que j'ai examinées les boyaux polliniques non encore développés. Quelle que soit la cause de ce fait, nous pouvons en conclure qu'en Angleterre ces variétés ne s'entre-croisent jamais
ou le font très-rarement. Mais il ne s'ensuit pas qu'elles ne
puissent jamais dans leur patrie être entre-croisées par d'autres
insectes plus grands : dans les ouvrages de botanique, leur
pays d'origine est indiqué comme étant le sud de l'Europe et les
Indes orientales. En conséquence, j'écrivis au professeur Delpino, à Florence, et il m'apprend « que c'est une opinion accré-
« ditée chez les jardiniers que les variétés s'entre-croisent, et
« qu'elles ne peuvent pas être conservées pures, à moins d'être
« semées séparément. »

Des faits précédents, il résulte que les nombreuses variétés
du pois de senteur doivent s'être propagées elles-mêmes par
autofécondation pendant de très-nombreuses générations, depuis le temps où chaque variété apparut pour la première fois.
D'après l'analogie avec les plants de Mimulus et d'Ipomœa, qui
avaient été fécondés pendant de nombreuses générations, et
d'après les expériences antérieures faites sur le pois commun,
qui est à peu près dans les mêmes conditions que le pois de
senteur, il me sembla très-improbable qu'un croisement entre
individus de la même variété produisît de bons effets sur la
descendance. Un croisement de ce genre ne fut donc pas essayé,

et je le regrette maintenant. Mais quelques fleurs de la Dame
fardée, châtrées dès le jeune âge, furent fécondées avec le pollen du pois de senteur pourpre, et il ne faut pas oublier que ces
variétés ne diffèrent en rien autre chose, si ce n'est par la couleur de leurs fleurs. Quoiqu'il n'ait été obtenu que deux graines,
le croisement eut une efficacité manifeste, et la preuve en fut
donnée par les deux semis qui, à floraison, ressemblèrent complétement à leur père (le pois pourpre), avec cette différence qu'ils
furent un peu plus légèrement colorés et qu'ils eurent leurs carènes
faiblement rayées de pourpre pâle. Des semences provenant de
fleurs spontanément autofécondées sous une gaze furent en même
temps obtenues de la plante mère, la Dame fardée. Ces graines
malheureusement ne germèrent pas dans le sable en même
temps que les croisées, de façon qu'elles ne purent pas être
plantées simultanément. Une des semences croisées, en état de
germination, fut placée dans un pot (nº I) où quatre jours au-
paravant une graine autofécondée, et dans le même état, avait
été enfouie, de sorte que le dernier semis avait un avantage sur
le croisé. Dans le pot numéro II, l'autre semence croisée fut
plantée deux jours avant une autofécondée, de façon qu'ici le
semis croisé avait un avantage considérable sur l'autofécondé.
Mais ce semis croisé eut son sommet rongé par une limace et
fut, en conséquence, complétement battu pendant quelque
temps par le plant autofécondé. Cependant je parvins à le rétablir, et il était doué d'une telle vigueur constitutionnelle que,
finalement, il battit son antagoniste non endommagé. Lorsque
les quatre plants furent parvenus presque complétement à maturité, ils donnèrent les mensurations indiquées dans le tableau
suivant :

TABLEAU LIV. — *Lathyrus odoratus.*

Numéros des pots	Plants croisés	Plants autofécondés
	mètres	mètres
I.	2,000	1,612
II.	1,962	1,575
Total.	3,962	3,187

Les deux plants croisés mesurent ici en hauteur moyenne
1m,985 et les deux autofécondés 1m,593, c'est-à-dire comme
100 est à 80. Six fleurs de ces deux plants croisés furent réciproquement croisées avec le pollen d'un autre plant, et les six
gousses ainsi produites contenaient une moyenne de 6 pois,
avec un maximum de 7 pour l'une d'elles. Dix-huit gousses
spontanément autofécondées de la Dame fardée, qui, comme je

l'ai établi déjà, avait été autofécondée, sans aucun doute, pendant plusieurs générations antérieures, conténaient en moyenne seulement 3.93 pois, avec un maximum de 5 pour l'une d'elles; ainsi le nombre des pois dans les gousses croisées et autofécondées fut comme 100 est à 65. Les pois autofécondés furent, au demeurant, aussi lourds que les graines des gousses croisées. Les plantes de la génération suivante furent obtenues de ces semences.

Plants de la deuxième génération. — Plusieurs des semences autofécondées auxquelles je viens de faire allusion germèrent dans le sable avant les croisées et furent rejetées. Dès qu'il survint des paires égales, on les plaça dans des points opposés de deux grands pots qui furent gardés dans la serre. Les semis ainsi obtenus furent les petits-fils de la Dame fardée, qui avait été tout d'abord croisée avec la variété Pourpre. Lorsque les deux lots de plants eurent atteint 0m,100 à 0m,125 de haut, il n'y eut aucune différence entre eux. Aucune différence marquée ne se produisit non plus dans la période de floraison; mais après complet développement, les mensurations furent les suivantes :

TABLEAU LV. — *Lathyrus odoratus* (seconde génération).

Numéros des pots	Semis obtenus de plants croisés durant les deux générations antérieures	Semis obtenus de plantes autofécondées durant plusieurs générations antérieures
	mètres	mètres
I.	1,812	1,437
	1,775	1,675
	1,306	1,406
	2,037	1,656
II.	1,131	0,971
	1,375	1,150
Total.	9,436	8,295

La hauteur moyenne des six plants croisés est de 1m,572 et celle des six autofécondés de 1m,382, c'est-à-dire comme 100 est à 88. Il n'y eut pas une grande différence dans la fécondité des deux lots; les plants croisés donnèrent, en effet, dans la serre, trente-cinq gousses et les autofécondés trente-deux.

Des semences provenant des fleurs de ces deux lots de plantes furent mises en réserve, dans le but de vérifier si les semis qui en proviendraient hériteraient de quelque différence en croissance ou en vigueur. Il reste donc bien établi que les deux lots de plantes employées dans l'expérience suivante sont d'une parenté autofécondée, mais que, dans l'un des lots, les plantes furent les fils de sujets qui avaient subi le croisement durant deux générations précédentes, tandis qu'antérieurement ils avaient été autofécondés pendant plusieurs générations, et que, dans l'autre lot, ils furent les fils de plantes qui n'avaient pas été croisées pendant plusieurs générations antérieures. Ces semences germèrent dans le sable et furent placées par paires dans quatre pots. Après complet développement, elles furent mesurées et donnèrent les résultats suivants :

TABLEAU LVI. — *Lathyrus odoratus.*

Numéros des pots	Plants autofécondés provenant de plants croisés.	Plants autofécondés provenant de plants autofécondés
	mètres	mètres
I.	1,800 1,800	1,625 1,537
II.	1,450 1,700 1,812	1,600 1,706 1,412
III.	2,025	1,506
IV.	1,937	1,912
Total.	12,524	11,198

La hauteur moyenne des sept plants autofécondés (descendance des plants croisés) est ici de 1^m,789, et celle des sept autofécondés (descendance des plants autofécondés) de 1^m,613, c'est-à-dire dans la proportion de 100 à 90. Les plants autoféconddés provenant d'autres autofécondés furent plus chargés de gousses (ils en eurent trente-six) que les autofécondés issus de croisés, qui en produisirent trente et une seulement.

Quelques graines de ces mêmes lots furent semées dans des coins opposés d'une large caisse, dans laquelle un Brugmansia avait végété longtemps et dont la terre avait été tellement épuisée que des graines d'*Ipomœa purpurea* y pouvaient à peine se développer; néanmoins les deux plants de pois de senteur qui furent obtenus arrivèrent bien à floraison. Pendant longtemps le plant autofécondé issu d'un autofécondé battit le plant autofécondé provenant d'un croisé; celui-là fleurit le premier et mesura à un moment donné 1^m,937, tandis que celui-ci n'avait que 1^m,712 de haut; mais, à la fin, la plante issue des croisements antérieurs montra sa supériorité et atteignit une hauteur de 2^m,712; tandis que l'autre n'avait que 2^m,375. Je semai aussi quelques-unes des graines des deux lots en terre pauvre, dans un lieu ombragé, au milieu d'un bosquet. Là encore les plants autofécondés issus d'autoféconds surpassèrent considérablement en hauteur pendant longtemps. les plants provenant de générateurs antérieurement croisés, et ce résultat doit être vraisemblablement attribué, pour le cas présent comme pour le dernier, à ce que leurs semences germèrent bien plutôt que celles des croisées; mais à la fin de la saison, le plus grand parmi les plants autofécondés issus des croisés mesura 0ᵐ,750, tandis que le plus grand autofécondé provenant d'un autofécondé eut 0ᵐ,734 de haut.

D'après tous les faits sus rapportés, nous voyons que les plants dérivés d'un croisement entre deux variétés du pois de senteur, qui ne diffèrent qu'au point de vue de la couleur de leurs fleurs, surpassent considérablement en hauteur la descendance des plants autoféconds, aussi bien dans la première que dans la deuxième génération. Les plants croisés transmirent également leur supériorité comme taille et comme vigueur à leurs descendants autoféconds.

PISUM SATIVUM.

Le pois commun est parfaitement fécond lorsque ses fleurs sont à l'abri de la visite des insectes; j'ai confirmé ce fait dans deux ou trois variétés différentes, et M. le docteur Ogle l'a fait dans une quatrième. Cependant les fleurs sont aussi adaptées pour la fécondation croisée; M. Farrer l'établit par les points suivants [1] : « La fleur se déploie d'elle-même dans la position « la plus attrayante et la plus convenable pour les insectes : « l'étendard remarquable, les ailes offrant une surface pour « s'y abattre, l'insertion des ailes et de la carène telle qu'un « corps quelconque pressant sur les premières abaisse la se- « conde; le tube staminal renfermant le nectar et offrant, par « son étamine partiellement libre et ses ouvertures de chaque « côté de la base, un passage ouvert pour les insectes qui re- « cherchent le nectar; le pollen humide et visqueux placé « justement au point où il peut être balayé sur la pointe de « la carène par les insectes au moment de leur entrée; le style « très-élastique disposé de manière qu'une pression exercée « sur la carène a pour résultat de le faire saillir hors de « cette pièce corollaire, les poils styliques implantés seule- « ment du côté du style où se trouve un espace pour le pol- « len, et orientés de façon à pouvoir le balayer au dehors; « enfin, le stigmate dirigé de manière à rencontrer un in-

---

[1] *Nature*, 10 octobre 1872, p. 479. H. Müller donne une soigneuse description de ces fleurs (*Befruchtung*, etc.; p. 247).

« secte qui pénètre dans la fleur, toutes ces dispositions sont
« des parties corrélatives d'un mécanisme admirable si nous
« supposons que la fécondation de ces fleurs est réalisée par le
« transport du pollen d'une fleur à l'autre. » Malgré ces dispositions manifestes en vue de la fécondation croisée, des variétés cultivées côte à côte pendant de nombreuses générations
successives, quoique fleurissant dans le même temps, demeurent pures. J'ai donné ailleurs des preuves à l'appui de cette
proposition[1]; si on l'exigeait, je pourrais en ajouter d'autres.
On peut à peine mettre en doute que les variétés de Knight,
qui furent dans le principe produites par un croisement artifi-
ciel et demeurèrent très-vigoureuses, n'aient survécu pendant
au moins soixante ans et n'aient été autofécondées pendant toute
cette période de temps, car s'il en eût été autrement, elles ne
se seraient pas conservées vraies, d'autant que les différentes
variétés sont cultivées généralement les unes auprès des autres.
Le plus grand nombre des variétés, du reste, ne dure que peu
de temps, et cela doit être attribué en partie à la faiblesse de
constitution résultant d'une autofécondation longtemps continuée.

Si on tient compte de l'abondance du nectar secrété par ces
fleurs et de la grande quantité de pollen qu'elles produisent, il
est remarquable de voir combien rare est la visite des insectes,
soit en Angleterre, soit, suivant les observations de H. Müller,
dans l'Allemagne du Nord. J'ai observé ces fleurs durant ces
trente dernières années, et, pendant tout ce temps, je n'ai
aperçu que trois fois des abeilles de l'espèce propre (l'une
d'elles était le *Bombus muscorum*) occupées auprès de ces
fleurs; celles-là étaient capables de déprimer la carène de façon
à avoir leur corps saupoudré de pollen. Ces abeilles visitèrent
plusieurs fleurs et ne peuvent guère avoir manqué de les féconder par croisement. Les mouches à miel et d'autres petites
espèces d'abeilles ramassent quelquefois le pollen des fleurs
vieillies et déjà fécondées, mais ceci ne doit pas entrer en
ligne de compte. La rareté des visites des abeilles utiles à
cette plante exotique est, je crois, la principale cause du
croisement peu fréquent des variétés. Qu'un croisement accidentel arrive à se produire, comme on peut le déduire de ce
que nous venons d'établir, c'est un fait certain, si l'on se
rapporte aux cas connus de l'action du pollen d'une variété
sur l'ovaire d'une autre. Feu M. Masters[2], qui s'occupait

---

[1] *Variation of Animals and Plants under Domestication* (Variation dans les animaux et dans les plantes sous l'influence de la domestication), chap. IX, 2ᵉ édition, vol. I, p. 348.

[2] *Variation under Domestication* (Variation sous la domestication),
chap. XI, 2ᵉ édition, vol. I, p. 428.

particulièrement d'obtenir de nouvelles variétés de pois,
était convaincu que quelques-unes d'entre elles étaient sorties
originellement d'un croisement accidentel. Mais comme de
pareils croisements sont rares, les vieilles variétés ne doivent pas souvent être détruites, surtout parce que les plants
qui s'écartent du type propre sont généralement rejetés par
ceux qui colligent des graines dans un intérêt commercial. Il
est encore une autre cause qui tend à rendre la fécondation
croisée rare, je veux dire la production des tubes polliniques à
un âge peu avancé de la fleur. Huit de ces fleurs non encore
épanouies furent examinées, et dans sept d'entre elles les
boyaux polliniques étaient formés, mais ils n'avaient pas pénétré dans le stigmate. Bien que fort peu d'insectes visitent les
fleurs du pois, dans ce pays comme dans l'Allemagne du Nord,
et quoique les anthères paraissent ici avoir une déhiscence
anormalement précoce, il ne s'ensuit pas que l'espèce, dans sa
patrie, subisse les mêmes conditions.

Comme les variétés avaient été autofécondées pendant de
nombreuses générations, et soumises dans chacune d'elles
à des conditions à peu près semblables (ainsi que je l'explique-
rai dans le prochain chapitre), je ne m'attendais pas à ce qu'un
croisement entre deux pareilles plantes dût être profitable à la
descendance, et l'épreuve justifia la prévision. En 1867, je
recouvris plusieurs fleurs du pois Empereur précoce, qui
n'était pas alors une variété très-nouvelle et qui devait avoir
été déjà propagé par autofécondation pendant au moins une
douzaine de générations. Quelques fleurs furent croisées avec
le pollen d'une plante distincte végétant dans la même rangée,
et d'autres furent disposées pour se féconder elles-mêmes sous
une gaze. On sema les deux lots de graines ainsi obtenues
dans des points opposés de deux grands pots, mais quatre
paires seulement levèrent en même temps. Les pots furent
gardés en serre. Lorsque les semis des deux lots eurent atteint
$0^m,150$ à $0^m,175$, leur hauteur était égale. Quand ils furent parvenus à complet développement, ils donnèrent les mensurations
suivantes :

TABLEAU LVII. — *Pisum sativum.*

Numéros des pots	Plants croisés	Plants autofécondés
	mètres	mètres
I.	0,875	0,743
II.	0,787 0,875 0,925	1,275 1,125 0,825
Total.	3,462	3,968

La hauteur moyenne dans les quatre plants croisés est ici de
$0^m,865$ et celle des quatre plants autofécondés de $0^m,991$, c'est-à-
dire dans la proportion de 100 à 115. Loin de battre les autofécondés, les croisés furent donc complétement battus par eux.

Il n'est pas douteux que le résultat eût été entièrement différent si parmi les innombrables variétés qui existent il s'en
était trouvé deux qui eussent été croisées. Quoique ces deux
variétés eussent subi l'autofécondation pendant plusieurs générations antérieures, chacune eût possédé certainement une
constitution particulière, et ce degré de différenciation eût
suffi pour rendre un croisement très-utile. J'ai parlé aussi avec
confiance des bons effets qui doivent résulter d'un croisement
entre deux variétés du pois, en me reposant sur les faits suivants. André Knight, en relatant les résultats du croisement
réciproque de deux variétés, l'une très-grande et l'autre petite, dit[1] : « J'eus par cette expérience un exemple frappant des
« effets stimulatifs du croisement de deux races, car la plus
« petite variété, dont la hauteur dépassait rarement $0^m,610$,
« atteignit jusqu'à $1^m,83$, tandis que la hauteur de l'espèce la
« plus grande et la plus belle fut diminuée de beaucoup. »
Récemment, M. Laxton a pratiqué de nombreux croisements,
et tout le monde fut étonné de la vigueur et de la beauté des
nouvelles variétés qu'il avait ainsi obtenues et qu'il fixa ensuite
par sélection. Il me donna des graines de pois produites par le
croisement de quatre variétés distinctes, et les plants ainsi obtenus furent extraordinairement vigoureux, car ils dépassèrent
de $0^m,305$, $0^m,610$ et même $0^m,915$ les formes génératrices, qui
furent obtenues côte à côte dans le même temps. N'ayant pas
pris leurs mesures à ce moment, je ne peux donner ici exactement leur proportion, mais j'estime qu'elle a été au moins de
100 à 75. Une expérience semblable fut faite subséquemment
avec deux autres pois provenant d'un croisement différent, et
le résultat fut à peu près le même. Par exemple, un semis résultant du croisement entre le pois *Gousse-pourpre* et l'*Erable*
fut planté dans une terre pauvre et parvint à la hauteur extraordinaire de $2^m,90$, tandis que le plus grand plant donné par l'une
ou l'autre variété génératrice (particulièrement le pois Gousse-
pourpre) mesura seulement $1^m,750$ de haut; ils furent donc
entre eux comme 100 est à 60.

SAROTHAMNUS SCOPARIUS.

Les abeilles visitent constamment les fleurs du balai commun, qui sont adaptées par un curieux mécanisme à la féconda-

---

[1] *Philosophical Transactions* (Transactions philosophiques), 1799,
p. 200.

tion croisée. Quand une abeille s'abat sur les ailes d'une fleur jeune, la carène est légèrement ouverte et les petites étamines faisant saillie au dehors saupoudrent de leur pollen l'abdomen de l'insecte. Lorsqu'une fleur plus âgée est visitée pour la première fois par une abeille (ou lorsque cet insecte exerce une grande pression sur une fleur jeune), la carène s'ouvre dans toute sa longueur, et toutes les étamines, grandes et petites, aussi bien que le très-long pistil recourbé, font saillie avec violence. L'extrémité aplatie en cuiller du pistil demeure, pendant un certain temps, appliquée sur le dos de l'abeille, et y dépose le fardeau de pollen dont elle est chargée. Aussitôt que l'abeille s'envole, le pistil se recourbe instantanément, de façon que la surface stigmatique est alors retournée et occupe une position telle, qu'elle serait frottée de nouveau contre l'abdomen d'un insecte visitant la même fleur. Ainsi, lorsque le pistil s'échappe pour la première fois de la carène, le stigmate est frotté contre le dos de l'abeille saupoudrée du pollen provenant des longues étamines, soit d'une même fleur, soit d'une autre ; plus tard, il est frotté de nouveau contre la surface inférieure de l'abeille saupoudrée du pollen des courtes étamines, lequel tombe souvent un jour ou deux avant celui des longues [1]. Par ce mécanisme, la fécondation croisée est rendue presque inévitable, et nous allons voir immédiatement que le pollen d'une plante distincte est plus efficace que celui de la même fleur. Je dois seulement ajouter que, d'après H. Müller, les fleurs ne secrètent pas de nectar, et cet auteur pense que les abeilles y enfoncent leur trompe seulement dans l'espoir d'en trouver ; mais elles se livrent à cette pratique si fréquemment et pendant un temps si long que je ne puis m'empêcher de croire à l'existence dans ces fleurs d'une substance agréable qu'elles y recherchent.

Si les visites des abeilles sont empêchées, et si les fleurs ne sont pas projetées par le vent contre quelque objet, la carène ne s'ouvre jamais et par conséquent les étamines et le pistil y restent renfermés. Les plants ainsi protégés donnent fort peu de gousses en comparaison du nombre qu'on en trouve sur les buissons voisins non recouverts ; quelquefois ils n'en donnent pas du tout. Je fécondai quelques fleurs d'une plante végétant presque à l'état de nature avec le pollen d'un autre plant placé côte à côte. Les quatre capsules croisées qui en provinrent contenaient en moyenne 9.2 semences. Ce grand nombre de graines fut dû sans doute à ce que le buisson avait été recouvert et avait ainsi

---

[1] Ces observations ont été relatées sous une forme abrégée par le Rew. G. Henslow, dans le *Journal of Linn. Soc. Bot.* (Journal de la Société linnéenne botanique), vol. IX, 1866, p. 358. H. Müller a depuis publié un excellent travail très-complet sur ces fleurs dans son *Befruchtung*, etc., p. 240.

échappé à l'épuisement qui résulte de la production d'un grand nombre de gousses, car cinquante gousses recueillies sur une plante voisine, dont les fleurs avaient été fécondées par les abeilles, contenaient en moyenne seulement 7.14 graines. Quatre-vingt-treize gousses spontanément autofécondées sur un large buisson qui avait été recouvert, mais fortement agité par le vent, renfermaient en moyenne 2.93 semences. Dix d'entre les plus belles de ces quatre-vingt-treize gousses eurent en moyenne 4.30 graines; ce nombre est de moitié moindre que celui des graines contenues dans les quatre gousses croisées artificiellement. La proportion de 7.14 à 2.93, ou comme 100 est à 41, est probablement la plus exacte pour le nombre des graines renfermées dans chaque gousse provenant de fleurs naturellement croisées ou spontanément autofécondées. Les semences croisées comparées à un égal nombre de semences spontanément autofécondées furent plus lourdes dans la proportion de 100 à 88. Nous voyons donc qu'outre leurs adaptations mécaniques en vue de la fécondation croisée, les fleurs sont bien plus productives avec le pollen d'une plante distincte que sous l'influence du leur propre.

Huit paires des semences ci-dessus croisées et autofécondées, ayant germé dans le sable, furent placées (1867) dans des points opposés de deux grands pots. Lorsque plusieurs des semis eurent atteint 0m,037 de haut, il n'y eut aucune différence marquée entre les deux lots. Mais, même dans ce jeune âge, les feuilles des semis autofécondés furent plus petites et d'un vert moins brillant que celles des croisés. Les pots furent conservés dans la serre; mais comme les plants au printemps suivant (1868) parurent maladifs et s'étaient accrus fort peu, ils furent enfouis, avec leurs pots, en pleine terre. Tous les plants souffrirent beaucoup de ce changement soudain, mais plus spécialement les autofécondés, et deux de ces derniers succombèrent. Les survivants furent mesurés, et je donne les longueurs dans le tableau suivant, parce que je n'ai jamais vu, dans une autre espèce, une si grande différence accusée à un âge si jeune entre les semis croisés et autofécondés (v. tableau LVIII).

Les six plants croisés ont ici en moyenne 0m,074 de haut et les autofécondés de 0m,033, de façon que les premiers furent plus de deux fois plus élevés que les derniers, et dans la proportion de 100 à 46.

Au printemps de l'année suivante (1869), les trois plants croisés du pot I avaient tous atteint à peu près 0m,305 de haut, et avaient étouffé si complètement les trois petits autofécondés que deux d'entre eux moururent et que le troisième, parvenu seulement à 0m,037 de hauteur, était mourant. Il ne faut pas oublier que les sujets furent plantés dans leur pot et subirent, par

TABLEAU LVIII. — *Sarothamnus scoparius* (plants très-jeunes).

Numéros des pots	Plants croisés	Plants autofécondés
	mètres	mètres
I.	0,112 0,150 0,050	0,062 0,037 0,025
II.	0,050 0,062 0,012	0,037 0,025 0,012
Total.	0,436	0,198

conséquent, une compétition très-sévère. Ce pot fut alors rejeté.

Les six plants du pot numéro II étaient tous vivants. Un des autofécondés dépassa en hauteur de $0^m,033$ tous ses semblables ; mais les deux autres plants autofécondés furent dans une condition très-chétive. Je résolus donc de laisser ces plants lutter entre eux pendant quelques années. Dans le courant de l'automne de la même année (1869), le plant autofécondé qui avait, remporté la victoire fut alors battu. Les mensurations sont données dans le tableau suivant :

TABLEAU LIX. — Pot II (*Sarothamnus scoparius*).

Plantes croisées	Plantes autofécondées
mètres	mètres
0,393	0,328
0,243	0,075
0,206	0,062

Les mêmes plantes furent de nouveau mesurées pendant l'automne de l'année suivante (1870).

TABLEAU LX. — Pot II (*Sarothamnus scoparius*).

Plants croisés	Plants autofécondés
mètres	mètres
0,656	0,356
0,412	0,287
0,350	0,243
1,418	0,886

Les trois plants croisés mesurèrent alors en hauteur $0^m,472$

et les trois autofécondés 0^m,295, c'est-à-dire qu'ils furent
dans la proportion de 100 à 63. Les trois plants croisés du
pot I, comme nous l'avons dit déjà, avaient battu si complètement les trois autofécondés que toute comparaison entre eux
eût été inutile.

L'hiver de 1870 à 1871 fut rigoureux. Au printemps, les
trois plants croisés du pot numéro II n'avaient pas même l'extrémité de leurs bourgeons endommagée en quoi que ce fût,
tandis que les trois plants autofécondés furent tués à mi-chemin
sous terre, ce qui montre combien ils étaient plus délicats.
Aussi aucune de ces dernières plantes ne porta une seule fleur
pendant l'été suivant de 1871, tandis que les trois autres
plantes croisées fleurirent.

Ononis minutissima.

Cette plante, dont les graines me furent envoyées du nord
de l'Italie, produit, outre les fleurs ordinaires papilionacées,
de petites fleurs imparfaites, closes ou cléistogènes, qui ne peuvent jamais être croisées et qui sont cependant très-fertiles par
elles-mêmes. Quelques-unes des fleurs parfaites furent croisées
avec le pollen d'une plante distincte, et six capsules ainsi produites donnèrent en moyenne 3.66 semences, avec un maximum de cinq pour l'une d'elles. Douze fleurs parfaites furent
marquées et disposées pour se féconder elles-mêmes sous une
gaze; elles donnèrent huit capsules contenant en moyenne
2.38 semences, avec un maximun de 3 pour l'une d'elles.
Ainsi donc, les capsules croisées et autofécondées provenant de
fleurs parfaites donnèrent des graines dans la proportion de
100 à 65. Cinquante-trois capsules produites par les fleurs
cléistogènes renfermèrent en moyenne 4.1 semences; elles
furent donc les plus productives de toutes, et les graines elles-
mêmes parurent plus belles que celles des fleurs croisées parfaites.

Les semences issues des fleurs parfaites croisées et des fleurs
cléistogènes autofécondées furent mises à germer dans le sable,
et malheureusement deux paires seulement levèrent en même
temps. Elles furent placées dans des points opposés d'un même
pot qui fut conservé dans la serre. Dans le courant de l'été de
la même année, lorsque les semis eurent environ 0^m,112 de
haut, les deux lots furent égaux. A l'automne de l'année suivante (1868), les deux plants croisés eurent exactement la
même hauteur, c'est-à-dire 0^m,287, et les autofécondés 0^m,318
et 0^m,181; ainsi donc un des autofécondés surpassa considérablement en hauteur tous les autres. A l'automne de 1869, les
deux plants croisés avaient acquis la supériorité; leur hauteur

était de 0^m,412 et 0^m,378, tandis que celle des deux plants autofécondés fut de 0^m,365 et 0^m,287.

A l'automne de 1870, les mensurations donnèrent les hauteurs
suivantes :

TABLEAU LXI. — *Ononis minutissima.*

Plants croisés	Plants autofécondés
mètres	mètres
0,509	0,437
0,481	0,431
0,990	0,868

Il en résulte que la hauteur moyenne des deux croisés fut de
0^m,495, et celle des deux autofécondés de 0^m,343, c'est-à-dire
comme 100 est à 88. On se rappellera que les deux lots furent
d'abord égaux en hauteur, que l'un des plants autofécondés eut
ensuite l'avantage, et qu'enfin les deux plants croisés furent
victorieux.

Résumé sur les Légumineuses. — Six genres de
cette famille ayant été soumis à l'expérimentation, les résultats en furent remarquables à certains points de vue.
Les plants croisés des deux espèces de Lupin sur les plants
autofécondés montrèrent une supériorité très-sensible
comme taille, comme fécondité, et même comme vigueur,
lorsqu'ils végétèrent dans des conditions défavorables. Le
haricot d'Espagne (*Phaseolus multiflorus*) est partiellement stérile lorsque les visites des abeilles sont empêchées, et c'est là une raison qui porte à faire admettre
que les variétés végétant côte à côte s'entre-croisent. Du
reste, les cinq plants croisés dépassèrent faiblement en hauteur les cinq autofécondés. Le *Phaseolus vulgaris* est
parfaitement autofertile, néanmoins les variétés végétant
dans le même jardin s'entre-croisent quelquefois largement.
D'un autre côté, les variétés du *Lathyrus odoratus* ne
paraissent jamais se croiser en Angleterre, et bien que
les fleurs ne soient pas fréquemment visitées par des insectes efficaces, je ne puis me rendre compte de ce fait ni

plus spécialement de celui-ci, que les variétés sont considérées dans le nord de l'Italie comme étant entre-croisées.
Les plants obtenus d'un croisement entre deux variétés
uniquement différenciées par la couleur de leurs fleurs devinrent plus grands et furent, quand ils végétèrent dans
des conditions défavorables, plus vigoureux que les autofécondés; ils transmirent aussi leur supériorité à leur descendance après autofécondation. Les nombreuses variétés
du pois commun (*Pisum sativum*), quoique végétant
côte à côte, s'entre-croisent très-rarement, et ce fait semble
être attribuable, en Angleterre, à la rareté de la visite des
abeilles. Un croisement entre individus autofécondés appartenant à la même variété n'est pas favorable à la descendance, tandis qu'un croisement entre variétés distinctes,
quoique de parenté très-rapprochée, produit de très-bons
effets, ce dont nous avons donné d'excellentes preuves. Les
fleurs du genêt à balai (*Sarothamnus*) restent presque
stériles quand elles ne sont pas agitées ou quand les insectes en sont écartés. Le pollen d'un plant distinct est
plus efficace que celui de la même fleur pour la production
des graines. Les semis croisés acquièrent un avantage considérable sur les autofécondés quand les uns et les autres
sont mis en concurrence. Enfin, quatre plants seulement
d'*Ononis minutissima* furent obtenus, mais comme on
les observa pendant toute leur durée végétative, l'avantage
bien constaté des croisés sur les autofécondés peut, je
crois, inspirer toute confiance.

XV. ONAGRARIÉES. — Clarkia elegans.

La saison ayant été très-défavorable (1867), un petit nombre
seulement des fleurs que j'avais fécondées forma des capsules.
Douze fleurs croisées n'en donnèrent que quatre, et huit autofécondées une seulement. Les semences, après germination dans
le sable, furent placées dans trois pots; mais dans l'un de ces
pots tous les plants autofécondés succombèrent lorsque les deux
lots eurent atteint entre $0^m,100$ et $0^m,125$ de haut; les plants

croisés commencèrent à montrer une légère supériorité sur les autofécondés. Parvenus à pleine floraison, ils furent mesurés et donnèrent les résultats suivants :

TABLEAU LXII. — *Clarkia elegans.*

Numéros des pots	Plants croisés	Plants autofécondés
	mètres	mètres
I.	1,012 0,875 0,625	0,825 0,600 0,575
II.	0,837	0,762
Total.	3,349	2,762

La hauteur moyenne des quatre plants croisés est ici de 0^m,837 et celle des quatre autofécondés de 0^m,690, c'est-à-dire comme 100 est à 82. Les plants croisés donnèrent ensemble cent cinq capsules et les autofécondés soixante-trois, c'est-à-dire dans la proportion de 100 à 60. Dans les deux pots, un plant autofécondé fleurit avant chaque croisé.

XVI. LOASACÉES. — BARTONIA AUREA.

Quelques fleurs furent croisées et autofécondées, à la manière ordinaire, pendant deux saisons ; mais comme je n'élevai, dans

TABLEAU LXIII. — *Bartonia aurea.*

Numéros des pots	Plants croisés	Plants autofécondés
	mètres	mètres
I.	0,775	0,925
II.	0,462	0,512
III.	0,487	1,012
IV.	0,685 0,900	0,875 0,387
V.	0,775 0,400	0,450 0,287
VI.	0,500	0,812
Total.	4,924	5,160

une première expérience, que deux paires de plantes, les résultats seront donnés ensemble. Dans les deux circonstances, les capsules croisées contenaient un nombre légèrement plus élevé de graines que les autofécondées. Pendant la première année, lorsque les plants eurent atteint environ $0^m,175$ de haut, l'autofécondé fut le plus grand ; lorsque les deux lots furent parvenus à complète floraison, ils donnèrent les mensurations indiquées dans le tableau précédent.

La hauteur moyenne des huit plantes croisées est de $0^m,615$ et celle des autofécondées de $0^m,645$, c'est-à-dire dans la proportion de 100 à 107. Ainsi les autofécondés eurent sur les croisés un avantage marqué ; mais tous ces plants, pour plusieurs raisons, ne végétèrent jamais bien et devinrent finalement si malades que trois croisés et trois autofécondés seulement survécurent pour donner des capsules, encore celles-ci furent-elles en bien petit nombre. Les deux lots parurent, du reste, être également improductifs.

XVII. PASSIFLORÉES. — Passiflora gracilis.

Cette espèce annuelle produit spontanément beaucoup de fruits lorsque les insectes en sont écartés, et se comporte ainsi bien différemment des autres espèces du même genre, qui restent stériles à moins d'être fécondées avec le pollen d'une plante distincte [1]. Quatorze fruits des fleurs croisées contenaient en moyenne 24.14 semences. Quatorze fruits (un d'eux trop mal venu fut rejeté) spontanément autofécondés sous une gaze contenaient en moyenne 20.58 semences par fruit, c'est-à-dire dans la proportion de 100 à 85. Ces graines furent semées dans des points opposés de trois pots, mais deux paires seulement levè-

---

[1] *Variations of Animals and Plants under Domestication* (Variation des animaux et des plantes sous l'influence de la domestication), chap. xvii, 2ᵉ édition, vol. II, p. 118 ·.

· John Scott a prouvé (*Annales des sciences naturelles*, 5ᵉ série, t. II, p. 191) que non-seulement le plus-grand nombre des espèces du genre *Passiflora*, mais encore, dans la même famille, les genres *Tacsonia* et *Disemma*, restent partiellement ou totalement stériles quand ils sont fécondés avec leur propre pollen. Il semble donc que dans le cas très-remarquable de cette famille, le mouvement d'abaissement des stigmates vers les anthères est absolument dépourvu d'utilité au point de vue de l'autofécondation, et il en est réellement ainsi, si l'on considère que les divers insectes qui visitent constamment ces fleurs (ils sont très-nombreux, d'après ce que j'ai pu constater durant toute une saison), et qui portent sur leur dos le pollen pris sur les autres fleurs de la même espèce, n'atteindraient jamais les stigmates, si ces derniers conservaient leur position nocturne (réunis en un fascicule très-haut au-dessus de la partie de la fleur qui attire les insectes). ,   —   (*Traducteur.*) ·

rent en même temps, et il en résulte qu'aucune opinion ne peut
être fondée sur cette expérience.

TABLEAU LXIV. — *Passiflora gracilis.*

Numéros des pots	Plants croisés	Plants autofécondés
	mètres	mètres
I.	1,400	0,950
II.	1,050	1,600
Total.	2,450	2,550

La moyenne des deux plants croisés fut de 1ᵐ,225 et celle
des autofécondées de 1ᵐ,275, c'est-à-dire dans la proportion
de 100 à 104.

XVIII. OMBELLIFÈRES. — APIUM PETROSELINUM.

Les Ombellifères sont protérandres et ne peuvent manquer
d'être fécondées par croisement, au contact des nombreuses
mouches et des petits hyménoptères qui les fréquentent[1]. Un
plant de persil commun ayant été recouvert d'une gaze produisit
incontestablement autant et d'aussi beaux fruits, autant et d'aussi
belles graines que les plants voisins découverts. Les fleurs de
ces derniers furent visitées par tant d'insectes qu'elles durent
certainement recevoir du pollen d'un autre plant. Quelques-
unes des graines des deux lots furent laissées dans le sable,
mais presque toutes les semences autofécondées germèrent avant
les autres, et je fus forcé de tout jeter. Les semences restant
furent alors semées dans des points opposés de quatre pots.
D'abord, les semis autofécondés furent un peu plus grands,
dans le plus grand nombre des pots, que les semis croisés naturellement, et ce résultat fut évidemment dû à ce que les semences
autofécondées avaient germé les premières. Mais, à l'automne,
tous les plants furent tellement égaux que je ne crus pas utile
de les mesurer. Dans deux pots l'égalité fut complète; dans un
troisième, s'il y eut une légère différence, ce fut en faveur des
croisés; dans le quatrième enfin cette supériorité fut en quelque
sorte plus franchement accusée. Cependant, d'aucun côté il n'y eut
d'avantage bien réel, de sorte que les hauteurs peuvent être
dites dans la proportion de 100 à 100.

[1] H. Müller (*Befruchtung*, etc., p. 96). D'après M. Mustel (ainsi que
Godron l'indique, *De l'Espèce*, t. II, p. 58 à 1859), les variétés de la ca-
rotte voisines les unes des autres s'entre-croisent volontiers.

XIX. DIPSACÉES. — Scabiosa atropurpurea.

Les fleurs, qui sont protérandres, apparurent pendant la saison défavorable de 1867, aussi obtins-je peu de graines, surtout sur les capitules autofécondés, lesquels furent extrêmement stériles. Les plants croisés et autofécondés issus de ces graines furent mesurés avant leur pleine floraison, comme c'est indiqué dans le tableau auivant :

Tableau LXV. — *Scabiosa atropurpurea.*

Numéros des pots	Plants croisés	Plants autofécondés
	mètres	mètres
I.	0,350	0,500
II.	0,375	0,362
III.	0,525 0,462	0,375 0,350
Total.	1,712	1,587

Les quatre plants croisés ont ici en moyenne $0^m,428$ de haut, et les quatre croisés $0^m,397$, c'est-à-dire qu'ils furent dans la proportion de 100 à 90. Un des plants autofécondés du pot numéro III ayant été tué par accident, son compagnon fut rejeté; aussi, quand ils furent mesurés à nouveau jusqu'à la pointe de leurs capitules, ils n'étaient plus que trois de chaque côté. A ce moment les plants croisés eurent une hauteur moyenne de $0^m,819$ et les autofécondés de $0^m,756$, chiffres qui sont dans la proportion de 100 à 92.

XX. COMPOSÉES. — Lactuca sativa.

Trois plants de Laitue [1] (variété : romaine grosse de Londres) végétaient côte à côte dans mon jardin; un d'eux fut recouvert d'une gaze et produisit des graines autofécondées, les deux

[1] Les Composées sont bien adaptées pour la fécondation croisée, mais un horticulteur pépiniériste, en qui je peux avoir toute confiance, m'a dit avoir l'habitude de semer très-rapprochées plusieurs espèces de laitues dans le but d'obtenir des graines, et n'avoir jamais observé de croisement entre elles. Il est très-improbable que toutes les variétés qui furent ainsi cultivées côte à côte fleurirent dans des temps différents; mais deux variétés que je choisis au hasard, et que je semai très-rapprochées, n'entrèrent pas en floraison à la même époque, et mon expérience fut manquée.

autres furent disposés pour le croisement par les insectes ; mais, 'la saison (1867) ayant été défavorable, je n'obtins pas beaucoup de graines. Un plant croisé seulement et un autofécondé furent obtenus dans le pot I et leurs mesures sont données dans le tableau suivant (LXVI). Les fleurs de cet unique pied auto-fécondé furent de nouveau fécondées par elles-mêmes sous une gaze, non pas avec le pollen du même demi-fleuron, mais bien avec celui d'autres demi-fleurons du même capitule. Les fleurs des deux plants croisés furent livrées au croisement par les insectes, et je vins moi-même en aide à ces agents fécondateurs, car je transportai occasionnellement du pollen d'une plante à l'autre. Ces deux lots de graines, après germination dans le sable, furent semés par paires dans des points opposés des pots II et III, qui furent d'abord gardés dans la serre, puis exposés en plein air. On mesura les sujets quand ils furent en pleine floraison. Le tableau suivant renferme donc des plantes appartenant à deux générations. Lorsque les semis des deux lots eurent seulement 0^m,125 à 0^m,150 de haut, l'égalité fut complète. Dans le pot numéro III, un des autofécondés mourut avant de fleurir, accident qui se présenta dans beaucoup d'autres cas.

TABLEAU LXVI. — *Lactuca sativa*.

Numéros des pots	Plants croisés	Plants autofécondés
	mètres	mètres
I. Première génération plantée en pleine terre	0,675 0,625	0,537 0,500
II. Deuxième génération plantée en pleine terre	0,737 0,437 0,312	0,600 0,250 0,275
III. Deuxième génération cultivée dans un pot	0,350 0,262	0,237 0
Total.	3,398	2,399

La hauteur moyenne des sept plants croisés est ici de 0^m,485 et celle des six autofécondés de 0^m,400, chiffres qui sont dans la proportion de 100 à 82.

XXI. CAMPANULACÉES. — SPECULARIA SPECULUM.

Dans le genre très-voisin Campanula (qui renfermait autrefois le g. Specularia), les anthères perdent de très-bonne heure leur pollen; ce dernier est retenu par les poils collecteurs qui entourent le pistil au-dessous du stigmate, de façon que, sans l'aide d'un mécanisme quelconque, les fleurs ne peuvent pas être fécondées. Par exemple, je recouvris une plante de *Campanula carpathica* et elle ne produisit pas une seule capsule, tandis que les plants environnants vivant découverts donnèrent beaucoup de graines. D'un autre côté, l'espèce de Specularia dont il est ici question paraît donner presque autant de capsules, lorsqu'elle est recouverte, que lorsqu'elle est abandonnée à la visite des Diptères, qui, autant que j'ai pu en juger, en fréquentent seuls les fleurs [1]. Je ne pus pas m'assurer si les capsules croisées naturellement et celles qui sont spontanément autoféconndées contenaient un égal nombre de graines, mais une comparaison entre les fleurs artificiellement croisées et celles autoféconndées, montra que les premières sont probablement les plus productives. Il semble que cette plante doit sa faculté de produire un grand nombre de capsules autoféconndées, à ce que ses pétales se ferment pendant la nuit et durant les temps froids. Dans l'acte de la fermeture des fleurs, les bords des pétales s'infléchissent et leur nervure médiane, étant projetée en dedans, pénètre à travers les divisions du stigmate en poussant ainsi le pollen du pourtour du pistil sur les surfaces stigmatiques [2].

Vingt fleurs furent fécondées par mes soins avec leur propre pollen, mais, à cause de la mauvaise saison, six capsules seulement furent produites; elles contenaient en moyenne 21,7 graines; avec un maximum de 48 pour l'une d'elles. Quatorze fleurs furent croisées avec le pollen d'un autre plant, et celles-là produisirent douze capsules contenant une moyenne de 30 graines, avec un maximum de 57 pour l'une d'elles, de façon que les semences croisées furent aux autoféconndées pour un égal nombre de capsules, comme 100 est à 72. Les premières furent aussi plus lourdes qu'un égal nombre d'autoféconndées, dans la proportion de 100 à 86. Ainsi, si nous en jugeons, soit par la quantité de capsules produites par égal nombre de fleurs, soit par le nombre moyen de semences qu'elles contiennent, soit encore par le nombre maximum que chaque capsule en renferme, soit enfin par le poids de ces graines, le croisement comparé à l'autofécondation eut de très-bons effets.

---

[1] On sait depuis longtemps qu'une autre espèce de ce genre, le *Specularia perfoliata*, produit à la fois des fleurs cléistogènes et des fleurs parfaites, et que les premières sont autofertiles.

[2] M. Meehan a dernièrement montré, *Proc. Acad. Nat. Sc. Philadelphia* (Comptes rendus de l'Acad. nat. des Sciences de Philadelphie), 16 mai 1876, p. 84, que la fermeture nocturne des fleurs de *Claytonia virginica* et de *Ranunculus bulbosus* cause leur autofécondation.

On sema les deux lots de graines dans des points opposés de quatre pots, mais les semis ne furent pas suffisamment éclaircis. Le plus grand plant de chaque côté seul fut mesuré après complet développement. Les mensurations sont données dans le tableau suivant :

TABLEAU LXVII. — *Specularia speculum.*

Numéros des pots	Le plus grand plant croisé dans chaque pot	Le plus grand plant autofécondé dans chaque pot
	mètres	kil.
I.	0,450	0,393
II.	0,425	0,475
III.	0,553	0,450
IV.	0,500	0,575
Total.	1,928	1,893

Dans les quatre pots, les plants croisés fleurirent les premiers. Lorsque les semis eurent atteint environ 0^m,037 de haut, les deux lots furent égaux. Les quatre plus grands plants croisés eurent 0^m,482 de hauteur moyenne et les quatre autoféconés 0^m,473, chiffres qui sont comme 100 à 98. Il n'y eut donc, comme hauteur, aucune différence digne d'être relatée entre les deux lots; cependant, ainsi que nous l'avons vu, il y eut d'autres grands avantages réalisés par le croisement. Les plants ayant été conservés en pots dans la serre, aucun d'entre eux ne produisit de capsules.

LOBELIA RAMOSA [1].

Variété : flocon de neige. (*Lobelia ramosa alba* des Fleurs de pleine terre de Vilmorin, Andrieux.)

Les moyens bien adaptés par lesquels la fécondation croisée est assurée dans ce genre ont été décrits par plusieurs auteurs [2].

---

[1] J'ai adopté le nom donné à cette plante dans *Gardeners' Chronicle* (Chronique des jardiniers), 1866. Le professeur Dyer m'informe, cependant, que c'est là probablement une variété blanche du *L. tenuior* R. Brown, de l'ouest d'Australie.

[2] Voir les travaux de Hildebrand et Delpino. M. Farrer a aussi donné (*Annals and Mag. of Nat. Hist.*, Annales et magasin d'Hist. natur., t. II, 4ᵉ série, 1868, p. 260) une description remarquablement claire du mécanisme par lequel la fécondation croisée est effectuée, dans ce genre. Dans le genre voisin *Isotoma*, la curieuse pointe rectangulaire qui fait

Le pistil s'accroissant lentement en longueur pousse le pollen au dehors des anthères cohérentes en s'aidant d'un anneau de poils : à ce moment les deux lobes du stigmate sont fermés et incapables d'être fécondés. L'expulsion du pollen est aussi aidée par les insectes qui se frottent contre les petits poils émergeant des anthères. Le pollen ainsi rejeté au dehors est transporté par les insectes sur les fleurs plus vieilles, dans lesquelles les lèvres stigmatiques du pistil devenu librement saillant, sont ouvertes et prêtes pour la fécondation. J'ai pu démontrer l'importance de la coloration agréable de la corolle, en enlevant le grand pétale supérieur dans plusieurs fleurs de *Lobelia erinus* : ces fleurs furent alors négligées par les abeilles, qui visitèrent au contraire incessamment les autres.

Une capsule fut obtenue par le croisement d'une fleur de *Lobelia ramosa* avec le pollen d'une autre plante, et deux autres résultèrent de l'autofécondation d'autres fleurs. Les graines qui y étaient contenues furent semées dans des points opposées de quatre pots. Quelques-uns des semis croisés qui levèrent avant les autres furent arrachés et rejetés. Tant que les plants demeurèrent très-petits il n'y eut pas une grande différence en hauteur entre les deux lots, mais dans le pot numéro III, les autofécondés furent, pendant un certain temps, les plus développés. Parvenus à floraison, le plus grand plant de chaque côté dans tous les pots fut mesuré, et le résultat en est indiqué dans le tableau suivant. Dans les quatre pots, un plant croisé fleurit avant son adversaire.

TABLEAU LXVIII. — *Lobelia ramosa* (première génération).

Numéros des pots	Le plus grand plant croisé dans chaque pot	Le plus grand plant autofécondé dans chaque pot
	mètres	mètres
I.	0,562	0,437
II.	0,687	0,600
III.	0,412	0,375
IV.	0,562	0,425
Total.	2,223	1,837

saillie en dehors des anthères et qui, quand elle s'ébranle, détermine la chute du pollen sur le dos d'un insecte au moment où il pénètre dans la fleur, paraît avoir eu pour point de départ un poil semblable à ceux qui sortent des anthères dans quelques espèces de *Lobelia*, sinon dans toutes, comme l'a décrit M. Farrer.

Les quatre plus grands plants croisés mesurèrent en moyenne
0^m,555, et les quatre plus grands autofécondés 0^m,459, chiffres
qui sont dans la proportion de 100 à 82. Je fus surpris de trouver que les anthères d'une portion importante de ces plants autofécondés manquaient de cohérence et ne contenaient pas de
pollen, et que, d'autre part, il n'y eût que fort peu de plants croisés présentant les mêmes défectuosités. Quelques fleurs des plants
croisés furent de nouveau croisées, quatre capsules en résultèrent ; quelques fleurs des plants autofécondés furent autofécondées à nouveau, et sept capsules furent ainsi obtenues. Les
graines des deux lots furent pesées, et il fut calculé qu'un
nombre égal de capsules aurait produit des semences dans la
proportion pondérale de 100 pour les croisés et de 60 pour les
autofécondés. Ainsi donc les fleurs des plants croisés et de
nouveau soumis à un croisement furent de beaucoup plus fécondes
que celles des plants autofécondés ayant subi une nouvelle autofécondation.

Plants de la deuxième génération. — Les deux lots de
graines ci-dessus furent semés dans le sable humide et plusieurs des semences croisées germèrent, comme dans l'expérience précédente, avant les autofécondées : elles furent rejetées.
Trois ou quatre paires de graines dans le même état de germination furent placées dans des points opposés de deux pots,
une seule paire fut mise dans le troisième pot, enfin toutes
les graines restant furent semées dru dans le quatrième.
Lorsque les deux semis eurent environ 0^m,12 de haut, ils furent
égaux des deux côtés dans les trois premiers pots, mais dans
le pot IV, où ils végétèrent entassés et furent ainsi exposés à
une compétition rigoureuse, les plants croisés furent d'environ
un tiers plus élevés que les autofécondés. Dans ce dernier pot,
lorsque les croisés eurent atteint 0^m,125 de haut, les autofécondés en mesuraient environ 0^m,100 : ce ne furent jamais, à beaucoup près, de belles plantes. Dans les quatre pots, les plants
croisés fleurirent quelques jours avant les autofécondés : parvenus à pleine floraison, le plus grand plant de chaque côté fut
mesuré ; mais, avant ce temps, le seul plant croisé dans le pot
numéro III, qui était plus grand que son antagoniste, avait succombé et ne fut pas mesuré. Ainsi les plus grands plants seulement
de chaque côté des trois pots furent mesurés, comme c'est indiqué dans le tableau suivant. La hauteur moyenne des trois plus
grands plants croisés est ici de 0^m,591 et celle des trois plants
autofécondés de 0^m,475, c'est-à-dire comme 100 est à 81. Outre
cette différence en hauteur, les plants croisés présentèrent plus
de vigueur et furent plus rameux que les autofécondés : il est
regrettable qu'on n'ait pu les peser.

Tableau LXIX. — *Lobelia ramosa* (deuxième génération).

Numéros des pots	Le plus grand plant croisé dans chaque pot	Le plus grand plant autofécondé dans chaque pot
	mètres	mètres
I.	0,687	0,462
II.	0,525	0,487
IV.	0,537	0,475
Total.	1,749	1,424

LOBELIA FULGENS.

Cette espèce offre un cas très-embarrassant. Dans la première génération, les plants autofécondés, quoique en petit nombre, surpassèrent de beaucoup les croisés en hauteur, tandis que dans la deuxième génération, l'expérience ayant été faite sur une plus grande échelle, les plants croisés battirent les aufécondés. Cette espèce étant généralement propagée comme plante d'ornement, quelques semis furent d'abord obtenus afin d'avoir des plants distincts. Sur l'un des ces plants, plusieurs fleurs furent fécondées avec leur propre pollen, et comme celui-ci mûrit et tombe longtemps avant que le stigmate soit prêt pour la fécondation dans la même fleur, il fut nécessaire d'étiqueter chaque fleur et de conserver le pollen sous une étiquette correspondante. De cette façon, du pollen bien mûr fut employé pour l'autofécondation. Plusieurs fleurs de la même plante furent fécondées avec le pollen d'un individu distinct; pour obtenir ce pollen, les anthères coalescentes des jeunes fleurs furent pressées vivement, et comme dans les conditions naturelles il est expulsé lentement par l'accroissement du pistil, il est probable que le pollen dont je me servis était à peine mûr, et, en tout cas, il l'était certainement moins que celui qui fut employé pour l'autofécondation. Je ne songeai pas alors à cette source d'erreur, mais je crains maintenant que les plants croisés en aient été affectés dans leur développement. Dans tous les cas, l'expérience ne fut pas parfaitement irréprochable. Ce fait qu'un plus grand nombre proportionnel de fleurs produisent des capsules dans les plants croisés que dans les plants autofécondés, est en opposition avec l'opinion susémise que le pollen employé dans le croisement ne fût pas en si bon état que celui qui servit à l'autofécondation, mais il n'y eut pas une différence marquée dans le total des semences que renfermaient les capsules des deux lots[1].

Comme les semences obtenues par les deux méthodes ci-dessus n'auraient pas germé si elles avaient été mises dans le sable pur, elles furent semées dans des points opposés de quatre pots, mais je ne parvins qu'à obtenir une seule paire de semis du même âge dans chacun de ces vases. Les semis autofécondés, parvenus à la hauteur de quelques pouces, furent, dans la majorité des pots, plus élevés que leurs antagonistes ; ils fleurirent aussi beaucoup plus tôt dans tous les pots, si bien que les tiges florales ne pourraient être judicieusement comparées que dans les pots I et II.

Tableau LXX. — *Lobelia fulgens* (première génération).

Numéros des pots	Hauteur de tiges florales dans les plants croisés	Hauteur des tiges florales dans les plants autofécondés
I.	mètres 0,825	mètres 1,250
II.	0,912	0,962
III.	0,525 pas en pleine floraison	1,075
IV.	0,300 pas en pleine floraison	0,893

La hauteur moyenne des tiges florales dans les deux plants croisés des pots I et II est ici de 0^m,868, et celle des deux autofécondés dans les mêmes pots de 1^m,106, c'est-à-dire dans la proportion de 100 à 127. Les plants autofécondés des pots III et IV furent, à tous les points de vue, plus beaux que les plants croisés.

Je fus si surpris de cette énorme supériorité des plants autofécondés sur les croisés, que je résolus d'essayer comment ils se comporteraient dans l'un des pots pendant une seconde végétation. En conséquence, dans le pot I, les deux plants furent coupés et réempotés dans un plus grand vase sans être endommagés. L'année suivante, le plant autofécondé montra une supériorité plus grande même que par le passé, car les deux plus grandes tiges florales produites par les croisés marquèrent seu-

[1] Gärtner a montré que certains plants de *Lobelia fulgens* sont complétement stériles avec le pollen de la même plante, quoique ce pollen soit efficace sur un autre individu, mais aucun des plants sur lesquels j'ai expérimenté (ils furent conservés dans la serre) ne présenta cette condition particulière.

lement 0ᵐ,737 et 0ᵐ,753 de haut, tandis que les deux plus
grandes tiges autofécondées mesurèrent 1ᵐ,237 et 1ᵐ,243, ce
qui donne la proportion de 100 à 167. D'après toutes ces
preuves, il n'y a pas de doute que ces plants autofécondés
eurent une grande supériorité sur les croisés.

Plants croisés et autofécondés de la deuxième génération.
— Je pris la résolution, dans cette circonstance, d'écarter l'erreur résultant de l'emploi dans le croisement et dans l'autofécondation d'un pollen d'une maturité inégale; aussi j'obtins ce
pollen pour les deux opérations par pression des anthères coalescentes, dans de jeunes fleurs. Plusieurs fleurs des plants
croisés dans le pot numéro I (tableau LXX) furent de nouveau
croisées avec le pollen d'un plant distinct. Plusieurs autres
fleurs des plants autofécondés du même pot furent fécondées de
nouveau avec le pollen provenant des anthères d'autres fleurs
du *même plant*. Par conséquent, le degré de l'autofécondation
ne fut pas aussi rapproché que dans la génération précédente,
où le pollen de *la même fleur*, conservé dans du papier, avait
été employé.

Les deux lots de graines furent clairsemés dans des points
opposés de neuf pots, et les jeunes semis furent éclaircis de façon à laisser, autant que possible, des deux côtés, des sujets du
même âge en nombre égal. Au printemps de l'année suivante
(1870), lorsque les semis eurent atteint une taille considérable,
ils furent mesurés jusqu'à la pointe de leurs feuilles, et les
vingt-trois plants croisés eurent en moyenne 0ᵐ,351, tandis
que les autofécondés n'en comptèrent que 0ᵐ,338, c'est-à-dire
comme 100 est à 96.

Dans le courant de l'été de la même année, plusieurs de ces
plants fleurirent, et les croisés aussi bien que les autofécondés
le firent presque en même temps; toutes les tiges florales furent
mesurées. Celles des onze plants croisés eurent en moyenne
0ᵐ,766 de haut, et celles des neuf sujets autofécondés 0ᵐ,736,
ce qui donne la proportion de 100 à 96.

Après floraison, les plants contenus dans ces neuf pots furent
réempotés, sans avoir eu à en souffrir, dans des vases beaucoup
plus grands, et, l'année suivante (1871), tous fleurirent facilement, mais ils vécurent en une masse si enchevêtrée que, des
deux côtés, les plants séparés n'auraient pu être plus longtemps
distingués. En conséquence, dans chaque pot, trois des quatre
plus grandes tiges florales de part et d'autre furent mesurées;
les mensurations indiquées dans le tableau suivant sont, je crois,
plus dignes de confiance que les précédentes, d'abord parce
qu'elles sont plus nombreuses, ensuite parce que les plants
furent mieux établis et d'une végétation plus vigoureuse.

TABLEAU LXXI. — *Lobelia fulgens* (seconde génération).

Numéros des pots	Plantes croisées; hauteur des tiges florales	Plantes autofécondées; hauteur des tiges florales
	mètres	mètres
I.	0,684	0,809
	0,650	0,659
	0,609	0,628
	0,612	0,656
II.	0,850	0,906
	0,668	0,718
	0,628	0,753
	0,650	0,806
III.	1,012	0,762
	0,490	0,706
	0,803	0,575
IV.	0,703	0,737
	0,675	0,709
	0,637	0,650
	0,678	0,631
V.	0,703	0,725
	0,675	0,618
	0,634	0,581
	0,612	0,600
VI.	0,840	1,106
	0,800	0,943
	0,653	0,925
	0,625	0,875
VII.	0,762	0,681
	0,759	0,481
	0,731	0,525
VIII.	0,984	0,578
	0,931	0,587
	0,900	0,637
	0,900	0,628
IX.	0,834	0,487
	0,625	0,409
	0,637	0,475
	0,546	0,462
Total.	25,35	23,04

La hauteur moyenne des trente-quatre plus grandes tiges florales dans les vingt-trois plants croisés est de 0^m,745, et celle du même nombre de tiges florales dans quantité égale de plants autofécondés est de 0^m,677, c'est-à-dire comme 100 est à 91.

Ainsi donc les plants croisés montrèrent alors un avantage marqué sur leurs antagonistes autofécondés.

XXII. POLÉMONIACÉES. — NEMOPHILA INSIGNIS.

Douze fleurs furent croisées avec le pollen d'un plant distinct et ne produisirent que six capsules, contenant une moyenne de 18.3 graines. Dix-huit fleurs furent fécondées avec leur propre pollen et donnèrent dix capsules, renfermant en moyenne 12.7 semences; de façon que les chiffres des semences par capsule furent comme 100 est à 69[1]. En nombre égal les semences croisées pesèrent un peu moins que les autofécondées, et cela dans la proportion de 100 à 105; mais ce résultat fut évidemment dû à ce que quelques-unes des capsules autofécondées contenaient très-peu de semences, et que celles-là furent beaucoup plus volumineuses que les autres, parce qu'elles avaient été mieux nourries. Une comparaison subséquente avec le nombre des graines dans quelques capsules, ne montra pas du côté des croisés une supériorité aussi grande que l'épreuve actuelle.

Les semences furent mises dans le sable et, après germination, on les plaça dans des points opposés de cinq pots qui furent conservés dans la serre. Lorsque les semis eurent $0^m,050$ à $0^m,075$ de haut, le plus grand nombre des croisés montra un léger avantage sur les autofécondés. Les plants furent enroulés sur des baguettes et arrivèrent aussi à une hauteur considérable. Dans quatre pots sur cinq, un plant croisé fleurit avant chacun des autofécondés (tableau LXXII).

Avant floraison, lorsque les croisés eurent moins de $0^m,305$ de haut, les plants furent mesurés une première fois jusqu'à la pointe de leurs feuilles. Les douze plants croisés eurent en hauteur moyenne $0^m,276$, tandis que les douze autofécondés en mesurèrent moins de la moitié, c'est-à-dire $0^m,137$, ce qui donne la proportion de 100 à 49. Avant que les plants n'eussent atteint tout leur développement, deux des autofécondés succombèrent, et comme je craignais le même accident avec les autres, ils furent de nouveau mesurés jusqu'à la pointe de leurs tiges, comme c'est indiqué dans le tableau suivant.

Les douze plants croisés donnèrent alors $0^m,831$ de hauteur moyenne, et les dix autofécondés $0^m,480$, c'est-à-dire qu'ils furent dans la proportion de 100 à 60 : la différence fut donc un peu moindre qu'antérieurement.

Les plants des pots III et V furent placés sous une gaze dans

---

[1] On a reconnu que plusieurs espèces de Polémoniacées sont protérandres, mais je ne portai pas mon attention sur ce point dans le *Nemophila*. Verlot dit (*Des Variétés*, 1865, p. 66) que les variétés de cette plante qui vivent rapprochées les unes des autres s'entre-croisent spontanément.

TABLEAU LXXII. — *Nemophila insignis; 0 signifie que la plante succomba.*

Numéros des pots	Plants croisés	Plants autofécondés
	mètres	mètres
I.	0,812	0,531
II.	0,862	0,590
III.	0,828 0,556 0,725	0,475 0,181 0,437
IV.	0,887 0,837	0,262 0,675
V.	0,875 0,950 0,900 0,937 0,812	0 0,459 0,512 0,850 0
Total.	9,98	4,975

la serre, mais au préalable deux plants croisés durent être enlevés, à cause de la mort de deux autofécondés, et de cette façon, au total, six plants croisés et six autofécondés furent livrés à l'autofécondation spontanée. Les pots étaient petits, aussi les plants ne produisirent-ils pas de nombreuses capsules. La taille réduite des plants autofécondés rend parfaitement compte de l'exiguïté des capsules qu'ils produisirent. Les six plants croisés en portèrent 105 et les six autofécondés 30 seulement; ces chiffres sont dans la proportion de 100 à 29.

TABLEAU LXXIII. — *Nemophila insignis.*

Numéros des pots	Plants autofécondés provenant de plants croisés	Plants autofécondés provenant de plants aussi autofécondés
	mètres	mètres
I.	0,675 0,350	0,687 0,856
II.	0,443 0,612	0,575 0,800
III.	0,400	0,175
IV.	0,134 0,128	0,181 0,400
Total.	2,753	3,675

Les semences autofécondées ainsi obtenues des plants croisés et autofécondés, après germination dans le sable, furent placées dans des points opposés de quatre petits pots et traitées comme antérieurement. Mais beaucoup d'entre les plants devinrent malades et leur hauteur fut si inégale (quelques-uns d'entre eux dépassèrent de cinq fois la taille des autres) que les moyennes déduites des mensurations indiquées dans le précédent tableau ne sont pas du tout dignes de confiance. Cependant je me suis cru obligé de les donner, parce qu'elles sont opposées à mes conclusions générales. Les sept plants autofécondés provenant des plants croisés ont ici en hauteur moyenne 0^m,392, et les sept autofécondés provenant de plants aussi autofécondés, 0^m,525 : chiffres qui sont comme 100 est à 133. Des expériences strictement analogues faites sur le *Viola tricolor* et le *Lathyrus odoratus* donnèrent des résultats absolument différents.

XXIII. BORRAGINÉES. — Borrago officinalis.

Cette plante est fréquentée par un plus grand nombre d'abeilles que la majorité des végétaux sur lesquels j'ai observé. Elle est fortement protérandre (H. Müller, *Befruchtung*, etc., p. 267) et les fleurs ne peuvent guère manquer d'être croisées ; mais lorsque ce genre de fécondation fait défaut, elles sont capables d'autofécondation dans une certaine mesure, car le pollen demeure longtemps dans les anthères et peut tomber sur le stigmate parvenu à maturité. En 1863, je recouvris un plant et j'en examinai trente-cinq fleurs parmi lesquelles douze seulement portèrent des graines, tandis que trente-cinq autres fleurs situées sur un plant découvert végétant côte à côte, grainèrent toutes, à l'exception de deux d'entre elles. Le plant recouvert produisit, cependant, en tout vingt-cinq semences spontanément autofécondées, tandis que le sujet découvert en donna cinquante-cinq qui furent, à n'en pas douter, le produit de la fécondation croisée.

En 1868, dix-huit fleurs d'une plante protégée furent croisées avec le pollen d'un plant distinct, mais sept seulement d'entre elles donnèrent des fruits ; aussi je soupçonne que je dus appliquer du pollen sur beaucoup de stigmates avant leur maturité. Ces fruits contenaient en moyenne 2 graines, avec un maximum de 3 pour l'un d'entre eux. Vingt-quatre fruits spontanément autofécondés furent produits par la même plante, et ils contenaient en moyenne 1.2 graines avec un maximum de 2 dans l'un d'entre eux. Ainsi, les fruits provenant de fleurs artificiellement croisées donnèrent des semences qui, comparées à celles issues des fleurs spontanément autofécondées, furent dans la proportion de 100 à 60. Mais les semences autofécondées, comme cela se présente souvent lorsqu'elles sont produites en petit nombre, furent plus lourdes que les croisées dans la proportion de 100 à 90.

Ces deux lots de graines furent semés dans des points opposés de deux grands pots, mais je ne réussis qu'à obtenir quatre paires de semis du même âge. Lorsque les plants des deux côtés eurent atteint environ 0ᵐ,200, la hauteur fut partout égale. Arrivés à pleine floraison, ils furent mesurés ainsi qu'il suit :

TABLEAU LXXIV. — *Borrago officinalis.*

Numéros des pots	Plants croisés	Plants autofécondés
	mètres	mètres
	0,475	0,337
I.	0,525	0,468
	0,412	0,506
II.	0,656	0,806
Total.	2,068	2,117

La hauteur moyenne des quatre plants croisés est ici de 0ᵐ,514 et celle des quatre autofécondés de 0ᵐ,528, c'est-à-dire dans la proportion de 100 à 102. Les plants autofécondés surpassèrent ainsi légèrement les croisés en hauteur, mais ce résultat est entièrement attribuable à la petite taille d'une des plantes autofécondées. Les plants croisés des deux pots fleurirent avant les autofécondés, je crois donc que si un plus grand nombre de plants avait été obtenu, le résultat eût été différent. Je regrette de ne pas avoir constaté la fécondité des deux lots.

XXIV. NOLANACÉES. — NOLANA PROSTRATA.

Dans plusieurs fleurs les étamines sont considérablement plus courtes que le pistil, dans d'autres il y a égalité en longueur. Je supposai donc, mais à tort comme j'en eus plus tard la preuve, cette plante dimorphe à l'égal des *Primula, Linum*, etc., et dans l'année 1862, douze plants recouverts d'un tissu furent soumis, dans ma serre, à l'expérimentation ordinaire. Les fleurs spontanément autofécondées donnèrent soixante-quatre grains (4ᵍʳ,160) de semences, mais le produit de quatorze fleurs croisées artificiellement est contenu dans ce chiffre, ce qui augmente à tort le poids des semences autofécondées. Neuf plantes découvertes, dont les fleurs avidement visitées par les abeilles occupées à la recherche de leur pollen furent forcément entre-croisées par ces insectes, produisirent soixante-dix-neuf grains (5ᵍʳ,135) de semences : douze plantes ainsi traitées auraient donc produit cent-cinq grains (6ᵍʳ,925) de semences. Ainsi, les graines produites par les fleurs d'un égal nombre de plants, après un croisement par les abeilles, et après autofé-condation spontanée (le produit de quatorze fleurs artificielle-ment croisées étant du reste compris parmi les dernières), furent en poids dans la proportion de 100 à 61.

Dans l'été de 1867 l'expérience fut reprise : trente fleurs fu-rent croisées avec le pollen d'un plant distinct et produisirent vingt-sept capsules, dont chacune renfermait 5 semences. Trente-deux fleurs furent fécondées avec leur propre pollen et il n'en résulta que six capsules, dont chacune renfermait 5 graines. Ainsi, les capsules croisées et les autofécondées con-tenaient le même nombre de graines, tandis que les fleurs croi-sées produisirent beaucoup plus de capsules que les autofécon-dées, et cela dans la proportion de 100 à 21.

Un égal nombre de graines des deux lots fut pesé, et les croi-sées furent en poids aux autofécondées comme 100 est à 82. Donc, un croisement augmente à la fois le nombre des capsules produites et le poids des graines, mais il reste sans effet sur la quantité de graines enfermée dans chaque capsule.

Ces deux lots de semences après germination dans le sable, furent placés dans des points opposés de trois pots. Les semis arrivés à la hauteur de 0ᵐ,150 à 0ᵐ175 furent tous égaux. Par-venus à complet développement, on les mesura, mais leur hauteur fut si inégale dans plusieurs pots, que le résultat ne peut inspirer une confiance absolue.

TABLEAU LXXV. — *Nolana prostrata.*

Numéros des pots	Plants croisés	Plants autofécondés
	mètres	mètres
I.	0,212 0,162	0,106 0,187
II.	0,262 0,450	0,362 0,450
III.	0,506	0,568
Total.	1,592	1,673

Les cinq plants croisés atteignent ici en moyenne 0ᵐ,318 de haut et les cinq autofécondés 0ᵐ,334, chiffres qui sont comme 100 est à 65.

CHAPITRE VI.

Solanées, Primulacées, Polygonées, etc.

Petunia violacea, plants croisés et autofécondés comparés pendant quatre générations. — Effets d'un croisement avec un rameau nouveau. — Couleur uniforme des fleurs dans les plants croisés de la quatrième génération. — *Nicotiana tabacum*, plants croisés et autofécondés de même taille. — Un croisement avec une sous-variété distincte a des effets considérables sur la hauteur mais non pas sur la fécondité de la descendance. — *Cyclamen persicum*, semis croisés très-supérieurs aux autofécondés. — *Anagallis collina*. — *Primula veris*. — Variété isostylée du *Primula veris*, sa fécondité est fortement augmentée par un croisement avec une souche nouvelle. — *Fagopyrum esculentum*. — *Beta vulgaris*. — *Canna warscewiczi*, plants croisés et autofécondés de hauteur égale. — *Zea maïs*. — *Phalaris canariensis*.

XXV. SOLANÉES. — PETUNIA VIOLACEA.

Variété pourpre foncée.

En Angleterre, les fleurs de cette plante sont pendant le jour si rarement visitées par les insectes, que je n'ai jamais constaté le fait; mais mon jardinier, en qui j'ai toute confiance, surprit une fois quelques bourdons à l'œuvre. M. Meehan dit[1] qu'aux Etats-Unis les abeilles perforent la corolle pour atteindre le nectar, et il ajoute que la fécondation de cette plante est assurée par les papillons nocturnes.

En France, M. Naudin, après avoir châtré un grand nombre de fleurs en boutons, les abandonna à la visite des insectes, et un quart d'entre elles environ donna des capsules[2]; mais je suis convaincu que, dans mon jardin, une plus grande proportion de Petunia est croisée par les insectes, car des fleurs protégées et ayant leur stigmate pourvu de leur propre pollen ne donnèrent jamais une grande abondance de graines, tandis que

---

[1] *Proced. Acad. Nat. Sc. of Philadelphia* (Comptes rendus de l'Acad. nat. des sciences de Philadelphie), 2 août 1870, p. 90.

[2] *Annales des Sciences naturelles*, 4ᵉ série, *Bot.*, t. IX, cah. v,

celles qui restèrent découvertes produisirent de belles capsules, ce qui prouve que le pollen d'autres plantes dut probablement intervenir sous l'influence de l'action des papillons. Des plants d'une végétation vigoureuse et fleurissant en pots dans la serre, ne donnèrent jamais de capsules, et ceci doit être attribué, au moins en grande partie, à l'exclusion de ces Lépidoptères.

Six fleurs d'une plante recouverte d'une gaze furent croisées avec le pollen d'une plante distincte et donnèrent six capsules contenant en poids 4.44 grains (0^{gr},29) de semences. Six autres fleurs furent fécondées avec leur propre pollen et produisirent seulement trois capsules ne contenant que 1.49 grains (0^{gr},096) de semences. Il suit de ces expériences qu'un égal nombre de capsules croisées et autofécondées aurait contenu des semences dont le poids serait comme 100 est à 67. Je n'aurais pas considéré le poids relatif du contenu d'un si petit nombre de capsules comme digne d'être relaté, si le même résultat n'avait été confirmé par plusieurs expériences subséquentes.

Les semences des deux lots furent placées dans le sable, et plusieurs des graines autofécondées germèrent avant les croisées; elles furent rejetées. Plusieurs paires, dans un même état de germination, furent placées dans des points opposés des pots I et II, mais on ne mesura que les plus grands plants de chaque côté. Des graines furent également semées dru des deux côtés d'un grand pot (n° III); les semis qui en provinrent furent plus tard éclaircis de façon à en laisser un nombre égal de chaque côté, et de part et d'autre les trois plus grands furent mesurés. Les pots furent laissés dans la serre et les plants enroulés sur des supports. Pendant quelque temps, les jeunes plants croisés n'eurent aucun avantage en hauteur sur les autofécondés, leurs feuilles seulement furent plus grandes. Après complet développement et floraison, les plants mesurés donnèrent les résultats suivants :

Tableau LXXVI. — *Petunia violacea* (première génération).

Numéros des pots	Plants croisés	Plants autofécondés
	mètres	mètres
I.	0,750	0,512
II.	0,862	0,687
III.	0,850 0,762 0,625	0,712 0,687 0,650
Total.	3,849	3,248

Les cinq plus grands plants croisés mesurent ici en hauteur 0m,769, et les cinq plus grands autofécondés 0m,650, chiffres qui sont comme 100 est à 84.

Trois capsules furent obtenues en croisant les fleurs des plantes croisées ci-dessus, et trois autres capsules, en autofécondant de nouveau les fleurs des plantes autofécondées. Une des dernières capsules parut être aussi belle que chacune des capsules croisées, mais les deux autres contenaient beaucoup de semences imparfaites. Les plants de la génération suivante furent obtenus de ces deux lots de semences.

Plants croisés et autofécondés de la deuxième génération. — Comme dans la dernière génération, plusieurs des semences autofécondées germèrent avant les croisées.

Des semences, dans un état égal de germination, furent placées dans des points opposés de trois pots. Les semis croisés surpassèrent immédiatement de beaucoup en hauteur les autofécondés. Dans le pot numéro I, lorsque le plus grand plant croisé eut atteint 0m,262, le plus grand autofécondé en mesurait 0m,82; dans le pot numéro II, la supériorité en hauteur des plants croisés ne fut pas aussi considérable. Les plants furent traités comme dans la dernière génération et mesurés aussi comme antérieurement, après complet développement. Dans le pot numéro III, les deux plants croisés succombèrent de bonne heure sous les coups de quelque animal, de sorte que les plants autofécondés restèrent sans compétiteur. Néanmoins, les deux plants autofécondés furent mesurés et sont inclus dans le tableau suivant. Les plants croisés fleurirent à la fois longtemps avant leurs antagonistes autofécondés dans les pots I et II, et avant ceux végétant séparément dans le pot numéro III.

Tableau LXXVII. — *Petunia violacea* (deuxième génération).

Numéros des pots	Plants croisés	Plants autofécondés
	mètres	mètres
I.	1,431	0,337
	0,906	0,200
II.	1,112	0,837
	0,600	0,700
III.	0	1,156
	0	0,712
Total.	4,049	3,942

Les quatre plants croisés mesurent en moyenne 1m,012, et les six autofécondés 0m,657, chiffres qui sont dans la proportion de

100 à 65. Mais cette grande inégalité est en partie accidentelle, puisqu'elle résulte de ce que quelques plants autofécondés furent très-petits et quelques croisés très-grands.

Douze fleurs de ces plants croisés furent de nouveau fécondées par croisement et onze capsules en provinrent, dont cinq furent pauvres et six bonnes ; ces dernières renfermaient un poids de 3.75 grains (0^{gr},24) de semences. Douze fleurs des plants autofécondés furent de nouveau fécondées directement avec leur propre pollen, et ne produisirent pas moins de douze capsules, dont les six plus belles contenaient un poids de 2.57 (0^{gr},167) de semences. Il faut cependant tenir compte de ce que ces dernières capsules furent produites par les plants du pot III, qui ne subirent aucune compétition. Les semences des six plus belles capsules croisées furent donc en poids à celles des six plus belles autofécondées comme 100 est à 68. De ces semences furent obtenus les plants de la génération suivante.

Plants croisés et autofécondés de la troisième génération. — Les semences ci-dessus ayant été placées dans le sable furent, après germination, mises par paires dans des points opposés

TABLEAU LXXVIII.

Petunia violacea (troisième génération : plants très-jeunes).

Numéros des pots	Plants croisés	Plants autofécondés
	mètres	mètres
I.	0,037	0,143
	0,025	0,112
II.	0,146	0,209
	0,143	0,171
III.	0,100	0,140
IV.	0,037	0,134
Total.	0,488	0,909

de quatre pots, et on sema dru toutes les graines non germées des deux côtés d'un quatrième grand pot. Le résultat obtenu fut surprenant, car les semis autofécondés n'eurent pas plutôt levé, qu'ils battirent les croisés et mesurèrent même à un moment donné deux fois leur hauteur. Le cas parut d'abord semblable à celui du Mimulus, dans lequel, à la troisième génération, il survint une grande variété douée d'une autofécondité très-accentuée. Mais comme dans ces deux générations successives les plants croisés reprirent leur première supériorité sur les autofécondés, le fait que nous venons de signaler doit être considéré comme anormal.

La seule conjecture que je puisse former est que les semences croisées n'étaient pas parvenues à une suffisante maturité, et que, dans cet état, elles donnèrent des plantes faibles, qui s'accrurent d'abord d'une manière tout à fait anormale, comme cela se présenta avec les Ibéris. Quand les plants croisés eurent atteint entre $0^m,07$ et $0^m,10$ de haut, les six plus beaux des quatre pots furent mesurés jusqu'à l'extrémité de leurs tiges, et la même opération fut faite sur les six plus beaux autofécondés. Les mesures sont données dans le tableau LXXVIII.

Il faut remarquer qu'ici tous les plants autoféconds surpassent leurs antagonistes, tandis qu'à une seconde mensuration la supériorité des autoféconds dépendit surtout de la petitesse inaccoutumée de deux plants du pot numéro II. Les plants croisés mesurent ici en moyenne $0^m,077$ et les autoféconds $0^m,152$, chiffres qui sont dans la proportion de 100 à 186.

Après complet développement, les plants furent de nouveau mesurés, comme il suit :

TABLEAU LXXIX. — *Petunia violacea*
(troisième génération : plantes complétement développées).

Numéros des pots	Plants croisés	Plants autoféconds
	mètres	mètres
I.	1,037 1,200 0,900	1,018 0,975 1,200
II.	0,900 0,525 0,906	1,175 2,006 2,156
III.	1,300	1,150
IV.	1,425	1,093
Total.	8,194	10,773

Les huit plants croisés eurent alors une moyenne en hauteur de $1^m,023$ et les huit autoféconds de $1^m,345$, c'est-à-dire comme 100 est à 131. Cette différence dépend surtout, comme je l'ai établi déjà, de la taille inaccoutumée des deux plus grands plants du pot numéro II. Les plants autoféconds avaient donc perdu une partie de leur remarquable supériorité initiale sur les croisés. Dans trois des pots, les plants autoféconds fleurirent les premiers ; mais dans le pot numéro III, la floraison fut simultanée avec les croisés.

Le cas est rendu plus étrange encore par ce fait que les plants croisés appartenant au cinquième pot (il n'est pas indiqué dans

les deux derniers tableaux) dans lequel toutes les graines en
excès avaient été semées dru, furent tout d'abord plus beaux que
les autofécondés et eurent de plus larges feuilles. Dans ce pot,
au moment où les deux plus grands plants croisés eurent 0ᵐ,162
et 0ᵐ,115 de haut, les deux plus grands autofécondés avaient
seulement 0ᵐ,100. Quand les deux plants croisés avaient en
hauteur 0ᵐ,30 et 0ᵐ,25, les deux autofécondés ne marquaient
que 0ᵐ,20. Ces derniers plants, comme beaucoup d'autres venus
du même côté de ce pot, n'atteignirent jamais plus haut, tandis
que les plants croisés arrivèrent jusqu'à la hauteur de 0ᵐ,61.
En raison de la grande supériorité des plants croisés, les plants
contenus dans ce pot, de l'un comme de l'autre côté, furent
exclus des deux précédentes tables.

Trente fleurs des plants croisés contenus dans les pots I et IV
(tableau LXXIX) furent croisées de nouveau et donnèrent seize
capsules. Trente fleurs des plants autofécondés des deux mêmes
pots furent de nouveau fécondées directement et ne produisirent
que sept capsules. Le contenu de chaque capsule, dans les deux
lots, fut placé séparément dans des verres de montre, et les semences des fleurs croisées semblèrent, d'après l'aspect général,
être au moins en nombre double de celles des capsules autofécondées.

Afin de connaître si la fécondité des plants autofocondés avait
été diminuée par leur autofécondation successive durant les trois
générations précédentes, trente fleurs des plants croisés furent
fécondées avec leur propre pollen. Elles donnèrent seulement
cinq capsules, et leurs semences étant placées séparément dans
des verres de montre, ne parurent pas plus nombreuses que celles
des capsules des plants autofécondés directement fécondés pour
la quatrième fois. Donc, autant qu'on en peut juger par un si
petit nombre de capsules, l'autofécondité des plants autofécondés
n'avait pas diminué si on la compare à celle des plants qui
avaient été entre-croisés durant les trois générations antérieures.
On se rappellera, du reste, que les deux lots de plants avaient
été soumis, dans chaque génération, à des conditions presque
exactement semblables.

Les semences des plants croisés de nouveau fécondés par
croisement et celles des plants autofécondés de nouveau fécondés
directement, produites dans le pot numéro I (tableau LXXXI),
où les trois plants autofécondés eurent une taille moyenne un peu
plus réduite seulement que celle des croisés, furent employées
dans l'expérience suivante. On les conserva séparées des deux
lots similaires de graines produites par les deux plants du pot IV
(même tableau), dans lequel le plant croisé fut plus grand que
son antagoniste autofécondé.

Plants croisés et autofécondés de la quatrième génération

(obtenus des plants du pot I, tableau LXXIX). — Des graines croisées et autofécondées provenant des plants de la dernière génération contenus dans le pot I (tableau LXXIX) ayant été semées dans le sable, furent après germination placées dans des points opposés de quatre pots. Parvenus à floraison, les semis furent mesurés jusqu'à la base des calices. Les semences qui restèrent furent entassées des deux côtés du pot V, et de part et d'autre de ce pot on mesura les quatre plus grands plants de la même manière.

TABLEAU LXXX.

Petunia violacea (quatrième génération, obtenue des plants de la troisième génération dans le pot I, tableau LXXIX).

Numéros des pots	Plants croisés	Plants autofécondés
	mètres	mètres
I.	0,731 0,906 1,225	0,756 0,868 0,784
II.	0,834 0,934 1,412	0,790 0,956 0,962
III.	1,150 1,681 1,359	1,128 1,125 0,581
IV.	1,293 1,296	0,850 0
V. Plants entassés	1,237 1,159 1,000 1,325	0,559 0,606 0,618 0,750
Total.	17,547	11,337

Les quinze plants croisés eurent en moyenne 1^m,169 de hauteur, et les quatorze autofécondés (un d'entre eux avait succombé) de 0^m,809 : ils furent donc dans la proportion de 100 à 69. Les plants croisés avaient ainsi reconquis, dans cette génération, leur supériorité habituelle sur les autofécondés, quoique les parents des derniers sujets du pot I (tableau LXXIX) fussent un peu plus grands que leurs antagonistes croisés.

Plants croisés et autofécondés de la quatrième génération (obtenus des plants contenus dans le pot numéro I, tableau LXXIX). — Deux lots semblables de graines, obtenues des plants du pot numéro IV (tableau LXXIX), dans lequel un seul plant croisé fut d'abord plus petit, mais finalement plus

grand que son adversaire autofécondé, furent traités absolument
comme l'avaient été leurs frères de la même génération dans la dernière expérience. Nous avons, dans le tableau suivant (LXXIX),
les mesurés des plantes qui en proviennent. Quoique ici les
plants croisés aient surpassé en hauteur les autofécondés, cependant, dans trois des cinq pots, chaque plant autofécondé fleurit
avant son opposant croisé ; dans un quatrième pot, la floraison
fut simultanée ; enfin, dans un cinquième (pot n° II), les croisés
eurent à cet égard la priorité.

TABLEAU LXXXI.

Petunia violacea (quatrième génération, obtenue des plants de la
troisième génération dans le pot n° IV, tableau LXXIX).

Numéros des pots	Plants croisés	Plants autofécondés
	mètres	mètres
I.	1,150 1,150	0,756 0,700
II.	1,268 1,006 0,934	0,625 0,784 0,562
III.	1,356 1,528 1,125	0,565 0,668 0,800
IV.	0,750 0,728	0,712 0,650
V. Plants entassés	0,937 1,575 1,031	1,006 0,465 0,437
Total.	14,540	8,734

Les treize plants croisés mesurent ici en moyenne 1ᵐ,118 et les
treize autofécondés 0ᵐ,672, chiffres qui sont comme 100 est à 60.
Les parents croisés de ces plantes furent plus grands, comparés
aux parents des autofécondés, que dans le dernier cas, et ils
transmirent apparemment cette supériorité à leur descendance
croisée. Il est regrettable que je n'aie pas placé ces plants en pleine
terre, en vue d'observer leur fécondité relative, car ayant comparé
le pollen de quelques-uns des plants croisés et autofécondés du
pot numéro I dans le tableau LXXXI, je constatai entre leurs
deux manières d'être une différence marquée en ce que les plants
croisés contenaient à peine quelques grains mauvais et vides,
tandis que cet état défectueux était fréquent dans le pollen des
plants autofécondés.

Les effets d'un croisement avec une souche nouvelle. — Je me procurai d'un jardin de Westerham, d'où mes premiers sujets étaient venus, un plant nouveau ne différant à aucun point de vue des miens, si ce n'est par la couleur des fleurs, qui était d'un beau pourpre. Mais ces plants durent être exposés pendant au moins quatre générations à des conditions très-différentes de celles que subirent mes plants, qui avaient végété en pots dans ma serre. Huit fleurs des plants autofécondés du tableau LXXXI, appartenant à la dernière (quatrième) génération, furent féconcondées avec le pollen de cette plante nouvelle ; elles donnèrent toutes des capsules, contenant ensemble un poids de 5.01 grains (0^{gr},325) de semences. Les plants qui en provinrent seront appelés *Westerham-croisés*.

Huit fleurs portées par des plants croisés de la dernière (quatrième) génération du tableau LXXXI, furent de nouveau croisées avec le pollen d'un des plants croisés et donnèrent cinq capsules contenant 2.07 grains (0^{gr},134) de semences. Les plants croisés provenant de ces semences seront appelés *entre-croisés*, et ils forment la cinquième génération entre-croisée.

Huit fleurs, portées sur des plants de la même génération dans le tableau LXXXI, furent de nouveau autofécondées et donnèrent sept capsules contenant en poids 2.1 grains (0^{gr},136) de semences. Les plants autofécondés obtenus de ces graines forment la cinquième génération autofécondée. Ces derniers plants et les entre-croisées sont comparables, à tous les points de vue, aux croisés et aux autofécondés des quatre générations antérieures.

D'après les données précédentes, il est facile de calculer que :

	Poids des graines.
Dix capsules Westerham-croisées auraient contenu..........	6.26 grains (0^{gr},406)
Dix capsules entre-croisées auraient contenu...............	4.14 — (0^{gr},27)
Dix capsules autofécondées auraient contenu...............	3.00 — (0^{gr},195)

Ce qui nous donne les proportions suivantes :

Les semences des capsules Westerham-croisées sont en poids à celles des capsules de la cinquième génération autofécondée..........	comme 100 est à 48
Les semences des capsules Westerham-croisées sont à celles des capsules de la cinquième génération entre-croisée.	comme 100 est à 66
Les semences des capsules entre-croisées sont à celles des autofécondées...	comme 100 est à 72

Ainsi, un croisement avec le pollen d'un rameau nouveau augmenta de beaucoup la productivité des fleurs dans les plants qui avaient été fécondés directement pendant les quatre premières générations, fait qui ressort non-seulement de la comparaison avec les fleurs des mêmes plants autofécondées pour la quatrième fois, mais encore avec les fleurs des plants croisés pour la cinquième fois par le pollen d'une autre plant de la même vieille souche.

Ces trois lots de graines furent mis dans le sable et placés en même état de germination dans sept pots, dont chacun reçut une division superficielle en trois parties. Quelques-unes des graines en excès, en état de germination ou non, furent semées dru dans un huitième pot. Tous les pots furent placés dans la serre et les plantes pourvues de baguettes pour s'y enrouler. Ces semis furent mesurés d'abord jusqu'à la pointe de leurs tiges quand ils entrèrent en fleur. Les vingt-deux Westerham-croisés avaient alors en moyenne $0^m,638$ de haut; les vingt-trois entre-croisés $0^m,766$, et enfin les vingt-trois autofécondés $0^m,583$. Nous avons ainsi les proportions suivantes :

Les Westerham-croisés sont en hauteur aux autofécondés. . . . . comme 100 est à 91

Les Westerham-croisés sont en hauteur aux entre-croisés. . . . . comme 100 est à 119

Les entre-croisés en hauteur aux autofécondés . . . . comme 100 est à 77

Ces plants furent de nouveau mesurés quand leur accroissement parut, d'après une inspection superficielle, être complète. Mais en cela je m'étais mépris, car après les avoir arrachés, je constatai que les pieds de Westerham-croisés étaient encore en état de vigoureux accroissement, tandis que les entre-croisés et les autofécondés avaient tout à fait achevé leur croissance. Je fus donc conduit à ne pas douter que si les trois lots s'étaient accrus pendant un mois encore, les proportions eussent été quelque peu différentes de celles qui sont déduites des mesures indiquées dans le tableau LXXXII.

Les vingt et un plants Westerham-croisés mesuraient alors en moyenne $1^m,251$; les vingt-deux entre-croisés $1^m,355$, et les vingt et un autofécondés $0^m,830$. Nous avons ainsi les proportions suivantes :

Les plants Westerham-croisés sont en hauteur aux autofécondés. . . . comme 100 est à 66

Les plants Westerham-croisés sont en hauteur aux entre-croisés. . . . comme 100 est à 108

Les entre-croisés sont en hauteur aux autofécondés . . . . comme 100 est à 61

TABLEAU LXXXII. — *Petunia violacea.*

Numéros des pots	Plants Westerham-croisés (obtenus de plants autofécondés de la 5ᵉ génération croisés avec une souche nouvelle)	Plants entre-croisés (appartenant à la même souche et entre-croisés pendant cinq générations)	Plants autofécondés (fécondés directement pendant cinq générations)
	mètres	mètres	mètres
I.	1,615 0,600 1,287	1,431 1,600 1,468	1,093 1,409 0,790
II.	1,221 1,362 1,453	1,496 1,456 1,325	1,040 1,031 0,456
III.	1,550 1,331 1,571	1,306 1,368 1,541	1,168 1,125 0,487
IV.	1,112 1,231 —	1,471 1,631 1,493	0,940 0.831 0,806
V.	1,078 1,346 1,331	0,893 0,868 1,368	1,043 0,662 0
VI.	0,937 1,525 0	1,400 1,590 1,446	1,162 0,743 0,362
VII.	1,498 1,087 1,265	1,275 1,243 0	1,075 0,306 0
VIII. Plantes entassées	0,946 0,931	0,965 1,115	0,543 0,365
Total.	26,281	29,762	17,447

Nous voyons ici que les Westerham-croisés (descendance des plants autofécondés pendant quatre générations et ensuite croisés avec une souche nouvelle) ont gagné considérablement en hauteur, depuis leur première mensuration, si on les compare aux plants autofécondés pendant cinq générations. Ils étaient alors en hauteur comme 100 est à 91, et maintenant comme 100 est à 66. Les plants entre-croisés (c'est-à-dire ceux qui avaient été entre-croisés pendant les cinq dernières générations) surpassèrent aussi en hauteur les autofécondés, comme cela se présenta dans toutes les générations antérieures, les plants anormaux de la troisième génération exceptés. D'un autre côté,

les plants Westerham-croisés sont surpassés en hauteur par les
entre-croisés, et c'est là un fait surprenant, si l'on en juge par
tous les autres cas exactement analogues. Mais, comme les Westerham-croisés étaient encore en état de végétation vigoureuse,
tandis que les entre-croisés avaient presque cessé de s'accroître,
il est à peine permis de douter que si on les avait laissés croître
encore pendant un mois, ils eussent battu en hauteur les entre-
croisés. Qu'ils eussent gagné sur eux, c'est indiscutable, car à
la première mensuration, ils étaient comme 100 à 119, et à la
deuxième, cette proportion en hauteur était devenue comme 100
est à 108. Les Westerham-croisés eurent aussi leurs feuilles d'un
vert plus foncé et parurent également plus vigoureux que les
entre-croisés; enfin, et ceci est plus important, ils produisirent,
comme nous allons le voir, des capsules séminifères plus pesantes. Ainsi donc, en fait, la descendance des plants autofécondés de la quatrième génération croisés avec une souche nouvelle, fut supérieure à la fois aux plants entrecroisés et aux autofécondés de la cinquième génération, et ce dernier fait ne saurait inspirer le moindre doute.

Ces trois lots de plantes furent coupés à ras de terre et pesés.
Les vingt et un Westerham-croisés pesèrent 992 grammes; les
vingt-deux entre-croisés 1^k,054, et les vingt et un autoféondés
135 grammes. Les proportions suivantes sont calculées sur un
égal nombre de plants de chaque espèce; mais comme les plants
autoféondés commençaient à se faner, leur poids relatif est un
peu trop petit, et, d'autre part, comme les Westerham-croisés
étaient encore en pleine vigueur d'accroissement, leur poids relatif, s'il eût été pris en temps opportun, serait sans doute de
beaucoup plus élevé.

Les Westerham-croisés sont en poids
  aux autoféondés. . . . . . . comme 100 est à 22
Les Westerham-croisés sont en poids
  aux entre-croisés. . . . . . . comme 100 est à 101
Les entro-croisés sont en poids aux
  autoféondés . . . . comme 100 est à 22:3

Si nous en jugeons d'après le poids, comme nous l'avons fait
d'après la hauteur, nous voyons ici que les Westerham-croisés
et les entre-croisés ont un avantage immense sur les autofécondés. Les Westerham-croisés sont, à la vérité, à peine inférieurs
aux entrecroisés, mais il est presque certain que s'ils avaient
été laissés dans des conditions telles qu'ils pussent continuer à
s'accroître pendant un mois encore, les premiers auraient complétement battu les seconds.

Comme je possédais en abondance des graines de ces trois lots,
qui avaient donné naissance aux plantes précédentes, j'en semai

trois longues rangées parallèles et contiguës en pleine terre, afin de m'assurer si dans ces conditions les résultats seraient à peu près les mêmes qu'antérieurement. A la fin de l'automne (13 novembre), les dix plus grands plants furent choisis avec soin dans chaque rangée et mesurés ainsi qu'il suit :

TABLEAU LXXXIII.

Petunia violacea (plants végétant en pleine terre).

Plants Westerham-croisés (provenant de plants autofécondés de la 4ᵉ génération croisés avec une souche nouvelle)	Plants entre-croisés (provenant d'une ou de plusieurs souches entre-croisées pendant cinq générations)	Plants autofécondés (autofécondés pendant cinq générations)
mètres	mètres	mètres
0,856	0,950	0,684
0,906	0,906	0,575
0,881	0,990	0,625
0,812	0,925	0,603
0,925	0,900	0,562
0,912	1,034	0,584
1,021	0,931	0,540
0,931	1,000	0,587
0,956	1,031	0,534
0,965	0,900	0,531
9,169	9,569	5,822

Les dix Westerham-croisés eurent alors en hauteur moyenne $0^m,916$; les dix entre-croisés $0^m,956$, et les dix autofécondés $0^m,582$. Les trois lots de plantes furent aussi pesés : les Westerham-croisés donnèrent un poids de 868 grammes; les entre-croisés de $1^k,271$, et les autofécondés de $457^{gr},25$. Nous avons alors les proportions suivantes :

- Les Westerham-croisés sont en hauteur aux autofécondés . . . . . :   comme 100 est à   63

Les Westerham-croisés sont en poids aux autofécondés . . . . . . comme 100 est à   53

Les Westerham-croisés sont en hauteur aux entre-croisés . . . . . comme 100 est à 104

Les Westerham-croisés sont en poids aux entre-croisés . . . . . . comme 100 est à 146

Les entre-croisés sont en hauteur aux autofécondés . . . . : comme 100 est à   61

Les entre-croisés sont en poids aux autofécondés . . . . comme 100 est à   36

Ici les hauteurs relatives des trois lots sont à peu près les mêmes (dans les limites de 2 ou 3 pour 100) que dans les plants cultivés en pots. Pour le poids, la différence est plus grande de beaucoup : les Westerham-croisés dépassent les autofécondés de beaucoup moins qu'antérieurement, mais les autofécondés cultivés en pots s'étaient légèrement flétris, comme je l'ai établi antérieurement, et furent en conséquence uniformément légers. Les Westerham-croisés sont ici inférieurs en poids aux entre-croisés à un plus haut degré qu'ils ne le furent étant en pots, et cela dut résulter de ce que, ayant germé en grand nombre et conséquemment ayant vécu entassés, ils furent moins rameux. Leurs feuilles furent d'un vert plus clair que celles des plants entre-croisés et autofécondés.

Fécondité relative des trois lots de plants. — Aucun des plants cultivés en pots dans la serre ne forma de capsules, résultat qui doit être surtout attribué à l'exclusion des papillons. Aussi la fécondité des trois lots doit-elle être jugée uniquement d'après ce qu'elle fut dans les plants végétant en plein air, lesquels, ayant été laissés à découvert, furent probablement fécondés par croisement. Les plants dans les trois séries furent exactement du même âge, et avaient été soumis à des conditions étroitement semblables ; aussi toute différence dans leur fécondité doit-elle être attribuée à leur diversité d'origine, c'est-à-dire à ce qu'un lot était dérivé de plants autofécondés pendant quatre générations, puis croisés avec une souche nouvelle ; à ce qu'un second lot était venu des plants de la même vieille souche entre-croisés pendant cinq générations ; enfin, à ce qu'un troisième lot était issu de plants autofécondés pendant cinq générations successives. Toutes les capsules, les unes presque mûres et les autres seulement à moitié développées, furent cueillies, comptées et pesées ; elles provenaient des dix plus belles plantes de chacune des trois séries dont les mesures ont déjà été données. Les plants entre-croisés, comme nous l'avons vu déjà, furent plus grands et considérablement plus lourds que ceux des deux autres lots ; ils produisirent un plus grand nombre de capsules que les Westerham-croisés, ce qui doit être attribué à ce qu'ils vécurent entassés et furent en conséquence moins rameux. D'après cela, le poids moyen d'un égal nombre de capsules dans chaque lot de plantes paraît être le meilleur moyen de comparaison, par ce fait que la valeur pondérale de ces capsules est déterminée surtout par le nombre de semences incluses. Comme les plants entre-croisés furent plus grands et plus lourds que les plants de deux autres lots, on aurait pu s'attendre à leur voir donner les capsules les plus belles et les plus lourdes, ce qui fut bien loin d'être le cas.

Les dix plus grands Westerham-croisés produisirent cent

onze capsules mûres et non mûres du poids de 121.2 grains (7^{gr},88). Un cent de pareilles capsules aurait donc pesé 109.18 grains (7^{gr},09).

Les dix grands plants entre-croisés produisirent cent vingt-neuf capsules du poids total de 76.45 grains (4^{gr},97). Cent de ces capsules auraient donc pesé 59.26 grains (3^{gr},85).

Les dix plus grands plants autofécondés donnèrent seulement quarante-quatre capsules du poids de 22.35 grains (1^{gr},45). Cent capsules auraient donc pesé 50.79 grains (3^{gr},30).

D'après ces données, nous avons donc, pour la fécondité de ces trois lots, les proportions suivantes déduites du poids relatif d'un égal nombre de capsules prises sur les plus beaux sujets dans chaque lot :

Les plants Westerham-croisés sont aux autofécondés . . . . : comme 100 est à 46

Les plants Westerham-croisés sont aux entre-croisés . . . . : comme 100 est à 54

Les plants entre-croisés sont aux auto-fécondés . . . . comme 100 est à 86

Nous voyons par là combien est puissante l'influence d'un croisement avec le pollen d'une souche nouvelle sur la fécondité des plants entre-croisés pendant quatre générations, quand on compare cette fécondité à celle des plants d'une vieille souche, soit entre-croisés, soit autofécondés pendant cinq générations, les fleurs de tous ces plants ayant été, du reste, abandonnées ou à l'autofécondation ou au libre croisement par les insectes. Les Westerham-croisés furent aussi plus grands et plus lourds que les autofécondés, les uns et les autres étant cultivés en pot ou en pleine terre; mais ils furent moins grands et moins lourds que les entre-croisés. Ce résultat eût été, du reste, certainement inverse si les plants avaient pu s'accroître pendant un mois de plus, car les Westerham-croisés étaient encore en période d'accroissement vigoureux, tandis que les entre-croisés avaient presque cessé de croître. Ce cas présente quelque analogie avec celui de l'Eschscholtzia, dans lequel des plants obtenus d'un croisement avec une souche nouvelle n'atteignirent pas la taille des autofécondés et des entre-croisés, mais donnèrent un plus grand nombre de capsules séminifères contenant une plus large moyenne de semences.

Couleur des fleurs dans les trois lots de plantes ci-dessus. — La plante mère primitive qui donna naissance aux cinq générations successives autofécondées portait des fleurs d'un pourpre sombre. En aucun temps il ne fut pratiqué aucune sélection, et les plants furent assujettis dans chaque génération à des conditions extrêmement uniformes. Il en résulta que, comme dans les cas antérieurs, les fleurs, dans tous les pieds autofécondés, élevés soit en pot, soit en pleine terre, furent d'une teinte absolument uniforme, c'est-à-dire terne et plus particulièrement couleur de chair. Cette uniformité de couleur était plus frappante dans les longues séries de plantes vivant en pleine terre; aussi ces dernières éveillèrent-elles les premières mon attention. Je ne pris pas note de la génération dans laquelle la couleur originelle commença à changer et à devenir uniforme; mais j'ai tout lieu de supposer que le changement fut graduel. Les fleurs, dans les plants entre-croisés, eurent le plus souvent la même teinte, mais douée d'une uniformité moins accentuée que dans les autofécondés; car plusieurs d'entre elles furent pâles et se rapprochant presque du blanc. Les fleurs des plants résultant du croisement avec la souche Westerham à fleurs pourpres furent, comme on pouvait s'y attendre, d'un pourpre plus foncé et bien moins uniforme comme teinte. Si l'on peut s'en rapporter à la simple vue, les plants autofécondés furent aussi très-remarquables par leur taille uniforme; les entre-croisés le furent moins et les Westerham-croisés avaient une hauteur très-variable.

NICOTIANA TABACUM.

Cette plante présente un cas curieux. Sur six essais faits avec des plantes croisées et autofécondées appartenant à trois générations successives, un seul mit en évidence la supériorité quelque peu marquée des croisés sur les autofécondés; dans quatre essais, les plants furent approximativement égaux, et enfin, dans une expérience (faite sur la première génération), les plants autofécondés furent très-supérieurs aux croisés. En aucun cas, les capsules des fleurs fécondées avec le pollen d'un plant distinct ne donnèrent beaucoup plus de graines que les capsules provenant de fleurs autofécondées, et quelquefois elles en produisirent beaucoup moins. Mais lorsque les fleurs d'une variété furent croisées avec le pollen d'une variété quelque peu différenciée qui avait végété sous des conditions légèrement différentes (ce qui constitue un rameau nouveau), les semis dérivés de ce croisement surpassèrent à un degré très-élevé, en hauteur et en poids, ceux provenant des fleurs autofécondées.

Douze fleurs, appartenant à quelques plants de tabac commun obtenus de graines achetées, furent croisées avec le pollen d'un plant distinct du même lot, et elles donnèrent dix capsules. Douze fleurs des mêmes plants furent fécondées avec leur propre pollen et produisirent onze capsules. Les semences dans les dix capsules croisées pesèrent 31.7 grains (2^{gr},06), tandis que celles des dix capsules autofécondées eurent un poids de

47.67 grains (3^{gr},09), c'est-à-dire dans la proportion de 100 à 150. La plus grande productivité des capsules croisées sur les autoféconddées pourrait difficilement être attribuée au hasard, car toütes les capsules des deux lots furent très-belles et bien saines.

Les semences ayant été semées dans le sable, plusieurs paires, en état égal de germination, fürent placées dans des points opposés de trois pots. Les graines restant furent semées dru en deux points du pot numéro IV; aussi les plants qui levèrent dans ce vase furent-ils très-serrés. Le plus grand des plants de chaque côté, dans chaque pot, fut mesuré. Pendant leur jeunesse, les quatre plus grands plants croisés mesurèrent 0^m,196 et les quatre plus grands autofécondés 0^m,371 de haut, nombres qui sont comme 100 est à 189. Les hauteurs, à cet âge, sont portées dans les deux dernières colonnes du tableau suivant.

TABLEAU LXXXIV. — *Nicotiana tabacum* (première génération).

Numéros des pots	20 mai 1868		6 décembre 1868	
	Plants croisés	Plants autofécondés	Plants croisés	Plants autofécondés
	mètres	mètres	mètres	mètres
I.	0,387	0,650	1,000	1,100
II.	0,070	0,375	0,162	1,075
III.	0,200	0,337	0,400	0,825
IV. Plants entassés	0,125	0,125 •	0,287	0,275
Total.	0,782	1,487	1,849	3,275

Parvenus à complète floraison, les plus grands plants de chaque côté furent mesurés de nouveau (voir les deux colonnes de droite) avec les résultats ci-dessus. Mais je dois dire que les pots n'étant pas suffisamment grands, les plants n'atteignirent jamais la hauteur qui leur est propre. Les quatre plus grands plants croisés mesurèrent alors en moyenne 0^m,462 et les quatre plus grands autofécondés 0^m,818, c'est-à-dire comme 100 est à 178. Dans les quatre pots un plant autofécondé fleurit avant chacun des plants croisés.

Dans le pot numéro IV, où les plants furent extrêmement entassés, les deux lots furent d'abord égaux, et, en dernier lieu, le plus grand plant croisé surpassa légèrement le plus grand autofécondé. Ceci me remet à l'esprit un cas analogue observé parmi les générations du Petunia, et dans lequel les plants autofécondés furent dans tous les pots; pendant leur accroissement, plus grands que les croisés, excepté dans celui où ils furent entassés. En conséquence, une autre épreuve fut faite, et quelques-unes des mêmes semences de tabac croisées et autofécondées ayant été semées dru dans des points opposés de deux autres pots, les plants y vécurent très-serrés. Lorsqu'ils eurent $0^m,325$ à $0^m,350$ de haut, on ne vit aucune différence entre les deux côtés, et on n'en constata pas non plus de bien marquée quand les plants eurent atteint tout le développement dont ils sont capables, car dans un pot, le plus grand plant croisé eut $0^m,662$ de haut (dépassant ainsi le plus grand autofécondé de $0^m,050$ seulement) tandis que, dans un autre, le plus grand plant croisé était inférieur de $0^m,082$ au plus grand plant autofondé, lequel mesurait $0,550$ de haut.

Comme, dans les petits vases ci-dessus indiqués (t. LXXXIV), les plants n'atteignirent pas la hauteur qui leur est propre, quatre plants croisés et quatre autoféconndés furent obtenus des mêmes graines et plantés par paires dans des points opposés de quatre très-grands pots contenant de très-bonne terre, de façon qu'ils ne fussent pas exposés le moindrement aux rigueurs d'une compétition sévère. Quand ces plants furent en fleur, je négligeai de les mesurer; mais je trouve dans mes notes que les quatre plants autoféconndés surpassèrent en hauteur les quatre croisés de $0^m,050$ à $0^m,075$. Nous avons vu que les fleurs des plantes primitives ou génératrices qui furent croisées avec le pollen d'un plant distinct donnèrent beaucoup moins de graines que celles qui furent fécondées avec leur propre pollen, et l'expérience que nous venons de relater, comme celle indiquée dans le tableau LXXXIV, nous montre clairement que les plants obtenus des semences croisées furent inférieurs en hauteur à ceux provenant des semences autoféconndées, mais seulement quand les plants ne furent pas considérablement entassés. Quand ils furent entassés et ainsi soumis à une très-sévère compétition, les plants croisés et autoféconndés furent presque égaux en hauteur.

Plants croisés et autoféconndés de la deuxième génération. — Douze fleurs portées par les plants croisés végétant dans quatre pots et appartenant à la dernière génération dont il vient d'être question, furent croisées avec le pollen d'une plante croisée végétant dans l'un des autres pots; d'autre part, douze fleurs portées sur des plants croisés furent fécondées avec leur propre pollen. Toutes les fleurs de ces deux lots produisirent de belles capsules. Dix des capsules croisées contenaient en poids 38,92 grains ($2^{gr},529$) de semences, et dix des capsules autoféconndées 37.74 grains ($2^{gr},453$), soit comme 100 est à 97. Quelques-unes de ces graines, en état égal de germination, furent placées par

paires dans des points opposés de cinq grands pots. Un bon
nombre des semences croisées germa avant les autofécondées et
dut naturellement être rejeté. On mesura les plants ainsi obtenus
lorsque plusieurs d'entre eux furent en fleur.

TABLEAU LXXXV. — *Nicotiana tabacum* (deuxième génération).

Numéros des pots	Plants croisés	Plants autofécondés
	mètres	mètres
I.	0,362	0,693
	1,962	0,218
	0,225	1,400
II.	1,512	0,418
	1,118	0,175
	0,250	1,262
III.	1,428	2,175 (A)
	0,031	2,031 (B)
IV.	0,168	0,475
	0,775	1,081
	1,737	0,100
V.	2,487	0,237
	0,731	0,070
Total.	12,790	10,343

Ici les quatorze plants croisés ont en hauteur moyenne
0ᵐ,997, et les treize autofécondés 0ᵐ,795, soit comme 100 est
à 81. Mais il serait plus juste d'exclure tous les plants rabougris
ayant seulement 0ᵐ,250 ou au-dessous, et, dans ce cas, les neuf
plants croisés restant mesurent en moyenne 1ᵐ,346, et les sept
autofécondés restant 1ᵐ,294, soit comme 100 est à 96. Cette
différence est si faible que les plants croisés et les autofécondés
peuvent être considérés comme de hauteur égale.

Outre ces plants, trois sujets croisés furent plantés séparément dans trois grands pots et trois sujets autofécondés dans
trois autres grands vases, de façon à n'être exposés à aucune
compétition : les plants autofécondés surpassèrent à peine en
hauteur les croisés, car ces derniers mesurèrent comme taille
moyenne 1ᵐ,397, et les trois autofécondés 1ᵐ,480, chiffres qui
sont comme 100 est à 106.

Plants croisés et autofécondés de la troisième génération.
— Comme je désirais savoir : 1° si les plants autofécondés de la
dernière génération, qui surpassèrent de beaucoup en hauteur
leurs antagonistes croisés, transmettraient la même tendance à

leurs descendants; 2° s'ils possédaient la même constitution
sexuelle; je fis choix pour une expérience des deux plants autofécondés marqués A et B dans le pot III du précédent tableau
(LXXXV), et cela parce que les sujets étaient à peu près égaux
en hauteur et de beaucoup supérieurs à leurs adversaires croisés.
Quatre fleurs de chaque plante furent fécondées avec leur propre
pollen et quatre autres de la même plante furent croisées avec
le pollen d'un plant croisé végétant dans un autre pot. Ce procédé diffère de celui qui fut suivi précédemment, dans lequel les
semis provenant de plants croisés, de nouveau soumis au croisement, avaient été comparés avec des semis de plants autofécondés
soumis de nouveau à la fécondation directe. Les semences des capsules autofécondées et celles des capsules croisées des plants ci-
dessous, après avoir été placées séparément dans des verres de
montre, furent comparées sans être pesées; dans les deux cas,
les graines provenant des capsules croisées parurent être bien
moins nombreuses que celles issues des capsules autofécondées.
On sema les graines à la manière habituelle, et les hauteurs des
semis autofécondés et des semis croisés qui en provinrent, prises
après complet développement, sont données dans les tableaux
suivants, LXXXVI et LXXXVII.

TABLEAU LXXXVI.

Nicotiana tabacum (troisième génération). Semis obtenus du plant autofécondé A dans le pot III, tableau LXXXV, de la dernière (seconde)
génération.

Numéros des pots	Semis obtenus d'un plant autofécondé croisé avec un plant croisé	Semis obtenus d'un plant autofécondé directement fécondé de nouveau, formant la 3ᵉ génération autofécondée
	mètres	mètres
I.	2,506 2,275	2,450 1,975
II.	2,756 2,515	1,478 1,668
III.	2,600	1,993
IV.	2,106 1,912	2,762 1,603
Total.	16,666	13,929

Les sept plants croisés dans le tableau précédent mesurent
2ᵐ,381 en hauteur moyenne, et les sept autofécondés 1ᵐ,989,

soit comme 100 est à 83. Dans la moitié des pots un plant croisé fleurit le premier et dans l'autre moitié ce fut un auto-fécondé qui eut la priorité.

Arrivons maintenant aux autres semis obtenus du second générateur B.

TABLEAU LXXXVII.

Nicotiana tabacum (troisième génération). Semis obtenus du plant autofécondé B dans le pot III, tableau LXXXV, de la dernière (seconde) génération.

Numéros des pots	Semis obtenus de plants autofécondés croisés avec un plant croisé	Semis obtenus de plants autofécondés de nouveau soumis à la fécondation directe, formant la 3ᵉ génération autofécondée
	mètres	mètres
I.	2,181	1,812
	1,125	0,356
II.	2,462	1,825
	0	2,762
III.	2,475	2,662
	0,381	1,843
IV.	2,443	1,218
V.	1,218	2,031
	0	1,531
Total.	12,387	16,043

Les sept plants croisés (deux d'entre eux étaient morts) mesurent ici en moyenne 1ᵐ,769, et les neuf autofécondés 1ᵐ,776, c'est-à-dire seulement comme 100 est à 101. Dans quatre de ces cinq pots, un plant autofécondé fleurit avant chaque croisé. Ainsi, contrairement à ce qui se passa dans le cas précédent, les plants autofécondés furent, à certains points de vue, légèrement supérieurs aux croisés.

Si nous considérons maintenant les plants croisés et autofécondés des trois générations ensemble, nous trouvons dans leur hauteur relative une diversité extraordinaire. Dans la première génération, les plants croisés furent inférieurs aux autofécondés dans la proportion de 100 à 178, et les fleurs des premiers générateurs qui furent croisées avec le pollen d'un plant distinct donnèrent beaucoup moins de graines que les fleurs autofécondées, dans la proportion de 100 à 150. Mais, un fait étrange, c'est que les plants autofécondés qui furent assujettis à une très-sévère compétition avec les croisés, n'eurent dans deux occasions

aucun avantage sur ces derniers. L'infériorité des plants croisés
de cette première génération ne peut être attribuée ni à la non-
maturité des semences, car elles furent, de ma part, l'objet
d'un examen soigneux, ni à ce que les semences furent endommagées ou mauvaises dans quelques capsules, car le contenu
des dix capsules croisées ayant été mêlé en un tout, les
semences y furent prises au hasard pour être semées. Dans la
seconde génération, les plants croisés et les autofécondés eurent
à peu près une hauteur égale. Dans la troisième génération,
des semences soit croisées soit autofécondées furent obtenues de
deux plantes appartenant à la génération précédente, et les
semis qui en provinrent différèrent remarquablement comme
constitution : dans un cas, les croisés surpassèrent en hauteur
les autofécondés dans la proportion de 100 à 83, et dans
d'autres ils furent presque égaux. Cette différence entre les
deux lots obtenus en même temps de deux plants végétant
dans le même pot et traités à tous les points de vue de la
même manière, aussi bien que la supériorité extraordinaire,
dans la première génération, des plants autofécondés sur les
croisés considérés ensemble, me portent à croire que quelques
individus de l'espèce présente diffèrent des autres, dans une
certaine limite, par leur affinité sexuelle (pour me servir du
terme employé par Gärtner) comme le font des espèces intimement rapprochées appartenant au même genre. En conséquence,
si deux plants présentant cette différence sont croisés, les semis
qui en proviennent souffrent et sont battus par ceux qui viennent
de fleurs autofécondées dans lesquelles les éléments sexuels sont
de la même nature. Il est connu [1] que, dans nos animaux domestiques, certains individus sont frappés d'incompatibilité sexuelle,
et ne peuvent produire ensemble de descendance quoiqu'ils soient
féconds avec d'autres individus. Kölreuter a rapporté un cas [2]
qui est plus intimement rapproché du nôtre, car il montre que
dans le genre Nicotiana les variétés diffèrent dans leurs affinités
sexuelles. Il expérimenta sur cinq variétés du tabac commun et
prouva que c'étaient bien là des variétés en montrant qu'elles
restent fertiles après leur croisement réciproque ; mais l'une de
ces variétés, employée soit comme père soit comme mère, fut
plus fertile qu'aucune des autres quand on la croisa avec une
espèce complétement distincte, *N. glutinosa*. Comme ces différentes variétés diffèrent dans leur affinité sexuelle, il n'y a rien

---

[1] J'ai donné des preuves de ce fait dans ma *Variation of Animals
and Plants under Domestication* (Variation des animaux et des plantes
sous l'influence de la domestication), chap. xviii, 2ᵉ édition, t. II, p. 146.

[2] *Das Geschlecht der Pflanzen*, zweite Fortsetzung (La sexualité des
plantes, 2ᵉ suite), 1764, p. 55 à 60.

14

de surprenant à ce que les individus de la même variété diffèrent de la même manière à un moindre degré.

Si nous prenons ensemble les plantes des trois générations,
nous voyons les croisées ne montrer aucune supériorité sur les
autofécondées, et je ne puis me rendre compte de ce fait qu'en
supposant que dans cette espèce, qui est parfaitement féconde par
elle-même en dehors de l'intervention des insectes, le plus
grand nombre des individus subit la condition qui, nous
l'avons constaté, existe dans les individus de la même variété
du pois commun et de quelques autres plantes exotiques
autofécondées pendant plusieurs générations. En pareils cas, un
croisement entre deux individus ne produit pas de bons effets,
et ne saurait en produire jamais, à moins que ces individus ne
diffèrent comme constitution générale soit sous l'influence de
ce qu'on appelle la variation spontanée, soit sous l'action des
conditions différentes auxquelles les progéniteurs ont été soumis.
Je crois que c'est là l'explication vraie du fait présent, parce
que, comme nous allons le voir immédiatement, la descendance
des plants qui ne profitèrent en rien du croisement avec une
plante de la même souche, bénéficia, à un degré extraordinaire,
d'un croisement avec une sous-variété légèrement différente.

Effets d'un croisement avec un rameau nouveau. — Je me
procurai à Kew quelque semences de *N. tabacum* et en obtins
quelques plants qui formèrent une sous-variété différant légèrement de mes premiers plants en ce que les fleurs furent d'un
rose plus sombre, les feuilles un peu plus en pointe et les tiges
moins grandes. Donc, l'avantage en hauteur que les semis ob-
tinrent par ce croisement ne peut être attribué à une hérédité
directe. Deux des plants de la troisième génération autofécondée
végétant dans les pots II et V (tableau LXXXVII) et surpassant en hauteur leurs antagonistes croisés (comme l'avaient
fait leurs parents à un plus haut degré encore), furent fécondés
avec le pollen des plants de Kew, c'est-à-dire par un rameau
nouveau. Les semis ainsi obtenus seront appelés Kew-croisés.
Quelques autres fleurs des deux mêmes plants furent fécondées
avec leur propre pollen et les semis ainsi obtenus forment la
quatrième génération autofécondée. Les capsules croisées produites par le plant du pot n° II (tableau LXXXVII) furent de
beaucoup moins belles que les capsules autofécondées du même
plant. Dans le pot n° V, la plus belle capsule fut aussi le résultat d'une autofécondation, mais les semences produites par
les deux capsules croisées surpassèrent en nombre celles appartenant aux deux capsules autofécondées de la même plante.
Donc, pour ce qui regarde les fleurs des plantes génératrices,
un croisement avec le pollen d'une souche nouvelle ne produisit
que peu ou pas du tout de bons effets; et je ne devais pas m'at-

tendre à ce que la descendance en eût reçu aucun bénéfice, ce
en quoi je me trompais complétement.

Les semences croisées et les autofécondées de deux plants furent
placées dans le sable seul : beaucoup d'entre les semences croisées des deux séries germèrent avant les graines autofécondées
et firent saillir leurs radicules plus promptement. Il s'ensuivit

TABLEAU LXXXVIII.

Nicotiana tabacum. (Plants obtenus de deux plants de la 3ᵉ génération
autofécondée dans les pots II et V du tableau LXXXVII.)

Du pot II, tableau LXXXVII			Du pot V, tableau LXXXVII		
Numéros des pots	Plants Kew-croisés	Plants de la 4ᵉ génération autofécondée	Numéros des pots	Plants Kew-croisés	Plants de la 4ᵉ génération autofécondée
	mètres	mètres		mètres	mètres
I.	2,118 0,775	1,712 0,125	I.	1,943 0,181	1,400 0,134
II.	1,962 1,200	1,287 1,750	II.	1,387 0,450	0,693 0,175
III.	1,934 1,937	0,318 0,168	III.	1,906	1,518
IV.	2,231 0,393	0,737 0,800	IV.	0,293 0,103	0,293 0,103
V.	2,225 0,425	2,125 0,134	V.	2,356	0,712
VI.	2,250	2,000	VI.	1,950	1,968
VII.	2,112 1,912	1,218 1,412	VII.	2,137	1,537
VIII.	2,087	2,112	VIII.	1,640 1,806	1,959 0,687
Totaux.	32,565	15,90	Totaux.	18,578	11,184

que plusieurs des semences croisées durent être rejetées avant
que des paires de semis, en état égal de germination, fussent obtenues pour être placées dans des points opposés de seize grands
pots. Les deux séries de semis obtenus des générateurs placés
dans les pots II et V furent gardées séparément, et après complet développement on les mesura jusqu'à la pointe de leurs
plus hautes feuilles, ainsi que l'indiquent les chiffres du double
tableau précédent. Mais, comme il n'y eut aucune différence uni-

forme comme taille entre les semis croisés et les autofécondés obtenus des deux plants, leurs hauteurs ont été additionnées ensemble
dans le calcul des moyennes. Je dois dire que, par la chute accidentelle d'un grand arbrisseau dans la serre, plusieurs plants
des deux séries furent considérablement endommagés. On les
mesura une fois, ainsi que leurs antagonistes, puis on les rejeta.
Les autres ayant été abandonnés à leur complet accroissement
furent mesurés au moment de la floraison. Cet accident explique
la petite taille de quelques-unes des paires; mais comme on
mesura simultanément toutes les paires quand elles furent partiellement ou complétement en fleur, les mensurations sont
justes.

La hauteur moyenne des vingt-six plants croisés dans les
seize pots des deux séries est de 1^m,582 et celle des vingt-six
plants autofécondés de 1^m,041, soit comme 100 est à 66. La supériorité des plants croisés fut démontrée d'une autre manière,
car dans chacun des seize pots un plant croisé fleurit avant un
autofécondé, à l'exception du pot VI de la deuxième série, dans
lequel les plants des deux côtés fleurirent simultanément.

Quelques-unes des semences restant des deux séries, en état
de germination ou non, furent semées dru dans des points opposés de deux grands pots, et les six plus grands plants de chaque
côté, dans chaque pot, furent mesurés après avoir atteint à peu
près tout leur développement. Mais leurs hauteurs furent moin-
dres que dans les premières épreuves, en raison de ce qu'ils vécurent très-entassés. Même dans leur toute jeunesse, les semis
croisés avaient des feuilles manifestement plus larges et plus
belles que les autofécondés.

Tableau LXXXIX.

Nicotiana tabacum. (Plants de la même parenté que ceux
du tableau LXXXVIII, mais végétant entièrement entassés dans
deux grands pots.)

Provenant du pot II, tableau LXXXVII		Provenant du pot V, tableau LXXXVII	
Plants Kew-croisés	Plants de la 4e génération autofécondée	Plants Kew-croisés	Plants de la 4e génération autofécondée
mètres	mètres	mètres	mètres
1,062	0,562	1,118	0,562
0,850	0,481	1,062	0,525
0,762	0,356	0,687	0,450
0,787	0,400	0,781	0,381
0,668	0,337	0,800	0,340
0,459	0,400	0,618	0,368
4,390	2,536	5,066	2,626

Les douze plus grands plants croisés dans les deux pots appartenant aux deux séries ont ici en moyenne 0^m,788 de haut, et les douze plus grands autofécondés 0^m,430, soit comme 100 est à 54. Après complet développement, les plants des deux côtés, quelque temps après avoir été mesurés, furent coupés à ras de terre et pesés. Les douze plants croisés eurent un poids de 658^{gr},75, et les douze autofécondés de seulement 242^{gr},75, chiffres qui sont comme 100 est à 37.

Le reste des semences croisées et des autofécondées provenant des deux générations (les mêmes que dans l'expérience précédente) fut semé le 1er juillet en pleine terre, dans un bon terrain, sous deux longues rangées parallèles et séparées, de façon que les semis qui en provinrent ne fussent pas soumis à une compétition mutuelle. L'été fut humide et favorable à leur développement. Tant que les semis furent petits, les deux séries croisées eurent un avantage apparent sur les deux séries autofécondées. Quand ils eurent atteint leur complet développement, les vingt plus grands plants soit croisés soit autofécondés furent choisis et mesurés (le 11 novembre) jusqu'à l'extrémité de leurs feuilles, comme c'est indiqué dans le tableau suivant (XC). Sur vingt plants croisés, douze avaient fleuri, tandis que, sur les vingt plants autofécondés, un seul était parvenu à floraison.

Tableau XC.

Nicotiana tabacum. (Plants obtenus des mêmes graines que dans les deux dernières expériences, mais semées séparément en pleine terre, de façon à ne pas lutter les uns contre les autres.)

Provenant du pot II, tableau LXXXVII		Provenant du pot V, tableau LXXXVII	
Plants Kew-croisés	Plants de la 4e génération autofécondée	Plants Kew-croisés	Plants de la 4e génération autofécondée
mètres.	mètres	mètres	mètres
1,056	0,568	1,362	0,862
1,365	0,937	1,287	0,965
0,984	0,962	1,125	1,018
1,331	0,750	1,075	1,081
1,231	0,718	1,075	1,000
1,259	0,781	1,218	0,956
1,178	0,637·	1,100	0,893
1,434	0,656	1,206	0,993
0,925	0,559	1,378	1,193
1,200	0,700	1,575	1,465
12,968	7,174	12,403	10,431

Les vingt plus grands plants croisés ont ici en moyenne 1^m,217, et les vingt plus grands autofécondés 0^m,880, soit comme 100 est à 72. Ces plants, après mensuration, furent coupés à ras de terre, et les vingt plants croisés pesèrent 6.068^{gr},25, tandis que les vingt plus grands autofécondés ne donnèrent que 3.820^{gr},75, soit en poids comme 100 est à 63.

Dans les trois précédents tableaux (LXXXVIII, LXXXIX et XC), nous avons les mensurations de cinquante-six plants dérivés de deux plants de la troisième génération autofécondée croisée avec le pollen d'un rameau nouveau, et de cinquante-six plants de la quatrième génération autofécondée dérivée des deux mêmes plants. Ces plants croisés et ces autofécondés furent traités de trois manières différentes : d'abord on les mit dans des pots en compétition modérée les uns vis-à-vis des autres ; ensuite on les assujettit à des conditions défavorables et à une compétition très-rigoureuse, en les entassant dans deux grands pots ; et enfin on les sema séparément en pleine et bonne terre pour n'avoir à les soumettre à aucune compétition mutuelle. Dans tous ces divers cas, les plants croisés de chaque lot furent très-supérieurs aux autofécondés. Ce fait reçut sa démonstration de plusieurs manières : par la germination plus prompte des graines croisées ; par le plus rapide accroissement des semis pendant leur jeune âge ; enfin, par la plus grande hauteur à laquelle ils atteignirent en dernier lieu. La supériorité des plants croisés fut rendue plus claire encore par la pondération des deux lots, car le poids des plants croisés fut à celui des autofécondés, dans les pots entassés, comme 100 est à 37. On pourrait à peine souhaiter une plus ample évidence de l'immense avantage réalisé par un croisement avec un rameau nouveau.

XXVI. PRIMULACÉES. — Cyclamen persicum[1].

Dix fleurs croisées avec le pollen de plants reconnus comme semis distincts, donnèrent neuf capsules contenant en moyenne 34.2 semences, avec un maximum de soixante-dix-sept graines pour l'une d'elles. Dix fleurs autofécondées donnèrent huit capsules contenant en moyenne cent trente et une semences, avec un maximum de vingt-sept graines pour l'une d'elles. Ceci nous donne la proportion de 100 à 88 pour le nombre moyen de semences par capsule dans les fleurs croisées et dans les autofécondées. Les fleurs pendent vers la terre, et comme les stigmates très-rapprochés des anthères sont au-dessus d'elles, on aurait pu s'attendre à voir le pollen tomber sur eux et rendre ainsi l'autofécondation spontanée, mais les plantes recouvertes ne donnèrent pas une seule capsule. Dans quelques autres occasions, des plants

---

[1] D'après Lecoq (*Géographie botanique de l'Europe*, t. VIII, 1858, p. 150), le *Cyclamen repandum* est protérandre et je crois que le même fait existe dans le *C. persicum*.

·découverts placés dans la serre donnèrent beaucoup de capsules, mais je suppose que les fleurs avaient été visitées par des abeilles, qui, dans cet acte, ne· sauraient manquer de transporter le pollen de fleur à fleur.

Les semences obtenues ainsi que nous venons de le décrire ayant été placées dans le sable, furent, après germination, mises par paires (trois croisées et trois autofécondées) dans des points opposés de quatre pots. Lorsque les feuilles eurent 0ᵐ,050 ou 0ᵐ,075 de long, y compris les pétioles, les semis des côtés étaient égaux. Dans l'espace d'un mois ou deux, les plants croisés montrèrent sur les autofécondés une légère supériorité qui alla toujours croissant; de plus, les croisés fleurirent dans tous les pots quelques semaines avant les autofécondés, et beaucoup plus abondamment que ces derniers. Les deux plus grandes tiges florales des plants croisés dans chaque pot furent alors mesurées, et la hauteur moyenne des huit tiges fut de 0ᵐ,537. Après un laps de temps considérable, les plants autofécondés fleurirent, et plusieurs de leurs tiges florales (j'omis d'en inscrire le nombre) furent grossièrement mesurées : leur hauteur moyenne ayant été un peu au-dessous de 0ᵐ,187, les tiges florales des plants croisés furent à celles des autofécondés, au moins comme 100 est à 79. La raison pour laquelle je ne portai pas grand soin aux mensurations des plants autofécondés fut que, ces spécimens me paraissant très-pauvres, je me décidai à les placer dans de plus grands pots et à les mesurer avec soin l'année suivante; mais nous allons voir que mon but fut en partie manqué, à cause du petit nombre de fleurs qu'ils produisirent.

Ces sujets furent laissés à découvert dans la serre, et les douze plants croisés donnèrent quarante capsules, tandis que les autofécondés en produisirent cinq seulement, soit comme 100 est à 12. Cette différence ne saurait donner une juste idée de la fécondité relative des deux lots. Je comptai les graines dans une des plus belles capsules des plants croisés : elles étaient au nombre de soixante-treize, tandis que la plus belle des cinq capsules produites par les plants autofécondés en contenait seulement trente-cinq bonnes. Dans les quatre autres capsules, la plupart des semences furent à peine de moitié aussi grandes que celles des capsules croisées (tableau XCI).

L'année suivante, les plants croisés portèrent de nouveau des fleurs avant que les autofécondés n'en eussent donné une seule.

Les trois plus grandes tiges florales des plants croisés furent mesurées dans chaque pot, ainsi que c'est indiqué dans le tableau suivant (XCI). Dans les pots I et II, les plants autofécondés ne donnèrent pas de tige florifère; dans le pot IV, ils en portèrent une, et dans le pot III, six, dont les trois plus grandes furent mesurées.

TABLEAU XCI. — *Cyclamen persicum.*
0 signifie qu'aucune tige florale ne fut produite.

Numéros des pots	Plants croisés	Plants autofécondés
I.	mètres 0,250 0,231 0,256	mètres 0 0 0
II.	0,231 0,250 0,256	0 0 0
III.	0,228 0,250 0,250	0,200 0,196 0,168
IV.	0,287 0,265 0,268	0 0,196 0
Total.	3,011	0,760

La hauteur moyenne des douze tiges florales dans les plants croisés est de $0^m,249$, et celle des quatre tiges florifères des plants autofécondés de $0^m,184$, soit comme 100 est à 74. Les plants autofécondés constituèrent de misérables spécimens, tandis que les croisés eurent un aspect très-vigoureux.

ANAGALLIS.

Anagallis collina, var. *grandiflora.*

(Sous-variétés à fleurs rouge pâle, et à fleurs bleues.)

En premier lieu, trente fleurs prises sur quelques plants de la variété rouge, furent croisées avec le pollen d'une plante distincte de la même variété et donnèrent dix capsules : trente et une fleurs furent fécondées avec leur propre pollen et produisirent dix-huit capsules. Ces plantes, en végétant dans la serre, étaient évidemment dans des conditions propices à la stérilité; aussi les semences, dans les deux séries de capsules et surtout dans la série autofécondée, furent-elles, quoique nombreuses, d'une qualité si misérable qu'il fut difficile de reconnaître les bonnes des mauvaises. Cependant, autant que j'en pus juger, les capsules croisées contenaient en moyenne 6.3 bonnes semences, avec un maximum de 13 dans l'une d'elles, tandis que les autofécondées en comptaient 6.05, avec un maximum de 14.

En second lieu, onze fleurs de la variété rouge furent châtrées

pendant leur jeunesse et fécondées avec du pollen de la variété
bleue; ce croisement augmenta de beaucoup évidemment leur fécondité, car les onze fleurs donnèrent sept capsules qui contenaient
en moyenne deux fois autant de bonnes graines qu'antérieurement, c'est-à-dire 12.7, avec un maximum de 17 dans
deux d'entre elles. Ces capsules croisées donnèrent donc des
graines qui, comparées à celles que contenaient les précédentes
capsules autofécondées, furent comme 100 est à 48. Ces semences, incomparablement plus grandes que celles issues
du croisement de deux individus de la même variété rouge,
germèrent en outre beaucoup plus facilement. Les fleurs du
plus grand nombre des plantes produites par croisement entre
les variétés bicolores (et on en obtint plusieurs) ressemblèrent ·
à leur mère et furent colorées en rouge. Dans deux d'entre
elles, cependant, les fleurs furent manifestement tachées de bleu
et à un degré tel que, dans un cas, la teinte fut presque intermédiaire.

Les semences croisées des deux espèces précédentes et les
autofécondées, ayant été semées dans des points opposés de
deux grands pots, donnèrent des semis qui furent mesurés après
complet développement avec les résultats suivants :

TABLEAU XCII. — *Anagallis collina.*

Variété rouge croisée par un plant distinct de la variété rouge, et variété rouge autofécondée		
Numéro du pot	Plants croisés	Plants autofécondés
	mètres	mètres
I.	0,587 ·	0,387
	0,525	0,387
	0,431	0,350
Total.	1,543	1,124

Variété rouge croisée avec la variété bleue, et variété rouge autofécondée		
Numéro du pot	Plants croisés	Plants autofécondés
	mètres	mètres
II.	0,762	0,612
	0,681	0,462
	0,625	·0,293
Total.	2,068	1,367
Total des 2 lots ensemble	3,611	2,491

Comme les plants des deux lots sont en petit nombre, ils doivent concourir ensemble à la formation de la moyenne générale ; mais je dois établir d'abord que la hauteur des semis provenant d'un croisement entre deux individus de la variété rouge est à celle des plants autofécondés de la variété rouge comme 100 est à 73, tandis que la hauteur de la descendance croisée des deux variétés est à celle des plants autofécondés de la variété rouge comme 100 est à 66. Donc, le croisement entre les deux variétés paraît être le plus avantageux. La hauteur moyenne de tous les six plants croisés des deux lots pris ensemble est de 1^m,211, et celle des six autofécondés de 0^m,831, c'est-à-dire comme 100 est à 69.

Ces six plants croisés produisirent spontanément vingt-six capsules, tandis que les six autofécondés en donnèrent deux seulement, c'est-à-dire comme 100 est à 8. Nous avons donc ici, comme fécondité, la même différence extraordinaire entre les plants croisés et les autofécondés que nous trouvons dans le dernier genre Cyclamen, qui appartient aussi à la famille des Primulacées.

PRIMULA VERIS (Flore britannique).
(Var. *officinalis*, Linn.). La Primevère.

La majorité des espèces de ce genre est hétérostylée ou dimorphe, c'est-à-dire qu'elle revêt deux formes : une à long style avec étamines courtes, l'autre à court style avec étamines longues [1]. Pour la complète fécondation, il est nécessaire que le pollen de l'une des formes soit appliqué sur le stigmate de l'autre, ce qui dans les conditions naturelles est effectué par les insectes. J'ai appliqué la qualification de *légitimes* à de semblables unions et aux semis qui en résultent. Quand une forme est fécondée avec le pollen de cette même forme, la totalité des semences n'est pas obtenue, et, dans quelques cas, certains genres hétérostylés n'en fournissent pas du tout. J'ai appelé *illégitimes* ces unions, aussi bien que les semis qui en proviennent. Ces derniers sont souvent frappés de nanismes et restent plus ou moins stériles, à la façon des hybrides. Je possédais quelques plantes de *P. veris* à long style, qui, durant quatre générations successives, avaient été produites par une union illégitime entre plantes longuement stylées ; elles étaient, du reste, parentes à un cer-

---

[1] Voir ma note « Sur la double forme ou la condition dimorphe dans le genre *Primula* » dans le *Journal of Proc. Linn. Soc.*, vol. VI, 1862, p. 77. Une seconde note à laquelle je fais maintenant allusion « Sur la nature hybridiforme de la descendance des unions illégitimes entre plantes dimorphes et trimorphes », fut publiée dans le vol. X, 1867, p. 393 du même journal.

tain degré, et avaient été assujetties à des conditions égales pendant tout ce temps, en vivant en pots dans la serre. Aussi longtemps qu'elles furent cultivées de cette manière, elles s'accrurent bien et furent saines et fécondes. Cette fécondité s'accrut même dans les dernières générations, comme si elles s'étaient habituées à la fécondation illégitime. Les plants de la première génération illégitime, ayant été transportés de la serre en plein air dans une terre assez bonne, s'accrurent bien et restèrent sains ; mais lorsque ceux des deux dernières générations illégitimes furent traités de la même manière, ils devinrent excessivement stériles, rabougris, et demeurèrent en cet état durant l'année suivante ; ce temps leur avait été nécessaire pour s'accoutumer à la végétation en pleine terre, ce qui doit signifier qu'ils étaient d'une faible constitution.

Dans ces conditions, il me parut convenable de m'assurer quel serait l'effet du croisement légitime des plantes à long style de la quatrième génération par le pollen pris sur des pieds non alliés à court style vivant dans des conditions différentes. En conséquence, plusieurs fleurs des plantes illégitimes de la quatrième génération (c'est-à-dire arrière-petits-fils des plantes qui avaient été légitimement fécondées) végétant rigoureusement en pots dans la serre, furent légitimement fécondées avec le pollen d'une primevère à court-style presque sauvage, et ces fleurs donnèrent quelques belles capsules. Trente autres fleurs des mêmes plants illégitimes furent fécondées avec leur propre pollen, elles donnèrent dix-sept capsules contenant en moyenne trente-deux graines. C'est là un haut degré de fécondité : il est plus élevé, je crois, que celui qu'on obtient généralement avec des plantes à long-style fécondées illégitimement et vivant en plein air ; il est plus élevé aussi que celui des générations illégitimes antérieures, dont les fleurs cependant furent fécondées avec le pollen d'une plante distincte de la même forme.

Ces deux lots de graines ne germant pas convenablement dans le sable seul, on les sema dans des points opposés de quatre pots et leurs semis furent éclaircis jusqu'à ce qu'un nombre égal en fût laissé de part et d'autre. Pendant quelque temps, il n'y eut pas de différence marquée dans la hauteur de deux lots, et dans le pot numéro III (tableau XCIII) les plantes autofécondées furent même les plus élevées. Mais au moment où ils donnèrent leurs jeunes tiges florales, les plants légitimement croisés parurent de beaucoup les plus beaux et eurent des feuilles plus vertes et plus larges. La largeur des plus grandes feuilles fut mesurée et celle des plants croisés fut en moyenne d'un quart de pouce (exactement 0^m,007) plus forte que celle des plantes autofécondées. Les plants ayant été trop entassés produisirent des tiges florales courtes et pauvres. Les deux plus belles de chaque côté furent mesurées : les huit parmi les plants légitimement croisés eurent en moyenne 0ᵐ,103 de haut, et les huit parmi les plants illégitimement autofécondés 0ᵐ,070 : c'est-à-dire comme 100 est à 72.

Ces plants, après floraison, furent dépotés et placés en pleine terre dans un sol riche. L'année suivante (1870), au moment de la floraison, les deux plus grandes tiges florales furent mesurées de nouveau avec les résultats indiqués dans le tableau suivant qui indique aussi le nombre des tiges florales produites des côtés dans tous les pots.

TABLEAU XCIII. — *Primula veris.*

Numéros des pots	Plantes légitimement croisées		Plantes illégitimement autofécondées	
	Hauteur en mètres	Nombre des tiges florales produites	Hauteur en mètres	Nombre des tiges florales produites
I.	mètres 0,225 0,200	16	mètres 0,053 0,087	3
II.	0,175 0,162	16	0,150 0,137	3
III.	0,150 0,156	16	0,075 0,0012	4
IV.	0,184 0,153	14	0,065 0,062	·5
Total.	1,406·	62	0,643 ·	15

Ici, la hauteur moyenne des huit plus grandes tiges florales, dans les plants croisés, est de 0ᵐ,176, et celle des huit plus grandes tiges florales, parmi les autofécondés, de 0ᵐ,080, ou comme 100 est à 46. Nous voyons aussi que les plants croisés portèrent 62 tiges florales et ce chiffre est environ quatre fois aussi considérable que celui indiqué (15) pour les plants autofécondés. Les fleurs furent abandonnées à la visite des insectes, et comme plusieurs plants de l'une et l'autre forme végétaient côte à côte, ils doivent avoir été légitimement et naturellement fécondés. Dans ces conditions, les plants croisés produisirent 324 capsules tandis que les autofécondés en donnèrent 16 seulement, et encore ces dernières provinrent-elles d'un seul plant du pot II qui fut beaucoup plus beau que tous les autres pieds autofécondés. Jugeant d'après le nombre des capsules produites, la fécondité d'un égal nombre de plants croisés et d'autofécondés fut comme 100 est à 5.

L'année suivante (1871), je ne fis pas le compte de toutes les tiges florales fournies par les plantes, mais seulement de celles qui portèrent des capsules munies de bonnes graines. La saison ayant été défavorable, les plants croisés donnèrent seulement quarante tiges florales pourvues de 168 bonnes capsules, tandis que les auto-fécondés n'en eurent que deux munies de 6 capsules dont la moitié fut très-pauvre. Ainsi, la fécondité des deux lôts, si l'on en juge par le nombre des capsules, fut comme 100 est à 3,5.

En examinant la différence considérable en hauteur et en fécondité qui existe entre les deux séries de plantes, nous devrons toujours nous rappeler que c'est là le résultat de deux facteurs distincts. Les plants autofécondés furent le produit de la fécondation illégitime exercée durant cinq générations successives dans lesquelles tous les plants (ceux de la dernière génération exceptés) avaient été fécondés avec du pollen pris sur un individu distinct appartenant à la même forme, mais d'une parenté plus ou moins rapprochée. Les plants avaient été aussi soumis, dans chaque génération, à des conditions très-exactement semblables. Ce traitement seul, comme je l'appris par d'autres observations, eût suffi à réduire considérablement la taille et la fécondité de la descendance. D'un autre côté, les plants croisés furent les descendants d'une plante à long-style de la quatrième génération illégitime croisée par le pollen d'une plante à court-style, laquelle, comme ses progéniteurs, avait été soumise à des conditions très-différentes : cette dernière circonstance seule eût suffi à donner une grande vigueur à la descendance, comme nous pouvons le déduire de nombreux cas analogues déjà rapportés. Ce qu'il est impossible de déterminer, c'est l'importance proportionnelle qu'il faut attribuer à l'influence de ces deux facteurs, car l'un tend à endommager la descendance autofécondée et l'autre à favoriser les descendants croisés. Cependant, nous voyons immédiatement que la plus grande part du bénéfice, pour ce qui concerne l'augmentation en fécondité, doit être attribuée à l'influence du croisement avec un rameau nouveau.

PRIMULA VERIS.
Var. isostylée et à fleurs rouges.

J'ai décrit, dans ma note intitulée « Sur les unions illégitimes des plantes dimorphes et trimorphes », cette remarquable variété qui me fut envoyée d'Edimbourg par M. J. Scott. Elle présente un pistil caractéristique de la forme à long-style et des étamines propres à la forme courtement-stylée, de sorte qu'elle a perdu le caractère hétérostylé ou dimorphe qui est commun au plus grand nombre des espèces de ce genre et, dès lors, peut être comparée à la forme hermaphrodite d'un animal bisexuel. En conséquence, le pollen et le stigmate de la même fleur sont adaptés pour la complète fécondation mutuelle, et échappent ainsi à la nécessité du transport du pollen d'une forme sur l'autre, transport que subit la primevère commune. De ce que le stigmate et les anthères sont à peu près au même niveau, il s'ensuit que les fleurs sont parfaitement fécondées par elles-mêmes lorsque les insectes sont écartés. Grâce à l'existence de cette heureuse variété, il est possible d'en féconder légitimement les fleurs avec leur propre pollen et de croiser d'autres fleurs d'une manière illégitime avec le pollen d'une autre variété ou rameau nouveau. De cette manière la descendance peut être comparée très-légitimement et sans aucune préoccupation de l'influence des effets dépréciateurs d'une union illégitime.

Les plants sur lesquels j'expérimentai avaient été obtenus, pendant deux générations successives, des semences spontanément autofécondées produites par des plantes protégées sous une gaze, et comme la variété est hautement féconde par elle-même, ses progéniteurs à Edimbourg durent être autofécondés pendant plusieurs générations antérieures. Plusieurs fleurs de deux de mes plantes furent légitimement croisées avec le pollen d'une primevère commune à court-style végétant presque à l'état sauvage dans mon verger, de façon que le croisement s'effectua entre plants ayant vécu dans des conditions fort différentes. Plusieurs autres fleurs furent disposées pour l'autofécondation sous une gaze, et cette union, comme je l'ai déjà établi, a un caractère légitime.

Les graines croisées et les autofécondées ainsi obtenues ayant été semées dru dans des points opposés de trois pots, les semis furent éclaircis de façon à en laisser un nombre égal de part et d'autre de chaque pot. Les semis, pendant la première année, furent à peu près égaux en hauteur, excepté dans le pot numéro III (tableau XCIV) où les autofécondés eurent un avantage réel. A l'automne, les plants furent mis en couche avec leurs pots ; grâce à cette circonstance et à ce que plusieurs plants végétaient dans chaque vase, ils ne fleurirent pas et aucun ne donna beaucoup de graines. Mais les conditions furent parfaitement égales pour les plants de part et d'autre. Au printemps suivant, je trouve dans mes notes que, dans deux des pots, les plants croisés furent « incomparablement les plus beaux comme apparence générale » et que, dans les trois pots, ils fleurirent avant les autofécondés. Quand ils furent parvenus à pleine floraison, on mesura la plus grande tige florale de chaque côté dans chaque pot, et le nombre de ces tiges florales fut pris de part et d'autre, comme c'est indiqué dans le tableau suivant. Les plants furent laissés à découvert, et, comme d'autres plants végétèrent côte à côte, les fleurs en furent, sans aucun doute, croisées par les insectes. Arrivées à maturité, les capsules furent cueillies et comptées : le résultat en est aussi indiqué dans le tableau suivant.

Tableau XCIV.

Primula veris (variété isostylée à fleurs rouges).

Numéros des pots	Plantes croisées			Plantes autofécondées		
	Hauteur des plus grandes tiges florales, en mètres	Nombre de tiges florales	Nombre de bonnes capsules	Hauteur des plus grandes tiges florales, en mètres	Nombre de tiges florales	Nombre de bonnes capsules
I.	0,250	14	163	0,162	6	6
II.	0,212	12	Plusieurs non comptées	0,125	2	0
III.	0,187	7	43	0,262	5	26
Total.	0,650	33	206	0,550	13	32

La hauteur moyenne des trois plus grandes tiges florales dans les plants croisés est ici de $0^m,216$, et celle des trois appartenant aux plants autofécondés de $0^m,183$, c'est-à-dire comme 100 est à 85.

Les plants croisés produisirent tous ensemble trente-trois tiges florales tandis que les autofécondés en eurent seulement treize. Le nombre des capsules ne fut compté que dans les pots I et III, parce que les plants autofécondés du pot II n'en donnèrent pas du tout et qu'en conséquence celles que fournirent les plants croisés du côté opposé ne furent pas comptées. Les capsules qui ne renfermaient pas de bonnes graines furent rejetées. Les plants croisés, dans les deux pots ci-dessus, produisirent 206 capsules et les autofécondés, dans les mêmes pots, 32 seulement, ou comme 100 est à 15. Si nous jugeons d'après les générations antérieures, l'extrême inproductivité des plants autofécondés fut complétement due, dans cette expérience, à ce qu'ils furent soumis à des conditions défavorables et à une rigoureuse compétition avec les plants croisés, car s'ils avaient végété séparément dans de bonne terre, il est presque certain qu'ils eussent produit un grand nombre de capsules. Les semences comptées dans vingt capsules des plants croisés donnèrent un chiffre moyen de 24.75, tandis que le même nombre de capsules des plants autofécondés donna comme graines une moyenne de 17.65, nombres qui sont dans la proportion de 100 à 71. Du reste, les semences des plants autofécondés ne furent pas, à beaucoup près, aussi belles que celles des plants croisés. Si nous prenons ensemble le nombre de capsules produites et le chiffre moyen de semences qui y furent contenues, la fécondité des plants croisés fut à celle des plants autofécondés comme 100 est à 11. Par là, nous voyons quel puissant effet produit, pour ce qui touche à la fécondité, un croisement entre deux variétés longuement exposées à des conditions différentes, en comparaison de celui qui résulte de l'autofécondation : la fécondation dans les deux cas, il faut l'ajouter, avait eu un caractère légitime. .

PRIMULA SINENSIS.

La primevère de Chine étant une plante hétérostylée ou dimorphe, comme la primevère commune, on aurait pu s'attendre à ce que les fleurs des deux formes, après fécondation illégitime soit par leur propre pollen, soit par celui des fleurs d'un autre plant de la même forme, eussent donné moins de graines que les fleurs légitimement croisées, et de plus que les semis obtenus par autofécondation illégitime eussent été quelque peu rabougris et moins féconds que les semis obtenus de graines légitimement croisées. La fécondité des fleurs ne démentit pas cette supposition, mais, à ma surprise, il n'y eut pas de différence dans l'accroissement entre la descendance de l'union légitime de deux plants distincts et celle de l'union illégitime soit de fleurs de la même plante, soit de deux plantes distinctes de la même forme. Mais j'ai montré dans la note ci-dessus indiquée, qu'en Angleterre cette plante est dans des conditions anormales telles, que, jugeant d'après des cas analogues, elles tendraient à rendre un croisement entre deux individus sans bénéfice pour la descendance. Nos plants ont été communément obtenus de semences autofécondées, et les semis ont été généralement assujettis à des conditions à peu près uniformes par le maintien des pots dans les serres. Du reste, quelques-uns de ces plants sont maintenant en état de variation et de changement de caractère de façon à devenir, à un degré plus ou moins élevé, isostylés et par conséquent féconds par eux-mêmes. D'après l'analogie que présente le *P. veris,* on peut à peine douter que si un plant de *P. sinensis* avait été obtenu directement de Chine et croisé ensuite avec une de nos variétés anglaises, la descendance eût montré une supériorité remarquable en hauteur et en fécondité (mais non pas probablement comme beauté de fleurs) sur nos plants ordinaires.

Ma première expérience consista à féconder plusieurs fleurs des plants soit à long soit à court style avec leur propre pollen, puis d'autres fleurs des mêmes plants avec du pollen pris sur des plants distincts appartenant à la même forme, de sorte que toutes ces unions furent illégitimes. Il n'y eut pas de différence sensible et uniforme dans le nombre des semences obtenues de ces deux modes d'autofécondation qui furent l'un et l'autre illégitimes. Les deux lots de semences provenant de l'une et de l'autre forme furent semés dru dans des points opposés de quatre pots, et de nombreux semis en

vinrent. Il n'y eut pas de différence dans leur acroissement si ce
n'est, dans un pot, où la descendance de l'union illégitime de deux
plants à long style dépassa d'une manière sensible la descendance
des fleurs des mêmes plants fécondées avec leur propre pollen.
Mais, dans les quatre autres pots, les plants obtenus de l'union
de plantes distinctes appartenant à la même forme, fleurirent avant
la descendance des fleurs autofécondées.

On obtint alors de semences achetées quelques plants à long
et à court style, et les fleurs des deux formes en furent légitimement croisées avec le pollen d'un pied distinct, tandis que
d'autres fleurs des deux formes furent illégitimement fécondées
avec le pollen des fleurs de la même plante. On sema les graines
dans des points opposés des pots I à IV (tableau suivant XCV)
et un seul plant fut laissé dans chaque pot. Plusieurs fleurs des
plants illégitimes à court et à long style décrites dans le dernier paragraphe, ayant été aussi légitimement et illégitimement
fécondées de la manière que je viens de décrire, leurs semences
furent placées dans les pots V à VIII (même tableau). Comme les
deux séries de semis ne différèrent pas d'une manière essentielle,
leurs mesures sont données en un seul tableau. Je devrais ajouter
que les unions légitimes, dans les deux cas, eurent pour résultat
de donner, comme on pouvait s'y attendre, beaucoup plus de semences que les illégitimes. Parvenus à moitié développement, ils
ne présentèrent aucune différence en hauteur, des deux côtés, dans
plusieurs pots. Après complet développement, ils furent mesurés
jusqu'à la pointe de leurs plus longues feuilles et le résultat de
ces mensurations est indiqué dans le tableau suivant (XCV).

Dans six pots sur huit, les plants légitimement croisés dépassèrent très-légèrement en hauteur les plants illégitimement autofécondés, mais, dans les deux autres pots, les derniers surpassèrent
les premiers d'une manière bien plus marquée. La hauteur
moyenne des huit plants légitimement croisés est de $0^m,226$ et celle
des huit illégitimement autofécondés de $0^m,227$, c'est-à-dire comme
100 est à 100.2. Les plants, dans les points opposés, produisirent,
autant qu'on en peut juger à simple vue, un nombre égal de fleurs.
Je ne comptai ni les capsules ni les semences qu'elles donnèrent,
mais indubitablement, si j'en juge par mes observations antérieures, les plantes dérivées des semences légitimement croisées
eussent été beaucoup plus fécondes que celles issues des graines
illégitimement autofécondées. Comme dans le cas précédent, les
plants croisés fleurirent avant les autofécondés dans tous les pots,
excepté dans le numéro II où la floraison fut simultanée de deux
côtés, et cette précocité de floraison doit peut-être être considérée
comme un avantage.

TABLEAU XCV. — *Primula sinensis.*

Numéros des pots	Plants provenant de semences légitimement croisées	Plants provenant de semences légitimement autofécondées
	mètres	mètres
I. Provenant d'une mère à court style	0,206	0,200
II. Provenant d'une mère à court style	0,187	0,215
III. Provenant d'une mère à long style	0,240	0,234
IV. Provenant d'une mère à long style	0,212	0,206
V. Provenant d'une mère illégitime à court style	0,234	0,225
VI. Provenant d'une mère illégitime à court style	0,246	0,237
VII. Provenant d'une mère illégitime à long style	0,212	0,237
VIII. Provenant d'une mère illégitime à long style	0,262	0,250
Total.	1,803	1,806

XXVII. POLYGONÉES. — Fagopyrum esculentum.

Hildebrand a constaté le premier que cette plante est hétérostylée, c'est-à-dire qu'elle présente comme les espèces du genre *Primula* deux formes, une à long et l'autre à court style, qui sont adaptées pour la fécondation réciproque. Il s'ensuit que la

comparaison qui va suivre entre la végétation des semis croisés et
des autofécondés n'est pas juste, en ce sens que leur différence en
hauteur peut être exclusivement due à la fécondation illégitime
des fleurs autofécondées.

J'obtins des semences en croisant légitimement les fleurs des
plants à long et à court style et en fécondant d'autres fleurs des
deux formes avec le pollen de la même plante. Un beaucoup plus
grand nombre de semences fut obtenu par le premier que par le
dernier procédé, et les semences légitimement croisées furent,
à nombre égal, plus lourdes que celles illégitimement autofécondées, dans la proportion de 100 à 82. Les semences croisées
et les autofécondées provenant de parents à court style, après
germination dans le sable, furent placées par paires dans des
points opposés d'un grand vase, et deux lots semblables de
graines, provenant des parents à long style, furent placés de la
même manière dans des points opposés de deux autres vases.
Dans tous les trois pots, les semis légitimement croisés parvenus à quelques centimètres de hauteur furent plus grands que
les autofécondés; dans tous ces trois pots aussi, ils fleurirent en
avance sur eux de deux ou trois jours. Après complet développement, on les coupa tous à ras de terre, et comme j'étais
pressé par le temps, on les plaça en une longue série, la partie
coupée d'un plant touchant le sommet de l'autre : la longueur
totale des plants légitimement croisés fut de 14^m,510, tandis que
celle des plants illégitimement autofécondés fut seulement de
9^m,960. Donc, la hauteur moyenne des quinze plants croisés
dans les trois pots fut de 0^m,951, et celle des quinze autofécondés de 0^m,654, ou comme 100 est à 69.

XXVIII. CHÉNOPODIACÉES. — Beta vulgaris.

Un seul plant (aucun autre n'existant dans le même jardin)
fut abandonné à l'autofécondation, et les semences autofécondées
en furent ramassées. Des graines furent aussi prises sur une
autre plante végétant au milieu d'un grand carré dans un autre
jardin, et comme le pollen non cohérent est très-abondant, les
semences de cette plante doivent presque certainement avoir
été le produit d'un croisement entre plants distincts opéré sous l'influence du vent. Quelques-unes des graines des deux lots furent
semées dans des points opposés de deux grands pots; les jeunes
semis qui en provinrent furent éclaircis jusqu'à ce qu'il en restât
des deux côtés un nombre égal, mais considérable. Ces plants
furent ainsi soumis à la fois à une très-rigoureuse compétition
et à des conditions trop pauvres. Les graines restant furent semées en plein air dans une bonne terre et sous deux rangées longues, mais non absolument contiguës, de façon que ces semis

furent placés dans des conditions favorables et sans avoir à supporter aucune compétition mutuelle. Les graines autofécondées
placées en pleine terre vinrent très-mal : en remuant cette terre
en deux ou trois endroits, on trouva qu'elles avaient germé et
qu'elles étaient mortes ensuite. Aucun cas semblable n'avait été
observé antérieurement. A cause du grand nombre de semis qui
périt de cette façon, les survivants autofécondés furent très-clairse-
més dans leur rangée, et eurent ainsi un avantage sur les croisés qui végétèrent très-entassés dans l'autre rangée. Les jeunes
plants des deux séries furent protégés pendant l'hiver par une
couverture de paille, et ceux qui étaient dans les deux grands
pots furent mis en serre.

Dans les pots, il n'y eut pas de différence entre les deux lots
jusqu'au printemps suivant, c'est-à-dire jusqu'au moment où ils
s'accrurent un peu; mais alors quelques plants croisés furent
plus beaux et plus grands que les autofécondés. Arrivés à pleine
floraison, leurs tiges furent mesurées, et les résultats en sont
donnés dans le tableau suivant :

TABLEAU XCVI. — *Beta vulgaris.*

Numéros des pots	Plants croisés	Plants autofécondés
	mètres	mètres
I.	0,868	0,900
	0,750	0,503
	0,843	0,806
	0,862	0,800
II.	1,059	1,053
	0,828	0,662
	0,781	0,731
	0,825	0,506
Total.	6,816	5,961

La hauteur moyenne des huit plants croisés est ici de 0ᵐ,852,
et celle des huit autofécondés de 0ᵐ,746, ou comme 100 est à 87.

Pour ce qui regarde les plants placés en pleine terre, chaque
longue rangée fut divisée en deux, afin d'amoindrir les chances
de voir se produire quelque avantage accidentel dans une partie
de chaque série, et les quatre plus grands plants dans les deux
moitiés des deux rangées furent choisis pour être mesurés. Les
huit plus grands plants croisés donnèrent une moyenne de 0ᵐ,772,
et les huit plus grands autofécondés de 0ᵐ,766, c'est-à-dire comme
100 est à 99. Mais nous n'oublierons pas que cette expérience fut
faussée par ce fait que les plants autofécondés eurent sur les croisés un grand avantage réalisé par le moindre degré d'entassement

dans lequel ils vécurent dans leur rangée, ce qui tint au grand nombre de semences qui avait péri en terre après germination. Les lots des deux rangées ne furent pas soumis non plus à une compétition mutuelle quelconque.

XXIX. CANNACÉES. — Canna warscewiczi.

Dans le plus grand nombre des espèces appartenant à ce genre, le pollen répandu avant l'anthèse adhère en une masse au pistil foliacé tout près et au-dessous de la surface stigmatique. Comme le bord de cette masse touche généralement le bord du stigmate, et qu'il est établi, par des expériences faites dans ce but, qu'un petit très-nombre de grains polliniques suffit à la fécondation, on peut admettre que la présente espèce et probablement toutes les autres du même genre sont fortement fécondes par elles-mêmes. Des exceptions se présentent occasionnellement dans celles chez lesquelles, l'étamine étant légèrement plus courte que de coutume, le pollen est déposé un peu au-dessous de la surface stigmatique, et alors ces fleurs tombent non fécondées, à moins qu'elles n'aient reçu une imprégnation artificielle. Quelquefois, mais rarement, l'étamine est un peu plus longue que de coutume, et alors la surface entière du stigmate est fortement recouverte de pollen. Comme généralement une petite quantité de poudre fécondante est mise en contact avec le bord du stigmate, certains auteurs en ont conclu que les fleurs sont invariablement autofécondées. C'est là une conclusion inattendue, car elle implique qu'une grande quantité de pollen est produite inutilement. D'après cette manière de voir aussi, la grande étendue de la surface stigmatique est un trait inintelligible dans la structure de la fleur aussi bien que la position relative de toutes ses parties : celles-ci sont disposées de telle manière que les insectes dans leurs visites faites en vue de sucer le copieux nectar, ne peuvent manquer de transporter le pollen d'une fleur à l'autre[1].

D'après Delpino, les abeilles visitent ardemment les fleurs de ce Canna dans le nord de l'Italie; mais je n'ai jamais vu aucun insecte fréquenter les fleurs de cette espèce dans ma serre

---

[1] Delpino a décrit (*Bot. Zeitung,* 1867, p. 277, et *Scientific Opinion,* 1870, p. 135) la structure des fleurs dans ce genre; mais, au moins pour ce qui touche à la présente espèce, il s'est mépris en pensant que l'autofécondation est impossible. Le docteur Dickie et le professeur Faivre admettent que les fleurs sont fécondées à l'état de bouton et qu'ainsi l'autofécondation est inévitable. Je suppose que ces observateurs ont été induits en erreur par ce fait que le pollen est déposé de très-bonne heure sur le pistil (voir *Journal of Linn. Soc. Bot.*, vol. X, p. 55, et *Variabilité des espèces*, 1868, p. 158).

chaude, et cependant j'en eus quelques plants pendant plusieurs années. Quoi qu'il en soit, ces plantes produisaient beaucoup de graines, et elles restèrent très-fécondes après avoir été recouvertes par une gaze ; elles sont donc très-capables d'autofécondation et ont probablement été autofécondées dans ce pays pendant plusieurs générations. Comme les plants sont cultivés en pots et ne sont exposés à aucune compétition avec les végétaux environnants, ils se trouvent avoir été aussi assujettis pendant un temps considérable à des conditions quelque peu uniformes. Ce cas forme donc exactement le pendant de celui que présente le pois commun, dans lequel nous n'étions fondés à attendre ni beaucoup ni peu de bien d'un croisement entre plants de cette descendance ainsi traités ; aussi bien ne s'en produisit-il aucun, si ce n'est toutefois que les fleurs fécondées par croisement donnèrent beaucoup plus de graines que les autofécondées. Cette espèce (Canna) fut une des premières sur lesquelles j'expérimentai, et comme je n'avais pas alors obtenu des plants autofécondés pendant plusieurs générations successives sous l'influence de conditions uniformes, je ne savais pas et je ne soupçonnais même pas qu'un pareil traitement pût empêcher la production des avantages réalisés par un croisement. Je fus donc très-étonné de voir les plants croisés ne pas pousser plus vigoureusement que les autofécondés ; mais j'obtins un grand nombre de plants malgré les grandes difficultés que présente cette espèce pour l'expérimentation. Les semences, même celles qui ont longtemps macéré dans l'eau, ne germent pas bien dans le sable seul, et celles qui furent semées en pots (procédé que je fus forcé d'employer) levèrent à des intervalles de temps très-inégaux ; aussi fut-il difficile d'avoir des semis exactement du même âge, et beaucoup d'entre eux durent-ils être arrachés et rejetés. Mes expériences furent continuées pendant trois générations successives, et dans chaque génération les plants autofécondés furent de nouveau fécondés directement, leurs premiers progéniteurs dans ce pays ayant été probablement autofécondés pendant plusieurs générations antérieures. Dans chaque génération aussi, les plants croisés furent fécondés avec le pollen d'un autre plant croisé.

Parmi les fleurs qui furent croisées durant trois générations prises ensemble, celles qui donnèrent des capsules furent en plus grand nombre que parmi les autofécondées. Les semences furent comptées dans quarante-sept capsules appartenant aux fleurs croisées, qui en continrent une moyenne de 9.95, tandis que quarante-huit capsules issues des fleurs autofécondées n'en eurent en moyenne que 8.45 : ces chiffres sont comme 100 est à 85.

Les semences provenant des fleurs croisées ne furent pas plus lourdes, mais, au contraire, un peu plus légères que celles des fleurs autofécondées ; ce fait fut confirmé à trois reprises diffé-

rentes. Dans une circonstance, je pesai deux cents de ces semences croisées et cent six autofécondées, et le poids relatif d'un
égal nombre de graines de ces deux provenances fut comme 100
(pour les croisées) est à 106 (pour les autofécondées). Lorsque,
avec d'autres plants, les graines autofécondées furent plus lourdes
que les croisées, ce résultat parut être dû généralement au petit
nombre de graines produites par les fleurs autofécondées, et, par
conséquent, à ce qu'elles furent mieux nourries. Mais, dans le
cas présent, les semences des capsules croisées furent séparées
en deux lots, contenant : 1° celles renfermant quatorze graines
et au-dessus; 2° celles renfermant moins de quatorze graines, et
les semences des capsules les plus productives furent les plus
lourdes des deux, de sorte que l'explication ci-dessus est complétement en défaut.

Comme le pollen est déposé de très-bonne heure sur le pistil,
et généralement en contact immédiat avec le stigmate, quelques
fleurs, encore en boutons, furent châtrées lors de mes premières
expériences et fécondées avec le pollen d'un plant distinct. D'autres fleurs furent fécondées avec leur propre pollen. Des semences
ainsi obtenues, je réussis à élever trois paires seulement de
plantes d'un âge égal. Les trois plants croisés eurent en moyenne
0^m,820 de haut, et les trois autofécondés 0^m,802; ils furent donc
presque égaux, les croisés ayant seulement un léger avantage.
Le même résultat ayant été obtenu dans les trois générations, il
serait superflu de donner les hauteurs de tous les plants, et je
rapporterai seulement les moyennes.

En vue d'obtenir des plants croisés et autofécondés de la
deuxième génération, quelques fleurs portées par les plants croisés ci-dessus furent croisées, vingt-quatre heures après leur
épanouissement, avec le pollen d'un plant distinct; ce laps de
temps ne fut probablement pas trop grand pour permettre à la
fécondation croisée d'être efficace. Quelques fleurs des plants
autofécondés de la dernière génération furent aussi autofécondées. De ces deux lots de graines, dix plants croisés et dix autofécondés du même âge furent obtenus et mesurés après complet développement. Les croisés mesurèrent 0^m,923 de haut, et
les autofécondés 0^m,935; donc, ici encore les deux lots furent à
peu près égaux, un léger avantage restant cependant aux autofécondés.

Pour avoir les plants de la troisième génération, un meilleur
procédé fut employé : des fleurs appartenant aux plants croisés
de la deuxième génération furent choisies parmi celles dont
l'étamine, trop courte pour atteindre les stigmates, ne permet
pas l'autofécondation. Ces fleurs furent croisées avec le pollen d'un pied distinct. Des fleurs appartenant aux plants autofécondés de la deuxième génération furent de nouveau directe-

ment fécondées. Avec les deux lots de semences ainsi obtenues, on fit lever dans quatorze grands pots, vingt et un plants croisés et dix-neuf autofécondés du même âge formant la troisième génération. Arrivés à parfait développement, ces plants furent mesurés, et, par un singulier hasard, la hauteur moyenne des deux lots fut exactement pareille, c'est-à-dire de 0ᵐ,899, de façon que ni d'un côté ni de l'autre il n'y eut le moindre avantage. Pour confirmer ce résultat, tous les plants des deux côtés, dans dix pots sur quatorze, furent coupés à ras de terre après floraison, et, l'année suivante, les tiges furent mesurées de nouveau : cette fois les plants croisés surpassèrent légèrement (0ᵐ,041) les autofécondés. On les coupa encore, et, au moment de leur troisième floraison, les plants autofécondés avaient un léger avantage (0ᵐ,038) sur les croisés. Ainsi se trouva confirmé le résultat acquis avec ces plantes pendant les expériences précédentes, à savoir qu'aucun des deux lots n'eut d'avantage marqué sur l'autre. Il est bon, du reste, de mentionner que les plants autofécondés montrèrent quelque tendance à fleurir avant les croisés : ce fait se produisit dans les trois paires de plantes de la première génération, mais, pour les plants coupés de la troisième génération, un sujet autofécondé fleurit le premier dans neuf pots sur douze, tandis que dans les trois autres pots, un sujet croisé entra le premier en floraison.

Si nous prenons ensemble tous les plants des trois générations, nous voyons que les trente-quatre croisés eurent en moyenne 0ᵐ,898 de haut et que les trente-quatre autofécondés mesurèrent 0ᵐ,909, chiffres qui sont comme 100 est à 101. Nous pouvons donc conclure que les deux lots ont possédé un égal pouvoir de végétation, et c'est là, je crois, le résultat de l'autofécondation longtemps continuée, qui ajoutée à l'action de conditions semblables maintenues dans chaque génération, a finalement conduit les individus à acquérir une constitution très-rapprochée.

XXX. GRAMINÉES. — Zea maïs.

Cette plante est monoïque; elle fut choisie pour l'expérimentation à cause de cette particularité, aucune autre plante semblable n'ayant été jusqu'ici expérimentée [1]. Elle est aussi anémophile, c'est-à-dire fécondée par le vent, et parmi les plantes

[1] Hildebrand fait remarquer que cette espèce paraît, à première vue, adaptée pour l'autofécondation, parce que les fleurs mâles sont au-dessus des fleurs femelles; mais, en réalité, elle a généralement besoin d'être fécondée par le pollen d'une autre plante, parce que les fleurs mâles laissent choir leur pollen avant la maturité des ovaires. (*Monatsbericht der k. Akad.* Berlin, octobre 1872, p. 743.)

douées de cette propriété l'expérimentation n'avait porté jusqu'ici que sur la betterave commune. Quelques plants furent obtenus dans la serre et croisés avec du pollen pris sur un pied distinct; de plus un plant unique, placé séparément dans une autre partie de la serre, fut disposé pour se féconder lui-même spontanément. Les graines ainsi obtenues ayant été mises dans du sable humide, quand elles eurent germé par paires d'âge égal, on les plaça dans des points opposés de quatre très-grands pots, et néanmoins elles y furent considérablement entassées. On conserva les pots dans la serre. Les mesures des plants ne furent prises, jusqu'à la pointe de leurs feuilles, comme c'est indiqué dans le tableau suivant, que lorsqu'ils eurent atteint 0^m,30 à 0^m,60 de haut.

TABLEAU XCVII. — *Zea maïs.*

Numéros des pots	Plants croisés	Plants autofécondés
	mètres	mètres
I.	0,587	0,434
	0,300	0,509
	0,525	0,500
	0,550	0,500
II.	0,478	0,459
	0,537	0,475
	0,553	0,465
	0,509	0,381
III.	0,456	0,412
	0,540	0,450
	0,581	0,406
	0,525	0,450
IV.	0,553	0,318
	0,575	0,387
	0,300	0,450
Total.	7,572	6,590

Les quinze plants croisés ont ici en moyenne 0^m,509 et les quinze autofécondés 0^m,438 de haut, c'est-à-dire comme 100 à 87. M. Galton a donné, d'après la méthode décrite dans mon chapitre d'introduction, une représentation graphique des mesures ci-dessus et a ajouté la qualification « très-bonnes » aux courbes ainsi formées.

Après peu de temps, un des plants croisés du pot I mourut, un autre devint malade et rabougri, un troisième enfin n'atteignit jamais tout son développement. Ils parurent tous avoir été endommagés, peut-être par quelques larves qui rongèrent leurs racines. Tous les plants des deux côtés de ce pot furent donc écartés des mensurations suivantes. Parvenus à complet développement, les plants furent mesurés de nouveau jusqu'à la pointe de leurs plus hautes feuilles : les onze croisés donnèrent alors une moyenne de 1^m,702 et les autofécondés de 1^m,558, ou comme 100 est à 91. Dans tous les quatre pots, un plant croisé fleurit avant chaque autofécondé, mais trois des plants ne fleurirent pas du tout. Ceux qui arrivèrent à floraison furent mesurés jusqu'au sommet de leurs fleurs mâles; les dix plants croisés avaient en moyenne 1^m,662 de haut et les neuf autofécondés 1^m,539, ou comme 100 est à 93.

Les mêmes graines croisées et les autofécondées furent semées en grand nombre, au milieu de l'été, sous deux longues rangées, en pleine terre. Les plants autofécondés produisirent beaucoup moins de fleurs que les croisés, mais là où la floraison se produisit elle fut simultanée. Après complet développement, les dix plus grands plants dans chaque série furent choisis et mesurés à la fois, jusqu'à la pointe de leurs plus hautes feuilles et jusqu'au sommet de leurs fleurs mâles. Les plants croisés avaient, en hauteur moyenne, jusqu'à la pointe de leurs feuilles, 1^m,350, et les autofécondés 1^m,117, c'est-à-dire comme 100 est à 83 : mesurés jusqu'au sommet de leurs fleurs mâles, ils donnèrent en moyenne 1^m,348 et 1^m,087, ou comme 100 est à 80.

PHALARIS CANARIENSIS.

Hildebrand a montré, dans la note à laquelle il a été fait allusion pour l'espèce précédente, que cette graminée hermaphrodite est mieux adaptée pour la fécondation croisée que pour l'autofécondation. Plusieurs plants furent obtenus très-rapprochés dans la serre et les fleurs en furent mutuellement entre-croisées. On recueillit du pollen d'un seul plant vivant séparément et on le plaça sur les stigmates de ce même plant. Les semences qui en provinrent furent autofécondées, puisqu'elles avaient été imprégnées par le pollen de la même plante, mais elles peuvent aussi, par pur hasard, avoir reçu le pollen de la même fleur. Les deux lots de graines, après germination dans le sable, furent placés par paires dans des points opposés de quatre pots qui restèrent dans la serre. Quand les plants eurent un peu au-dessus d'un pied (0^m,305), leur mesure fut prise : les plants croisés donnèrent en moyenne 0^m,334 et les autofécondés 0^m,307, c'est-à-dire comme 100 est à 92.

Arrivés à complète floraison, les plants furent mesurés de nouveau jusqu'à l'extrémité de leurs chaumes, comme c'est indiqué dans le tableau suivant :

TABLEAU XCVIII. — *Phalaris canariensis.*

Numéros des pots	Plants croisés	Plants autofécondés
	mètres	mètres
I.	1,056	1,031
	0,993	1,137
II.	0,925	0,793
	1,237	0,931
	0,725	1,059
	0,925	0,871
III.	0,943	0,700
	0,887	0,700
	1,075	0,850
IV.	1,006	0,878
	0,925	0,862
Total. .	10,700	9,815

Les onze plants croisés eurent alors en hauteur moyenne 0^m,970, et les onze autofécondés 0^m,891 ; chiffres qui sont comme 100 est à 92, ce qui constitue la même proportion que dans la précédente mensuration. Différant en cela d'avec le cas du maïs, les plants croisés ne fleurirent pas avant les autofécondés : et quoique les deux lots aient donné très-peu de fleurs (ils avaient été conservés en pots dans la serre), cependant les plants autofécondés portèrent 28 têtes florales tandis que les croisés en eurent 20 seulement !

TABLEAU XCIX. — *Phalaris canariensis* (végétant en pleine terre).

Plants croisés les douze plus grands	Plants autofécondés les douze plus grands
mètres	mètres
0,853	0,881
0,896	0,775
0,900	0,825
0,890	0,800
0,890	0,790
0,903	0,900
0,918	0,825
0,968	0,800
0,956	0,878
0,890	0,840
0,853	0,856
0,865	0,875
10,737	10,050

Deux longues séries des mêmes graines furent semées en plein air et on prit soin qu'elles y fussent en nombre égal, mais une plus grande quantité de croisées que d'autofécondées donna des plantes. Les plants autofécondés ne furent donc pas entassés au même degré que les croisés, et eurent ainsi un avantage sur ces derniers. Arrivés à pleine floraison, les douze plus grands plants furent choisis avec grand soin dans les deux séries et mesurés comme c'est indiqué dans le tableau XCIX.

Les douze plants croisés mesurent ici en moyenne $0^m,893$ et les douze autofécondés $0^m,837$: c'est-à-dire comme 100 est à 93. Dans ce cas, les plants croisés fleurirent avant les autofécondés et différèrent ainsi de ceux qui vécurent en pots.

CHAPITRE VII.

Résumé sur la hauteur et le poids des plantes croisées et des autofécondées.

Nombre des espèces et des plants mesurés. — Tableaux. — Remarques préliminaires sur la descendance des plants croisés par un rameau nouveau. — Examen spécial de treize cas. — Effets du croisement d'un plant autofécondé, soit par un autre plant autofécondé, soit par un plant entre-croisé de la vieille souche. — Résumé des résultats. — Remarques préliminaires sur les plants croisés et autofécondés de la même souche. — Examen de trente-six cas exceptionnels dans lesquels les plants croisés ne surpassèrent pas de beaucoup en hauteur les autofécondés. — Ces cas, en majorité, sont démontrés ne pas constituer des exceptions réelles à la règle qui veut que la fécondation croisée soit favorable. — Résumé des résultats. — Poids relatifs des plants croisés et autofécondés.

Les détails que j'ai donnés à propos de chaque espèce sont si nombreux et si compliqués qu'il est nécessaire d'en présenter les résultats sous forme de tableaux. Dans le tableau A, on a porté le nombre des plants de chaque espèce qui furent obtenus d'un croisement entre deux individus de la même souche provenant de semences autofécondées, ainsi que leurs hauteurs moyennes. Dans la colonne de droite, est indiquée la proportion entre la hauteur moyenne des plants croisés et celle des plants autofécondés, les premiers étant représentés par le chiffre 100. Afin de rendre ces propositions plus claires, il est bon de prendre un exemple. Dans la première génération de l'Ipomœa, six plants provenant d'un croisement entre deux pieds ayant été mesurés, leur hauteur moyenne fut de $2^m,150$; six plants dérivés des fleurs du même générateur fécondées avec leur propre pollen ayant été mesurés, leur hauteur moyenne fut de 1m,643. Il s'ensuit que, comme c'est indiqué dans la colonne de droite, si l'on représente la hauteur moyenne des plants croisés par le chiffre 100, celle des plants autofécondés sera de 76. Le même procédé est appliqué à toutes les autres espèces.

Les plants croisés et les autofécondés furent généralement cultivés en compétition avec d'autres sujets et toujours au milieu de conditions aussi semblables que possible. Du reste, ils furent quelquefois obtenus en pleine terre et en rangées séparées. Dans plusieurs espèces, les plants croisés furent croisés à nouveau et les plants autofécondés furent de nouveau fécondés par eux-mêmes : on mesura les générations successives ainsi obtenues comme c'est indiqué dans le tableau A. En raison de cette manière de procéder, les plants croisés devinrent, dans les dernières générations, d'une parenté plus ou moins étroite.

Dans le tableau B, les poids relatifs des plants croisés et des autofécondés, coupés après floraison, sont donnés dans les quelques cas où ces poids furent déterminés. Ces résultats sont, je pense, plus frappants et d'une plus grande valeur, au point de vue de la vigueur constitutionnelle, que ceux déduits de la hauteur relative des plants.

Le tableau C est le plus important, car il renferme la hauteur relative, le poids et la fécondité des plants obtenus de parents croisés par un rameau nouveau (c'est-à-dire, par des plants non alliés vivant dans des conditions différentes) ou par une sous-variété distincte, le tout comparé avec les mêmes propriétés dans les plants autofécondés ou, dans quelques cas, avec celles de la même vieille souche entre-croisée durant plusieurs générations. La fécondité relative des plants de ce tableau et d'autres encore sera plus complétement examinée dans un des chapitres suivants.

Poids relatifs des plantes provenant de parents soit croisés avec le pollen d'autres plantes de la même souche, soit autoféconds.

NOMS DES PLANTES	Nombre des plants croisés mesurés	Hauteur moyenne en mètres des plants croisés	Nombre des plants auto-fécondés mesurés	Hauteur moyenne en mètres des plants autofécondés	Hauteur moyenne des plants croisés comparée à celle des autofécondés, les premiers sont indiqués par le chiffre 100
Ipomœa purpurea, 1re génération	6	2,150	6	1,641	comme 100 est à 76
Ipomœa purpurea, 2e génération	6	2,106	6	1,658	— — 79
Ipomœa purpurea, 3e génération	6	1,935	6	1,320	— — 68
Ipomœa· purpurea, 4e génération	7	1,744	7	1,504	— — 86
Ipomœa purpurea, 5e génération	6	2,063	6	1,558	— — 75
Ipomœa purpurea, 6e génération	6	2,187	6	1,579	— — 72
Ipomœa purpurea, 7e génération	9	2,099	9	1,706	— — 81
Ipomœa purpurea, 8e génération	8	2,831	8	2,416	— — 85
Ipomœa purpurea, 9e génération	14	2,034	14	1,601	— — 79
Ipomœa purpurea, 10e génération	5	2,342	5	1,260	— — 54
Nombre et hauteur moyenne de tous les plants des dix générations	73	2,126	73	1,651	— — 77
Mimulus luteus, trois premières générations avant l'apparition de la variété nouvelle et plus grande	10	0,205	10	0,132	— — 65
Digitalis purpurea	16	1,283	8	0,897	— — 70
Calceolaria (variété commune de serre)	1	0,487	1	0,375	— — 77
Linaria vulgaris	3	0,177	3	0,143	— — 81
Verbascum thapsus	6	1,583	6	1,412	— — 86
Vandellia nummularifolia, plants croisés et autofécondés obtenus de fleurs parfaites	20	0,107	20	0,106	— — 99
Vandellia nummularifolia, plants croisés et autofécondés obtenus de fleurs parfaites : seconde expérience, plants entassés	24	0,085	24	0,084	— — 94

TABLEAU A. — *(Suite.)*

NOMS DES PLANTES	Nombre des plants croisés mesurés	Hauteur moyenne en mètres des plants croisés	Nombre des plants auto-fécondés mesurés	Hauteur moyenne en mètres des plants autofécondés	Hauteur moyenne des plants croisés comparée à celle des autofécondés, les premiers sont pris comme 100
Vandellia nummularifolia, plants croisés obtenus de fleurs parfaites, et plants autofécondés obtenus de fleurs cléistogènes.	20	0,107	20	0,101	comme 100 est à 94
Gesneria pendulina......	8	0,802	8	0,729	— — 90
Salvia coccinea..........	6	0,696	6	0,529	— — 76
Origanum vulgare.......	4	0,500	4	0,428	— — 86
Thunbergia alata........	6	1,500	6	1,625	— — 108
Brassica oleracea........	9	1,026	9	0,975	— — 95
Iberis umbellata, les plants autofécondés de la 3° génération..............	7	0,478	7	0,408	— — 86
Papaver vagum..........	15	0,545	15	0,488	— — 89
Eschscholtzia californica, rameau anglais, 1ʳᵉ génération.................	4	0,741	4	0,638	— — 86
Eschscholtzia californica, rameau anglais, 2° génération	11	0,812	11	0,820	— — 101
Eschscholtzia californica, rameau brésilien, 1ʳᵉ génération.................	14	1,114	14	1,128	— — 101
Eschscholtzia californica, rameau brésilien, 2° génération.................	18	1,083	19	1,257	— — 116
Eschscholtzia californica, hauteur moyenne et nombre de tous les plants....	47	1,000	48	1,067	— — 107
Reseda lutea, végétant en pots....................	24	0,433	24	0,365	— — 85
Reseda lutea, végétant en pleine terre.............	8	0,701	8	0,579	— — 82
Reseda odorata, semences autofécondées provenant d'un plant fortement fertile par lui-même, végétant en pot	19	0,686	19	0,562	— — 82
Reseda odorata, semences autofécondées provenant d'un plant fortement fertile par lui-même, végétant en pleine terre.....	8	0,643	8	0,676	— — 105
Reseda odorata, semences autofécondées provenant					

Tableau A. — *(Suite.)*

NOMS DES PLANTES	Nombre des plants croisés mesurés	Hauteur moyenne en mètres des plants croisés	Nombre des plants auto-fécondés mesurés	Hauteur moyenne en mètres des plants autofécondés	Hauteur moyenne des plants croisés comparée à celle des autofécondés, les premiers sont pris comme 100
d'un plant à demi auto-stérile, vivant en pot....	20	0,749	20	0,693	comme 100 est à 92
Reseda odorata, semences autofécondées provenant d'un plant à demi auto-stérile, végétant en pleine terre	8	0,648	8	0,587	— — 90
Viola tricolor............	14	0,138	14	0,059	— — 42
Adonis œstivalis.........	4	0,356	4	0,357	— — 100
Delphinium consolida....	6	0,373	6	0,312	— — 84
Viscaria oculata.........	15	0,862	15	0,838	— — 97
Dianthus caryophyllus, pleine terre, environ....	6 ?	0,700 ?	6 ?	0,600 ?	— — 86
Dianthus caryophyllus, 2ᵉ génération entassée en pots..................	8	0,709	8	0,705	— — 99
Dianthus caryophyllus, descendance de plants de la 3ᵉ génération autofécon-dée croisés avec des plants entre-croisés de la 3ᵉ gé-nération; comparée avec les plants de la 4ᵉ généra-tion autofécondée.......	15	0,700	10	0,663	— — 95
Dianthus caryophyllus, nombre et hauteur moyⁿ de tous les plants.......	31	0,684	26	0,633	— — 92
Hibiscus africanus.......	4	0,331	4	0,361	— — 109
Pelargonium zonale.....	7	0,559	7	0,416	— — 74
Tropœolum minus.......	8	1,461	8	1,150	— — 79
Limnanthes douglasii...	16	0,436	16	0,346	— — 79
Lupinus luteus, 2ᵉ généra-tion..................	8	0,770	8	0,630	— — 82
Lupinus pilosus, plants de deux générations.......	2	0,875	3	0,762	— — 86
Phaseolus multiflorus....	5	2,150	5	2,058	— — 96
Pisum sativum..........	4	0,865	4	0,992	— — 115
Sarothamnus scoparius, petits semis............	6	0,073	6	0,033	— — 46
Sarothamnus scoparius, les trois survivants de chaque côté, après trois ans de végétation.......	—	0,473	—	0,296	— — 63
Ononis minutissima.....	2	0,473	2	0,434	— — 88
Clarkia elegans..........	4	0,837	4	0,961	— — 82

16

TABLEAU A. — *(Suite.)*

NOMS DES PLANTES	Nombre des plants croisés mesurés	Hauteur moyenne en mètres des plants croisés	Nombre des plants autofécondés mesurés	Hauteur moyenne en mètres des plants autofécondés	Hauteur moyenne des plants croisés comparée à celle des autofécondés, les premiers sont pris comme 100
Bartonia aurea	8	0,615	8	0,657	comme 100 est à 107
Passiflora gracilis	2	1,225	2	1,275	— — 104
Apium petroselinum	?	non mesurés	?	non mesurés	— — 100
Scabiosa atro-purpurea	4	0,428	4	0,383	— — 90
Lactuca sativa, plants de deux générations	7	0,486	6	0,400	— — 82
Specularia speculum	4	0,482	4	0,473	—. — 98
Lobelia ramosa, 1ʳᵉ génération	4	0,556	4	0,459	— — 82
Lobelia ramosa, 2ᵉ génération	3	0,583	3	0,475	— — 81
Lobelia fulgens, 1ʳᵉ génération	2	0,868	2	1,106	— — 127
Lobelia fulgens, 2ᵉ génᵗⁱᵒⁿ .	23	0,746	23	0,678	— — 91
Nemophila insignis, à moitié croissance	12	0,277	12	0,136	— — 49
Nemophila insignis, croissance complète	—	0,832	—	0,497	— — 60
Borrago officinalis	4	0,517	4	0,529	— — 102
Nolana prostrata	5	0,318	5	0,335	— — 105
Petunia violacea, 1ʳᵉ génération	5	0,770	5	0,650	— — 84
Petunia violacea, 2ᵉ génération	4	0,112	6	0,656	— — 65
Petunia violacea, 3ᵉ génération	8	1,023	8	1,347	— — 131
Petunia violacea, 4ᵉ génération	15	1,170	14	0,809	— — 69
Petunia violacea, 4ᵉ génération, de parents distincts	13	1,118	13	0,672	— — 60
Petunia violacea, 5ᵉ génération	22	1,353	21	0,831	— — 61
Petunia violacea, 5ᵉ génération, pleine terre	10	0,956	10	0,582	— — 61
Petunia violacea, nombre et hauteur moyenne de tous les plants en pots...	67	1,163	67	0,828	— — 71
Nicotiana tabacum, 1ʳᵉ génération	4	0,462	4	0,818	— — 178
Nicotiana tabacum, 2ᵉ génération	9	1,346	7	1,294	— — 96
Nicotiana tabacum, 3ᵉ génération	7	2,381	7	1,990	— — 83

Tableau A. — *(Suite.)*

NOMS DES PLANTES	Nombre des plants croisés mesurés	Hauteur moyenne en mètres des plants croisés	Nombre des plants auto-fécondés mesurés	Hauteur moyenne en mètres des plants autofécondés	Hauteur moyenne des plants croisés comparée à celle des autofécondés, les premiers sont pris comme 100		
Nicotiana tabacum, 3ᵉ génération, obtenue d'un plant distinct...........	7	1,769	9	1,782	comme 100 est à 101		
Nicotiana tabacum, nombre et hauteur moyenne de tous les plants........	27	1,587	27	1,531	—	—	96
Cyclamen persicum......	8	0,237	8?	0,187	—	—	79
Anagallis collina........	6	1,055	6	0,833	—	—	69
Primula sinensis, espèce dimorphe...............	8	0,225	8	0,226	—	—	100
Fagopyrum esculentum, espèce dimorphe........	15	0,950	15	0,653	—	—	69
Beta vulgaris, en pots....	8	0,000	8	0,000	—	—	87
Beta vulgaris, pleine terre.	8	0,773	8	0,767	—	—	99
Canna warscewiczi, plants de trois générations.....	34	0,899	34	0,910	—	—	101
Zea maïs, en pots, mesurés pendant leur jeunesse jusqu'à la pointe de leurs feuilles................	15	0,505	15	0,439	—	—	87
Zea maïs, parvenus à complet développement après la mort de quelques sujets, mesurés jusqu'au sommet des feuilles.............	—	1,662	—	1,540	—	—	91
Zea maïs, parvenus à complet développement après la mort de quelques sujets, mesurés jusqu'au sommet des inflorescences.......	—	0,000	—	0,000	—	—	93
Zea maïs, en pleine terre, mesurés jusqu'à la pointe de leurs feuilles........	10	1,350	10	1,113	—	—	83
Zea maïs, végétant en pleine terre, mesurés jusqu'au sommet de leurs fleurs..	—	1,349	—	1,086	—	—	80
Phalaris canariensis, en pots.......................	11	0,972	11	0,891	—	—	92
Phalaris canariensis, en pleine terre.............	12	0,893	12	0,837	—	—	93

TABLEAU B.

Poids relatifs des plants autofécondés et des plants issus de parents croisés avec le pollen de plants distincts du même rameau.

NOMS DES PLANTES	Nombre des plants croisés	Nombre des plants auto-fécondés	Poids des plants croisés pris comme 100
Ipomœa purpurea, plants de la 10ᵉ génération	6	6	comme 100 est à 44
Vandellia nummularifolia, 1ʳᵉ génération	41	41	— — 97
Brassica oleracea, 1ʳᵉ génération.	9	9	— — 37
Eschscholtzia californica, plants de la 2ᵉ génération	19	19	— — 118
Reseda lutea, 1ʳᵉ génération, végétant en pots	24	24	— — 21
Reseda lutea, 1ʳᵉ génération, en pleine terre	8	8	— — 40
Reseda odorata, 1ʳᵉ génération, provenant d'un plant fortement fertile par lui-même, végétant en pots	19	19	— — 67
Reseda odorata, 1ʳᵉ génération, provenant d'un plant à demi autostérile, végétant en pots	20	20	— — 99
Dianthus caryophyllus, plants de la 3ᵉ génération	8	8	— — 49
Petunia violacea, plants de la 5ᵉ génération, en pots	22	21	— — 22
Petunia violacea, plants de la 5ᵉ génération, en pleine terre	10	10	— — 36

Tableau C. — *Hauteurs relatives, poids et fécondité des plants issus de parents croisés par un rameau nouveau, et de parents ou autofécondés ou entre-croisés avec des plants du même rameau.*

NOMS DES PLANTES ET NATURE DES EXPÉRIENCES	Nombre des plants provenant d'un croisement avec un rameau nouveau	Hauteur moyenne en mètres et poids	Nombre des plants provenant de parents autofécondés ou entre-croisés du même rameau	Hauteur moyenne en mètres et poids	Hauteur, poids et fécondité des plants provenant d'un croisement avec un rameau nouveau, pris comme 100
Ipomœa purpurea, descendance de plants entre-croisés durant 9 générations et ensuite croisés par un rameau nouveau, comparée avec les plants de la 10ᵉ génération	19	2,100	19	1,624	comme 100 est à 78
Ipomœa purpurea, descendance de plants entre-croisés pendant 9 génᵗⁱᵒⁿˢ successives et croisés ensuite par un rameau nouveau, comparée comme fécondité aux plants de la 10ᵉ génération entre-croisée.	—	—	—	—	51
Mimulus luteus, descendance de plants autofécondés pendant 8 générations et ensuite croisés par un rameau nouveau, comparée avec les plants de la 9ᵉ génération autofécondée.	28	0,540	19	0,261	52
Mimulus luteus, descendance de plants autofécondés pendant 8 générations et ensuite croisés par un rameau nouveau, comparée comme fécondité aux plants de la 9ᵉ génération autofécondée	—	—	—	—	3
Mimulus luteus, descendance de plants autofécondés pendant 8 générations et croisés par un rameau nouveau, comparée à la descendance d'un plant autofécondé pendant 8 générations et ensuite entre-croisé avec un autre plant autofécondé de la même génération............	28	0,541	27	0,305	56

TABLEAU C. — *(Suite.)*

NOMS DES PLANTES ET NATURE DES EXPÉRIENCES	Nombre des plants provenant d'un croisement avec un rameau nouveau	Hauteur moyenne en mètres et poids	Nombre des plants provenant de parents autofécondés ou entre-croisés du même rameau	Hauteur moyenne en mètres et poids	Hauteur, poids et fécondité des plants provenant d'un croisement avec un rameau nouveau, pris comme 100
Mimulus luteus, descendance de plants autofécondés pendant 8 générations, puis croisés par un rameau nouveau, comparée comme fécondité à la descendance d'un plant autofécondé pendant huit générations, puis entre-croisé avec un autre plant autofécondé de la même génération.....	—	—	—	—	comme 100 est à 4
Brassica oleracea, descendance de plants autofécondés pendant 2 générations, puis croisés par un rameau nouveau, comparée, *comme poids*, aux plants de la 3° génération autofécondée................	6	—	6	—	— 22
Iberis umbellata, descendance issue d'une variété anglaise croisée par une variété algérienne légèrement différente, comparée à la descendance autofécondée de la variété anglaise................	30	0,433	29	0,387	— 89
Iberis umbellata, descendance d'une variété anglaise croisée par une variété algérienne légèrement différente, comparée à la descendance autofécondée de la variété anglaise, au point de vue de la fécondité.............	19	1,148	19	1,257	— 109
Eschscholtzia californica, descendance d'une branche brésilienne avec une branche anglaise, comparée aux plants du rameau brésilien de la 2° génération autofécondée.......	—	—	—	—	— 75

Tableau C. — *(Suite.)*

NOMS DES PLANTES ET NATURE DES EXPÉRIENCES	Nombre des plants provenant d'un croisement avec un rameau nouveau	Hauteur moyenne en mètres et poids	Nombre des plants provenant de parents autofécondés ou entre-croisés du même rameau	Hauteur moyenne en mètres et poids	Hauteur, poids et fécondité des plants provenant d'un croisement avec un rameau nouveau, pris comme 100
Eschscholtzia californica, descendance d'une branche brésilienne, croisée par une branche anglaise, comparée, comme poids, aux plants du rameau brésilien de la 2ᵉ génération autofécondée..............	—	—	—	—	comme 100 est à 118
Eschscholtzia californica, descendance d'un rameau brésilien croisé par un rameau anglais, comparée avec les plants de souche brésilienne de la 2ᵉ génétion au point de vue de la fécondité	—	—	—	—	40
Eschscholtzia californica, descendance d'un rameau brésilien croisé par un rameau anglais, comparée comme hauteur aux plants du rameau brésilien de la 2ᵉ génération entre-croisée.................	19	1,148	18	1,084	94
Eschscholtzia californica, descendance d'un rameau brésilien croisé avec un rameau anglais, comparée, comme poids, aux plants du rameau brésilien de la 2ᵉ génération entre-croisée..............	—	—	—	—	100
Eschscholtzia californica, descendance d'un rameau brésilien croisé avec un rameau anglais, comparée aux plants du rameau brésilien de la 2ᵉ génération, comme fécondité.........	—	—	—	—	45

TABLEAU C. — *(Suite.)*

NOMS DES PLANTES ET NATURE DES EXPÉRIENCES	Nombre des plants provenant d'un croisement avec un rameau nouveau	Hauteur moyenne en mètres et poids	Nombre des plants provenant de parents autofécondés ou entre-croisés du même rameau	Hauteur moyenne en mètres et poids	Hauteur, poids et fécondité des plants provenant d'un croisement avec un rameau nouveau, pris comme 100
Dianthus caryophyllus, descendance de plants autofécondés pendant 3 générations, puis croisés avec un rameau nouveau, comparée aux plants de la 4ᵉ génération autofécondée......	16	0,821	10	0,663	comme 100 est à 81
Dianthus caryophyllus, descendance de plants autofécondés pendant 3 générations, puis croisés par un rameau nouveau, comparée, comme fécondité, avec les plants de la 4ᵉ génération autofécondée....	—	—	—	—	— 33
Dianthus caryophyllus, descendance de plants autofécondés pendant 3 générations, puis croisés par un rameau nouveau, comparée à la descendance des plants autofécondés pendant 3 générations, puis croisés avec des plants de la 3ᵉ génération autofécondée...............	16	0,820	15	0,700	— 85
Dianthus caryophyllus, descendance de plants autofécondés pendant 3 générations, puis croisés par un rameau nouveau, comparée au point de vue de la fécondité à la descendance des plants autofécondés pendant 3 générations, puis croisés par les plants de la 3ᵉ génération entre-croisée...........	—	—	—	—	— 45

TABLEAU C. — *(Suite.)*

NOMS DES PLANTES ET NATURE DES EXPÉRIENCES	Nombre des plants provenant d'un croisement avec un rameau nouveau	Hauteur moyenne en mètres et poids	Nombre des plants provenant de parents autofécondés ou entre-croisés du même rameau	Hauteur moyenne en mètres et poids	Hauteur, poids et fécondité des plants provenant d'un croisement avec un rameau nouveau, pris comme 100	
Pisum sativum, descendance d'un croisement entre deux variétés très-rapprochées, comparée avec la descendance autofécondée d'une des variétés ou avec les plants entre-croisés du même rameau....	?	—	?	—	comme 60 est à 75	
Lathyrus odoratus, descendance de deux variétés différant seulement par la couleur de leurs fleurs, comparée à la descendance autofécondée de l'une des variétés : à la 1re génération.................	2	1,981	2	1,593	— 100	80
Lathyrus odoratus, descendance de deux variétés différant seulement par la couleur de leurs fleurs, comparée à la descendance autofécondée de l'une des variétés : à la 2e génération	6	1,573	6	1,383	— —	88
Petunia violacea, descendance de plants autofécondés pendant quatre générations, puis croisés par un rameau nouveau, comparée, comme hauteur, aux plants de la 5e génération autofécondée.....	21	1,250	21	0,831	— —	66
Petunia violacea, descendance de plants autofécondés pendant quatre générations, puis croisés par un rameau nouveau, comparée, comme poids, aux plants de la 5e génération autofécondée.:.........	—	—	—	—	— —	23

TABLEAU C. — *(Suite.)*

NOMS DES PLANTES ET NATURE DES EXPÉRIENCES	Nombre des plants provenant d'un croisement avec un rameau nouveau	Hauteur moyenne en mètres et poids	Nombre des plants provenant de parents autofécondés ou entre-croisés du même rameau	Hauteur moyenne en mètres et poids	Hauteur, poids et fécondité des plants provenant d'un croisement avec un rameau nouveau, pris comme 100
Petunia violacea, descendance de plants autofécondés pendant quatre générations, puis croisés par un rameau nouveau, comparée, comme hauteur, aux plants de la 3ᵉ génération autofécondée, végétant en pleine terre......	10	0,917	10	0,582	comme 100 est à 63
Petunia violacea, descendance de plants autofécondés pendant quatre générations, puis croisés par un rameau nouveau, comparée, comme poids, aux plants de la 5ᵉ génération autofécondée, végétant en pleine terre............	—	—	--	—	— 53
Petunia violacea, descendance de plants autofécondés pendant quatre générations, puis croisés par un rameau nouveau, comparée, comme fécondité, aux plants de la 5ᵉ génération autofécondée, vivant en pleine terre.....	—	—	—	—	— 46
Petunia violacea, descendance de plants autofécondés pendant quatre générations, puis croisés par un rameau nouveau, comparée, comme hauteur, aux plants de la 5ᵉ génération entre-croisée....:.	21	1,250	22	1,353	— 108
Petunia violacea, descendance de plants autofécondés pendant quatre générations, puis croisés par un rameau nouveau, comparée, comme poids, aux plants de la 5ᵉ génération entre-croisée............	—	—	—	—	— 101

Tableau C. — *(Suite.)*

NOMS DES PLANTES ET NATURE DES EXPÉRIENCES	Nombre des plants provenant d'un croisement avec un rameau nouveau	Hauteur moyenne en mètres et poids	Nombre des plants provenant de parents autofécondés ou entre-croisés du même rameau	Hauteur moyenne en mètres et poids	Hauteur, poids et fécondité des plants provenant d'un croisement avec un rameau nouveau, pris comme 100
Petunia violacea, descendance de plants autofécondés pendant 4 génér., puis croisés par un rameau nouveau, comparée, comme hauteur, aux plants de la 5ᵉ génération entre-croisée, vivant en pleine terre...	10	0,917	10	0,956	comme 100 est à 104
P. violacea, descendance de plants autofécondés pendant 4 générations, puis croisés par un rameau nouveau, comparée, comme poids, aux plants de la 5ᵉ génération entre-croisée, vivant en pleine terre...	—	—	—	—	— 146
P. violacea, descendance de plants autofécondés pendant 4 générations, puis croisés par un rameau nouveau, comparée, comme fécondité, aux plants de la 5ᵉ génération entre-croisée, végétant en pleine terre..	—	—	—	—	— 54
Nicotiana tabacum, descendance de plants autofécondés pendant trois générations, puis croisés par une variété légèrement différente, comparée, en hauteur, aux plants de la 4ᵉ génération autofécondée, végétant en pots sans être trop entassée.......	26	1,582	26	1,041	— — 66
N. tabacum, descendance de plants autofécondés pendant 3 générations, puis croisés par une variété légèrement différente, comparée, en hauteur, aux plants de la 4ᵉ génér. autofécondée, vivant en pots sans y être trop entassée.	12	0,793	12	0,430	— — 54

TABLEAU C. — *(Suite.)*

NOMS DES PLANTES ET NATURE DES EXPÉRIENCES	Nombre des plants provenant d'un croisement avec un rameau nouveau	Hauteur moyenne en mètres et poids	Nombre des plants provenant de parents autofécondés ou entre-croisés du même rameau	Hauteur moyenne en mètres et poids	Hauteur, poids et fécondité des plants provenant d'un croisement avec un rameau nouveau, pris comme 100
Nicotiana tabacum, descendance de plants autoféondés pendant trois générations, puis croisés par un rameau nouveau, comparée, comme poids, aux plants de la 4e génération autoféondée, végétant en pots sans y être trop entassée	—	—	—	—	comme 100 est à 37
Nicotiana tabacum, descendance de plants autoféondés pendant trois générations, puis croisés par une variété légèrement différente, comparée, en hauteur, aux plants de la 4e génération autoféondée, végétant en pleine terre	20	1,218	20	0,880	— — 72
Nicotiana tabacum, descendance de plants autoféondés pendant trois générations, puis croisés par une variété légèrement différente, comparée, en poids, aux plants de la 4e génération autoféondée, végétant en pleine terre	—	—	—	—	— — 63
Anagallis collina, descendance d'une variété rouge croisée par une bleue, comparée avec la descendance autoféondée de la variété rouge..........	3	0,690	3	0,455	— — 66
Anagallis collina, descendance d'une variété rouge croisée par une bleue, comparée, comme fécondité, à la descendance autoféondée de la variété rouge	—	—	—	—	— — 6

TABLEAU C. — *(Suite.)*

NOMS DES PLANTES ET NATURE DES EXPÉRIENCES	Nombre des plants provenant d'un croisement avec un rameau nouveau	Hauteur moyenne en mètres et poids	Nombre des plants provenant de parents autofécondés ou entre-croisés du même rameau	Hauteur moyenne en mètres et poids	Hauteur, poids et fécondité des plants provenant d'un croisement avec un rameau nouveau, pris comme 100
Primula veris, descendance de plants à longs styles de la 3ᵉ génération illégitime croisée par un rameau nouveau, comparée aux plants de la 4ᵉ génération illégitime et autofécondée...............	8	0,176	8	0,081	comme 100 est à 46
Primula veris, descendance de plants à longs styles de la 3ᵉ génération illégitime, croisée par un rameau nouveau, comparée, comme fécondité, aux plants de la 4ᵉ génération illégitime et autofécondée....................	—	—	—	—	5
Primula veris, descendance de plants à longs styles de la 3ᵉ génération illégitime, croisée par un rameau nouveau, comparée, comme fécondité, aux plants de la 4ᵉ génération illégitime et autofécondée, l'année suivante.........	—	—	—	—	3,5
Primula veris (variété isostylée et à fleurs rouges) — descendance de plants autofécondés pendant deux générations, puis croisés par une variété différente, comparée aux plants de la 3ᵉ génération........	3	0,216	3	0,183	85
Primula veris (variété isostylée et à fleurs rouges) — descendance de plants autofécondés pendant deux générations, puis croisés par une variété différente, comparée, comme fécondité, aux plants de la 3ᵉ génération autofécondée ...	—	—	—	—	11

Ces trois tableaux contiennent les mesures de cinquante-sept espèces de plantes appartenant à cinquante-deux genres et à trente grandes familles naturelles. Ces espèces sont originaires de diverses parties du monde. Le nombre des plants croisés, renfermant ceux qui dérivent d'un croisement entre plants du même rameau et de deux rameaux différents, s'élève à 1101, et le nombre de plants autoféconés (renfermant dans le tableau C quelques sujets issus d'un croisement entre plants du même rameau ancien) est de 1076. Leur accroissement fut observé depuis leur germination dans les graines jusqu'à leur maturité; la plupart d'entre eux furent mesurés deux fois, et quelques-uns à trois reprises. Les précautions variées qui furent prises dans le but d'éviter qu'un lot fût favorisé mal à propos, ont été décrites dans le chapitre d'introduction. Si l'on se rappelle toutes ces circonstances, on admettra facilement que nous avons une base sérieuse d'appréciation pour juger les effets comparés de la fécondation croisée et de l'autofécondation sur l'accroissement de la descendance.

Il me paraît utile d'examiner d'abord les résultats indiqués dans le tableau C; cette méthode nous permettra la discussion incidente de quelques points importants. Si le lecteur veut bien regarder la colonne de droite de ce tableau, il verra d'un seul coup d'œil quel avantage extraordinaire, en hauteur, en poids et en fécondité, possèdent sur les autofécondées comme sur les entre-croisées de la même vieille souche, les plantes issues d'un croisement avec un rameau nouveau ou avec une autre sous-variété. — Il n'existe que deux exceptions à cette règle et encore n'ont-elles pas toute la réalité voulue. Dans le cas de l'Eschscholtzia, l'avantage porte seulement sur la fécondité. Dans celui du Petunia, quoique les plants dérivés d'un croisement avec un rameau nouveau eussent une supériorité immense, en hauteur, en poids et en fécondité, sur les autofécondés, ils furent néanmoins battus, en hauteur, en poids, mais pas en fécondité, par les plants entre-croisés de la même vieille souche. Il a été démontré, du reste, que la supériorité de ces plants entre-croisés, en hauteur et en poids, n'était, selon toute probabilité, qu'apparente; car s'il avait été permis aux deux séries de s'accroître pendant un mois encore, il est presque certain que les plants issus d'un croisement avec le nouveau rameau auraient été victorieux, sur tous les points, des plants entre-croisés..

Avant d'aborder le détail des différents cas portés dans le tableau C, quelques remarques préliminaires sont nécessaires. Il est de la plus claire évidence, comme nous allons le voir, que l'avantage résultant d'un croisement dépend entièrement de ce que les plants croisés offrent une constitution légèrement différente, et que les désavantages entraînés par l'autofécondation sont liés à la manière d'être des deux éléments générateurs, qui, associés dans la même fleur hermaphrodite, y sont doués d'une constitution étroitement semblable. Un certain degré de différenciation dans les éléments sexuels paraît indispensable pour assurer et la complète fécondité des parents et l'entière vigueur de la descendance. Tous les individus de la même espèce, bien que produits dans des conditions naturelles, diffèrent les uns des autres (quelque peu et souvent bien légèrement) comme caractères extérieurs et probablement comme constitution. Cette proposition s'applique évidemment aux variétés de la même espèce, pour ce qui touche aux caractères extérieurs, et beaucoup de preuves pourraient être données pour démontrer qu'elles présentent généralement une certaine différenciation constitutive.— On peut à peine mettre en doute que les différences de toutes sortes qui existent entre les individus et les variétés de la même espèce dépendent largement et, je le croirais volontiers, exclusivement, de ce que leurs progéniteurs ont été assujettis à des conditions différentes, et cela quoique les conditions auxquelles les individus de la même espèce sont soumis

à l'état naturel, nous paraissent à tort être semblables. —
Par exemple,. les individus végétant côte à côte sont
nécessairement exposés au même climat et nous paraissent
à première vue être soumis à des conditions absolument
identiques ; mais cette identité peut difficilement se réaliser,
si ce n'est dans le cas peu fréquent où chaque plant est
entouré d'autres espèces de plantes, toujours en même
nombre proportionnel. Les plantes environnantes absor-
bant, en effet, dans le sol, des quantités différentes de diverses substances, influent ainsi considérablement sur
la nutrition et même sur la vie des individus de quelques
espèces particulières. Ces dernières se trouvent ainsi, d'une
part, ombragées par ces voisines, et de l'autre affectées par
la nature des plantes environnantes. Du reste, les semences
dorment souvent en terre et celles qui, chaque année,
arrivent à germination, ont souvent été mûries dans des
saisons fort différentes. Les semences sont dispersées à une
grande distance par des moyens variés : quelques-unes
sont occasionnellement apportées de stations très-éloignées
où leurs géniteurs ont vécu dans des conditions quelque
peu dissemblables, et les plants qui en résultent, s'entre-croi-
sant avec les vieux résidents, mêlent ainsi dans mille proportions leurs particularités constitutives.

Lorsqu'elles sont soumises pour la première fois à la
culture, les plantes, même dans leur pays d'origine, ne
peuvent manquer d'être exposées à des conditions d'existence très-différentes, spécialement parce qu'elles végètent
dans une terre dégagée et qu'elles n'ont pas à entrer en compétition avec des plantes environnantes, en petit ou en grand
nombre. Elles sont ainsi mises en état d'absorber tout ce qui
leur est nécessaire dans le contenu du sol. Des semences récentes sont souvent apportées de jardins éloignés où les plants
générateurs ont été assujettis à des conditions différentes.
Les plantes cultivées, comme celles qui vivent à l'état naturel, s'entre-croisent fréquemment et mêlent aussi leurs par-

ticularités constitutionnelles. D'un autre côté, tant que les individus d'une espèce sont cultivés dans le même jardin, ils y demeurent apparemment assujettis à des conditions plus uniformes que les plants vivant à l'état naturel, parce qu'ils n'ont pas à lutter contre les différentes espèces environnantes. Les graines semées simultanément dans un jardin ont été généralement mûries dans la même saison et à la même place, et en cela elles diffèrent considérablement des graines semées par les soins de la nature. Quelques plantes exotiques, n'étant plus fréquentées par les insectes indigènes dans leurs nouvelles résidences, cessent dès lors d'être entre-croisées : c'est là, selon toute apparence, un facteur très-important qui pousse ces individus à acquérir l'uniformité de constitution.

Dans mes expériences, j'ai pris le plus grand soin pour que, à chaque génération, tous les plants croisés et les tous autofécondés fussent assujettis aux mêmes conditions. Ces conditions ne furent cependant pas absolument identiques, car les sujets les plus vigoureux doivent avoir dérobé aux plus faibles, non-seulement la nourriture, mais encore l'humidité quand la terre devenait sèche, et, de plus, les lots placés d'un côté du pot doivent avoir reçu un peu plus de lumière que ceux placés du côté opposé. Dans les générations successives, les plantes subirent des conditions quelque peu différentes, car les saisons variaient nécessairement et ces générations furent obtenues à des périodes différentes de l'année. Mais, comme ces plantes furent toutes conservées sous verre, les changements de température et d'humidité qu'elles subirent furent beaucoup moins brusques et moins sensibles que ceux auxquels sont exposées les plantes végétant en plein air. Pour ce qui touche aux plantes croisées, leurs premiers générateurs qui n'étaient unis par aucun lien de parenté, doivent avoir presque certainement présenté quelque différence constitutive, et ces particularités de constitution durent être différemment mé-

langées dans chaque génération entre-croisée. Elles y furent,
en effet, quelquefois augmentées, plus communément neu-
tralisées à un degré plus ou moins élevé, enfin quelquefois
ravivées par ativisme : ce sont là précisément les mêmes variations, nous le savons, que subissent les caractères extérieurs des espèces et des variétés croisées. Dans les plantes
autofécondées pendant plusieurs générations successives,
cette source importante de diversité constitutive dut
être complétement éliminée, et les éléments sexuels produits par la même fleur doivent avoir été développés dans
des conditions aussi exactement semblables qu'il est possible de le concevoir.

Dans le tableau C, les plants croisés sont le résultat d'un
croisement avec un rameau nouveau ou avec une variété
distincte : ils furent mis en compétition soit avec les plants
autofécondés, soit avec les plants entre-croisés appartenant
au même rameau ancien. Par l'expression de *rameau
nouveau*, j'entends une plante non parente, dont les progéniteurs ont été obtenus pendant plusieurs générations
dans un autre jardin et ont été, par conséquent, exposés
à des conditions légèrement différentes. — Dans le cas du
Nicotiana, de l'*Iberis*, de la variété rouge du *Primula*,
du pois commun et peut-être de l'*Anagallis*, les plants
qui furent croisés peuvent être considérés comme des variétés ou des sous-variétés de la même espèce ; mais dans ceux
de l'*Ipomœa*, du *Dianthus* et du *Petunia*, les plants qui
furent croisés différèrent exclusivement par la couleur de
leurs fleurs, et, comme une grande proportion des plants obtenus du même lot de graines achetées varia de la même
manière, les différences peuvent être estimées comme pu-
rement individuelles. Ces remarques préliminaires faites,
nous allons aborder le détail des nombreux cas portés
dans le tableau C, et ils sont vraiment dignes de toute
considération.

1. *Ipomœa purpurea*. — Des plants végétant dans les

mêmes pots et soumis aux mêmes conditions dans chaque
génération, furent entre-croisés pendant neuf générations
successives. Ces plants entre-croisés devinrent ainsi, dans
les dernières générations, d'une parenté plus ou moins
étroite. Des fleurs appartenant à des plants de la neuvième
génération entre-croisée ayant été fécondées avec du pollen
pris sur un rameau nouveau, des semis en provinrent.
D'autres fleurs, appartenant à des plants entre-croisés, furent
fécondées par le pollen d'un autre plant entre-croisé, et
donnèrent ainsi les semis de la dixième génération entre-
croisée. Ces deux séries de semis furent mises en compétition l'une avec l'autre et différèrent beaucoup en hauteur
et en fécondité. La descendance issue d'un croisement avec
un rameau nouveau surpassa en effet, comme taille, les
plants entre-croisés dans la proportion de 100 à 78 : la
même différence avait été à peu près constatée (comme
100 à 77) au bénéfice des plants entre-croisées comparés
à tous les autofécondés des dix générations prises ensemble.
Les plants issus d'un croisement avec un rameau nouveau
furent également, comme fécondité, supérieurs aux entre-
croisés, dans la proportion de 100 à 51 : cette appréciation
est basée sur le poids relatif des capsules séminifères produites par un nombre égal de plants des deux séries, les
uns et les autres ayant été abandonnés à la fécondation naturelle. Il est bon de faire spécialement remarquer qu'aucun
des plants de l'un ou de l'autre lot ne fut le produit de l'autofécondation. Au contraire, les plants entre-croisés avaient
été certainement croisés pendant les dix dernières générations, et, probablement, pendant toutes les générations antérieures, comme nous pouvons le déduire de l'examen de
la structure florale et de la fréquence des visites des bourdons. Il doit en avoir été ainsi avec les générateurs du rameau nouveau. Toute la différence considérable qui existe,
comme hauteur et comme fécondité, entre les deux lots,
doit être attribuée à ce que l'un fut le produit d'un croise-

ment par le pollen d'un rameau nouveau, et l'autre, le résultat de la fécondation croisée entre plants de la même vieille souche.

Cette espèce nous présente encore un autre fait intéressant. Les cinq premières générations dans lesquelles les plants entre-croisés et les autofécondés furent mis en concurrence les uns contre les autres, nous montrent chaque sujet entre-croisé battant son antagoniste autofécondé, excepté dans un cas où les uns et les autres furent de hauteur égale. Mais, dans la sixième génération, un plant apparut, nommé par moi le Héros, qui, remarquable par sa taille et l'accroissement de son autofécondité, transmit ses caractères aux trois générations suivantes. Les fils de Héros, après avoir été de nouveau fécondés directement pour former la huitième génération autofécondée, furent également entre-croisés les uns avec les autres; mais ce croisement entre plants qui avaient été assujettis aux mêmes conditions et qui avaient subi l'autofécondation pendant sept générations antérieures, resta sans résultats avantageux. Les petits-fils entre-croisés furent, en effet, plus petits que les petits-fils autofécondés, dans la proportion de 100 à 107. Nous voyons par là que le simple acte du croisement entre deux plants distincts n'assure par lui-même aucun bénéfice à la descendance. Ce cas est presque l'opposé de celui qui est indiqué dans le dernier paragraphe, et dans lequel la descendance tira grand profit d'un croisement avec un rameau nouveau. Une expérience semblable fut faite avec les descendants de Héros dans la génération suivante; elle donna les mêmes résultats. Mais cette dernière épreuve ne saurait inspirer une confiance absolue, en considération de l'état extrêmement maladif des plantes. Le même doute doit être étendu à un croisement avec un rameau nouveau resté sans bénéfice pour les petits-fils de Héros. Si le fait était réel, il constituerait la plus grande anomalie que j'aie constatée dans mes expériences.

2. *Mimulus luteus*. — Durant les trois premières
générations, les plants entre-croisés pris ensemble surpassèrent en hauteur, dans la proportion de 100 à 65, l'ensemble des plants autofécondés; en fécondité, ils les distancèrent à un bien plus haut degré. Dans la quatrième génération, une nouvelle variété, qui devint plus ample et
dont les fleurs furent plus grandes et plus blanches que
celles des anciennes variétés, commença à prévaloir, surtout parmi les plants autofécondés. Cette variété transmit
ses caractères avec une si remarquable fidélité, que tous
les plants des dernières générations autofécondées lui
appartinrent. Ceux-ci distancèrent donc considérablement
en hauteur les plants entre-croisés. C'est ainsi que, dans
la septième génération, les sujets entre-croisés furent, en
hauteur, aux autofécondés, comme 100 est à 137. Il est un
fait encore plus remarquable, c'est que les plants autofécondés de la sixième génération étaient devenus beaucoup
plus fertiles que les entre-croisés, si l'on en juge par le
nombre de capsules produites spontanément, dans la proportion de 147 à 100. Cette variété qui, comme nous
l'avons vu, apparut parmi les plants de la quatrième génération autofécondée, rappelle dans presque toutes ses
particularités constitutionnelles la variété nommée Héros,
qui fit son apparition à la sixième génération autofécondée
de l'*Ipomœa*. Aucun autre cas de ce genre, si ce n'est
l'exception partielle présentée par le *Nicotana*, ne se
montra dans mes expériences, dont la durée fut de onze
ans.

Deux plants de cette variété de *Mimulus*, appartenant
à la sixième génération autofécondée et vivant en pots séparément, furent entre-croisés; quelques fleurs du même
plant furent aussi autofécondées de nouveau. Des semences
ainsi obtenues, on fit lever des plants dérivés d'un croisement entre sujets autofécondés et d'autres issus de la septième génération autofécondée. Ce croisement ne produisit

pas le moindre bénéfice, car les plants entre-croisés furent inférieurs en hauteur aux autofécondés dans la proportion de 100 à 110. Ce cas est exactement le pendant de celui qui fut relaté, à propos de l'*Ipomœa*, pour les petits-fils de Héros et apparemment pour ses arrière-petits-fils, car les semis obtenus par l'entre-croisement de ces plants ne furent en aucune façon supérieurs à ceux de la génération correspondante obtenus de fleurs autofécondées. Donc, dans les différents cas, pour des plants qui avaient subi l'autofécondation pendant diverses générations et qui avaient été constamment cultivés sous des conditions aussi étroitement semblables que possible, le croisement resta sans effets avantageux.

Une autre expérience fut alors tentée. D'abord, des plants de la huitième génération furent autofécondés à nouveau, donnant ainsi naissance à des plants de la neuvième génération autofécondée. Secondement, deux des plants de la huitième génération autofécondée furent entre-croisés les uns avec les autres comme dans l'expérience qui vient d'être rapportée, mais l'opération était ici effectuée sur deux plants qui avaient subi l'influence de deux autres générations autofécondées. Troisièmement, les mêmes plants de la huitième génération autofécondée furent croisés avec le pollen de plants provenant d'un rameau nouveau pris dans un jardin éloigné. De nombreux plants ayant été obtenus de ces trois séries de graines, ils furent mis en concurrence vitale les uns contre les autres. Les sujets dérivés d'un croisement entre les plants autofécondés surpassèrent légèrement les autofécondés en hauteur (dans la proportion de 100 à 92); comme fécondité, leur avantage fut plus considérable (comme 100 est à 73). J'ignore si la différence obtenue dans le résultat, comparé à celui qui exista dans le cas précédent, peut être attribuée à l'augmentation de dépréciation déterminée dans les plants autofécondés par l'addition de deux nouvelles générations autofécondées, ou si l'avantage, qui est la conséquence d'un croisement quel qu'il soit, existe même quand ce croisement se produit simplement entre plants autofécondés. Quoi qu'il en soit, le croisement avec un rameau nouveau des plants autofécondés de la huitième génération eut des effets extrêmement remarquables, car les semis ainsi obtenus furent, en hauteur, aux sujets autofécondés de la neuvième génération, comme 100 est à 52, et en fécondité comme 100 est à 3! De plus, comparés aux entre-croisés (dérivés du croisement de deux plants autofécondés de la huitième génération), ils furent en hauteur comme 100 est à 56, et en fécondité comme 100 est à 4. On pourrait difficilement souhaiter une évidence plus ample de la puissance d'un croisement par un rameau nouveau sur des plants autofécondés pendant huit générations et constamment cultivés dans des conditions à peu près uniformes, si on la compare à la manière d'être des plants autofécondés pendant neuf générations continuellement autofécondées, ou entre-croisés une seule fois dans la dernière génération.

3. *Brassica oleracea.* — Plusieurs fleurs, portées par des choux de la deuxième génération autofécondée, furent croisées par une plante de la même variété vivant dans un jardin éloigné, et d'autres furent autofécondées de nouveau. Des plants dérivés d'un croisement par un rameau nouveau et des sujets de la troisième génération autofécondée furent ainsi créés. Les premiers, comparés aux autofécondés, furent en poids comme 100 est à 22, et cette énorme disproportion doit être en partie attribuée aux effets avantageux qui résultent d'un croisement avec un rameau nouveau, et, en partie, aux effets dépréciateurs de l'autofécondation continuée pendant trois générations.

4. *Iberis umbellata.* — Des semis, résultant du croisement d'une variété anglaise à fleurs cramoisies croisée par une variété à couleur pâle qui avait été cultivée en Algérie pendant plusieurs générations, furent, en hauteur, aux

autofécondés de la variété cramoisie, comme 100 est à 89,
et en fécondité, comme 100 est à 75. Je suis surpris de voir
que ce croisement avec une autre variété n'ait pas entraîné
un avantage plus fortement marqué, car quelques plants
entre-croisés de la variété anglaise cramoisie mis en compétition avec des plants de la même variété autofécondée
pendant trois générations, furent, en hauteur, comme 100
est à 86, et en fécondité comme 100 est à 75. Dans ce
dernier cas, la différence, légèrement plus accentuée en
hauteur, est peut-être attribuable aux effets dépréciateurs
de l'autofécondation imposée pendant deux nouvelles générations.

5. *Eschscholtzia californica.* — Cette plante nous
présente un cas presque unique, en ce sens que les bons
effets d'un croisement sont localisés dans le système reproducteur. Les plants soit entre-croisés soit autofécondés
du rameau anglais ne différant pas d'une manière constante
en hauteur (ni même en poids, autant qu'il fut possible de
s'en assurer), l'avantage resta ordinairement du côté des
autofécondés. Il en fut de même avec la descendance des
plants du rameau brésilien soumise à la même épreuve.
Cependant, les progéniteurs du rameau anglais produisirent
beaucoup plus de semences après croisement avec un autre
plant qu'après autofécondation; de plus, au Brésil, les générateurs furent stériles, à moins d'être fécondés par
le pollen d'un autre plant. Les semis entre-croisés obtenus en Angleterre du rameau brésilien, comparés aux
semis autofécondés de la deuxième génération correspondante, donnèrent des semences qui, numériquement,
furent comme 100 est à 89. Les deux lots de plants
avaient été livrés au libre accès des insectes. Si nous
revenons maintenant aux effets du croisement des plants
du rameau brésilien avec le rameau anglais (entre-
croisement qui mit en relation des plants longtemps soumis à des conditions très-différentes), nous trouvons que

la descendance fut, comme antérieurement, inférieure en hauteur et en poids aux plants du rameau brésilien après deux générations autofécondées, mais leur fut inférieure, de la manière la plus marquée, par le nombre des semences produites, dans la proportion de 100 à 40 : les deux lots de plants, dans les deux cas, avaient été librement exposés à la visite des insectes.

Dans le cas de l'*Ipomœa*, nous avons vu que les plants dérivés d'un croisement avec un rameau nouveau furent supérieurs en hauteur, dans la proportion de 100 à 78, et en fécondité dans celle de 100 à 51, aux plants de l'ancien rameau, quoique ces derniers eussent été entre-croisés pendant les dix dernières générations. Dans l'*Eschscholtzia*, nous trouvons un cas d'un parallélisme très-rapproché, mais seulement pour ce qui touche à la fécondité; en effet, les plants dérivés d'un croisement avec un rameau nouveau furent supérieurs, comme fécondité, dans la proportion de 100 à 45, aux plants brésiliens qui avaient été entre-croisés artificiellement en Angleterre pendant les deux dernières générations, et qui, au Brésil, doivent avoir été naturellement entre-croisés par les insectes durant toutes les générations antérieures, puisque dans ce pays elles restent absolument stériles en dehors de cette intervention.

6. *Dianthus caryophyllus.* — Des plants autofécondés pendant trois générations successives furent croisés par le pollen d'un rameau nouveau, et la génération qui en provint fut élevée en compétition avec les plants de la quatrième génération autofécondée. Les plants croisés ainsi obtenus furent aux autofécondés comme 100 est à 81, et en fécondité (les deux lots ayant été livrés à la fécondation naturelle par les insectes) comme 100 est à 33.

Ces mêmes plants croisés furent aussi, en hauteur, aux descendants de la troisième génération autofécondée croisée avec les plants entre-croisés de la génération correspondante, comme 100 est à 85, et en fécondité comme 100 est à 45.

Nous voyons par là quel grand avantage acquit la descendance issue d'un croisement par un rameau nouveau, non-seulement sur les plants autofécondés de la quatrième génération, mais encore sur la descendance des plants autofécondés de la troisième génération ayant subi un croisement avec les plants entre-croisés de la vieille souche.

7. *Pisum sativum.* — Il a été indiqué, à propos de cette espèce, que les nombreuses variétés qui vivent en Angleterre sont presque invariablement fécondées par elles-mêmes, en raison de ce que les insectes en visitent rarement les fleurs; et comme les plants ont été longtemps cultivés dans des conditions semblables, il est facile de comprendre la cause qui empêche deux individus de la même variété d'assurer quelque bénéfice après croisement à leur descendance, soit comme hauteur, soit comme fécondité. Ce cas est presque exactement parallèle de celui du Mimulus ou de celui de l'Ipomœa qui reçut le nom de Héros, car, dans ces deux exemples, les plants croisés, qui avaient été autofécondés pendant sept générations, ne transmirent aucun bénéfice à leur descendance. D'un autre côté, un croisement entre deux variétés du pois entraîna pour les descendants une supériorité marquée en accroissement et en vigueur sur les plants autofécondés des mêmes variétés, ainsi que l'ont montré deux excellents observateurs. D'après mes propres observations (faites, il est vrai, sans beaucoup de soin), la descendance des variétés croisées fut en hauteur, aux plants autofécondés, dans un cas environ comme 100 est à 75, et dans un autre comme 100 est à 60.

8. *Lathyrus odoratus.* — Le pois de senteur se trouve, au point de vue de l'autofécondation, dans les mêmes conditions que le pois commun. Nous avons vu que

les semis issus d'un croisement entre deux variétés ne
différant à aucun point de vue, si ce n'est par la couleur
de leurs fleurs, furent aux semis autofécondés de la même
plante-mère, en hauteur, comme 100 est à 80, et dans la
deuxième génération comme 100 est à 88. Malheureusement, je ne pus m'assurer si un croisement entre deux
plants de la même variété manquerait de donner quelque
effet utile, mais je ne crains pas de me hasarder à prédire
que tel serait le résultat si l'expérience était faite.

9. *Petunia violacea.* — Les plants entre-croisés de
la même souche, dans quatre générations successives sur
cinq, surpassèrent largement en hauteur les plants autofécondés. Ces derniers, dans la quatrième génération, furent
croisés par un rameau nouveau, et les semis ainsi obtenus
furent placés en compétition avec les plants autofécondés
de la cinquième génération. Les plants croisés surpassèrent
en hauteur les autofécondés dans la proportion de 100
à 66, et en poids dans celle de 100 à 26. Cette différence,
quoique très-élevée, est moindre cependant que celle qui
se produisit entre les plants entre-croisés de la même
souche, mis en comparaison avec les sujets autofécondés
de la génération correspondante. Ce cas semble donc,
à première vue, constituer une exception à la règle qui
veut qu'un croisement avec un rameau nouveau soit plus
profitable qu'un croisement entre individus de la même
souche. Mais ici, comme dans l'Eschscholtzia, le système
reproducteur surtout fut favorablement influencé, car les
plants obtenus par le croisement avec le rameau nouveau furent aux plants autofécondés, au point de vue de la
fécondité (les deux lots étant fécondés naturellement),
comme 100 est à 46, tandis que les plants entre-croisés
de la même souche furent, en fécondité, aux autofécondés
de la cinquième génération correspondante, comme 100
est à 86.

Quoique, au moment où ils furent mesurés, les plants

obtenus d'un croisement avec un rameau nouveau surpassassent en poids et en hauteur les sujets entre-croisés de la
vieille souche (ce qui s'explique par ce fait que la croissance des premiers n'avait pas été complète, comme je
l'ai développé dans l'article qui a trait à cette espèce), ils
battirent en fécondité les sujets entre-croisés, dans la proportion de 100 à 54. Ce fait est intéressant en ce qu'il
montre que des plants autofécondés pendant quatre géné-
tions, puis croisés par un rameau nouveau, donnèrent des
semis dont la fécondité fut approximativement deux fois
aussi grande que celle des plants issus de la même vieille
souche, lesquels avaient été entre-croisés pendant cinq générations antérieures. Par là, nous voyons, comme l'avaient
déjà démontré les cas de l'Eschscholtzia et du Dianthus,
que le simple acte du croisement, indépendamment de
l'état des plants croisés, a peu d'efficacité pour ce qui
touche à l'augmentation de la fécondité dans la descendance. Pour ce qui concerne la hauteur, les mêmes
conclusions s'appliquent convenablement comme nous
l'avons vu déjà, aux cas de l'Ipomœa, du Mimulus et du
Dianthus.

10. *Nicotiana tabacum.* — Mes plants furent remarquables par leur autofécondité, et les capsules des fleurs
autofécondées donnèrent apparemment plus de semences
que celles qui furent fécondées par croisement. Aucun insecte ne fut aperçu visitant ces fleurs dans la serre, et je
soupçonne que le rameau sur lequel j'expérimentai avait
été obtenu sous verre et avait été soumis à l'autofécondation pendant plusieurs générations antérieures : s'il en est
ainsi, nous pouvons nous expliquer comment, dans le
cours de trois générations, les semis croisés de la même
vieille souche ne surpassèrent point uniformément en hauteur les semis autofécondés. Mais ce cas se complique en ce
que les plants ont été doués de constitutions tellement différentes, que plusieurs semis, soit autofécondés soit croisés,

ayant été obtenus dans le même temps des mêmes parents, se comportèrent d'une façon différente. Quoi qu'il en soit, des plants issus de sujets autofécondés de la troisième génération, croisés par une sous-variété légèrement différente, surpassèrent de beaucoup en hauteur et en poids les plants autofécondés de la quatrième génération, et l'expérience avait été faite sur une large échelle. Ils les surpassèrent en hauteur lorsqu'ils vécurent en pots, mais sans y être entassés, dans la proportion de 100 à 66, et quand ils y furent entassés, la différence fut comme 100 est à 54. Ces mêmes plants croisés, ayant été assujettis à une compétition rigoureuse, dépassèrent aussi en poids les autofécondés dans la proportion de 100 à 37. Il en fut de même, mais à moindre degré (comme on peut le voir dans le tableau C), lorsque les deux lots végétèrent en plein air sans être soumis à aucune compétition mutuelle. Néanmoins, et c'est un fait étrange, les fleurs des plantes-mères de la troisième génération autofécondée ne donnèrent pas plus de semences, après croisement par le pollen de sujets appartenant à un rameau nouveau, qu'après autofécondation.

11. *Anagallis collina.* — Des plants issus d'une variété rouge croisée par un autre plant de la même variété furent, en hauteur, aux plants autofécondés de ladite variété rouge, comme 100 est à 73. Lorsque les fleurs de la variété rouge furent fécondées par le pollen d'une variété très-rapprochée à fleurs bleues, elles donnèrent deux fois autant de graines qu'elles en avaient fourni à la suite du croisement avec un autre individu de la même variété rouge, et en outre ces graines furent plus belles. Les plants obtenus de ce croisement entre deux variétés furent en hauteur, aux semis autofécondés de la variété rouge, comme 100 est à 66, et en fécondité comme 100 est à 6.

12. *Primula veris.* — Plusieurs fleurs des plants à long style de la troisième génération illégitime furent légi-

timement croisées par le pollen d'un rameau nouveau, et d'autres furent imprégnées de leur propre pollen. Des semences qui en résultèrent, on obtint des plants croisés et des autofécondés de la quatrième génération illégitime. Les premiers furent aux derniers, en hauteur, comme 100 est à 46; en fécondité, pendant une année, comme 100 est à 5, et pendant l'année suivante comme 100 est à 3.5. Dans ce cas, cependant, nous n'avons aucun moyen de distinguer entre les effets préjudiciables de la fécondation illégitime continuée pendant quatre générations (c'est-à-dire effectuée par le pollen de la même forme, mais pris sur un plant distinct) et ceux de la stricte autofécondation. Mais il est probable que ces deux procédés de fécondation ne diffèrent pas aussi essentiellement que cela paraît être d'abord. Dans l'expérience suivante, tout doute provenant de l'action d'une fécondation illégitime fut complètement éliminé.

13. *Primula veris* (variété isostylée à fleurs rouges). — Des fleurs appartenant aux plants de la deuxième génération autofécondée furent croisées avec le pollen d'une variété distincte ou rameau nouveau; d'autres furent autofécondées de nouveau. Des plants croisés et des plants de la troisième génération autofécondée, tous issus d'une origine légitime, furent ainsi obtenus. Les premiers furent en hauteur aux seconds comme 100 est à 85, et en fécondité (l'appréciation étant basée à la fois sur le nombre des capsules produites et sur le chiffre moyen des graines) comme 100 est à 11.

Résumé des mensurations portées dans le tableau C. — Ce tableau renferme les hauteurs et souvent le poids de deux cent quatre-vingt-douze plantes dérivées d'un croisement avec un rameau nouveau et de trois cent cinq plantes, soit d'origine autofécondée, soit dérivées d'un entre-croisement entre plantes de la même vieille souche. Ces cinq cents quatre-vingt-dix-sept plantes appartien-

nent à treize espèces et à douze genres. Les différentes
précautions qui furent prises pour assurer une comparaison juste ont été déjà exposées. Si maintenant nous jetons
les yeux sur la colonne de droite, dans laquelle la moyenne
de la hauteur, du poids et de la fécondité des plants issus
d'un croisement avec un rameau nouveau sont représentés
par 100, nous voyons, par les autres chiffres, quelle supériorité remarquable ces plants acquièrent, soit sur les plants
autofécondés, soit sur les plants entre-croisés de même
souche. Au point de vue de la hauteur et du poids, nous
n'avons que deux exceptions fournies par les genres Eschscholtzia et Petunia, et encore ce dernier ne constitue-t-il
pas un cas réellement exceptionnel. Ces deux espèces n'of-
frirent aucun écart à la règle, au point de vue de la fécondité,
car les plants dérivés d'un croisement avec un rameau nouveau furent beaucoup plus fertiles que les sujets autofécondés. Entre les deux séries de plants portées dans le tableau,
la différence est plus grande généralement comme fécondité que comme hauteur ou comme poids. Si nous considérons l'ensemble des cas consignés dans ce tableau, nous
voyons qu'il ne peut y avoir de doute sur ce fait, à savoir
que les plants profitent immensément, quoique de différentes
manières, d'un croisement soit avec un rameau nouveau,
soit avec une sous-variété distincte. On ne peut pas soutenir que le bénéfice ainsi réalisé est dû simplement à ce
que les plants du rameau nouveau sont parfaitement
sains, tandis que ceux qui ont longuement subi l'entre-
croisement ou l'autofécondation sont devenus maladifs.
Dans le plus grand nombre de cas, en effet, il n'y
avait pas apparence d'altération, et nous verrons, dans
le tableau A, que les plants entre-croisés de la même
souche sont généralement supérieurs à un certain degré
aux autofécondés, quoique les deux lots aient été mainte-
nus exactement dans les mêmes conditions et soient restés
dans le même état de santé, bon ou mauvais.

Nous apprenons de plus, par le tableau C, qu'un croisement entre plants qui, bien que conservés constamment
dans des conditions d'une uniformité rapprochée, ont été
autofécondés pendant plusieurs générations successives,
ne procure qu'un faible bénéfice à la descendance ou ne lui
en assure aucun. Le genre Mimulus et les descendants de
l'Ipomœa nommé Héros offrent des exemples de cette
règle. De plus, des plants autofécondés pendant plusieurs
générations profitent, à un faible degré seulement, d'un
croisement avec des sujets entre-croisés de la même souche
(comme dans le cas du Dianthus), si on compare ces bénéfices à ceux du croisement par un rameau nouveau. Des
plants issus du même rameau entre-croisé pendant plusieurs
générations (comme dans le Petunia), eurent une infériorité
marquée, au point de vue de la fécondité, sur ceux dérivés
d'un croisement entre les plants autofécondés correspon-
dants et un rameau nouveau. Enfin, certains plants qui,
à l'état naturel, sont régulièrement entre-croisés par les
insectes, et qui furent artificiellement croisés à chaque génération successive dans le cours de mes expériences, si
bien qu'ils ne peuvent jamais avoir souffert aucun dommage du fait de l'autofécondation (comme dans l'Eschscholtzia et l'Ipomœa), profitèrent néanmoins beaucoup
d'un croisement avec un rameau nouveau. L'ensemble de
ces différents cas nous prouve clairement que ce n'est pas
au simple croisement de deux individus qu'il faut attribuer
le bénéfice acquis à la descendance. Tout l'avantage résulte de ce que les plants unis présentent une légère différence, qui, il est difficile d'en douter, doit porter sur la
constitution ou sur la nature des éléments sexuels. Quoi qu'il
en soit, il est certain que les différences ne sont pas extérieures, car deux plants doués d'une ressemblance aussi
frappante que celle qui caractérise deux individus de la
même espèce profitent de la manière la plus sensible d'un
entre-croisement quand les progéniteurs ont été exposés,

pendant plusieurs générations successives, à des conditions différentes. Mais je reviendrai sur ce sujet dans un
autre chapitre.

TABLEAU A.

Revenons maintenant à notre premier tableau, qui a
trait aux plants croisés et aux autofécondés de la même
souche. Il renferme quarante-quatre espèces appartenant
à trente ordres naturels. Le nombre total des plants croisés,
dont les mesures y sont données, est de 796, et celui des
autofécondés de 809, ce qui fait un ensemble de 1,605 plants.
Quelques espèces furent expérimentées durant plusieurs
générations successives, et nous devrons nous rappeler
que, dans ces cas, les plants croisés de chaque génération
furent fécondés avec le pollen d'un autre plant également
croisé, et que les fleurs des plants autofécondés furent
presque toujours imprégnées par leur propre pollen; mais
quelquefois aussi avec le pollen d'autres fleurs de la même
plante. Les plants croisés devinrent ainsi, dans les dernières générations, d'une parenté plus ou moins intimement
rapprochée et les deux lots de plants furent soumis, dans
chaque génération, à des conditions presque absolument
semblables, dont la similitude se poursuivit à peu près
dans la succession des générations. Il eût été plus convenable, à quelques égards, de croiser constamment, dans
une même génération, les plants autofécondés ou entre-
croisés avec le pollen d'un plant dépourvu de toute parenté avec les premiers et ayant vécu dans des conditions
différentes, ainsi que cela fut pratiqué avec les plants du
tableau C. Par ce procédé, en effet, j'aurais appris jusqu'à
quel point la descendance a souffert de l'action de l'autofécondation continuée pendant les générations successives.
Tels qu'ils se trouvent, les plants autofécondés des générations du tableau A furent mis en compétition avec les
plants entre-croisés et comparés entre eux : ces derniers

avaient été probablement endommagés à un certain degré par l'accroissement plus ou moins accentué de leur parenté et par l'influence prolongée de conditions vitales constamment semblables. Néanmoins, si j'avais manqué de suivre cette méthode dans le tableau C, je n'aurais pas découvert ce fait important, à savoir que, malgré l'avantage assuré par un croisement, pendant plusieurs générations, à la descendance de plants entachés de parenté et soumis à des conditions de végétation étroitement semblables, cependant, après un certain temps, l'entre-croisement ne se traduit par aucun avantage pour la descendance. Je n'aurais pas appris non plus que les plants autofécondés des dernières générations peuvent être croisés avec des plants entre-croisés, le tout appartenant à la même souche, sans grand profit, tandis que l'avantage est énorme quand ce croisement est fait avec un rameau nouveau.

Pour ce qui touche au plus grand nombre des plants renfermés dans le tableau A, je n'ai rien de spécial à dire : toutes les particularités qui ont été indiquées quand il s'est agi de chaque espèce pourront être trouvées, au moyen de la table, dans ces articles spéciaux. Les chiffres dans la colonne de droite indiquent la hauteur moyenne des plants autofécondés, celle des croisés avec lesquels ils furent comparés étant représentée par 100. Ce tableau ne porte pas indication des quelques cas dans lesquels les plants croisés et autofécondés furent cultivés en pleine terre, afin d'éviter entre eux toute concurrence. Il renferme, ainsi que nous l'avons vu déjà, des plants appartenant à cinquante-quatre espèces ; mais comme plusieurs de ces dernières furent mesurées pendant diverses générations successives, on trouve quatre-vingt-trois cas dans lesquels des plants croisés et les autofécondés furent comparés. Comme, dans chaque génération, le nombre des plants soumis aux mensurations (portés dans le tableau), loin d'être jamais très-grand, fut fréquemment petit, toutes les fois

que, dans la colonne de droite, la hauteur moyenne des
plants croisés et celle des autofécondés est semblable dans
les limites de 5 pour 100, ces hauteurs peuvent être considérées comme réellement égales. De pareils cas, c'est-à-
dire ceux dans lesquels les plants autofécondés ont une
hauteur moyenne exprimée par des chiffres compris entre
95 et 105, se comptent au nombre de dix-huit, soit dans quelques-unes, soit dans toutes les générations. Il existe huit cas
dans lesquels les plants autofécondés surpassent les croisés
de plus de 5 pour 100, comme c'est montré par les chiffres
de la colonne de droite qui sont au-dessus de 105. Enfin,
viennent cinquante-sept cas dans lesquels les plants croisés
surpassent les autofécondés dans la proportion minimum
de 100 à 95, et généralement à un plus haut degré.

Si les poids relatifs des plants croisés et des autofécondés
avaient été dus au simple hasard, nous aurions à peu près
autant de cas de plants autofécondés surpassant en hauteur les croisés de 5 pour 100, que nous avons de croisés
dépassant au même degré les autofécondés; mais nous
voyons que nous avons cinquante-sept de ces derniers cas
et huit seulement des premiers; donc, les cas dans lesquels
les plants croisés surpassèrent en hauteur les autofécondés
dans la proportion ci-dessus sont plus de sept fois aussi nombreux que ceux dans lesquels le contraire eut lieu dans la
même proportion. Pour notre but spécial, qui est la comparaison de la puissance végétative des plants croisés et des
autofécondés, nous pouvons dire que, dans cinquante-sept
cas, les plants croisés surpassèrent les autofécondés de plus
5 pour 100, et que dans vingt-six cas (18+8), ils ne les
distancèrent en rien. Toutefois, nous allons montrer que dans
plusieurs de ces vingt-six cas, les plants croisés eurent un
avantage marqué sur les autofécondés à certains points de
vue, mais pas en hauteur, et que, dans d'autres cas, les
hauteurs moyennes ne sont pas dignes de confiance, soit
parce que les dimensions de plants trop réduits sont entrées

en ligne de compte, soit en raison de ce que leur accroissement a été rendu inégal par leur état maladif, soit enfin par ces deux causes réunies. Cependant, comme ces cas sont opposés à mes conclusions générales, je me suis cru obligé de les rapporter. Enfin, les raisons qui privent les plants croisés de tout avantage sur les autofécondés peuvent être trouvées pour quelques autres cas. Il reste aussi un petit lot de plants dans lequel les autofécondés paraissent, d'après mes expériences, être réellement égaux ou supérieurs aux croisés.

Nous allons maintenant examiner avec quelques détails les dix-huit cas dans lesquels les plants autofécondés ont égalé en hauteur moyenne les plants croisés dans la limite de 5 pour 100, puis les huit cas dans lesquels les plants autofécondés ont surpassé en hauteur moyenne les plants croisés de plus de 5 pour 100, ce qui fait en tout vingt-huit cas dans lesquels les plants croisés ne présentèrent pas de supériorité bien marquée sur les autofécondés.

1. *Dianthus caryophyllus* (troisième génération). Cette plante fut soumise à l'expérimentation pendant quatre générations, dont trois présentèrent des plants croisés surpassant généralement en hauteur les autofécondés de plus de 5 pour 100, et nous avons vu que la descendance des plants de la troisième génération autofécondée, croisés par un rameau nouveau, profitèrent comme hauteur et comme fécondité à un degré extraordinaire. Mais, dans cette troisième génération, les plants croisés de la même souche furent en hauteur aux autofécondés seulement dans la proportion de 100 à 99, ce qui veut dire qu'ils furent en réalité égaux. Néanmoins, lorsque les huits plants croisés et les huit autofécondés furent coupés et pesés, les premiers furent aux derniers, en poids, comme 100 est à 49. Il ne peut y avoir le moindre doute que les plants croisés de cette espèce soient de beaucoup supérieurs en vigueur et en beauté aux autofécondés; quant à la raison pour laquelle les plants autofécondés de la troisième génération, quoique très-légers et très-frêles, s'accrurent au point d'être presque égaux aux croisés comme hauteur, je ne saurais la donner.

2. *Lobelia fulgens* (première génération). Les plants croisés de cette génération furent de beaucoup inférieurs aux autofé-

condés et dans la proportion de 100 à 127. Quoique deux paires
seulement aient été mesurées, ce qui est assurément trop peu
pour inspirer quelque confiance, cependant; d'après d'autres
exemples donnés dans l'article relatif à cette espèce, il est certain que les plants autofécondés furent beaucoup plus vigoureux que les croisés. Comme, pour la fécondation croisée et directe des générateurs, je me servis de pollen entaché d'une maturité inégale, il est possible que le grand accroissement de la
descendance ait été dû à cette cause. Dans la génération suivante,
cette source d'erreur fut écartée, un plus grand nombre de plantes
fut obtenu, et alors la hauteur moyenne des vingt-trois plants
croisés fut à celle des vingt-trois autofécondés comme 100 est
à 91. Nous pourrions donc difficilement mettre en doute qu'un
croisement est profitable à cette espèce.

3. *Petunia violacea* (troisième génération). Huit plants croisés furent à huit autofécondés de la troisième génération, en
hauteur moyenne, comme 100 est à 131, et dans un âge plus
tendre les croisés eurent une infériorité encore plus prononcée.
Un fait remarquable, c'est que dans un pot où les plants des
deux lots furent extrêmement entassés, les croisés furent trois
fois aussi grands que les autofécondés. Comme dans les deux
générations qui précèdent et qui suivent, aussi bien que dans
les plants obtenus d'un croisement avec un rameau nouveau,
les plants croisés surpassèrent de beaucoup les autofécondés en
hauteur, en poids et en fécondité (quand l'attention fut portée
sur ces deux derniers points), le cas présent doit être pris
pour anormal et ne se rapportant pas à la loi générale. L'explication la plus probable de ce fait est que les semences dont les
plants autofécondés de la troisième génération provinrent,
n'étaient pas bien mûries, car j'ai observé un cas analogue avec
l'Iberis. Des semis autofécondés de cette dernière plante, que je
savais être issus de graines non mûres, s'accrurent d'abord beaucoup plus rapidement que les plants croisés obtenus de semences
mieux mûries, et, après avoir une fois obtenu cette avance, ils
furent dans la suite rendus capables de retenir cet avantage.
Quelques-unes de ces mêmes graines d'Iberis furent semées dans
des points opposés de pots remplis de terre brûlée et de sable pur
ne contenant aucune matière organique, et alors les jeunes semis
croisés s'accrurent pendant leur courte existence du double de la
hauteur des autofécondés, comme cela s'était présenté avec les
deux séries ci-dessus de *Petunia* qui furent très-entassés et
exposés ainsi à des conditions très-défavorables. Nous avons
aussi vu, dans la huitième génération de l'Ipomœa, que les semis
autofécondés obtenus de parents malades s'accrurent d'abord
beaucoup plus rapidement que les semis croisés, de façon qu'ils
furent d'abord pendant longtemps d'une taille beaucoup plus

élevée que ces derniers, quoique devant finalement être battus par eux.

4. 5. 6. *Eschscholtzia californica.* Quatre séries de mensurations sont données dans le tableau A. Dans l'une d'elles, les plants croisés surpassent en hauteur moyenne les autofécondés, aussi n'est-ce pas là que nous trouvons une des exceptions qui doivent être examinées. Dans deux autres cas, les plants croisés égalèrent en hauteur les autofécondés dans les limites de 5 pour 100, et, dans le quatrième cas, les autofécondés surpassèrent les croisés dans une limite plus large. Nous avons vu (tableau C) que tout l'avantage réalisé par un croisement avec un rameau nouveau est concentré sur la fécondité, et il en fut ainsi avec les plants entre-croisés de la même souche comparés aux autofécondés, car les premiers furent en fécondité aux derniers, comme 100 à 89. Les plants entre-croisés ont ainsi au moins un important avantage sur les autofécondés. Du reste, les fleurs des générateurs, après fécondation par le pollen d'un autre individu de la même souche, donnèrent beaucoup plus de graines qu'après autofécondation : les fleurs dans ce dernier cas furent souvent tout à fait stériles. Nous pouvons donc conclure que le croisement produit quelques bons effets, quoiqu'il ne donne pas aux semis croisés un accroissement de la puissance végétative.

7. *Viscaria oculata.* La hauteur moyenne des quinze plants entre-croisés fut à celle des quinze autofécondés seulement comme 100 est à 97 ; mais les premiers produisirent beaucoup plus de capsules que les derniers, dans la proportion de 100 à 77. Cependant, les fleurs des générateurs qui furent croisées et celles qui furent autofécondées, donnèrent, dans une occasion, des semences dans la proportion de 100 à 38, et dans une autre circonstance, dans la proportion de 100 à 58. Il ne peut donc y avoir aucun doute sur les effets avantageux d'un croisement, quoique la hauteur moyenne des plants croisés fût seulement de 3 pour 100 au-dessus de celle des autofécondés.

8. *Specularia speculum.* On ne mesura que les quatre plus grands plants croisés et les quatre plus grands autofécondés végétant dans quatre pots : les premiers furent, en hauteur, aux derniers comme 100 est à 98. Dans tous les quatre pots, un plant croisé fleurit avant chacun des plants autofécondés, et c'est là généralement un indice certain de supériorité pour les plants croisés. Les fleurs des générateurs qui furent croisées avec le pollen d'un autre plant donnèrent des graines qui, comparées à celles issues des fleurs autofécondées, furent comme 100 est à 72. Nous pouvons donc tirer de ces faits les mêmes conclusions que dans le dernier cas, au point de vue du bénéfice réalisé par un croisement.

9. *Borrago officinalis*. Quatre plants croisés seulement et quatre autofécondés furent obtenus, puis mesurés, et les premiers furent en hauteur aux derniers, comme 100 est à 102. Un si petit nombre de mensurations ne peut inspirer aucune confiance, et, dans l'exemple présent, l'avantage des autofécondés sur les croisés a dépendu presque entièrement de ce que l'un des plants autofécondés atteignit une hauteur inaccoutumée. Tous les quatre plants croisés fleurirent avant leurs opposants autofécondés. Les fleurs croisées sur les générateurs comparées aux autofécondées donnèrent des semences dans la proportion de 100 à 60. Nous devons donc, ici encore, tirer les mêmes conclusions que dans les deux cas précédents.

10. *Passiflora edulis*. On n'obtint que deux plants autofécondés et deux croisés ; les premiers furent en hauteur aux derniers comme 100 est à 104. D'un autre côté, les fruits issus des fleurs croisées sur les plants générateurs contenaient des semences dont le nombre, comparé à celui des fruits autofécondés, fut dans la proportion de 100 à 85.

11. *Phaseolus multiflorus*. Les cinq plants croisés furent aux cinq autofécondés, en hauteur, comme 100 est à 96. Quoique les plants croisés ne fussent que de 4 pour 100 plus élevés que les autofécondés, ils fleurirent avant ces derniers dans les deux pots. Il est donc probable qu'ils eurent un avantage réel sur les autofécondés.

12. *Adonis æstivalis*. Les quatre plants croisés furent presque exactement égaux en hauteur aux quatre autofécondés, mais, des mensurations faites sur un si petit nombre de plants qui furent en outre « d'une santé misérable », ne permettent aucune déduction sûre au point de vue de leurs hauteurs relatives.

13. *Bartonia aurea*. Les huit plants croisés furent, en hauteur, aux huit autofécondés comme 100 est à 107. Ce nombre de plants, si l'on considère le soin qui fut pris pour leur obtention et pour leur comparaison, devrait avoir donné un résultat digne de confiance. Mais, pour une cause restée inconnue, ils s'accrurent très-inégalement, et ils devinrent si maladifs que trois seulement d'entre les croisés et trois autofécondés donnèrent des graines, mais en très-petit nombre. Dans ces conditions, aucune des hauteurs moyennes des deux lots ne peut inspirer confiance, et ces expériences sont sans valeur. Les fleurs fécondées par croisement sur les générateurs donnèrent beaucoup plus de semences que les fleurs autofécondées.

14. *Thunbergia alata*. Les six plants croisés furent aux autofécondés, en hauteur, comme 100 est à 108. Ici les plants autofécondés paraissent avoir un avantage marqué, mais les deux lots s'accrurent si inégalement que quelques-uns d'entre les

plants furent plus de deux fois aussi élevés que les autres. Les générateurs furent également dans une singulière condition de demi-stérilité. Dans ces circonstances, la supériorité des plants autofécondés ne peut inspirer une confiance absolue.

15. *Nolana prostrata.* Les cinq plants croisés furent, en hauteur, aux cinq autofécondés comme 100 est à 105, de façon que les derniers parurent être doués d'un avantage léger mais bien marqué sur les premiers. D'autre part, les fleurs des générateurs qui furent fécondées par croisement donnèrent beaucoup plus de capsules que les fleurs autofécondées dans la proportion de 100 à 21 ; et, de plus, les graines contenues dans les premières furent plus lourdes que celles d'un nombre égal de capsules autofécondées, dans la proportion de 100 à 82. ·

16. *Hibiscus africanus.* Quatre paires seulement ayant été obtenues, les croisées furent en hauteur aux autofécondées comme 100 est à 109. A moins que le nombre de plants mesurés ait été trop petit, je ne connais aucune autre cause qui puisse altérer ce résultat. D'autre part, les fleurs fécondées par croisement sur les plants générateurs furent plus productives que les fleurs autofécondées.

17. *Apium petroselinum.* Quelques plants (le nombre m'échappe) dérivés de fleurs considérées comme croisées par les insectes, et quelques plants autofécondés, s'accrurent dans des points opposés de quatre pots ; ils atteignirent la même hauteur à peu près, un léger avantage étant pourtant resté aux croisés.

18. *Vandellia nummularifolia.* Vingt plants croisés obtenus des semences de fleurs parfaites furent, en hauteur, à vingt plants autofécondés issus également de semences données par des fleurs parfaites, comme 100 est à 99. L'expérience fut répétée, avec cette seule différence que les plants durent végéter plus entassés, et alors les vingt-quatre plus grands plants croisés furent aux vingt-quatre plus grands autofécondés, en hauteur, comme 100 est à 94, et, en poids, comme 100 est à 97. Du reste, un plus grand nombre de sujets croisés que d'autofécondés atteignit une hauteur modérée. Les vingt plants croisés susmentionnés furent mis aussi en compétition avec vingt plants autofécondés obtenus par le croisement des fleurs cléistogènes, et leurs hauteurs furent aussi dans la proportion de 100 à 94. Si donc nous n'avions pas la première épreuve dans laquelle les plants croisés furent aux autofécondés, en hauteur, seulement comme 100 est à 99, cette espèce eût pu être classée parmi celles dont les plants croisés surpassent les autofécondés de plus de 5 pour 100. D'un autre côté, dans la deuxième expérience, les plants croisés portèrent moins de capsules pourvues d'une quantité de graines moindre que dans les autofécondés : toutes

ces capsules provenaient du reste de fleurs cléistogènes. Le cas peut donc inspirer du doute dans son ensemble.

19. *Pisum sativum* (pois commun). Quatre plants dérivés d'un croisement entre individus de la même variété furent, en hauteur, à quatre plants autofécondés appartenant à la même variété, comme 100 est à 115. Quoique le résultat de cette fécondation croisée n'ait pas été favorable, nous avons vu, dans le tableau C, qu'un croisement entre variétés distinctes ajouta beaucoup à la hauteur et à la vigueur de la descendance ; ce fut là une nouvelle preuve de ce fait que l'inefficacité du croisement, entre individus de la même variété, est presque certainement attribuable à l'autofécondation continuée pendant plusieurs générations, et au maintien des sujets, à chaque génération, dans des conditions à peu près semblables.

20, 21, 22. *Canna warscewiczi*. Des plants appartenant à trois générations furent observés, et dans chacune d'elles les sujets croisés furent approximativement égaux aux autofécondés ; la hauteur moyenne de trente-quatre plants croisés fut à celle du même nombre d'autofécondés comme 100 est à 101. Donc, les plants croisés n'eurent aucun avantage sur les autofécondés, et il est probable que l'explication donnée pour le *Pisum sativum* s'applique bien à ce cas, car les fleurs de ce Canna, parfaitement fertiles par elles-mêmes, ne furent jamais visitées par les insectes (on ne le constata pas du moins) de façon a être croisées par leur action. Cette plante, du reste, avait été cultivée sous verre et en pots pendant plusieurs générations, et par conséquent avait été maintenue dans des conditions presque uniformes. Les capsules produites par les fleurs croisées appartenant aux trente-quatre plantes croisées ci-dessus, contenaient plus de semences que ne le firent les fleurs autofécondées portées sur des pieds autofécondés, dans la proportion de 100 à 85 ; à ce point de vue donc le croisement fut avantageux.

23. *Primula sinensis*. La descendance des plants dont quelques-uns furent légitimement et d'autres illégitimement fécondés, fut exactement semblable à celle des plants autofécondés, mais les premiers, à de rares exceptions près, fleurirent avant les derniers. J'ai montré, dans mon travail sur les plantes dimorphes, que cette espèce est communément obtenue en Angleterre de semences autofécondées, et j'ajoute que mes plants, ayant été cultivés en pots, ont été soumis à des conditions à peu près uniformes. Du reste, plusieurs d'entre eux sont en pleine période de variation, de changement de caractère, et tendent à devenir plus ou moins isostylés et par conséquent très-fertiles par eux-mêmes. Je pense donc que la cause de l'égalité entre les plants croisés et les autofécondés est la même que celle invoquée

dans les deux cas précédents : *Pisum sativum* et *Canna warscewiczi.*

24, 25, 26. *Nicotiana tabacum.* Quatre séries de mensurations furent faites : dans l'une, les plants autofécondés surpassèrent de beaucoup en hauteur les croisés; dans deux autres, ils furent approximativement égaux aux croisés, et dans un quatrième ils furent battus par eux : mais ce dernier cas ne doit pas être traité ici. Les plants différèrent individuellement en constitution, de façon que les descendants de quelques-uns d'entre eux profitèrent de l'entre-croisement de leurs parents, tandis que d'autres n'en tirèrent aucun avantage. Si nous prenons ensemble les trois générations, nous trouvons que vingt-sept plants croisés furent, en hauteur, aux vingt-sept plants autofécondés comme 100 est à 96. Cette différence en hauteur dans les plants croisés est si faible, comparée à celle qui se fit jour dans la descendance issue de la même plante-mère après croisement avec une variété légèrement différente, que, nous pouvons le supposer (comme c'est démontré dans le tableau C), les individus appartenant à la variété qui servit de porte-graines dans mes expériences, avaient acquis une constitution à peu près semblable et telle qu'elle ne pouvait plus profiter d'un mutuel entre-croisement.

Après avoir passé en revue ces vingt-six cas, dans lesquels les plants croisés ou ne surpassèrent pas en hauteur les autofécondés de plus de cinq pour cent, ou leur furent inférieurs, nous pouvons conclure que le plus grand nombre de ces cas ne constitue pas une exception à la loi qui veut qu'un croisement entre deux plants, à moins que ceux-ci n'aient été exposés à peu près aux mêmes conditions pendant plusieurs générations, procure à la descendance un grand avantage quelconque. Parmi ces vingt-six cas, deux au moins, ceux de l'Adonis et du Bartonia, doivent être complétement exclus, puisque les expériences furent rendues sans valeur par un état maladif extrême des sujets. Dans douze autres cas (renfermant trois expériences faites sur l'Eschscholtzia), les plants croisés, ou bien furent supérieurs en hauteur aux autofécondés dans toutes les autres générations, excepté dans celle en question, ou bien montrèrent leur supériorité d'une manière différente, en poids,

en fécondité, ou en précocité de floraison, ou encore les
fleurs croisées de la plante-mère donnèrent plus de semences que les autofécondées.

Ces quatorze cas étant déduits, il en reste douze dans
lesquels les plants croisés ne montrèrent aucun avantage
sur les autofécondés. D'autre part, nous avons démontré
qu'il existe cinquante-sept cas dans lesquels les plants croisés surpassent, en hauteur, les autofécondés d'un minimum
de cinq pour cent et généralement à un plus haut degré.
Mais, même dans les douze cas dont je viens de parler, le
défaut absolu d'avantage du côté des plants croisés est loin
d'être certain : avec le Thunbergia, les générateurs furent
dans un état bizarre de demi-stérilité et la descendance
s'accrut très-inégalement; avec l'Hibiscus et l'Apium, un
trop petit nombre de sujets furent obtenus et mesurés pour
inspirer toute confiance, et de plus les fleurs croisées de
l'Hibiscus produisirent beaucoup plus de semences que les
autofécondées; dans le Vandellia, les plants croisés furent
un peu plus grands et plus lourds que les autofécondés,
mais comme leur fécondité fut moindre, le cas doit être
considéré comme douteux. Enfin, dans le Pisum, le Primula, les trois générations de Canna, et les trois générations de Nicotiana (qui ensemble complètent les douze cas),
un croisement entre deux plants resta certainement, pour la
descendance, sans grands effets avantageux ou n'en produisit
aucun; mais nous avons des raisons pour croire que, dans
ces plants, ce résultat est dû à l'autofécondation et à la
culture prolongées pendant plusieurs générations sous des
conditions à peu près uniformes. Les mêmes résultats furent
obtenus avec les plants d'Ipomœa et de Mimulus mis en expérience, et dans une certaine mesure avec quelques autres
espèces que j'avais intentionnellement traitées de la même
manière ; cependant nous savons que ces espèces, dans les
conditions normales, profitent beaucoup d'un entre-croisement. Il n'y a donc pas, dans le tableau A, un seul cas qui

apporte une preuve certaine contre la loi qui veut qu'un croisement entre plants dont les progéniteurs ont été soumis à des conditions quelque peu différentes, soit profitable à la descendance. C'est là une conclusion surprenante, car, en se fondant sur l'analogie que présentent les animaux soumis à la domestication, il n'eût pas été possible de prévoir que les bons effets du croisement ou l'influence désavantageuse de l'autofécondation serait perceptible, dans les plantes, avant qu'elles eussent subi ce traitement pendant plusieurs générations.

Les résultats consignés dans le tableau A peuvent être considérés à un autre point de vue. Jusqu'ici chaque génération a été envisagée comme formant un cas à part (nous en avons compté quatre-vingt-trois) et c'est là, sans aucun doute, la méthode la plus correcte de comparaison entre les plants croisés et les autofécondés. Mais, dans les cas où les plants de la même espèce furent observés pendant plusieurs générations, une moyenne générale de deux hauteurs doit être prise dans l'ensemble des générations et les moyennes sont données dans le tableau A. Par exemple, pour l'Ipomœa la moyenne générale des plants dans toutes les générations est comme 100 (pour les croisés) est à 77 (pour les autofécondés). Cette opération ayant été faite pour chaque cas dans lequel plus d'une génération fut obtenue, il est facile de calculer la moyenne des hauteurs moyennes pour les plants soit croisés soit autofécondés de toutes les espèces renfermées dans le tableau A. Il est bon de faire remarquer que, comme dans quelques espèces un petit nombre de plantes seulement fut mesuré, tandis qu'un grand nombre intervint dans d'autres, les hauteurs moyennes dans ces différentes espèces ont une valeur différente. Malgré cette cause d'erreur, la moyenne des hauteurs moyennes dans les cinquante-quatre espèces du tableau A mérite d'être donnée; en voici le résultat : si nous désignons par 100 la moyenne des hauteurs moyennes dans les plants croisés, celle des plants auto-

fécondés sera de 87. Mais une meilleure méthode consiste à
diviser les cinquante-quatre espèces en trois groupes, comme
ce fut pratiqué avec les quatre-vingt-trois cas déjà donnés.
Le premier groupe renferme les espèces dont les hauteurs
moyennes, pour les plants autofécondés, dépassent de 5 pour
cent le chiffre 100, ce qui fait qu'alors les plants croisés
et les autofécondés sont approximativement égaux. De ces
espèces, qui sont au nombre de douze environ, il n'y a rien
à dire, la moyenne des hauteurs moyennes dans les plants
autofécondés, certainement très-rapprochée de 100, étant
exactement de 99.58. Le second groupe est composé d'espèces, au nombre de trente-sept, dont les hauteurs moyennes,
dans les plants croisés, surpassent celles des autofécondés de
plus de 5 pour cent, et, dans ce cas, la moyenne des hauteurs
moyennes croisées est à celle des autofécondées comme 100
est à 78. Le troisième groupe, enfin, comprend des espèces au
nombre de cinq seulement, dont les hauteurs moyennes dans
les plants autofécondés surpassent celles des croisés de plus
de 5 pour cent; ici la moyenne des hauteurs moyennes, dans
les plants croisés, est à celle des autofécondés comme 100
est à 109. Si nous excluons donc les espèces qui sont approximativement égales, il en reste trente-sept dans lesquelles la moyenne des hauteurs moyennes, dans les plants
croisés, surpasse celle des autofécondés de 22 pour cent,
tandis que nous en avons seulement cinq dans lesquelles
la moyenne des hauteurs moyennes, dans les plants autofécondés, surpasse celle des croisés de 9 pour cent.
La vérité de cette conclusion, à savoir que les bons
effets d'un croisement dépendent de ce que les plants ont
été assujettis à des conditions différentes, ou de ce qu'ils
appartiennent à des variétés diverses des cas dans lesquels
ils diffèrent presque certainement comme constitution, se
trouve confirmée par la comparaison des tableaux A et C.
Ce dernier tableau donne les résultats du croisement des
plants avec un rameau nouveau ou avec une variété dis-

tincte, et la supériorité de la descendance croisée sur l'autofécondée est ici beaucoup plus générale et bien plus fortement marquée que dans le tableau A qui indique les plants
croisés de la même souche. Nous venons de voir que la
moyenne des hauteurs moyennes, dans les plants croisés
appartenant aux cinquante-quatre espèces du tableau A, est
à celle des plants autofécondés comme 100 est à 87, tandis
que la moyenne des hauteurs moyennes, dans les plants croisés par un rameau nouveau, est à celle des autofécondés du
tableau C comme 100 est à 74. Ainsi, les plants croisés battirent les autofécondés de 13 pour cent dans le tableau A, et de
26 pour cent ou du double dans le tableau C qui renferme
les résultats d'un croisement par un rameau nouveau.

Tableau B.

Nous devons ajouter quelques mots sur le poids des plants
croisés de la même souche comparés aux autofécondés. Dans
le tableau C, onze cas sont donnés ayant trait à huit espèces. Le nombre des plants qui furent pesés est indiqué
dans les deux colonnes de gauche, et leur poids relatif dans
la colonne de droite où celui des plants croisés est repré-
senté par 100. Quelques autres cas ont été déjà rappelés
dans le tableau C, pour ce qui a trait aux plants croisés par
un rameau nouveau. Je regrette qu'il n'ait pas été fait un
plus grand nombre d'épreuves de cette sorte, car l'évidence de la supériorité des plants croisés sur les autofécondés est ainsi mise au jour d'une manière plus concluante
que par les hauteurs relatives. Mais cette méthode ne se
présenta à mon esprit qu'à la dernière période, et elle offre
quelques difficultés d'exécution en ce sens que les semences
ne devant être cueillies qu'après maturité, les plants à ce
moment ont commencé à se dessécher. Dans un seul des
onze cas portés au tableau B, celui de l'Eschscholtzia, les
plants autofécondés surpassèrent en poids les croisés, et nous

avons vu déjà qu'ils leur furent également supérieurs en hauteur, mais inférieurs en fécondité : tout l'avantage du croisement fut donc concentré sur le système reproducteur. Dans le Vandellia, les plants croisés eurent un peu plus de poids que les autofécondés, ils furent aussi un peu plus grands que ces derniers ; mais, comme des capsules plus productives furent engendrées en plus grand nombre par les fleurs cléistogènes des plants autofécondés que par celles des sujets croisés, ce cas doit être rejeté, ainsi que cela a été indiqué pour le tableau A, car il est douteux dans les deux expériences. Les descendances croisée et autofécondée d'un plant de Réséda partiellement autostérile furent presque égales comme poids, mais pas comme hauteur. Dans les huit cas restant, les plants croisés montrèrent une remarquable supériorité sur les autofécondés, puisqu'ils eurent un poids plus que double, excepté dans un seul cas où la proportion, en hauteur, devint comme 100 est à 67. Ainsi, les résultats déduits du poids des plants confirment d'une manière saisissante la première preuve des effets avantageux d'un croisement entre deux plants de la même souche, et dans les quelques cas où les plants dérivés d'un croisement avec un rameau nouveau furent pesés, les résultats sont semblables ou même plus frappants encore.

CHAPITRE VIII.

Différence entre les plants croisés et les autofécondés comme vigueur constitutionnelle et à d'autres points de vue.

Vigueur constitutionnelle plus accentuée chez les plantes croisées. — Effets des grands entassements. — Compétition avec les autres plantes. — Les plants autofécondés sont plus exposés à une mort prématurée. — Les plants croisés fleurissent généralement avant les autofécondés. — Effets négatifs de l'entre-croisement des fleurs d'un même plant. — Description de différents cas. — Transmission des bons effets d'un croisement jusqu'aux dernières générations. — Effets du croisement de plants d'une parenté étroite. — Couleur uniforme des fleurs dans les plants autofécondés pendant plusieurs générations et cultivés dans des conditions semblables.

Vigueur constitutionelle plus accentuée des plants croisés. — Dans presque toutes mes expériences, un nombre égal de semences croisées et d'autofécondées, ou plus communément de semis venant de naître à peine, ayant été placé dans des points opposés d'un même pot, ces sujets y furent mis en concurrence les uns contre les autres, et il faut en conclure que le poids plus élevé, la hauteur et la fécondité plus accentuées chez les plants croisés doivent être attribués à ce qu'ils sont doués naturellement d'une plus grande vigueur constitutionnelle. Généralement, dans leur grande jeunesse, les plants des deux lots furent de taille égale, mais, dans la suite, les croisés gagnèrent insensiblement sur leurs antagonistes, ce qui montre qu'ils possèdent une certaine supériorité inhérente à leur nature, quoique ne se montrant pas aux premières périodes de la vie. Il se présenta, du reste, quelques exceptions remarquables à cette règle qui établit l'égalité primitive en hauteur entre les deux lots; ainsi, les semis croisés du genêt à balai (*Sarothamnus scoparius*) parvenus à la taille de 0^m,075 furent plus de deux fois aussi grands que les autofécondés. Les plants croisés ayant décidément surpassé en hauteur leurs antagonistes, l'avantage qu'ils possédaient devait tendre encore à s'accroître en raison de ce que les plants plus forts dérobaient aux faibles leur nourriture ou les couvraient d'ombrage. Ce fut évidemment là ce qui se produisit avec les plants croisés du *Viola tricolor*, qui finalement écrasèrent les autofécondés. Mais ce fait que les plants croisés sont doués d'une supériorité naturelle indépendante de toute compétition, devint évident lorsque les deux lots furent plantés séparément, en plein air, non loin les uns des autres et dans une bonne terre. La même démonstration fut encore donnée dans plusieurs cas, même avec les plants végétant en étroite compétition les uns contre les autres, par ce fait qu'un sujet autofécondé ayant surpassé pendant un certain temps son antagoniste croisé qui avait été endommagé par quelque accident ou était devenu malade, put être finalement battu par lui.

Les plants de la huitième génération de l'Ipomœa furent obtenus de petites semences produites par des parents maladifs, et les sujets autofécondés s'accrurent d'abord très-rapidement; aussi, lorsque les plants des deux lots eurent environ 0^m,915 de haut, la hauteur moyenne des plants croisés fut à celle des autofécondés comme 100 est à 122; quand ils eurent à peu près 1^m,830 de haut, l'égalité exista dans les deux lots, mais, en dernier lieu, quand leur taille commune fut comprise entre 2^m,44 et 2^m,74, les plants croisés reprirent leur supériorité accoutumée et furent, en hauteur, aux autofécondés, comme 100 est à 85.

La supériorité constitutionnelle des plants croisés sur les autofécondés fut prouvée d'une autre manière, dans la troisième génération du Mimulus, par l'expérience qui consista à

19

semer des graines autofécondées d'un côté d'un pot, et, après un certain laps de temps, des semences croisées au côté opposé. Les semis autofécondés eurent ainsi (car je m'assurai que la germination de ces graines avait été simultanée) un avantage évident dès le début de la carrière. Néanmoins, comme on peut le voir au paragraphe Mimulus, ils furent battus aisément lorsque l'ensemencement des graines croisées eut lieu deux jours pleins après celui des autofécondées. Après un intervalle de quatre jours, les semis des deux lots furent à peu près égaux durant toute leur vie. Même dans ces derniers cas, les plants croisés eurent encore un avantage naturel, car, après que les deux lots eurent atteint leur complet développement, ils furent coupés, puis transplantés dans un plus grand pot sans avoir à en souffrir, et, l'année suivante, lorsqu'ils eurent donné de nouveau toute leur croissance, on les mesura, et alors les plus grands plants croisés furent, en hauteur aux plus grands autofécondés comme 100 est à 75, et en fécondité (calculée d'après le poids des semences prises dans un nombre égal de capsules des deux lots), comme 100 est à 34.

Ma méthode d'expérimentation usuelle, qui consista à planter plusieurs paires de semences croisées et d'autofécondées en état égal de germination, dans des parties opposées de mêmes pots, pour y soumettre les plants à une compétition modérée, fut, à mon avis, la meilleure qu'on pût suivre pour reproduire fidèlement les conditions naturelles. En effet, les plantes semées par la nature viennent en général très-entassées et sont presque toujours condamnées à une concurrence très-sérieuse qui s'exerce entre individus de la même espèce et d'espèces différentes. Cette dernière considération me conduisit à faire quelques essais, principalement, mais non pas exclusivement avec l'*Ipomœa* et le *Mimulus,* en semant des graines croisées et des autofécondées en des points opposés de grands vases dans lesquels d'autres plantes avaient longtemps végété, ou encore au milieu d'autres plantes vivant en plein air. Les semis furent ainsi

soumis à une sévère compétition avec les plantes d'autres
espèces, et, dans tous les cas semblables, les semis croisés
montrèrent, comme puissance accressive, une grande supériorité sur les autofécondés.

Après que les semis venant de germer eurent été plantés
par paires dans des points opposés de plusieurs pots, les semences restant, en état de germination ou non, furent, dans
le plus grand nombre des cas, semées dru des deux côtés
d'un autre grand pot. Les sujets qui en provinrent y vécurent
donc très-entassés et assujettis par suite, tout à la fois à
une très-rigoureuse compétition et à des conditions défavorables. Dans ces divers cas, les plants croisés montrèrent
sur les autofécondés une supériorité presque invariablement
plus accentuée qu'elle ne le fut dans les plants qui végétèrent
par paires en pots.

Quelquefois, les graines croisées et les autofécondées
furent semées, en séries séparées, dans une terre débarrassée des mauvaises herbes et où les semis ne furent, par
conséquent, soumis à aucune compétition avec les autres
espèces de plantes. Dans chaque série, cependant, les sujets
avaient à lutter avec leurs voisins. Après complet développement, plusieurs des plus grands plants, dans chaque série,
furent choisis, comparés et mesurés. Dans plusieurs cas, mais
moins invariablement qu'on pouvait l'espérer, le résultat
fut que les plants croisés ne surpassèrent pas, en hauteur,
les autofécondés à un si haut degré que lorsqu'ils vécurent
par paires dans les pots. Ainsi, avec les plants de Digitale
qui luttèrent en pots, les sujets croisés furent, en hauteur,
aux autofécondés, comme 100 est à 70, tandis que ceux qui
s'accrurent séparément donnèrent seulement la proportion
de 100 à 85. Le même résultat à peu près fut observé avec
le Brassica. Dans le Nicotiana, les plants croisés furent en
hauteur aux autofécondés, lorsque les uns et les autres
vécurent entassés dans des pots, comme 100 est à 54 ; lorsque l'entassement fut moins considérable, comme 100 à 66,

et lorsque, enfin, ils furent cultivés en pleine terre de manière à n'être soumis qu'à une légère compétition, comme 100 est à 72. D'autre part, avec le *Zea maïs*, il exista, en hauteur, une plus grande différence entre les plants croisés et les autofécondés cultivés en pleine terre qu'entre les paires qui végétèrent en pots dans la serre; mais ce résultat peut être attribué à ce que les plants autofécondés étant plus délicats, ils souffrirent plus que les croisés lorsqu'ils furent soumis à l'influence d'un été froid et humide. Enfin, dans une ou deux séries de *Reseda odorata* cultivé en pleine terre, aussi bien qu'avec le *Beta vulgaris*, les plants croisés ne surpassèrent pas en hauteur les autofécondés ou le firent fort légèrement.

Le pouvoir naturel aux plantes croisées de résister bien mieux que les autofécondées à des conditions défavorables, fut mis en évidence, en deux circonstances, d'une manière curieuse (dans l'Iberis et dans la troisième génération du Petunia), je veux dire par la grande supériorité des plants croisés sur les autofécondés lorsque les deux lots furent cultivés dans des conditions extrêmement défavorables; tandis que sous l'influence de circonstances spéciales, l'inverse exactement se présenta avec les plants obtenus des mêmes semences et végétant par paires dans des pots. Un cas à peu près analogue fut observé, dans deux autres occasions, avec les plants de la première génération du Nicotiana.

Les plants croisés supportèrent toujours bien mieux les effets préjudiciables de l'exposition soudaine au grand air, après conservation dans la serre. En plusieurs circonstances, ils résistèrent aussi beaucoup mieux à un hiver froid et rigoureux. Ce fut manifestement le cas pour l'Ipomœa, dont quelques plants croisés et quelques autofécondés furent soudainement transportés de la serre chaude dans la partie la moins favorable d'une serre froide. La descendance des plants de la huitième génération autofécondée du Mimulus, croisée avec un rameau nouveau, résista à une gelée qui brûla chaque

plant autofécondé et chaque entre-croisé de la même vieille
souche. Un résultat à peu près identique fut obtenu avec quelques plants croisés et quelques autofécondés de *Viola trico-*
lor. Dans les plants croisés de *Sarothamnus scoparius*,
les jeunes pousses n'eurent pas même leurs extrémités
touchées par un froid d'hiver très-rigoureux, tandis que
tous les plants autofécondés furent gelés jusqu'au-dessous
de terre et devinrent ainsi incapables de fleurir l'été suivant. Les jeunes semis croisés de Nicotiana supportèrent
un été froid et humide beaucoup mieux que les autofécondés. Je n'ai rencontré qu'une seule exception à cette règle
que les plants croisés sont plus robustes que les autofécondés : trois longues séries de plants d'Eschscholtzia,
consistant en semis croisés par un rameau nouveau, en
semis entre-croisés de la même souche et en sujets autofécondés, furent laissés à découvert pendant un hiver rigoureux et ils périrent tous, sauf deux autofécondés. Ce
cas, toutefois, n'est pas aussi anormal qu'il le paraît d'a-
bord, car il ne faut pas oublier que les plants autofécondés
de l'Eschscholtzia furent toujours plus grands et plus lourds
que les croisés, tout le bénéfice qui résulte d'un croisement
dans cette espèce étant concentré sur l'augmentation en
fécondité.

En dehors de toute cause extérieure saisissable, les plants
autofécondés furent plus exposés à une mort prématurée
que les croisés, et c'est là un fait qui me parut curieux.
Pendant le premier âge des semis, quand un d'entre eux
succombait, son antagoniste était arraché et rejeté, et je
suis porté à croire que la mort frappa, dans leur jeunesse,
beaucoup plus de semis autofécondés que de croisés ; mais
j'ai négligé de prendre des notes sur ce point. Du reste, dans
le cas du *Beta vulgaris*, il est certain qu'un grand nombre
de semences autofécondées périt sous terre après germination, tandis que les graines croisées semées simultanément ne souffrirent pas ainsi. Lorsqu'un plant mourut à

un âge quelque-peu avancé, le fait fut inscrit, et je trouve
dans mes notes que sur plusieurs centaines de sujets observés, sept seulement des croisés succombèrent, tandis
que vingt-neuf au moins parmi les autofécondés (ce qui
fait plus de quatre fois autant) furent ainsi perdus.
M. Galton, après avoir étudié quelques-uns de mes tableaux, fait cette remarque : « Il est très-évident que les
« colonnes spéciales aux plants autofécondés renferment un
« plus grand nombre de sujets exceptionnellement petits »;
et la fréquence de ces plantes chétives est en relation intime
avec propension à la mort prématurée. Les plants autofécondés complétaient leur croissance et se desséchaient plus tôt
que les entre-croisés, et ces derniers étaient dans la même
situation vis-à-vis de la descendance d'un rameau nouveau.

Période de floraison. — Dans quelques cas, tels que
ceux de la Digitale, du Dianthus et du Réséda, un plus
grand nombre de plants croisés que d'autofécondés donna
des tiges florales; mais ce ne fut là probablement que le
résultat de leur plus grande puissance d'accroissement, car,
dans la première génération du *Lobelia fulgens*, où les
plants autofécondés surpassèrent de beaucoup en hauteur
les croisés, plusieurs d'entre ces dernières manquèrent de
donner des tiges florifères. Dans un grand nombre d'espèces, les plants croisés montrèrent une tendance bien accusée à fleurir avant les autofécondés dans les mêmes pots.
On remarquera, du reste, qu'aucune note ne fut conservée
sur la floraison de plusieurs espèces, et quand ce soin fut
pris, la floraison de la première plante, dans chaque pot,
fut seulement observée, quoique deux ou plusieurs paires
y vécussent simultanément. Je vais maintenant donner trois
listes : l'une contenant les espèces dans lesquelles le premier plant qui fleurit fut un croisé; une seconde dans laquelle la priorité comme floraison appartint à un plant
autofécondé, et une troisième enfin renfermant les espèces
qui fleurirent en même temps.

Espèces dont les premiers plants qui entrèrent en_ floraison furent d'une parenté croisée.

Ipomœa purpurea. — Je trouve dans mes notes que, dans les dix générations, plusieurs des plants croisés fleurirent avant les autofécondés, mais aucun détail ne fut conservé.

Mimulus luteus (première génération). — Des fleurs portées sur des plants croisés furent entièrement épanouies avant une seule autofécondée.

Mimulus luteus (seconde et troisième génération). — Dans ces deux générations un plant croisé fleurit avant un autofécondé dans les trois pots.

Mimulus luteus (cinquième génération). — Dans tous les trois pots, un plant croisé fleurit le premier, cependant les plants autofécondés qui appartenaient à une nouvelle et grande variété furent, en hauteur, aux croisés comme 126 est à 100.

Mimulus luteus. — Des plants dérivés d'un croisement avec un rameau nouveau, aussi bien que des plants entre-croisés de la vieille souche, fleurirent avant les autofécondés dans neuf pots sur dix.

Salvia coccinea. — Un plant croisé fleurit avant chacun des autofécondés, dans tous les trois pots.

Origanum vulgare. — Pendant deux saisons successives plusieurs plants croisés fleurirent avant les autofécondés.

Brassica oleracea (première génération). — Tous les plants croisés végétant en pots et tous ceux cultivés en pleine terre fleurirent les premiers.

Brassica oleracea (deuxième génération). Un plant croisé, dans trois pots sur cinq, fleurit avant chacun des autofécondés.

Iberis umbellata. — Dans les deux pots, un plant croisé fleurit en premier lieu.

Eschscholtzia californica. — Les plants-dérivés du rameau brésilien croisé avec le rameau anglais fleurirent les premiers dans cinq pots sur neuf; dans quatre vases un plant autofécondé eut la priorité, nulle part un plant entre-croisé du vieux rameau ne fleurit en premier lieu.

Viola tricolor. — Un semis croisé, dans cinq pots sur six, fleurit avant chaque autofécondé.

Dianthus caryophyllus (première génération). — Dans deux grandes couches de plants, quatre croisés fleurirent avant chaque autofécondé.

Dianthus caryophyllus (seconde génération). — Dans les deux pots un plant croisé fleurit tout d'abord.

Dianthus caryophyllus (troisième génération). — Dans trois des quatre pots, un plant croisé fleurit le premier, cependant les croisés furent aux autofécondés, en hauteur, comme 100 est à 99, et en poids comme 100 à 49.

Dianthus caryophyllus. — Des plants dérivés d'un croisement avec un rameau nouveau, et les plants entre-croisés de l'ancien rameau fleurirent avant les autofécondés dans neuf pots sur dix.

Hibiscus africanus. — Dans trois pots sur quatre, un plant croisé fleurit avant chaque autofécondé, et cependant les derniers étaient en hauteur aux croisés comme 109 est à 100.

Tropœolum minus. — Un plant croisé fleurit avant chaque autofécondé dans trois pots sur quatre, la floraison fut simultanée dans le quatrième pot.

Limnanthes Douglasii. — Un plant croisé fleurit avant chaque autofécondé dans quatre pots sur cinq.

Phaseolus multiflorus. — Dans les deux pots, un plant croisé fleurit le premier.

Specularia speculum. — Dans les quatre pots, un plant croisé eut la priorité comme floraison.

Lobelia ramosa (deuxième génération). — Dans tous les quatre pots, un plant croisé devança comme floraison chaque autofécondé.

Nemophila insignis. — Dans quatre pots sur cinq, un plant croisé fleurit en premier lieu.

Borrago officinalis. — Dans les deux pots, un plant croisé eut la priorité.

Petunia violacea (deuxième génération). — Dans les trois pots, un plant croisé fleurit en premier lieu.

Nicotiana tabacum. — Un plant dérivé d'un croisement avec un rameau nouveau fleurit avant chacun des autofécondés de la quatrième génération, dans quinze pots sur seize.

Cyclamen persicum. — Pendant deux saisons successives, un plant croisé fleurit quelques semaines avant chaque autofécondé dans tous les quatre pots.

Primula veris (var. isostylée). — Dans tous les trois pots, un plant croisé fleurit tout d'abord.

Primula sinensis. — Dans les quatre pots, les plants dérivés d'un croisement illégitime entre plants distincts fleurirent avant chacun des sujets autofécondés.

Primula sinensis. — Un plant légitimement croisé fleurit avant chaque autofécondé, dans sept pots sur huit.

Fagopyrum esculentum. — Un plant croisé légitimement fleurit de un à deux jours avant chacun des autofécondés, dans tous les trois pots.

Zea maïs. — Dans les quatre pots, un plant croisé fleurit le premier.

Phalaris canariensis. — En pleine terre, les croisés fleurirent avant les autofécondés; dans les pots, la floraison fut simultanée.

Espèces dont les plants qui fleurirent les premiers furent de parenté autofécondée.

Eschscholtzia californica (première génération). — Les plants croisés furent d'abord plus grands que les autofécondés, mais dans leur seconde végétation, pendant l'année suivante, les autofécondés surpassèrent les croisés en hauteur, et alors ils fleurirent les premiers dans trois pots sur quatre.

Lupinus luteus. — Quoique les plants croisés fussent aux autofécondés en hauteur comme 100 est à 82, cependant dans les trois pots les plants autofécondés fleurirent les premiers.

Clarkia elegans. — Quoique les plants croisés fussent, en hauteur, aux autofécondés, comme dans le dernier cas, dans la proportion de 100 à 82, dans les deux pots les autofécondés eurent la priorité.

Lobelia fulgens (première génération). — Les plants croisés furent seulement en hauteur aux autofécondés comme 100 est à 127, et les derniers fleurirent de beaucoup avant les croisés.

Petunia violacea (troisième génération). — Les plants croisés furent en hauteur aux autofécondés comme 100 est à 131, et dans trois pots sur quatre un plant autofécondé fleurit le premier : dans le quatrième il y eut simultanéité.

Petunia violacea (quatrième génération). — Quoique les plants croisés fussent aux autofécondés, en hauteur, comme 100 est à 69, dans trois pots sur six un plant autofécondé fleurit le premier, dans le quatrième il y eut simultanéité, et seulement dans le cinquième un plant croisé eut la priorité.

Nicotiana tabacum (première génération). — Les plants croisés furent en hauteur aux autofécondés seulement dans la proportion de 100 à 178, et un autofécondé fleurit le premier dans les quatre pots.

Nicotiana tabacum (troisième génération). — Les plants croisés furent aux autofécondés en hauteur comme 100 est à 101, et dans quatre pots sur cinq un plant autofécondé fleurit le premier.

Canna warscewiczi. — Dans les trois générations prises ensemble, les croisés furent en hauteur aux autofécondés comme 100 est à 101 ; dans la première génération les plants autofécondés montrèrent quelque tendance à fleurir les premiers, et dans la troisième génération ils eurent la priorité dans neuf pots sur douze.

Espèces dont les individus croisés et les autofécondés fleurirent presque simultanément.

Mimulus luteus (sixième génération). — Les plants croisés furent inférieurs en hauteur et en vigueur aux autofécondés, qui tous appartenaient à la nouvelle et grande variété à fleurs blanches ; toutefois, dans une moitié des pots, les plants autofécondés portèrent les premières fleurs, et dans l'autre la priorité appartint aux sujets croisés.

Viscaria oculata. — Les plants croisés furent seulement un peu plus grands que les autofécondés (c'est-à-dire comme 100 est à 97), mais considérablement plus féconds ; cependant les deux lots fleurirent presque en même temps.

Lathyrus odoratus (deuxième génération). — Quoique les plants croisés fussent en hauteur aux autofécondés dans la proportion de 100 à 88, néanmoins il n'y eut aucune différence dans leur période de floraison.

Lobelia fulgens (deuxième génération). — Bien que les plants croisés fussent en hauteur aux autofécondés comme 100 est à 91, la floraison fut simultanée.

Nicotiana tabacum (troisième génération). — Les croisés étant en hauteur aux autofécondés comme 100 est à 33, un plant autofécondé fleurit néanmoins le premier dans la moitié des pots, dans l'autre moitié ce fut un plant croisé.

Ces trois listes renferment cinquante-huit cas dans lesquels la période de floraison des plants croisés et celle des autofécondés fut enregistrée. Dans quarante-quatre d'entre ces cas, un plant croisé fleurit le premier, ou dans la majorité des pots ou dans tous ensemble ; dans neuf, un plant autofécondé eut la priorité ; dans cinq enfin, les deux lots fleurirent simultanément. Un des cas les plus frappants est celui du Cyclamen, dans lequel, durant deux saisons, les plants croisés fleurirent quelques semaines avant les autofécondés dans les quatre pots. A la seconde génération du *Lobelia ramosa*, un sujet croisé fleurit, dans les quatre pots, quelques jours avant chaque autofécondé. Les plants dérivés d'un croisement avec un rameau nouveau montrèrent généralement une tendance très-fortement marquée à fleurir avant les sujets autofécondés et avant les entre-croisés de la même vieille souche, les trois lots ayant vécu dans les mêmes pots. Ainsi avec le Mimulus et le Dianthus, dans un seul pot sur dix, et avec le Nicotiana dans un pot seulement sur seize, un plant autofécondé fleurit avant les sujets croisés de deux façons, et ces derniers fleurirent presque simultanément.

Un examen des deux listes, et spécialement de la seconde, montre que la tendance à la précocité de floraison est généralement liée à un plus grand pouvoir d'accroissement, c'est-à-dire à une taille plus élevée. Il existe cependant à cette règle quelques exceptions remarquables prouvant que d'autres causes doivent aussi intervenir. Ainsi, les plants croisés, à la fois du *Lupinus luteus* et du *Clarkia elegans*, furent en hauteur aux autofécondés comme 100 est à 82, et pourtant ces derniers fleurirent d'abord. Dans la troisième génération du Nicotiana et dans les trois générations du Canna, les sujets croisés et les autofécondés furent de hauteur à peu près égale, et cependant les autofécondés eurent tendance à fleurir les premiers. D'autre part, dans le *Primula sinensis*, des plants obtenus d'un croisement entre deux individus distincts, croisés légitimement ou non, fleurirent avant les sujets illégitimement autofécondés, quoique tous les plants fussent à peu près égaux en hauteur dans les deux cas. Il en fut ainsi, au point de vue de la hauteur et de la floraison, avec le Phaseolus, le Specularia et le Borrago. Les plants croisés d'Hibiscus furent inférieurs, en hauteur, aux autofécondés dans la proportion de 100 à 109, et cependant ils fleurirent avant les autofécondés dans trois des quatre pots. Au total, on ne peut pas mettre en doute que les plants croisés montrent à fleurir avant les autofécondés une tendance presque aussi fortement marquée qu'à s'élever plus haut, à peser davantage et à être plus féconds.

Quelques autres cas, non indiqués dans les trois listes ci-dessus, doivent être cités. Dans les trois pots de *Viola tricolor*, les plants naturellement croisés, descendants de plants croisés, fleurirent avant les sujets naturellement croisés, descendants de plants autofécondés. Des fleurs de deux plants (l'un et l'autre de parenté autofécondée) appartenant à la sixième génération du *Mimulus luteus*, furent entre-croisées, et d'autres fleurs des mêmes plants furent fécondées avec leur propre pollen; des semis entre-croisés et des semis de la septième génération autofécondée furent ainsi obtenus, et les derniers fleurirent avant les entre-croisés dans trois pots sur cinq. Des fleurs, sur le même plant de *Mimulus luteus* et d'*Ipomœa purpurea*, furent croisées avec le pollen d'autres fleurs du même pied; d'un autre côté, d'autres fleurs furent fécondées avec leur propre pollen. Des semis entre-croisés (mais de cette espèce particulière) et d'autres strictement autofécondés, furent ainsi obtenus. Dans le cas du Mimulus, les plants autofécondés fleurirent les premiers dans sept pots sur huit, et pour celui de l'Ipomœa dans huit vases sur dix; donc, un entre-croisement entre les fleurs du même plant fut loin de donner à la descendance ainsi formée quelque avantage, au point de vue de la précocité de floraison, sur les plants strictement autofécondés.

Effets du croisement des fleurs sur le même plant.

Dans la discussion touchant les résultats du croisement avec un rameau nouveau, donnés dans le tableau C au

dernier chapitre, il a été démontré que le simple acte du
croisement ne produit pas de bons effets par lui-même :
les avantages qui en proviennent dépendent ou de ce
que les plants croisés appartiennent à des variétés qui
diffèrent certainement en constitution, ou de ce que les
progéniteurs de ces plants croisés, quoique identiques par
les caractères extérieurs, ont été soumis à certaines conditions différentes, et ont ainsi acquis une certaine variété
comme constitution. Toutes les fleurs produites par la
même plante ont été développées de la même graine ; celles
qui s'épanouissent en même temps ont été exposées exactement aux mêmes influences climatériques, et les tiges
ont été nourries par les mêmes racines. Donc, et ceci concorde avec les conclusions qui viennent d'être énoncées,
aucun bon effet ne saurait résulter du croisement des fleurs
d'un même plant[1]. En opposition avec cette conclusion
est ce fait qu'un bouton représente, dans un certain sens,
un individu distinct et capable de revêtir occasionnellement et même fréquemment aussi bien de nouveaux caractères extérieurs que de nouvelles particularités constitutionnelles. Les plants obtenus de boutons qui ont

---

[1] Il est, du reste, possible que les étamines qui diffèrent en longueur ou
en structure, dans la même fleur, produisent un pollen de nature différente, et, de cette manière, un croisement entre plusieurs fleurs du même
plant peut devenir efficace. M. Macnab a observé (dans une communica-
tion à M. Verlot, *La Production des Variétés*, 1865, p. 42) que les
semis issus des étamines courtes et des longues du Rhododendron ont
un caractère différent ; mais dans ce cas, les étamines les plus courtes
deviennent manifestement rudimentaires et les semis sont nains ; aussi
ce résultat peut-il être attribué à un défaut de pouvoir fécondant dans
le pollen. C'est ce qui se produisit dans les plantes naines de Mirabilis obtenues par Naudin en se servant d'un trop petit nombre de grains de
pollen. Des observations analogues ont été faites sur les étamines de
Pélargonium. Dans quelques Melastomacées, des semis obtenus de fleurs
fécondées avec le pollen des étamines plus courtes différaient certainement, comme apparence, de ceux issus des étamines plus longues portant
des anthères différemment colorées ; mais, ici encore, il y a quelques
raisons de croire que les étamines plus courtes ont tendance à avorter.
Dans les différents cas de plants hétérostylés trimorphes, les deux séries
d'étamines de la même fleur ont un pouvoir fécondant absolument
différent.

varié, peuvent être longtemps propagés par boutures;. greffes, etc., et même par génération sexuée[1]. Il existe aussi de nombreuses espèces dans lesquelles les fleurs de la même plante diffèrent les unes des autres, ainsi que cela se produit dans les organes sexuels des plantes monoïques et polygames, dans la structure des fleurs de la circonférence de plusieurs Composées, Ombellifères, etc., dans la structure de la fleur centrale de quelques plantes, dans les deux catégories de fleurs produites par les espèces cléistogènes, et dans beaucoup d'autres cas. Ces exemples prouvent clairement que les fleurs d'un même plant varient souvent, indépendamment les unes des autres, sous divers points de vue importants, et que ces variations ont été fixées, comme celles des plants distincts, pendant le développement de l'espèce.

Il était donc nécessaire de connaître par l'expérimentation quels seraient les effets de l'entre-croisement, dans les fleurs du même pied, comparés à ceux du croisement par leur propre pollen ou par celui d'un plant distinct. Des expériences furent faites avec soin dans cinq genres appartenant à quatre familles; dans un cas seulement, celui du Digitalis, la descendance d'un croisement entre fleurs de la même plante en reçut quelque avantage, mais très-réduit si on le compare à ceux résultant d'un croisement entre plants distincts. Dans le chapitre qui a trait à la fécondité, lorsque nous examinerons les effets de la fécondation croisée et de l'autofécondation sur la productivité des générateurs, nous arriverons à peu près au même résultat, c'est-à-dire à ceci; qu'un croisement entre les fleurs du même plant n'augmente pas du tout le nombre des graines ou ne le fait qu'occasionnellement et à un faible degré. Je vais maintenant donner une analyse des expériences qui furent faites.

[1] J'ai donné plusieurs cas de ces variations dans le bourgeon dans mes *Variation of Animals and Plants under Domestication* (Variations des animaux et des plants sous l'influence de la domestication), chap. XI, 2ᵉ édition, vol. I, p. 448.

1. *Digitalis purpurea.* — Des semis obtenus soit de fleurs entre-croisées sur la même plante, soit d'autres fleurs fécondées avec leur propre pollen furent cultivés, à la manière ordinaire, en compétition les uns avec les autres dans des points opposés de dix pots. Dans ce cas, comme dans les quatre suivants, les détails se trouveront au paragraphe spécial à chaque espèce. Dans huit pots, où les plants croisés ne vécurent pas très-entassés, les tiges florales de seize plants entre-croisés furent, en hauteur, à celle des seize autofécondés, comme 100 est à 94. Dans les deux autres pots, où les plants végétèrent entassés, les tiges florales de neuf plants entre-croisés furent, en hauteur, à celles de neuf autofécondés, comme 100 est à 90. L'avantage réel que les plants entre-croisés, dans ces deux pots, eurent sur leurs adversaires autofécondés fut bien mis en lumière par leur poids relatif pris après qu'ils furent coupés : ce poids fut dans la proportion de 100 à 78. La hauteur moyenne des tiges florales des vingt-deux plants entre-croisés, dans les dix pots pris ensemble, fut à celle des tiges florales des vingt-deux plants autofécondés, comme 100 est à 92. Ainsi, à un certain degré, les plants entre-croisés furent certainement supérieurs aux autofécondés, mais cette supériorité fut petite en comparaison de celle que réalisa sur les sujets autofécondés la descendance d'un croisement entre plants distincts ; cette dernière fut, en hauteur, comme 100 est à 70. Cette proportion ne montre pas nettement du tout la grande supériorité conquise sur les autofécondés, par les sujets issus d'un croisement entre individus distincts, car les derniers produisirent plus de deux fois autant de graines que les premiers et furent bien moins enclins à une mort prématurée.

2. *Ipomœa purpurea.* — Trente et un plants entre-croisés, provenant d'un croisement entre fleurs du même sujet, furent cultivés dans dix pots en compétition avec le même nombre de plants autofécondés, et les premiers

furent en hauteur aux derniers, comme 100 est à 105. Ainsi,
les plants autofécondés furent un peu plus grands que les
entre-croisés, et, dans huit pots sur dix, un plant autofécondé fleurit avant chaque plant croisé des mêmes pots.
Les plants qui ne furent pas fortement entassés (et ceux-là
offrent le meilleur terme de comparaison), dans neuf pots
sur dix furent coupés et pesés, et le poids des vingt-sept
entre-croisés fut à celui des vingt-sept autofécondés comme
100 est à 124 ; donc, par cette épreuve, la supériorité
des autofécondés fut fortement marquée. Je reviendrai,
dans un prochain chapitre, sur ce sujet de la supériorité acquise, dans certains cas, aux plants autofécondés. Si nous revenons à la descendance résultant d'un croisement entre
plants distincts mise en compétition avec des sujets autofécondés, nous trouvons que la hauteur moyenne de
soixante-treize plants ainsi croisés pendant dix générations,
fut à celle d'un même nombre de plants autofécondés
comme 100 est à 77, et, dans le cas de plants de la dixième
génération, en poids, comme 100 est à 44. Ainsi, le contraste entre les effets du croisement des fleurs du même
plant et ceux du croisement des fleurs de plants distincts,
est très remarquable.

3. *Mimulus luteus.* — Vingt-deux plants obtenus du
croisement des fleurs appartenant au même sujet furent
cultivés en compétition avec le même nombre de plants
autofécondés ; les premiers furent aux derniers en hauteur
comme 100 est à 105, et en poids comme 100 est à 103.
Du reste, dans sept pots sur huit, un plant autofécondé
fleurit avant chaque entre-croisé. Donc, ici encore, les
plants autofécondés montrèrent une légère supériorité sur
les entre-croisés. Pour achever la comparaison, j'ajouterai que les semis obtenus, durant trois générations, d'un
croisement entre plants distincts, furent, en hauteur, aux
autofécondés, comme 100 est à 65.

4. *Pelargonium zonale.* — Des plants vivant en pots

séparés, qui avaient été propagés par boutures prises sur
la même plante et qui, par conséquent, formaient en réalité
deux parties d'un même individu, furent entre-croisés; les
fleurs de l'un de ces plants furent aussi autofécondées et les
semis obtenus par ces deux procédés de fécondation ne différèrent en rien comme hauteur. Lorsque, d'autre part,
des fleurs portées par les plants ci-dessus furent croisées
avec le pollen d'un semis distinct et que d'autres fleurs
furent autofécondées, la descendance croisée ainsi obtenue
fut, en hauteur, aux plants autofécondés, comme 100 est
à 74.

5. *Origanum vulgare*. — Un plant, qui avait été
longtemps cultivé dans mon jardin potager, s'était accru
par stolons au point de former une grande touffe. Des semis obtenus d'un entre-croisement des fleurs de ces plants,
lesquels sortaient tous du même sujet, et d'autres semis
issus de fleurs autofécondées, furent comparés soigneusement depuis leur premier âge jusqu'à leur maturité; ils
ne différèrent en rien, ni comme hauteur ni comme vigueur constitutionnelle. Quelques fleurs de ces semis
furent alors croisées par du pollen pris sur un pied distinct, puis d'autres fleurs furent autofécondées; deux nouveaux lots furent aussi obtenus, et ils étaient constitués par
les petits-fils des plants qui s'étaient multipliés par stolons et avaient formé une grande touffe dans mon jardin.
Ces derniers différèrent beaucoup en hauteur, les plants
croisés étant aux autofécondés comme 100 est à 86; ils
différèrent également et à un haut degré comme vigueur
constitutionnelle. Les plants croisés fleurirent les premiers et produisirent exactement deux fois plus de tiges
florales; plus tard, ils s'accrurent par stolons jusqu'au
point d'étouffer presque les sujets autofécondés.

Si nous passons en revue ces cinq cas, nous voyons que,
dans quatre d'entre eux, les effets d'un croisement entre fleurs
d'un même plant (et même de parties d'un même sujet vivant

au moyen de racines séparées, comme dans le cas du Pelargonium et de l'Origan) ne diffèrent pas de ceux résultant de la plus stricte autofécondation. Dans deux cas même, les plants autofécondés furent supérieurs aux plants ainsi entre-croisés. Avec la digitale, un croisement entre fleurs du même plant eut certainement quelques bons résultats, mais très-légers en vérité, si on les compare à ceux résultant d'un croisement entre plants distincts. Au total, si nous ne perdons pas de vue que les bourgeons floraux sont à certains égards des individus distincts qui varient occasionnellement et indépendamment les uns des autres, les résultats auxquels nous sommes arrivés s'accordent bien avec nos conclusions générales, à savoir que les avantages d'un croisement dépendent de ce que les plants croisés possèdent quelques différences constitutionnelles, résultant, soit d'une longue exposition à des conditions différentes, soit d'une variation produite sous l'influence de causes inconnues, et telle que, dans notre ignorance, nous sommes forcés de l'appeler spontanée. Du reste, je reviendrai sur ce sujet de l'insuffisance d'un croisement entre fleurs du même plant, lorsque je considérai la part qui revient aux insectes dans la fécondation croisée des fleurs.

De la transmission des bons effets d'un croisement et des mauvais effets de la fécondation directe. — Nous avons vu que les semis obtenus d'un croisement entre plants distincts surpassaient presque toujours leurs adversaires autofécondés en poids, en hauteur et, comme nous le verrons bientôt, en fécondité. Pour m'assurer si cette supériorité serait transmise au delà de la première génération, des semis furent obtenus, durant trois générations, de plants croisés et d'autofécondés. Ces deux catégories de sujets furent alors fécondées de la même manière, et non point, par conséquent, comme c'est indiqué dans plusieurs cas portés aux tableaux A, B et C, dans lesquels les plants croisés furent croisés de nouveau et les autofécondés de nouveau soumis à l'autofécondation.

En premier lieu, des semis furent obtenus de graines autofécondées produites sous une gaze par des plants soit croisés soit autofécondés de *Nemophila insignis ;* les derniers furent aux premiers comme 133 est à 100. Mais ces semis étant devenus très-maladifs dès leur premier âge, ils s'accrurent si inégalement que plusieurs d'entre eux, dans ces deux lots, furent cinq fois aussi grands que les autres. Cette expérience est donc sans valeur, mais je me suis cru obligé de la relater parce qu'elle est opposée à ma conclusion générale. Je dois dire que, dans ces expériences comme dans les deux suivantes, les deux séries de plants furent cultivées dans des points opposés du même pot et traitées de la même manière à tous égards. Les détails de ces expériences se trouvent dans les articles relatifs à chaque espèce.

En second lieu, un plant de pensée croisé et un plant autoféconde (*Viola tricolor*) vécurent côte à côte en pleine terre et très-rapprochés des autres pieds de pensée; comme ils produisirent une grande quantité de très-belles capsules, les fleurs des deux lots furent certainement fécondées par croisement. Des graines ayant été cueillies sur les deux plants, on en obtint des semis. Ceux issus des plants croisés fleurirent dans les trois pots avant ceux qui provinrent des plants autofécondés, et, après complet développement, les premiers furent aux derniers dans la proportion de 100 à 82. Comme les deux séries de plants furent le produit de la fécondation croisée, la différence dans leur accroissement et dans leur période de floraison est certainement due à ce que leurs parents avaient été les uns de parenté croisée et les autres de lignage autoféconde, et il est également évident qu'ils transmirent leur différence de constitution à leurs descendants (petits-fils des plants qui furent originellement soit croisés, soit autofécondés).

En troisième lieu, le pois de senteur (*Lathyrus odoratus*) se féconde habituellement lui-même dans notre pays. Comme je possédais des plants dont les parents et les grands parents avaient été artificiellement croisés et d'autres plants issus des mêmes parents, qui avaient été autofécondés pendant plusieurs générations antérieures, ces deux lots, après avoir été disposés pour l'autofécondation sous une gaze, donnèrent des graines autofécondées qui furent conservées. Les semis qui en provinrent ayant vécu en compétition les uns avec les autres, à la manière ordinaire, différèrent dans leur pouvoir d'accroissement. Ceux issus des plants autofécondés qui avaient été croisés durant les deux générations antérieures, furent à ceux issus des plants autofécondés pendant plusieurs générations passées, en hauteur, comme 100 est à 90. Ces deux lots de semences furent aussi essayés par un ensemencement dans des conditions très-défavorables en terre très-pauvre et épuisée; les plants dont les grands parents et arrière-grands parents avaient été croisés, montrèrent d'une manière indiscutable leur supériorité comme vigueur constitutionnelle. Dans ce cas, comme dans celui de la Pensée, il n'y a pas de doute que l'avantage dérivé d'un croisement entre deux plants ne fut pas concentré sur la première génération. Ce fait que la vigueur constitutionnelle due au parentage croisé est transmis pendant plusieurs générations, puise une grande probabilité dans l'examen de quelques variétés du pois commun d'Andrew Knight, lesquelles, ayant été obtenues d'un croisement entre variétés distinctes, furent ensuite, sans aucun doute, fécondées par elles-mêmes dans chaque génération successive. Ces variétés subsistèrent plus de soixante ans « et leur splendeur n'est pas éteinte[1] ». D'autre part, le plus grand nom-

---

[1] Voir la preuve sur ce point dans mes *Variation under Domestication* (Variation sous l'influence de la domestication), chap. IX, vol. I, 2ᵉ édition, p. 97 (traduction française de Moulinié).

bre des variétés du pois commun, que rien n'autorise à
supposer issues d'un croisement, ont eu une existence beaucoup plus courte. Quelques autres variétés obtenues par
M. Laxton et résultant de croisements artificiels ont retenu
leur vigueur étonnante et leur splendeur pendant un nombre considérable de générations; mais comme M. Laxton
me le fait connaître, cette expérience n'embrasse pas plus
de douze générations, et dans cette période il n'a jamais
constaté de diminution dans la vigueur de ses plants.

Un point voisin doit être ici noté. Comme la puissance
d'hérédité est très-accentuée dans les plantes (nous pourrions en donner de très-nombreuses preuves), il est presque certain que les semis sortis de la même capsule ou de
la même plante auraient tendance à hériter à peu près de
la même constitution; et comme l'avantage d'un croisement dépend de la différence de constitution qui existe entre
les plants croisés, on peut en déduire comme probable qu'un
croisement effectué sous des conditions semblables, entre
parents les plus rapprochés, ne saurait donner à la descendance autant de bénéfices que celui réalisé entre
plantes non entachées de parenté. A l'appui de cette conclusion, nous avons une preuve dans ce fait que Fritz
Müller a démontré par ses importantes expériences sur les
hybrides d'Abutilons, combien l'union entre frères et sœurs,
parents et fils ou autres parentés rapprochées est préjudiciable à la fécondité de la descendance. Dans un cas
même, les semis issus de ces parentés rapprochées possédaient une constitution très-faible[1]. Le même observateur
a trouvé également trois plants de Bignonia vivant côte à
côte[2]. Il féconda vingt-neuf fleurs dans l'un de ces Bignonia avec leur propre pollen, et elles ne donnèrent pas une
seule capsule. Trente fleurs furent alors fertilisées avec le

---

[1] *Jenaische Zeitschrift für Naturwissenschaft* (Annales des sciences
naturelles d'Iéna), vol. VII, p. 22 et 45, 1872; et 1873, pp. 441-450.
[2] *Bot. Zeitung*, 1868, p. 626.

, pollen d'un plant distinct (un des trois végétant très-rapprochés), et elles ne donnèrent que deux capsules. Enfin, cinq fleurs furent fécondées avec le pollen d'un quatrième plant végétant à une certaine distance, et toutes cinq fructifièrent. Il paraît donc probable, comme Fritz Müller le pense, que ces trois plants végétant côte à côte sortirent des mêmes générateurs, et qu'étant ainsi d'une parenté très-rapprochée, ils jouissaient d'un très-faible pouvoir d'inter-fécondation [1].

. Ce fait enfin que les plants entre-croisés, dans le tableau A, ne surpassèrent pas, de plus en plus, comme hauteur les autofécondés dans les dernières générations, résulte probablement de ce qu'ils devinrent d'une parenté de plus en plus étroite.

Uniformité de la couleur dans les fleurs des plants autofécondés et vivant dans des conditions semblables pendant plusieurs générations. — Au commencement de mes expériences, les plants générateurs de *Mimulus luteus, Ipomœa purpurea, Dianthus caryophyllus* et *Petunia violacea* obtenus de semences achetées, varièrent considérablement dans le coloris de leurs fleurs. Le même fait se produit dans les plantes qui ont été longtemps cultivées comme ornement dans les jardins à fleurs et qui ont été propagées par semences. Le coloris des fleurs est un point sur lequel, dans le principe, mon attention ne fut pas appelée du tout, et, dès lors, aucun choix ne fut pratiqué. Néanmoins, les fleurs produites par les plants autofécondés des quatre espèces ci-dessus devinrent ou absolument uniformes ou du moins très-rapprochées comme teinte après avoir végété pendant plusieurs générations dans des conditions très-semblables. Les plants entre-croisés qui

_____

[1] J'ai donné dans ma *Variation under .Domestication* (Variation sous l'influence de la domestication), chap. xvii, vol. II, 2ᵉ édition, p. 121, quelques cas remarquables d'hybrides de Gladiolus et de Cistus, dont chaque forme pourrait être fécondée par le pollen de l'autre, mais jamais par son propre pollen.

furent liés par une parenté plus ou moins rapprochée dans les dernières générations, et qui avaient été aussi cultivés constamment sous des conditions semblables, portèrent des fleurs de couleur plus uniforme que les premiers générateurs, mais beaucoup moins uniforme en revanche que les plants autofécondés. Quand les plants autofécondés d'une des dernières générations furent croisés avec un rameau nouveau et que des semis en furent ainsi obtenus, ces derniers présentaient un contraste remarquable dans les différences de leurs fleurs comparées à celles des semis autofécondés. Comme ces divers cas de fleurs devenant uniformément colorées sans aucune intervention de la sélection me parurent curieux, je veux donner ici un résumé complet de mes observations.

Mimulus luteus. — Une grande variété portant des grandes fleurs presque blanches tachées de cramoisi, apparut parmi les plants entre-croisés et les autofécondés des troisième et quatrième générations.

Cette variété prit une extension si rapide, que, dans la sixième génération des plants autofécondés, chacun des sujets qui la composaient lui appartenait. Il en fut de même avec tous les plants qui furent obtenus ensuite, jusqu'à la dernière ou neuvième génération autofécondée. Quoique cette variété apparût d'abord parmi les plants entre-croisés, elle ne prevalut jamais parmi ces derniers, parce que leurs descendants furent entre-croisés à chaque génération successive, et les fleurs des différents plants entre-croisés de la neuvième génération différèrent considérablement comme coloris. D'autre part, l'uniformité de couleur dans les fleurs des plants appartenant aux dernières générations autofécondés fut très-surprenante : après un examen superficiel on aurait pu les croire semblables, mais les taches cramoisies n'eurent ni exactement la même nuance ni exactement la même position. Mon jardinier et moi nous croyons que cette variété n'apparut pas parmi les générateurs obtenus de graines achetées, mais, si j'en juge par son apparence au milieu des plants croisés et des autofécondés des troisième et quatrième générations, et d'après ce que nous savons de la variation de cette espèce dans d'autres occasions, il est probable qu'elle apparut dans certaines conditions occasionnelles. Nous apprenons, du reste, par le cas présent, que dans les conditions particulières auxquelles mes plantes furent soumises, cette variété spéciale, remarquable par le coloris et les dimensions de la corolle autant que par l'augmentation en hauteur de la plante tout entière, prévalut dans la sixième génération autofécondée et dans toutes les générations autofécondées successives, à la complète exclusion de toute autre variété.

Ipomœa purpurea. — Mon attention fut, pour la première fois, attirée vers le présent sujet, par cette observation que les fleurs dans tous les plants de la septième génération autofécondée étaient d'une teinte uniforme pourpre foncée remarquablement riche. Les nombreux plants qui furent obtenus durant les trois générations successives jusqu'à la dernière (dixième), produisirent tous des fleurs colorées de la même manière. Elles furent absolument uniformes en teinte, comme celles d'une espèce constante vivant à l'état nature ; et, comme le remarqua mon jardinier, les plants autofécondés eussent pu être distingués avec certitude et sans l'aide des étiquettes, des plants entre-croisés des dernières générations. Ces derniers, du reste, eurent des fleurs plus uniformément colorées que celles qui furent d'abord obtenues des graines achetées. Cette variété à couleur pourpre foncé n'apparut point, autant que mon jardinier et moi pouvons-nous le rappeler, avant la cinquième ou la sixième génération autofécondée.

Il est probable, du reste, qu'elle se forma à l'exclusion de toute autre variété sous l'influence de l'autofécondation continuée et de la culture des plants au milieu de conditions uniformes parfaitement constantes.

Dianthus caryophyllus. — Les plants autofécondés de la troisième génération portèrent des fleurs toutes exactement colorées de rose pâle, et à ce point de vue ils différèrent considérablement des sujets végétant dans une grande plate-bande et obtenus de semences achetées provenant du même jardin pépiniériste. Dans ce cas, il n'est pas improbable que quelques-uns des plants qui furent tout d'abord autofécondés aient porté des fleurs ainsi colorées, mais comme plusieurs plants furent autofécondés dans la première génération, il est extrêmement improbable que tous aient porté des fleurs exactement de la même teinte que celles des plants autofécondés de la troisième génération. Les plants entre-croisés de cette troisième génération produisirent également des fleurs d'une teinte presque aussi uniforme sinon complétement que celle des plants autofécondés.

Petunia violacea. — Pour ce cas, j'espérais trouver dans mes notes que les fleurs du générateur qui fut pour la première fois autofécondé étaient « d'une couleur pourpre sombre ». Dans la cinquième génération autofécondée, chacun des vingt et un plants autofécondés végétant en pots et tous les plants cultivés au dehors en deux longues rangées, produisirent des fleurs absolument de la même teinte, c'est-à-dire d'une couleur de chair terne, laide et particulière, et par conséquent considérablement différente de celle du générateur. Je crois que ce changement de couleur vint graduellement, mais je ne conservai aucune note à ce sujet parce que ce point ne m'intéressa qu'au moment où je fus frappé par la teinte uniforme des plants autofécondés de la cinquième génération. Les fleurs, dans les plants entre-croisés de la génération correspondante, furent de la même couleur de chair terne, mais pas, à bien près, aussi uniformes que celle des plants autofécondés, dont quelques-unes furent très-pâles et presque blanches. Les plants autofécondés cultivés en pleine terre, en une longue

série, furent également remarquables par leur uniformité
en hauteur aussi bien que les plants entre-croisés, qui le
furent cependant à un moindre degré : les deux lots avaient été
comparés à un grand nombre de plants obtenus, dans le même
temps sous des conditions semblables, de sujets croisés appartenant à la quatrième génération et croisés derechef par un
rameau nouveau. Je regrette de n'avoir pas porté mon attention, dans les dernières générations, sur l'uniformité en hauteur des semis autofécondés des autres espèces.

Ces différents cas me paraissent présenter beaucoup d'intérêt. Ils nous apprennent que de nouvelles et légères
nuances de couleur peuvent être fermement et définitivement
fixées, indépendamment de toute sélection, quand les conditions ambiantes sont conservées aussi uniformes que possible et qu'aucun entre-croisement n'est permis. Dans le Mimulus, non seulement un mode de coloration singulier, mais
une corolle plus grande et une taille plus élevée de toute
la plante, furent autant de caractères ainsi fixés : du reste,
dans le plus grand nombre des plantes qui ont été cultivées
pour leurs fleurs, aucun caractère n'est plus variable que
celui de la couleur, si ce n'est peut-être la hauteur. De l'examen de ces cas, nous pouvons inférer que la variabilité des
plantes cultivées, au point de vue qui nous occupe, est
due d'abord à ce qu'elles ont été assujetties à des conditions légèrement diversifiées, et secondement à ce qu'elles
ont été fréquemment entre-croisées, ainsi que cela résulte
du libre accès des insectes. Je ne vois guère comment cette
déduction pourrait être écartée, lorsque nous voyons les
plantes ci-dessus, après avoir été cultivées pendant plusieurs générations sous des conditions très-uniformes et
après avoir été entre-croisées dans chaque génération, porter
des fleurs dont la couleur tend à certains degrés vers le
changement et l'uniformité. Lorsque aucun entre-croisement avec d'autres plantes de la même souche ne put se produire, c'est-à-dire lorsque les fleurs furent fécondées, à

chaque génération, avec leur propre pollen, leur couleur
dans les dernières générations devint aussi uniforme que
celle des plants végétant à l'état naturel, et cette uniformité s'accompagna, au moins dans un cas, de beaucoup
d'égalité dans la hauteur des plants. Mais, en disant que
les différences de teintes dans les fleurs des plants cultivés
et traités à la manière ordinaire, sont attribuables aux
différences de sol, de climat, etc., auxquelles ils sont exposés, je ne prétends pas impliquer que de pareilles variations sont causées par ces agents d'une manière plus directe
que ne peuvent l'être les maladies les plus différentes
(rhumes, inflammation des poumons ou de la plèvre, rhu-
matismes, etc.) qui peuvent être considérées comme le
résultat de l'exposition au froid. Dans les deux cas la constitution de l'individu qui supporte l'impression a une importance prépondérante.

CHAPITRE IX.

Effets de la fécondation croisée et de l'autofécondation sur la production des semences.

Fécondité des plants de parenté croisée et de parenté autofécondée, les deux lots ayant été fécondés de la même manière. — Fécondité des générateurs après un premier croisement et une première autofécondation, et de leur descendance soit croisée, soit autofécondée après un second croisement ou une seconde autofécondation. — Comparaison entre la fertilité des fleurs fécondées avec leur propre pollen et celle des fleurs fécondées avec le pollen d'autres fleurs de la même plante. — Plantes fécondées par elles-mêmes. — Causes de l'autostérilité. — Apparition de variétés très-fertiles par elles-mêmes. — Autofécondation bienfaisante à certains points de vue, indépendemment de la production assurée des graines. — Poids relatifs et degré de germination des semences issues de fleurs croisées et de fleurs autofécondées.

Ce chapitre est consacré à la fécondité des plantes qui ont été influencées par la fécondation croisée et par l'auto-fécondation. Le sujet se divise en deux parties distinctes : 1° la productivité relative ou fécondité des fleurs croisées avec le pollen d'un plant distinct et avec le leur propre, fécondité qui est démontrée par le nombre proportionel de capsules produites et par la quantité de semences qu'elles contiennent. Secondement, le degré de fécondité naturelle ou de stérilité des semis obtenus de semences soit croisées, soit autofécondées, ces semis ayant le même âge, étant fécondés de la même manière et végétant dans les mêmes conditions. Les deux branches du sujet correspondent aux divisions qui doivent être prises en considération par quiconque s'occupe des plantes hybrides, c'est-à-dire en premier lieu à la productivité comparative d'une espèce après fécondation par le pollen d'une espèce distincte et par son propre pollen ; et en second lieu, à la fertilité de sa descendance hybride. Ces deux cas ne sont pas toujours parallèles ; ainsi plusieurs plantes, comme l'a démontrée Gärtner, peuvent être très-aisément croisées, mais donnent des hybrides très-stériles, tandis que d'autres sont croisées avec une difficulté extrême, mais engendrent des hybrides très-féconds.

L'ordre naturel à suivre, dans ce chapitre, devrait être d'examiner d'abord les effets du croisement sur la fécondité des plants générateurs, puis celle de l'autofécondation sur les mêmes plants ; mais nous avons discuté déjà dans les deux derniers chapitres, la hauteur relative, le poids et la vigueur constitutionnelle des plants croisés et celle des auto-fécondés (c'est-à-dire des plants obtenus de graines croisées et de graines autofécondées), il convient donc d'examiner ici leur fécondité relative. Les cas que j'ai observés sont donnés dans le tableau suivant, D, lequel contient les plants de parenté croisée et de parenté autofécondée qui furent livrés à leurs propres forces de fécondation soit que les insectes assurassent le croisement, soit que l'autofécondation se produisît.

Il est bon de faire remarquer que les résultats ne sauraient être considérés comme complétement dignes de confiance, car la fécondité d'une plante est un élément très-variable dépendant de son âge, de son état de santé, de la quantité d'eau qu'elle reçoit et de la température à laquelle elle est exposée. Le nombre des capsules produites et la quantité numérique de semences qu'elles renferment doivent être établis sur beaucoup de plants soit croisés, soit autofécondés, à la fois du même âge et traités de la même façon à tous égards. A ces deux derniers points de vue, mes expériences peuvent inspirer de la confiance ; cependant un nombre suffisant de capsules ne fut compté que dans quelques cas seulement. La fécondité, ou, comme il conviendrait peut-être mieux de l'appeler, la productivité d'une plante dépend du nombre de capsules produites et du nombre de semences qu'elles renferment. Mais, pour plusieurs raisons et surtout par manque de temps, je fus souvent obligé de m'en rapporter au nombre de capsules seulement : néanmoins, dans les cas les plus intéressants, les semences furent aussi comptées ou pesées. Le nombre moyen de semences par capsule est un *criterium* de fécondité plus certain que le nombre des capsules. Ce dernier nombre dépend souvent de la taille de la plante, et nous avons vu que les plants croisés sont généralement plus grands et plus lourds que les autofécondés ; mais la différence, à ce point de vue, est rarement suffisante pour causer quelque influence sur le nombre de capsules produites. Il est à peine nécessaire d'ajouter que, dans le tableau suivant, le même nombre de plants croisés et d'autofécondés est toujours mis en comparaison. Malgré ces causes de suspicion, je vais donner le tableau dans lequel sont développées la parenté des plants sur lesquels j'expérimentai et la manière de déterminer leur fécondité. Des détails plus complets se trouvent dans la première partie de cet ouvrage, à l'article particulier à chaque espèce.

Tableau D.

Fécondité relative des plants de parenté croisée et de parenté autofécondée, les deux séries étant fécondées de la même manière. La fécondité est appréciée par plusieurs moyens. Celle des plants croisés est indiquée par le chiffre 100.

Ipomœa purpurea, *première génération,* nombre des semences par capsule sur les plants croisés et sur les autofécondés vivant non entassés, spontanément autofécondés sous une gaze   comme 100 est à 99

Ipomœa purpurea, nombre de semences par capsule sur les plants croisés et sur les autofécondés issus des mêmes parents, comme dans le dernier cas, mais vivant très-entassés, spontanément autofécondés sous une gaze.....................   —   —   93

Ipomœa purpurea, productivité des mêmes plants appréciée par le nombre des capsules produites et le nombre moyen de semences par capsule..   —   —   45

Ipomœa purpurea, *troisième génération,* nombre des semences par capsule sur les plants croisés et sur les autofécondés, spontanément autofécondés sous une gaze....................   —   —   94

capsules des plants autofécondés de la deuxième génération, contenaient des semences dont le nombre fut.. comme 100 est à 63

ESCHSCHOLTZIA CALIFORNICA, productivité des mêmes plants, appréciée par le nombre des capsules produites et par la moyenne des semences dans chaque capsule...................   —   —   40

RESEDA ODORATA, des plants croisés et des plants autofécondés laissés à découvert et croisés par les abeilles donnèrent des capsules dont le nombre fut environ.............................   —   —   100

VIOLA TRICOLOR, des plants croisés et des plants autofécondés laissés à découvert et fécondés par les abeilles produisirent des capsules dont le nombre fut.................................   —   —   10

DELPHINIUM CONSOLIDA, des plants croisés et des plants autofécondés laissés à découvert dans la serre donnèrent des capsules dont le nombre fut   —   —   56

VISCARIA OCULATA, des plants croisés et des plants autofécondés laissés à découvert dans la serre donnèrent des capsules dont le nombre fut....   —   —   77

DIANTHUS CARYOPHYLLUS, plants spontanément autofécondés sous une gaze : des capsules nées sur des plants croisés et sur des plants autofécondés de la huitième génération contenaient des semences dont le nombre était............   —   —   125

DIANTHUS CARYOPHYLLUS, plants laissés à découvert et croisés par les insectes : la descendance de plants autofécondés pendant trois générations, puis croisés par un rameau nouveau, comparée aux plants de la quatrième génération autofécondée, donna des graines dont le poids fut..   —   —   73

DIANTHUS CARYOPHYLLUS, plants laissés à découvert et croisés par les insectes : la descendance des plants autofécondés pendant trois générations, puis croisée par un rameau nouveau, comparée aux plants de la quatrième génération autofécondée, produisit des semences dont le poids fut...................................   —   —   33

TRAPŒOLUM MINUS, des plants croisés et des plants autofécondés laissés à découvert dans la serre, produisirent des semences dont le nombre fut.   —   —   64

LIMNANTHES DOUGLASII, des plants croisés et des plants autofécondés laissés à découvert dans la serre, produisirent des capsules dont le nombre fut environ.................................   —   —   100

LUPINUS LUTEUS, des plants croisés et des plants autofécondés de la deuxième génération, laissés à découvert dans la serre, produisirent des semences dont le nombre (établi seulement dans quelques gousses) fut..........................   —   —   88

PHASEOLUS MULTIFLORUS, des plants croisés et des plants autofécondés, laissés à découvert dans la serre, produisirent des semences dont le nombre fut environ .... comme 100 est à 100

LATHYRUS ODORATUS, des plants croisés et des plants autofécondés de la deuxième génération, laissés à découvert dans la serre, mais certainement autofécondés, produisirent des gousses dont le nombre fut................................. — — 91

CLARKIA ELEGANS, des plants croisés et des plants autofécondés, laissés à découvert dans la serre, donnèrent des capsules dont le nombre fut............................. — — 60

NEMOPHILA INSIGNIS, des plants croisés et des plants autofécondés sous une gaze et spontanément autofécondés dans la serre, donnèrent des capsules dont le nombre fut.......................... — — 29

PETUNIA VIOLACEA, laissés à découvert et croisés par les insectes : des plants de la cinquième génération croisés et autofécondés, donnèrent des semences qui furent, étant appréciées d'après le poids d'un nombre égal de capsules........... — — 86

P. VIOLACEA, laissée à découvert comme ci-dessus : la descendance des plants autofécondés pendant 4 générations, puis croisée par un rameau nouveau, comparée aux plants de la 5ᵉ génération autofécondée, donna des semences qui furent, étant appréciées sur le poids d'un égal nombre de capsules................................ — — 45

CYCLAMEN PERSICUM, des plants croisés et des plants autofécondés, laissés à découvert dans la serre, produisirent des capsules dont le nombre fut.................................. — — 12

ANAGALLIS COLLINA, des plants croisés et des plants autofécondés, laissés à découvert dans la serre, donnèrent des capsules dont le nombre fut..... — — 8

PRIMULA VERIS, laissée à découvert en pleine terre et croisée par l'action des insectes : la descendance de plants de la troisième génération illégitime, croisée par un rameau nouveau, comparée aux plants de la quatrième génération illégitime et autofécondée, produisit des capsules dont le nombre fut...................... — — 3,5

PRIMULA VERIS (variété isostylée), laissée à découvert en pleine terre et croisée par les insectes : la descendance des plants autofécondés pendant deux générations, puis croisés par une autre variété, comparée aux plants de la troisième génération autofécondée, produisit des capsules dont le nombre fut................. — — 15

PRIMULA VERIS (variété isostylée), mêmes plants; nombre moyen de semences par capsule....... — — 71

PRIMULA VERIS (variété isostylée), productivité
    des mêmes plants appréciée par le nombre des
    capsules produites et par le nombre moyen des
    semences par capsule....................... comme 100 est à 11

Ce tableau renferme trente-trois cas propres à trente-trois
espèces : il met en évidence le degré de fécondité naturelle
des plants de parenté croisée en comparaison avec ceux de
lignage autofécondé, les deux lots étant fécondés de la même
manière. Dans plusieurs espèces des genres Eschscholtzia,
Reseda, Viola, Dianthus, Petunia et Primula, les deux lots
furent certainement croisés par les insectes, et il en fut
probablement ainsi dans plusieurs autres ; mais, dans quelques espèces du genre Nemophida, et dans quelques essais
sur Ipomœa et Dianthus, les plants ayant été recouverts,
les deux lots furent spontanément autofécondés. Tel fut
nécessairement le cas avec les capsules produites par les
fleurs cléistogènes de Vandellia.

La fécondité des plants croisés est représentée dans le
tableau par 100 et celle des autofécondés par les autres
chiffres. Il y a cinq cas dans lesquels la fécondité des plants
autofécondés est approximativement égale à celle des croisés ; cependant, dans quatre de ces cas, les croisés furent
manifestement plus grands et dans le cinquième un peu
plus grands que les autofécondés. Mais il serait bon de dire
que, dans quelques-uns de ces cinq cas, le degré de fécondité
des deux lots ne fut pas absolument constaté, car les capsules
ayant paru être en nombre égal et pourvues manifestement
de leur maximum de graines, elles ne furent pas comptées.
Dans deux cas seulement (Vandellia et troisième génération
du Dianthus), les capsules des plants autofécondés contenaient
plus de graines que celles des croisés. Pour le Dianthus,
la proportion entre le nombre de graines contenues dans
les capsules croisées et dans les autofécondées fut comme 125
est à 100 : les deux lots de plants furent livrés à l'autofécondation sous une gaze, et il est presque certain que la plus

grande fécondité des plants autofécondés était due seulement à ce qu'ils avaient varié et étaient devenus moins
strictement dichogames, leurs anthères et leurs stigmates
étant arrivés à mûrir dans un temps bien plus rapproché
que ce n'est le propre de l'espèce. Si nous retranchons les
sept cas dont nous venons de parler, il en reste vingt-six
dans lesquels les plants croisés furent manifestement beaucoup plus fertiles (et quelquefois à un degré extraordinaire)
que les autofécondés, leurs compétiteurs. Les exemples les
plus frappants sont ceux dans lesquels les plants dérivés d'un
croisement avec un rameau nouveau sont comparés à ceux
appartenant à une des dernières générations autofécondées ;
il existe cependant, même dans la première génération, quelques cas remarquables (comme celui du Viola) fournis par
la comparaison entre les plants entre-croisés du même rameau et les autofécondés. Les résultats qui doivent inspirer
le plus de confiance sont ceux dans lesquels la productivité
des plants fut affirmée, à la fois, par le nombre de capsules
que donna un nombre égal de plants et par la moyenne
numérique des graines dans chaque capsule. Douze cas
semblables se trouvent dans le tableau et la moyenne de
leur fécondité moyenne est comme 100 (pour les plants
croisés) est à 59 (pour les plants autofécondés). Les Primulacées paraissent très disposées à ressentir dans leur fécondité les effets de l'autofécondation.

Le petit tableau suivant, E, renferme quatre cas qui ont
été déjà en partie donnés dans le dernier tableau (D).

Ces cas nous montrent combien supérieure est la fécondité
des semis appartenant aux plants autofécondés ou aux entre-
croisés pendant plusieurs générations, puis croisés par un
rameau nouveau, comparée à celle des semis issus des plants
de la vieille souche entre-croisée ou autofécondée pendant
le même nombre de générations. Les trois lots de plants,
dans chaque cas, ayant été abandonnés au libre accès des insectes, les fleurs en furent sans doute croisées. De plus,

Tableau E. — *Fécondité naturelle des plants issus d'un croisement avec un rameau nouveau, comparée à celle des plants entre-croisés du même rameau et à celle des plants autofécondés, tous appartenant à la même génération correspondante. La fécondité est appréciée par la quantité ou le poids des semences que produit un même nombre de plants.*

	Plants issus d'un croisement avec un rameau nouveau	Plants entre-croisés du même rameau	Plants autofécondés
MIMULUS LÚTEUS, les plants entre-croisés sont dérivés d'un croisement entre deux plants de la huitième génération autofécondée. Les plants autofécondés appartiennent à la neuvième génération :	100	4	3
ESCHSCHOLTZIA CALIFORNICA, les plants entre-croisés et les autofécondés appartiennent à la deuxième génération	100	45	40
DIANTHUS CARYOPHYLLUS, les plants entre-croisés sont dérivés des autofécondés de la troisième génération, croisés par les plants entre-croisés de la troisième génération. Les plants autofécondés appartiennent à la quatrième génération	100	45	33
PETUNIA VIOLACEA, les plants entre-croisés et les plants autofécondés appartiennent à la cinquième génération	100	54	46

N. B. — Dans les cas ci-dessus, celui de l'Eschscholtzia excepté, les plants dérivés d'un croisement avec un rameau nouveau appartiennent, par le côté maternel, au même rameau et à la même génération que les plants entre-croisés et les plants autofécondés.

ce tableau nous montre que, dans les quatre cas, les plants entre-croisés du même rameau ont encore un avantage marqué, quoique faible, sur les autofécondés.

Pour ce qui touche à l'état des organes reproducteurs dans les plants autofécondés des deux derniers tableaux, quelques observations seulement furent faites. Dans les 7e et 8e générations de l'Ipomœa, les anthères appartenant aux fleurs des plants autofécondés furent nettement plus petites que celles des fleurs portées par les plants entre-croisés. La tendance à la stérilité, dans les mêmes plants, fut aussi démontrée par la chute fréquente des premières fleurs (même après qu'elles furent fécondées avec soin), comme cela se présente fréquemment avec les hybrides. Ces fleurs tendaient également vers la monstruosité. Dans la quatrième génération du Petunia, le pollen produit par les plants autofécondés fut comparé à celui des plants entre-croisés et dans le premier on trouva beaucoup plus de graines vides et desséchés.

Fécondité relative des fleurs croisées avec le pollen d'un plant distinct et avec leur propre pollen. Cet exposé a trait aux fleurs des générateurs et à celles des semis croisés et des autofécondés de la première génération et des suivantes.—Je veux m'occuper d'abord des générateurs qui furent obtenus de graines achetées dans un jardin pépiniériste ou encore sur des plants végétant soit dans mon jardin, soit à l'état sauvage, et entourés dans tous les cas de beaucoup d'individus de la même espèce. Dans ces conditions, les plants durent communément être entre-croisés par les insectes ; aussi les semis sur lesquels les premières expériences furent faites durent-ils généralement être le produit d'un croisement. En conséquence, toute différence dans la fécondité de leurs fleurs après croisement et après autofécondation eut pour cause la nature du pollen employé ; c'est-à-dire qu'il fut pris sur un plant distinct ou sur la même fleur. Les degrés de fécondité dans le tableau suivant, F, furent déterminés, dans chaque cas, par le chiffre moyen de semences contenues dans chaque capsule, chiffre confirmé soit par le nombre, soit par le poids de ces graines.

Un autre élément aurait dû fort à propos entrer en ligne de compte, c'est la proportion des fleurs qui fructifièrent après croisement ou après autofécondation : les fleurs croisées produisant, en effet, généralement une plus grande proportion de capsules, leur supériorité comme fécondité, si cet élément avait été pris en considération, eût été beaucoup plus fortement marquée qu'il ne le paraît au tableau F.

Mais si j'avais suivi cette méthode, je me serais exposé à
une plus grande cause d'erreur, car le pollen appliqué sur
le stigmate en temps inopportun reste sans effet, que son
pouvoir soit faible ou élevé. Une bonne comparaison de la
grande différence qui, dans les résultats, se présente quelquefois quand le nombre des capsules produites relativement
au nombre de fleurs fécondées entre dans les calculs, nous
est offert par le *Nolana prostrata*. Trente fleurs, prises
sur quelques plants de cette espèce, furent croisées et produisirent vingt-sept capsules dont chacune contenait cinq
graines ; trente-deux fleurs des mêmes plants furent autofécondées et donnèrent seulement six capsules contenant
chacune cinq graines. Comme le nombre des graines par
capsules est ici le même, la fécondité des fleurs croisées
et des autofécondées donnée comme égale dans le tableau
F, est indiquée comme 100 est à 100. Mais si les fleurs qui
restèrent infécondes étaient entrées en ligne de compte, les
fleurs croisées ayant donné une moyenne de 4,50 semences,
tandis que celle fournie par les autofécondées était seulement
de 0,94, l'infécondité relative eût été exprimée par la proportion de 100 à 21. Je dois dire ici qu'il a été trouvé convenable
de réserver pour une discussion séparée les cas dans lesquels les fleurs sont ordinairement complétement stériles
avec leur propre pollen.

TABLEAU F. — *Fécondité relative des fleurs appartenant aux plants
générateurs employées dans mes expériences, après fécondation
par leur propre pollen ou par celui d'un autre plant. Fécondité
appréciée par le nombre moyen de semences dans chaque capsule.
La fécondité des fleurs croisées est indiquée par le chiffre 100.*

IPOMŒA PURPUREA ; des fleurs croisées et des autofécondées donnèrent des semences environ.... comme 100 est à 100

MIMULUS LUTEUS ; des fleurs croisées et des autofécondées donnèrent des semences dont le poids
fut .... — — 79

LINARIA VULGARIS ; des fleurs croisées et des autofécondées donnèrent des semences............ — — 14

VANDELLIA NUMMULARIFOLIA ; des fleurs croisées et
des autofécondées donnèrent des semences..... — — 67

Gesneria pendulina; des fleurs croisées et des autofécondées donnèrent des semences dont le poids fut..................................... comme 100 est à 100

Salvia coccinea; des fleurs croisées et des autofécondées donnèrent des semences qui furent environ..   —   —   100

Brassica oleracea; des fleurs croisées et des autofécondées donnèrent des semences...............   —   —   25

Eschscholtzia californica *(rameau anglais)*; des fleurs croisées et des autofécondées donnèrent des graines dont le poids fut..........   —   —   71

Eschscholtzia californica *(rameau brésilien vivant en Angleterre)*; des fleurs croisées et des autofécondées donnèrent des graines dont le poids fut environ...........................   —   —   15

Delphinium consolida; des fleurs croisées et des autofécondées (des capsules étant produites par autofécondation spontanée, résultat confirmé par d'autres preuves) donnèrent des semences.   —   —   59

Viscaria oculata; des fleurs croisées et des autofécondées donnèrent des semences dont le poids fut..   —   —   38

Viscaria oculata; des fleurs croisées et des autofécondées (capsules croisées, comparées l'année suivante avec les capsules spontanément autofécondées) donnèrent des graines...............   —   —   58

Dianthus caryophyllus; des fleurs croisées et des autofécondées donnèrent des semences....   —   —   92

Tropæolum minus; des fleurs croisées et des autofécondées donnèrent des semences............   —   —   92

Tropæolum tricolorum [1]; des fleurs croisées et des autofécondées donnèrent des semences....   —   —   115

Limnanthes douglasii; des fleurs croisées et des autofécondées donnèrent des semences environ   —   —   100

Sarothamnus scoparius; des fleurs croisées et des autofécondées donnèrent des semences.....   —   —   41

Ononis minutissima; des plants croisées et des autofécondées donnèrent des semences........   —   —   65

Cuphea purpurea; des fleurs croisées et des autofécondées donnèrent des semences............   —   —   113

[1] Le *Tropæolum tricolorum* et le *Cuphea purpurea* ont été introduits dans ce tableau quoiqu'aucun semis n'en ait été obtenu; mais, dans le Cuphea, six capsules croisées seulement, puis six autofécondées, et, dans le Tropæolum, six capsules croisées et onze autofécondées purent être comparées. Dans le Tropæolum, il fructifia une plus grande proportion de fleurs autofécondées que de croisées.

PASSIFLORA GRACILIS; des fleurs croisées et des autofécondées donnèrent des semences......... comme 100 est à 85

SPECULARIA SPECULUM; des fleurs croisées et des autofécondées donnèrent des semences........ — — 72

LOBELIA FULGENS; des fleurs croisées et des autofécondées donnèrent des semences environ..... — — 100

NEMOPHILA INSIGNIS; des fleurs croisées et des autofécondées donnèrent des graines dont le poids fut.................................. — — 69

BORRAGO OFFICINALIS; des fleurs croisées et des autofécondées donnèrent des graines .... — — 60

NOLANA PROSTRATA; des fleurs croisées et des autofécondées donnèrent des graines............. — — 100

PETUNIA VIOLACEA; des fleurs croisées et des autofécondées donnèrent des graines (en poids).... — — 67

NICOTIANA TABACUM; des fleurs croisées et des autofécondées donnèrent des graines (en poids) — — 150

CYCLAMEN PERSICUM; des fleurs croisées et des autofécondées donnèrent des semences........ — — 38

ANAGALLIS COLLINA; des fleurs croisées et des autofécondées donnèrent des semences........... — — 96

CANNA WARSCEWICZI; des fleurs croisées et des autofécondées (dans trois générations de plants croisés et d'autofécondés prises ensemble) donnèrent des semences...................... — — 85

Un second tableau, G, donne la fécondité relative des fleurs croisées de nouveau fécondées par croisement et celle des fleurs des plants autofécondés de nouveau fécondés directement, soit dans la première, soit dans la seconde génération. Ici, deux causes se donnent la main pour diminuer la fécondité des fleurs autofécondées, savoir : la moindre efficacité du pollen de la même fleur et la diminution naturelle de la fécondité dans les plants issus de semences autofécondées, diminution que nous avons très-fortement accentuée dans le précédent tableau D. La fécondité fut déterminée de la même manière que dans le tableau F, c'est-à-dire par le nombre de semences contenu dans chaque capsule, et les mêmes remarques déjà faites à propos de la proportion différente des fleurs qui fructifient après croisement et après autofécondation sont également applicables ici.

Tableau G. — *Fécondité relative des fleurs appartenant à des plants croisés et à des plants autofécondés de la première génération ou des suivantes; les premières étaient de nouveau fécondées avec le pollen d'un plant distinct et les dernières avec leur propre pollen. La fécondité est appréciée par le nombre moyen de semences dans chaque capsule, et la fécondité des fleurs croisées est indiquée par le chiffre 100.*

Ipomœa purpurea; des fleurs croisées et des autofécondées appartenant à des plants croisés et autofécondés de la première génération, donnèrent des semences dans la proportion de — 100 à 93

Ipomœa purpurea; des fleurs croisées et des autofécondées portées par des plants croisés et autofécondés de la troisième génération, donnèrent des semences dans la proportion de — 94

Ipomœa purpurea; des fleurs croisées et des autofécondées appartenant à des plants croisés et à des plants autofécondés de la quatrième génération, donnèrent des semences dans la proportion de... — 94

Ipomœa purpurea; des fleurs croisées et des autofécondées appartenant à des plants croisés et à des plants autofécondés de la cinquième génération, donnèrent des semences dans la proportion de... — 107

Mimulus luteus; des fleurs croisées et des autofécondées portées par des plants croisés et sur des plants autofécondés de la troisième génération, donnèrent des semences qui, par le poids, furent dans la proportion de.................... — 65

Mimulus luteus; les mêmes plants traités de la même manière donnèrent l'année suivante des semences qui furent en poids comme.. — 34

Mimulus luteus; des fleurs croisées et des autofécondées portées par des plants croisés et sur des plants autofécondés de la quatrième génération donnèrent des graines qui furent en poids comme.................................... — 40

Viola tricolor; des fleurs croisées et des autofécondées portées par des plants croisés et sur des plants autofécondés de la première génération donnèrent des graines dans la proportion de.................................... — 69

Dianthus caryophyllus; des fleurs croisées et des fleurs autofécondées portées par des plants croisés et autofécondés de la première génération donnèrent des semences dans la proportion de.................................... — 65

Dianthus caryophyllus; des fleurs des plants autofécondés de la troisième génération, croisées par des plants entre-croisés et d'autres fleurs autofécondées de nouveau, donnèrent des graines dans la proportion de................. — 97

Dianthus caryophyllus; des fleurs appartenant aux plants autofécondés de la troisième génération, croisées par un rameau nouveau et d'autres fleurs autofécondées à nouveau, donnèrent des graines dans la proportion de............. — 127

Lathyrus odoratus; des fleurs croisées et des fleurs autofécondées portées par des plants croisés et autofécondés de la première génération donnèrent des graines dans la proportion de..................................... — 65

LOBELIA RAMOSA; des fleurs croisées et des autofécondées portées par des plants croisés et des autofécondés de la première
génération, donnèrent des semences qui, en poids, furent
comme.. 100 à 60

PETUNIA VIOLACEA; des fleurs croisées et des fleurs autofécondées portées par des plants croisés et des autofécondés de la
première génération, donnèrent des semences qui furent en
poids comme.. — 68

PETUNIA VIOLACEA; des fleurs croisées et des fleurs autoféconndées des plants croisés et des autofécondés de la quatrième
génération, donnèrent des semences qui, en poids, furent
comme.. — 72

PETUNIA VIOLACEA; des fleurs de plants autofécondés de la
quatrième génération, croisées par un rameau nouveau, et
d'autres fleurs autofécondées de nouveau donnèrent des
graines en poids comme.................................. — 48

NICOTIANA TABACUM; des fleurs croisées et des fleurs autofécondées portées par des plants croisés et des fleurs autofécondés de la première génération donnèrent des semences
dont le poids fut comme................................. — 97

NICOTIANA TABACUM; des fleurs portées sur des plants autofécondés de la deuxième génération, croisées par des plants
entre-croisés et d'autres fleurs autofécondées de nouveau
donnèrent des semences qui, au juger, furent comme...... — 110

NICOTIANA TABACUM; des fleurs portées par des plants autofécondés de la troisième génération, croisées par un rameau
nouveau et d'autres fleurs autofécondées de nouveau donnèrent des semences qui, au juger, furent comme.......... — 110

ANAGALLIS COLLINA, des fleurs d'une variété rouge, croisées
par une variété bleue, et d'autres fleurs de la variété rouge
autofécondées donnèrent des semences dans la proportion de — 48

CANNA WARSCEWICZI; des fleurs croisées et des fleurs autofécondées portées par des plants croisés et des autofécondés
de trois générations prises ensemble donnèrent des semences
dans la proportion de.................................... — 85

Comme ces deux tableaux ont trait à la fécondité des
fleurs fécondées par le pollen d'un autre plant et des autofécondées, ils doivent être examinés ensemble. La seule
différence qui les sépare consiste en ce que les fleurs autofécondées du second tableau G furent produites par des parents autofécondés, et en ce que les fleurs croisées furent
portées par des générateurs croisés qui, dans les dernières générations, étaient devenus parents à un degré
rapproché, et avaient été assujetties constamment à des
conditions à peu près semblables. Ces deux tableaux renferment cinquante cas afférents à trente-deux espèces.

Des fleurs sur plusieurs autres espèces furent soit croisées, soit autofécondées ; mais comme quelques-unes seulement reçurent ce traitement, les résultats qu'elles donnèrent, ne pouvant inspirer confiance pour ce qui concerne la fécondité, ont été écartés. Quelques autres cas ont été aussi rejetés, en raison de ce que les plants furent dans des conditions maladives. Si, dans les deux tableaux, nous considérons les chiffres exprimant les proportions entre la fécondité relative moyenne des fleurs croisées et des fleurs autofécondées, nous voyons que, dans la majorité des cas (c'est-à-dire dans trente-cinq sur cinquante), les fleurs fécondées par un plant distinct donnèrent des graines en plus grande quantité et quelquefois beaucoup plus que les fleurs fécondées avec leur propre pollen ; de plus, elles produisirent ordinairement une plus grande proportion de capsules. Le degré d'infécondité des fleurs autofécondées diffère beaucoup dans les différentes espèces, et même, comme nous le verrons en examinant les plantes autostériles, cette différence existe entre les plants de la même espèce et se produit aussi sous l'influence de légers changements dans les conditions vitales. Leur fécondité parcourt tous les degrés, depuis zéro jusqu'à l'égalité absolue avec les fleurs croisées, et c'est là un fait qui échappe à toute explication. Il existe, dans les deux tableaux, quinze cas dans lesquels le nombre des semences par capsules issues des fleurs autofécondées égale ou même surpasse celui qui est donné par les fleurs croisées. Quelques-uns de ces cas sont, je crois, accidentels, c'est-à-dire qu'ils ne se présenteront plus dans une seconde expérience. Ce fut apparemment là ce qui se produit avec les plants de la cinquième génération de l'Ipomœa et dans l'une des expériences faites sur le Dianthus. Le Nicotiana offre le cas le plus anormal entre tous, car les fleurs autofécondées portées par les générateurs et par leurs descendants des deuxième et troisième générations donnèrent plus de graines que les fleurs croisées ; mais nous reviendrons sur ce cas

lorsque nous traiterons des variétés hautement fécondes
par elles-mêmes.

On aurait pu s'attendre à ce que la différence en fécondité entre les fleurs croisées et les autofécondées eût été
moins fortément marquée dans le tableau G (où les plants
d'une série furent dérivés de parents autofécondés) que
dans le tableau F (où les fleurs des générateurs furent
autofécondées pour la première fois). Mais tel ne fut pas
le cas, autant que mes rares matériaux peuvent conduire
à une opinion. Il n'y a donc aucune preuve, jusqu'à présent,
que la fécondité des plantes aille en s'atténuant dans les
générations autofécondées successives, tandis qu'il en
existe quelques-unes, quoique faibles, pour appuyer cette
décroissance en ce qui touche à la taille et à l'accroissement. Mais nous ne devons pas perdre de vue que, dans les
dernières générations, les plants croisés étaient devenus
plus ou moins entachés de parenté et avaient été constamment assujettis aux mêmes conditions uniformes.

Il est remarquable de voir qu'il n'y a aucune concordance,
soit parmi les plants générateurs, soit dans les générations
successives, entre le nombre relatif des semences produites
par les fleurs croisées et les autofécondées, et la puissance
relative d'accroissement des semis obtenus de ces graines.
Ainsi, les fleurs croisées et les autofécondées portées par les
plants générateurs de l'Ipomœa, du Gesneria, du Salvia,
du Limnanthes, du *Lobelia fulgens* et du Nolana produisirent un nombre à peu près égal de graines, quoique
les plants obtenus des semences croisées surpassassent considérablement en hauteur ceux obtenus de graines autofécondées. Dans le Linaria et le Viscaria, les fleurs croisées
donnèrent beaucoup plus de semences que les fleurs autofécondées, et quoique les plants obtenus des premières fussent plus grands que ceux issus des dernières, il n'y eût
pas, à ces deux points de vue, le même degré de différence.
Dans le Nicotiana, les fleurs fécondées avec leur propre

pollen furent plus productives-que celles croisées avec le
pollen d'une variété légèrement différente; et cependant les
plants obtenus des dernières semences furent beaucoup plus
grands, plus pesants et plus vigoureux que leurs adversaires
issus des graines autofécondées. D'un autre côté, les semis
croisés d'Eschscholtzia ne furent ni plus grands ni plus pesants que les autofécondés, quoique les fleurs croisées fussent beaucoup plus productives que les autofécondées. Mais,
là meilleure preuve du manque de correspondance entre le
nombre des semences produites par les fleurs croisées et les
autofécondées et la vigueur de leur descendance, se trouve
à la fois dans les plants d'Eschscholtzia des deux rameaux
brésilien et européen, et dans certains pieds de *Reseda
odorata*. On eût pu s'attendre, en effet, à ce que les semis
issus de ces plants, dont les fleurs furent excessivement
autostériles, eussent profité d'un croisement à un plus
haut degré que les semis obtenus de plants qui furent modérément ou complétement féconds par eux-mêmes ; mais
ce résultat ne se présenta dans aucun des deux cas. Par
exemple, les descendances croisée et autofécondée d'un plant
de *Reseda odorata* très-fertile par lui-même furent, l'une
par rapport à l'autre, dans la proportion de 100 à 82 en hauteur, tandis que, dans la même descendance d'un plant excessivement autostérile, la proportion devint de 100 à 92.

Au point de vue de la fécondité naturelle des plants
de parentés croisée et autofécondée, donnée dans le précédent tableau D (c'est-à-dire le nombre de semences produites par les deux lots après que les fleurs en furent fécondées de la même manière), les mêmes remarques sont
applicables à l'absence de toute concordance entre leur
fécondité et leur puissance d'accroissement, comme dans
les cas des tableaux F et G que nous venons d'examiner.
Ainsi, les plants croisés et les sujets autofécondés d'Ipomœa,
de Papaver, de *Reseda odorata* et de Limnanthes furent
presque également féconds, et cependant les premiers sur-

passèrent de beaucoup les derniers en hauteur. D'autre part, les plants croisés et les sujets autofécondés de Mimulus et de Primula différaient à un extrême degré en fécondité naturelle, mais non pas au même degré en hauteur et en vigueur.

Dans tous les cas de fleurs autofécondées portées aux tableaux E, F et G, la fécondation eut lieu avec leur propre pollen; mais il existe une autre forme de fécondation directe qui se pratique avec le pollen d'une autre fleur de la même plante, et cette dernière manière d'opérer ou ne fit naitre aucune différence comparative avec les premiers nombres de graines produites, ou n'en développpa qu'une légère. Ni dans le Digitalis, ni dans le Dianthus, il n'y eut, à un degré digne d'attention, de différence marquée entre la quantité de graines données par l'une ou par l'autre méthode. Dans l'Ipomœa, un plus grand nombre de semences (dans la proportion de 100 à 91) provint d'un croisement entre fleurs du même plant que de la stricte autofécondation de ces fleurs; mais j'ai des raisons de croire que ce résultat fut accidentel. Dans l'*Origanum vulgare* cependant, un croisement entre fleurs de plants du même rameau propagés par stolons eut pour conséquence d'augmenter légèrement leur fécondité. Le même fait se présenta, comme nous allons le voir bientôt, dans l'Eschscholtzia, le *Corydalis cava* et l'Oncidium, mais rien de semblable ne s'observa dans le Bignonia, l'Abutilon, le Tabernœmontana, le Senecio et apparemment le *Reseda odorata*.

Plantes autostériles (stériles avec leur propre pollen).

Les cas consignés ici eussent dû être introduits dans le tableau F qui donne la fertilité relative des fleurs fécondées soit avec leur propre pollen, soit avec celui d'un plant distinct; mais j'ai trouvé plus à propos de les réserver pour une discussion séparée. Le présent cas ne doit pas être confondu

avec ceux qui seront donnés dans le prochain chapitre à
propos des fleurs qui sont stériles quand les insectes en
sont écartés, car une pareille infécondité dépend, non pas
de ce que les fleurs sont simplement incapables d'être fécondées avec leur propre pollen, mais bien de quelque cause
mécanique qui empêche leur pollen d'arriver sur le stigmate, ou encore, de ce que le pollen et le stigmate arrivent
à maturité en des temps différents.

Dans le XVII⁰ chapitre de mes « Variations des animaux
et des plantes sous l'influence de la domestication », j'eus
occasion d'entrer dans le cœur de ce sujet ; je me bornerai
donc à donner ici une analyse des cas qui y sont traités
et j'en ajouterai quelques autres qui ont une valeur importante dans ce travail. Kölreuter a depuis longtemps décrit
des plants de *Verbascum phœniceum* qui, stériles pendant deux années avec leur propre pollen, purent cependant
être aisément fécondés par celui de quatre autres espèces :
ces plants, du reste, devinrent par la suite plus ou moins
fertiles par eux-mêmes et d'une manière très-fluctuante.
M. Scott a trouvé aussi que cette espèce et deux de ses variétés étaient autostériles, comme l'avait observé Gärtner
dans le cas du *Verbascum nigrum*. Il en fut de même,
d'après ce dernier auteur, avec deux plants de *Lobelia
fulgens*, dont le pollen et les ovules étaient cependant en
état de relations efficaces avec d'autres espèces. Cinq espèces de Passiflora et quelques individus d'une sixième espèce furent trouvés stériles avec leur propre pollen, mais
certains changements dans leurs conditions, tels que la greffe
par un autre rameau, une modification de la température,
suffisent à les rendre fertiles par eux-mêmes. Des fleurs d'un
plant de *Passiflora alata* complétement impuissant par
lui-même, fécondées avec le pollen de ses mêmes semis
impuissants, furent tout à fait fertiles. M. Scott et après
lui M. Munro, trouvèrent que quelques espèces d'Oncidium
et de Maxillaria cultivées en serre chaude étaient compléte-

ment stériles avec leur propre pollen, et Fritz Müller a
constaté que le même fait se produit dans un grand nombre
de genres d'Orchidées vivant dans leur patrie, le Brésil méridional [1]. Le même auteur a découvert que les masses
polliniques de quelques Orchidées agissent comme un poison
et il paraît que Gärtner avait observé des indices de ce
fait extraordinaire dans plusieurs autres plantes.

Fritz Müller a aussi établi qu'une espèce de Bignonia et
le *Tabernœmontana echinata* sont tous deux stériles
avec leur propre pollen dans leur pays d'origine, le Brésil [2].
Plusieurs Amaryllidées et Liliacées sont dans le même cas ;
Hildebrand a observé avec soin le *Corydalis cava* et a
trouvé qu'il est complétement autostérile [3], mais, d'après
Caspary, quelques semences autofécondées peuvent être produites dans cértaines circonstances : *Corydalis Halleri* est
autostérile, mais seulement à un faible·degré, et *C. inter-
media* ne l'est pas du tout [4]. Dans un autre génre de Fumariacées, Hypecoum, Hildebrand a observé [5] que l'*H.
grandiflorum* est hautement autostérile. Le *Thunbergia
alata* que je conservai en serre chaude fut autostérile au
commencement de la saison, mais, dans une période plus
avancée, il produisit beaucoup de fruits spontanément autofécondés. Il en fut de même avec le *Papaver vagum ;*
une autre espèce, le *P. alpinum,* fut trouvée par le professeur H. Hoffmann être complétement autostérile, excepté
dans une circonstance [6], tandis que je trouvai toujours le
P. somniferum complétement autostérile.

Eschscholtzia carlifornica. — Cette espèce mérite
un examen plus complet. Un plant cultivé par Fritz Müller

---

[1] *Bot. Zeitung,* 1868, p. 114.
[2] *Ibid.,* 1868, p. 626, et 1870, p. 274.
[3] *Report of the International Hort. Congress* (Rapport sur le Con-
grès international horticole), 1866.
[4] *Bot. Zeitung,* 27 juin 1873.
[5] *Jahresbericht für wissenschaft..Botanik,* vol. VIII, p. 464.
[6] *Zur Speciesfrage* (Sur la question de l'espèce), 1875, p. 47.

dans le sud du Brésil vint à fleurir un mois avant les autres
sans produire une seule capsule. Ce fait le conduisit à observer la plante pendant les six générations suivantes, et
il trouva que tous les plants étaient complétement stériles,
à moins d'être croisés par les insectes ou artificiellement fécondés avec le pollen d'un plant distinct, cas auquel elles
devenaient complétement fertiles [1]. Je fus très-étonné de
ce fait quand j'eus constaté que les plants anglais, après avoir
été recouverts par une gaze, donnent un nombre considérable de capsules et que ces capsules contiennent des graines
dont le poids, comparé à celui des plants entre-croisés par
les abeilles, est comme 71 à 100. Le prof. Hildebrand, du
reste, a trouvé que cette espèce est beaucoup plus autostérile
en Allemagne que je ne l'ai constaté en Angleterre, car les
capsules produites par les fleurs autofécondées, comparées
à celles des fleurs entre-croisées, contenaient des semences
dans la proportion de seulement 11 à 100. Sur ma demande,
Fritz Müller m'envoya du Brésil des semences de ces plants
autostériles et j'en obtins des semis. Deux de ces derniers
furent couverts d'une gaze et l'un d'eux ne donna qu'une
seule capsule dépourvue de bonnes semences, mais il produisit quelques capsules après fécondation artificielle avec son
propre pollen. L'autre semis donna sous la gaze huit capsules, dont une ne contenait pas moins de trente semences,
et le nombre moyen des graines fut de dix par fruit. Huit
fleurs de ces deux plants furent artificiellement autofécondées et donnèrent sept capsules renfermant en moyenne douze
graines ; huit autres fleurs ayant été imprégnées avec le pollen d'un plant distinct du rameau brésilien produisirent huit
capsules qui contenaient en moyenne quatre-vingts semences,
ce qui donne la proportion de 15 semences (pour les capsules autofécondées) à 100 (pour les autofécondées). Quand
la saison fut plus avancée, douze fleurs sur ces deux plants

[1] *Bot. Zeitung,* 1868, p. 115, et 1869, p. 223.

furent artificiellement autofécondées, mais elles donnèrent seulement deux capsules contenant de trois à six graines. Il semble donc qu'une température inférieure à celle du Brésil favorise l'autofécondité de cette plante, tandis qu'une température plus basse encore l'amoindrit. Les deux plants qui avaient été enveloppés ayant été mis à découvert, reçurent aussitôt la visite de plusieurs insectes, et il fut intéressant de voir avec quelle rapidité, même le plus stérile des deux se couvrit de jeunes capsules.

L'année suivante, huit fleurs portées par les plants du rameau brésilien de lignage autofécondé (c'est-à-dire les petits-fils des plants qui vécurent au Brésil) furent autofécondés de nouveau et produisirent cinq capsules contenant en moyenne 27,4 semences avec un maximum de 44 graines dans l'une d'elles : donc, leur autofécondité fut certainement accrue de beaucoup, puisqu'elle alla sans cesse augmentant dans les deux générations obtenues en Angleterre. En somme, nous pouvons conclure que les plants du rameau brésilien sont dans notre pays, beaucoup plus féconds par eux-mêmes qu'au Brésil, et en Angleterre beaucoup moins que les plants du rameau anglais : il en résulte que les plants de lignage brésilien retinrent par hérédité une partie de leur première constitution sexuelle. Inversement, des semences, issues de plants anglais, que j'envoyai à Fritz Müller et qu'il sema au Brésil, furent beaucoup plus fertiles par elles-mêmes que les plants qui avaient été cultivés ici pendant plusieurs générations : mais cet observateur m'informe que l'un des plants de lignage anglais qui ne fleurit pas la première année, et fut ainsi exposé pendant deux saisons au climat brésilien, se montra complétement stérile comme les plants brésiliens, montrant ainsi avec quelle rapidité le climat exerça son influence sur sa constitution sexuelle.

Abutilon Darwini. — Des semences de cette plante me furent adressées par Fritz Müller, qui avait trouvé que, comme d'autres espèces du même genre, elle est compléte-

ment stérile dans son pays natal, le sud du Brésil, à moins
d'être fécondée avec le pollen d'un plant distinct, soit artificiellement, soit par l'intervention naturelle des oiseaux-
mouches [1]. Plusieurs plants furent obtenus des ces graines
et conservés dans la serre chaude. Ils produisirent des fleurs
dès le commencement du printemps, et vingt d'entre elles
furent fécondées, les unes avec le pollen de la même fleur
et les autres avec le pollen d'autres fleurs du même plant :
aucune capsule ne fut ainsi produite, et cependant les stigmates, vingt-sept heures après l'application du pollen, étaient
pénétrés par les tubes polliniques. En même temps, dix-
neuf fleurs étaient fécondées avec le pollen d'un plant distinct, et celles-là produisirent treize capsules toutes remplies de belles graines. Un plus grand nombre de fruits
eût été produit certainement par ce croisement, si les
dix-neuf fleurs n'avaient pas été portées par un sujet qui,
dans la suite, se montra, par une cause inconnue, complétement stérile avec quelque pollen que ce fût. Ainsi,
malgré l'éloignement, les plants se comportèrent de la même
manière qu'au Brésil, mais, plus avant dans la saison, à
la fin de mai et de juin, ils commencèrent à produire, sous
gaze, quelques capsules spontanément autofécondées. Dès
que ce fait fut constaté, seize fleurs furent fécondées
avec leur propre pollen et elles donnèrent cinq capsules
contenant en moyenne 3.4 graines. Dans le même temps,
je pris, au hasard, quatre capsules sur les plants voisins
végétant à découvert dont j'avais vu les fleurs visitées
par les bourdons, et elles contenaient en moyenne 21.5 semences : ainsi, les graines des capsules naturellement entre-
croisées furent à celles contenues dans les capsules autofécondées, comme 100 est à 16. Le point intéressant de ce
cas est que les plants qui furent élevés dans des conditions
peu naturelles, puisqu'ils vécurent en pots dans la serre

---

[1] *Jenaische Zeitschrift für Naturwissenschaft*, vol. VIII, 1872,
p. 22, et 1873, p. 441.

chaude, sous un autre hémisphère, avec un complet renversement des saisons, furent ainsi rendus légèrement fertiles par eux-mêmes alors qu'ils sont toujours complétement autostériles dans leur sol natal. -

Senecio cruentus. (Variétés de serre, vulgairement nommées Cinéraires et dérivées probablement de plusieurs espèces frutescentes ou herbacées très entre-croisées [1].) Deux variétés à fleurs pourpres furent recouvertes d'une gaze dans la serre, et quatre corymbes, dans chacune d'elles, ayant été fréquemment brossés avec les fleurs d'un autre plant, il en résulta que les stigmates furent recouverts mutuellement avec le pollen de l'autre fleur. Deux des inflorescences ainsi traitées produisirent très-peu de graines, mais les six autres en donnèrent une moyenne de 41,3 par corymbe et ces graines germèrent bien. Les stigmates, dans quatre corymbes des deux plants, furent bien enduits avec le pollen des fleurs de leur propre corymbe : ces huit inflorescences produisirent ensemble dix semences extrêmement pauvres qui se montrèrent incapables dé germer. J'examinai plusieurs fleurs de deux plants et trouvai les stigmates spontanément couverts de pollen, mais sans produire la moindre graine. Ces plants ayant été plus tard laissés à découvert dans la même serre où plusieurs autres Cinéraires fleurissaient, les fleurs en furent fréquemment visitées par les abeilles. Elles donnèrent alors beaucoup de graines, mais un des deux plants en porta moins que l'autre, parce que cette espèce montre quelque tendance à devenir dioïque.

L'expérience fut reprise avec une autre variété à pétales blancs teintés de rouge. Plusieurs stigmates de deux corymbes furent couverts avec le pollen de la variété pourpre, et il en résulta, d'une part, onze, et, de l'autre, vingt-deux

---

[1] Je suis très-obligé à MM. Moore et Thiselton Dyer de m'avoir renseigné sur les variétés qui servirent à mes expériences. M. Moore croit que les *Senecio cruentus, tussilaginis* et peut-être *heritieri, maderensis* et *populifolius* ont été plus ou moins fondus dans nos Cinéraires.

semences qui germèrent bien. Un grand nombre de stigmates, dans plusieurs corymbes, furent, à plusieurs reprises,
enduits du pollen de leur propre inflorescence, et ils donnèrent seulement cinq graines très-pauvres qui furent incapables de germer. Donc, les trois plants ci-dessus appartenant
à deux variétés, quoique d'une végétation vigoureuse et doués
de fécondité avec le pollen de l'un ou l'autre de deux plants,
furent complétement stériles avec le pollen des autres fleurs
du même plant.

Reseda odorata. — Après avoir observé que certains
individus sont autostériles, je plaçai, durant l'été de 1868,
sept plants sous des gazes séparées et nommai ces plants
A, B, C, D, E, F, G. Ils parurent être tous complétement
stériles avec leur propre pollen, mais féconds avec celui
de tout autre plant.

Quatorze fleurs de A ayant été croisées avec le pollen
de B et de C, produisirent treize belles capsules.

Seize fleurs ayant été fécondées avec le pollen d'autres
fleurs du même plant, ne donnèrent pas une seule capsule.

Quatorze fleurs de B furent croisées avec le pollen de A
et de C ou D, et toutes fructifièrent : plusieurs capsules ne
furent pas très-belles, cependant elles contenaient un grand
nombre de graines.

Dix-huit fleurs ayant été fécondées avec le pollen d'autres fleurs du même plant, ne produisirent pas une seule
capsule.

Dix fleurs de C furent croisées par le pollen de A, B, D
ou E et produisirent neuf belles capsules.

Dix-neuf fleurs ayant été fécondées par le pollen d'autres
fleurs du même plant ne fructifièrent pas.

Dix fleurs de D furent croisées par le pollen de A, B, C
ou E et produisirent neuf capsules. Dix-huit fleurs fécondées par le pollen d'autres fleurs du même plant ne fructifièrent pas.

Sept fleurs de E, croisées avec le pollen de A, C ou D, donnèrent toutes de belles capsules.

Huit fleurs furent fécondées avec le pollen d'autres fleurs du même plant et ne fructifièrent pas.

Sur les plants F et G aucune fleur ne fut croisée, mais plusieurs (le nombre n'a pas été noté) furent fécondées par le pollen d'autres fleurs des mêmes plants, et celles-là ne donnèrent pas une seule capsule.

Nous voyons par là que cinquante-cinq fleurs des cinq plants ci-dessus furent réciproquement croisées de différentes manières, plusieurs fleurs, dans chacun de ces plants, ayant été fécondées avec le pollen de plusieurs autres plants. Ces cinquante-cinq fleurs produisirent cinquante-deux capsules, dont presque toutes furent de grande taille et contenaient des graines en abondance. D'autre part, soixante-dix-neuf fleurs (outre celles dont il ne fut pas pris note) furent fécondées avec le pollen d'autres fleurs du même plant, et celles-là ne produisirent pas une seule capsule. Dans un cas où j'examinai les stigmates des fleurs fécondées par leur propre pollen, la pénétration des tubes polliniques avait eu lieu, quoiqu'elle restât sans effet. Le pollen tombe généralement, et je crois même toujours, des anthères sur les stigmates de la même fleur; cependant, trois seulement des sept plants protégés produisirent des capsules, et pour celles-là il y aurait lieu de penser qu'elles avaient été autofécondées. Il se forma là sept capsules; mais comme elles furent toutes dans une situation très-rapprochée des fleurs artificiellement croisées, je peux à peine mettre en doute que quelques grains d'un pollen étranger ne soient tombés sur leurs stigmates. Outre les sept plants ci-dessus, quatre autres furent gardés sous le même grand tissu, et quelques-uns de ceux-ci donnèrent de çà et de là, de la manière la plus capricieuse, de petits groupes de capsules, ce qui me porte à croire qu'une abeille (plusieurs de ces insectes étaient fixés à la partie extérieure de la gaze) attirée par l'odeur, ayant en quelques occasions trouvé un passage, avait pu entre-croiser plusieurs de ces fleurs.

Au printemps de 1869, quatre plants obtenus de graines récentes furent soigneusement recouverts de gazes séparées, et alors les résultats différèrent complétement de ce qu'ils avaient été antérieurement. Trois de ces plants protégés furent chargés de capsules, spécialement pendant la première partie de l'été, et ce fait indique que la température exerce sur ce point une certaine influence, mais l'expérience relatée dans le paragraphe qui suit montre que la constitution naturelle de la plante est un facteur bien plus important. Le quatrième plant produisit seulement quelques capsules, dont plusieurs furent très-petites ; cependant, il fut bien plus fécond par lui-même que chacun des sept plants expérimentés dans le cours de l'année précédente. Les fleurs portées par les quatre petites branches de ce plant semi-autostérile furent imprégnées avec le pollen de l'un des autres plants, et toutes donnèrent de belles capsules.

J'eus lieu d'être très-surpris de la différence constatée dans le résultat des expériences faites pendant les deux années précédentes. Six plants avaient été enveloppés séparément d'une gaze en 1870, et deux d'entre eux s'étaient montrés presque complétement autostériles ; car, en cherchant bien, je les trouvai seulement munis de trois petites capsules, dont chacune contenait une ou deux semences de petite taille, qui, du reste, parvinrent à germination. Quelques fleurs de ces deux plants, après avoir été fécondées réciproquement avec leurs pollens, et d'autres avec le pollen d'une des plantes autofertiles qui vont suivre, donnèrent toutes de belles capsules. Les quatre autres plants, quoique encore protégés par des gazes, présentèrent un contraste remarquable (pour l'un d'eux ce contraste était moins accentué que pour les autres), car ils se recouvrirent spontanément de capsules autofécondées à peu près aussi nombreuses et aussi belles que celles des plants non protégés vivant dans le voisinage.

Les trois capsules ci-dessus spontanément autofécondées produites par les deux plants presque complétement autostériles, contenaient ensemble cinq semences, dont j'obtins l'année suivante (1871) cinq plants, qui furent gardés sous des gazes séparées. Ils atteignirent à une hauteur extraordinaire et furent examinés le 29 août. A première vue, ils paraissaient absolument dépourvus de capsules, mais en fouillant soigneusement dans les nombreuses branches, on en recueillit trois sur trois des plants, six sur le quatrième et environ dix-huit sur le cinquième. Mais toutes ces capsules étaient petites et quelques-unes furent vides; le plus grand nombre ne contenait qu'une seule graine et rarement plus d'une. Après cet examen, les enveloppes furent enlevées, et, aucune autre plante ne végétant dans le voisinage, les abeilles se mirent à transporter le pollen de l'un à l'autre de ces plants presque autostériles. Quelques semaines après, les extrémités des branches dans les cinq plants furent recouvertes de capsules, présentant ainsi un curieux contraste avec les parties inférieures des mêmes longues branches qui en étaient dépourvues. Ces cinq plants héritèrent donc presque exactement de la constitution sexuelle de leurs parents, et, sans aucun doute, une race à demi stérile de Réséda aurait pu aisément être établie.

Reseda lutea. — Des semis de cette espèce furent obtenus de graines recueillies sur un groupe de plants sauvages vivant à une petite distance de mon jardin. Quand j'eus constaté accidentellement que plusieurs de ces plants étaient autostériles, j'en pris deux au hasard et les plaçai sous des enveloppes séparées. Un d'eux se recouvrit aussitôt spontanément de capsules autofécondées en aussi grand nombre que les plants non protégés des environs; il était donc évidemment tout à fait fécond par lui-même. L'autre fut partiellement autostérile, car il produisit quelques capsules, mais plusieurs d'entre elles furent de très-petites dimensions. Lorsque, cependant, ce plant eut atteint son développement, les branches supérieures pressées contre la gaze se recourbèrent : profitant de cette disposition, les abeilles purent sucer les fleurs à travers les mailles du tissu et en transporter le pollen aux plants environnants. Ces branches devinrent alors chargées de capsules, tandis que les parties inférieures de celles-ci et les autres restèrent complètement nues. La constitution sexuelle de cette espèce est donc semblable à celle du *Reseda odorata*.

Conclusions sur les plantes autostériles.

Afin de favoriser autant que possible l'autofécondation dans quelques-unes des plantes précédentes, toutes les fleurs de *Reseda odorata* et plusieurs de celles de l'Abutilon furent fécondées avec le pollen d'autres fleurs du même plant au lieu du pollen de la même fleur, et, dans le cas du Senecio, avec le pollen d'autres fleurs du même Corymbe : il n'en advint aucune différence dans les résultats. Fritz Müller essaya les deux modes d'autofécondation dans les cas du Bignonia, du Tabernæmontana et de l'Abutilon, et aussi sans constater de différence dans les résultats. Dans l'Eschscholtzia, cependant, il trouva que dans les autres fleurs du même plant le pollen était un peu plus efficace que celui de la même fleur. Hildebrand[1] a constaté le même fait en Allemagne, car, sur quatorze fleurs d'Eschscholtzia ainsi fécondées, treize donnèrent des capsules contenant en moyenne 9.5 graines ; tandis que sur vingt et une fleurs fécondées avec leur propre pollen, quatorze seulement donnèrent des capsules contenant en moyenne 9 graines.

---

[1] *Pringsheim's Jahrbuch für wissenschaft. Botanik*, VII, p. 467.

Hildebrand a trouvé un indice de la même différence dans le *Corydalis cava* et Fritz Müller dans l'Oncidium [1].

Si nous considérons l'ensemble des nombreux cas d'autostérilité complète ou presque complète ci-dessus relatés, nous sommes d'abord frappés de leur large répartition dans le règne végétal. Leur nombre n'est pas grand encore, car ils ne peuvent être découverts qu'en protégeant les plants contre les insectes, puis en les fécondant ensuite soit avec le pollen d'un autre plant de la même espèce, soit avec le leur propre, et ce dernier doit alors montrer le même état d'efficacité dans toutes les expériences. En dehors de ces épreuves il est impossible de savoir si l'autostérilité est due à ce que les organes reproducteurs mâles ou femelles ou à ce que tous les deux ensemble ont été affectés par des changements dans les conditions vitales. Dans le cours de mes recherches, j'en ai découvert trois nouveaux cas et Fritz Müller a observé des indices de plusieurs autres ; il est donc probable que, par la suite, on constatera qu'ils sont loin d'être rares [2].

Comme, parmi les plants de la même espèce et de la même parenté, quelques individus sont autostériles et d'autres féconds par eux-mêmes (le *Reseda odorata* nous a offert de ce fait un exemple frappant), il n'est pas surprenant du tout que des espèces du même genre diffèrent de la même manière. Ainsi, les *Verbascum phœniceum* et *nigrum* sont autostériles, tandis que les *V. thapsus* et *lychnitis* sont tout à fait autofertiles, comme je l'ai constaté expérimentalement. Il existe la même différence entre plusieurs des espèces de Papaver, Corydalis et d'autres genres. Cependant, jusqu'à un certain point, la tendance à l'autostérilité

[1] *Variation under Domestication* (Variation sous l'influence de la domestication), ch. xvii, 2ᵉ édition, vol. II, pp. 113 et 115.

[2] M. Wilder, rédacteur du journal d'horticulture aux États-Unis (cité dans le *Gardeners' Chronicle*, 1868, p. 1286), dit que les *Lilium auratum, Impatiens pallida* et *fulva* et *Forsythia viridissima* ne sauraient être fécondés avec leur propre pollen.

s'accentue dans quelques groupes, comme nous l'avons vu
dans le genre Passiflora, et dans les Vandées parmi les
Orchidées.

Le degré d'autostérilité diffère beaucoup dans les différentes plantes. Dans les cas extraordinaires où le pollen
de la même fleur agit comme un poison sur le stigmate, il
est presque certain que les plantes ne donneront jamais
une seule semence autofécondée. D'autres plants, comme le
Corydalis cava, donnent accidentellement mais très-
rarement quelques semences autofécondées. Un grand nombre d'espèces, comme on peut le voir au tableau F, sont
moins fécondes avec leur propre pollen qu'avec celui d'un
autre plant; enfin, quelques espèces sont parfaitement fertiles par elles-mêmes. Même parmi les individus de la même
espèce, comme nous venons de le voir, quelques-uns sont
entièrement autostériles, d'autres le sont modérément et
quelques-uns sont parfaitement féconds par eux-mêmes.
Quoi qu'il en soit, la cause qui rend plusieurs plants plus
ou moins stériles avec leur propre pollen, c'est-à-dire après
autofécondation, doit être différente, au moins dans une
certaine mesure, de celle qui influe sur la hauteur, sur la
vigueur et sur la fécondité des semis obtenus des graines
autofécondées et de croisées; car nous avons vu déjà que ces
deux catégories de cas ne sont en aucune façon parallèles.
Ce manque de parallélisme serait compréhensible, s'il avait
été démontré que l'autostérilité dépend seulement de l'incapacité des tubes polliniques à pénétrer assez profondément dans le stigmate de la même fleur pour atteindre les
ovules; tandis que la vigueur plus ou moins grande des semis est liée sans aucun doute à la nature du contenu,
des grains polliniques et des ovules. Il est maintenant
établi que, dans plusieurs plantes, la sécrétion stigmatique
n'est pas capable d'exciter comme il convient les grains
polliniques, de façon que les tubes ne sont pas convenablement développés si le pollen provient de la même fleur. C'est

ce qui se produit dans l'Eschscholtzia, d'après Fritz Müller, qui a trouvé que les tubes polliniques ne pénètrent pas assez profondément le stigmate[1], et dans le genre Notylia (Orchidées) où les tubes ne pénètrent pas du tout.

Dans les espèces dimorphes et trimorphes, une union illégitime entre sujets de la même forme présente la plus étroite analogie avec l'autofécondation, tandis qu'une union légitime rappelle la fécondation croisée ; et ici encore la fertilité amoindrie ou la complète stérilité d'une union illégitime dépend, au moins en partie, d'une incapacité de réaction entre les grains de pollen et le stigmate. Ainsi dans le *Linum grandiflorum*, comme je l'ai montré ailleurs[2], soit dans les formes à long style, soit dans les formes à court style, sur un cent de grains polliniques il ne s'en développe qu'un ou deux, quand on les place sur les stigmates propres à leur forme, et encore ces tubes ne pénètrent-ils pas profondément comme ils le font après fécondation légitime.

D'un autre côté, la différence comme fécondité naturelle et comme accroissement entre plants obtenus de semences soit croisées, soit autofécondées, et la même différence en fécondité et en accroissement entre les descendances légitime et illégitime des plants dimorphes et trimorphes, doit dépendre de quelque incompatibilité existant entre les éléments sexuels contenus dans les grains de pollen et dans les ovules : or c'est par l'union de ces éléments que de nouveaux organismes sont développés.

Si nous revenons maintenant à la cause plus immédiate d'autostérilité, nous voyons clairement que, dans le plus grand nombre des cas, elle est déterminée par les conditions auxquelles les plants ont été assujettis. Ainsi l'Eschscholtzia est complétement autostérile dans le climat chaud du Brésil, mais il y est parfaitement fertile avec le pollen d'un autre

---

[1] *Bot. Zeitung,* 1868, pp. 114-115.
[2] *Journal of Linn. Soc. Bot.* (Journal de la Société bot. linnéenne), vol. VII, 1863, pp. 73-75.

individu. La descendance des plants brésiliens devint en Angleterre, dès la première génération, partiellement auto-sté-
rile, elle le fut bien plus encore dans la seconde. Inversement,
la descendance des plants anglais, après avoir végété pendant deux saisons au Brésil, devint, dès la première
génération, complétement autostérile. De plus, *Abutilon
Darwini*, qui est autostérile au Brésil, sa patrie, devint
modérément autofécond après une première génération,
en Angleterre, dans une serre. Quelques autres plantes
autoféconds pendant la première partie de l'année devinrent autostériles plus avant dans la saison. *Passiflora
alata* perdit son autofécondité après avoir été greffé sur
une autre espèce. Dans le Réséda cependant, où plusieurs
individus de la même parenté sont autostériles et d'autres
autoféconds, nous sommes forcés, dans notre ignorance,
d'en rapporter la cause à la variabilité spontanée, mais nous
nous rappellerons que les progéniteurs de ces plants, du
côté mâle ou femelle, doivent avoir été exposés à des conditions en quelque façon différentes. Le pouvoir de l'environnement, qui se traduit par une action si prompte et si
particulière sur les organes reproducteurs, est un fait qui
parait être très-important; j'ai donc pensé que les détails
précédents méritaient d'être donnés. Par exemple, la stérilité
déterminée dans plusieurs animaux et dans plusieurs plantes,
sous l'influence de la variation des conditions vitales, comme
le confinement, vient appuyer le même principe général de
l'influence facile que reçoit le système sexuel sous l'action
de l'environnement. Il a été prouvé déjà qu'un croisement
entre plants soit entre-croisés, soit autoféconds pendant plusieurs générations, et conservés constamment soumis à des
conditions très-rapprochées, ne procure aucun bénéfice à
la descendance, et d'autre part, qu'un croisement entre
plants qui ont été assujettis à des conditions différentes
profite aux descendants d'une manière extraordinaire. Nous
pouvons donc conclure que certain degré de différencia-

tion dans le système sexuel est nécessaire à l'entière fécon-
dité.des plants générateurs comme à la complète vigueur
de la descendance. Il paraît aussi probable qu'avec les
plants capables de complète autofécondation, les éléments
mâles et femelles aussi bien que les organes diffèrent déjà à un
degré suffisant pour exciter leur mutuelle réaction, mais
que, lorsque de tels plants pris dans un autre pays deviennent ensuite autostériles, leurs éléments sexuels et
leurs organes sont influencés de façon à être rendus trop
uniformes pour réagir l'un sur l'autre et sont semblables
alors aux plants autofécondés longtemps cultivés sous les
mêmes conditions. Inversement, nous pouvons inférer
que les plants autostériles dans leur sol natal, mais
rendus féconds par eux-mêmes sous l'influence du changement des conditions vitales, ont leurs éléments sexuels influencés de telle sorte qu'ils deviennent suffisamment différenciés par une mutuelle réaction.

Nous savons que les semis autofécondés sont, à plusieurs
points de vue, inférieurs à ceux issus d'un croisement, et
comme, dans les plants vivant à l'état de nature, le pollen
de la même fleur ne peut guère manquer d'être le plus
souvent laissé par les insectes ou apporté par le vent sur
le stigmate, il semble, à première vue, très-probable que
l'autostérilité a été graduellement acquise, par la sélection
naturelle, en vue de prévenir l'autofécondation. Ce ne serait
pas une objection sérieuse à cette opinion, que de considérer
la structure particulière à plusieurs fleurs et l'état de dichogamie spécial à plusieurs autres comme suffisants pour prévenir le contact du pollen avec le stigmate de la même fleur;
car nous devrons nous rappeler que, dans le plus grand nombre des espèces, plusieurs fleurs s'épanouissent en même temps
et que le pollen de la même plante possède une nocuité égale
ou à peu près à celle du pollen de la même fleur. Néanmoins,
l'opinion qui veut que l'autostérilité soit une propriété acquise graduellement dans le but spécial d'entraver l'auto-

fécondation doit, je crois, être rejetée. En premier lieu, il n'y a aucune correspondance intime entre le degré de stérilité des plants générateurs après autofécondation et l'étendue de la dépréciation en vigueur supportée par la descendance sous l'influence de ce procédé de fertilisation, et cependant on eût pu espérer une certaine concordance à ce point de vue si l'autofécondité avait été acquise comme conséquence du dommage causé par l'autofécondation. Ce fait que des individus de la même parenté diffèrent beaucoup comme degré d'autostérilité est également opposé à une pareille opinion, à moins de supposer que certains individus ont été rendus autostériles pour favoriser l'entre-croisement, tandis que d'autres sont devenus autofertiles pour assurer la propagation de l'espèce. L'apparition uniquement accidentelle d'individus autostériles, comme dans le cas du Lobelia, est un fait qui ne donne aucun appui à cette dernière vue. Mais le plus puissant argument contre cette opinion qui considère l'autostérilité comme acquise dans le but de prévenir l'autofécondation, se trouve dans l'effet puissant et immédiat du changement des conditions vitales qui se traduit par la détermination ou l'éloignement de l'autostérilité. Nous ne sommes donc pas autorisés à croire que cet état particulier du système reproducteur a été acquis graduellement sous l'influence de la sélection naturelle, mais nous pouvons l'envisager comme un résultat accidentel dépendant des conditions auxquelles les plantes ont été soumises, de même que la stérilité ordinaire se développe, chez les animaux, par le confinement, et chez les végétaux par l'abondance des engrais, la chaleur, etc. Je ne pourrais cependant pas maintenir que l'autostérilité ne soit pas quelquefois au service d'une plante pour y prévenir l'autofécondation, mais il existe tant d'autres moyens par lesquels ce résultat peut être écarté ou rendu difficile, sans omettre, comme nous le verrons dans le prochain chapitre, la prépondérance du pollen d'un individu distinct sur celui propre à la plante, que l'autostérilité semble être une acquisition presque inutile pour ce but.

Finalement, le point le plus intéressant, dans ce qui touche aux plantes autostériles, est la preuve qu'elles apportent de l'avantage à l'appui ou même de la nécessité de quelque degré ou de quelque genre de différenciation dans les éléments sexuels, pour pouvoir s'unir et donner naissance à un nouvel être. Il fut constaté que les cinq-plants de *Reseda odorata* qui avaient été choisis au hasard, pouvaient être parfaitement fécondés par le pollen pris sur l'un d'entre eux, mais jamais par le leur propre : quelques expériences complémentaires furent faites sur d'autres individus, mais je ne les ai pas crues dignes d'être rapportées. Hildebrand et H. Müller parlent aussi fréquemment de plantes autostériles fécondées avec le pollen d'un autre individu ; s'il avait existé quelques exceptions à cette règle, elles auraient difficilement échappé soit à leur observation, soit à la mienne. Nous pouvons donc affirmer avec confiance qu'une plante autostérile peut être fécondée par le pollen de chacun des innombrables individus de la même espèce, mais jamais par le sien propre. Il est évidemment impossible d'admettre que les organes et les éléments sexuels de chaque individu puissent avoir été spécialisés par rapport à chaque autre individu, mais il n'y a aucune difficulté à croire que les éléments sexuels de chaque sujet diffèrent légèrement et de la même manière que les caractères extérieurs, et il a été souvent remarqué que deux individus ne sont jamais absolument semblables. Nous pouvons donc difficilement écarter cette conclusion que, dans le système reproducteur, des différences d'une nature analogue et indéfinie sont suffisantes pour exciter la mutuelle action des éléments sexuels et que la fécondité fait défaut en dehors de l'existence de cette différenciation.

Apparition de variétés très-fécondes par elles-

mêmes. — Nous venons de voir que le degré de capacité
des fleurs pour la fécondation par leur propre pollen diffère
beaucoup, et dans les espèces du même genre, et quelquefois dans les individus de la même espèce. Nous devons
examiner maintenant quelques cas d'apparition de variétés
qui, après autofécondation, donnèrent plus de graines et
produisirent des descendants plus grands que leurs générateurs autofécondés ou que les plants entre-croisés de la
génération correspondante.

D'abord, dans les troisième et quatrième générations du
Mimulus luteus, une grande variété (à laquelle il a été fait
souvent allusion) à grandes fleurs tachées de cramoisi, apparut à la fois parmi les plants autofécondés et parmi les entre-
croisés. Elle prévalut, à l'exclusion de toute autre variété, dans
l'ensemble des dernières générations autofécondées et transmit fidèlement ses caractères; mais elle disparut des plants
entre-croisés par ce fait que, sans aucune doute, leurs caractères avaient été fréquemment mélangés par croisement. Les
plants autofécondés appartenant à cette variété furent non-
seulement plus grands mais encore plus féconds que les entre-
croisés, bien que ces derniers eussent été, dans les premières
générations, plus grands et plus féconds que les premiers.
C'est ainsi que dans la cinquième génération les plants autofécondés furent, en hauteur, aux entre-croisés comme
126 est à 100. Dans la sixième génération ils furent également plus grands et plus beaux, mais on ne les mesura
point; le nombre des capsules qu'ils donnèrent comparé
à celui des fruits portés par les plants entre-croisés fut
comme 147 est à 100, et les capsules autofécondées contenaient un plus grand nombre de graines. Dans la septième
génération, les plants autofécondés furent, en hauteur, aux
croisés comme 137 est à 100, et vingt fleurs des plants
autofécondés, fertilisées avec leur propre pollen, donnèrent
dix-neuf très-belles capsules : c'est là un degré d'autofécondité dont je n'ai trouvé l'équivalent dans aucun autre cas.

23

Cette variété semble s'être spécialement adaptée pour tirer tout profit possible de l'autofécondation ; et cependant ce procédé avait été préjudiciable aux procréateurs pendant les quatre premières générations. Il est bon de rappeler, du reste, que les semis obtenus de cette variété, à la suite d'un croisement par un rameau nouveau, furent remarquablement supérieurs en hauteur et en fécondité aux plants autofécondés de la génération correspondante.

Secondement, dans la sixième génération autofécondée de l'Ipomœa apparut un seul plant, nommé Héros, qui surpassa légèrement en hauteur son adversaire entre-croisé : c'est là un cas qui ne s'était présenté dans aucune des générations antérieures. Héros transmit tout à la fois la couleur particulière de ses fleurs, l'augmentation de sa taille et son haut degré d'autofécondité, à ses fils, à ses petits-fils et à ses arrière-petits-fils. Les fils autofécondés de Héros furent, en hauteur, aux plants autofécondés de la même souche, comme 100 est à 85. Des capsules autofécondées produites par les petits-fils contenaient en moyenne 5,2 semences, et c'est là une moyenne plus élevée que celle qui fut donnée, dans chaque autre génération, par les capsules des fleurs autofécondées. Les arrière-petits-fils de Héros, issus d'un croisement avec un rameau nouveau, furent si maladifs, résultat de leur obtention dans une saison défavorable, que leur hauteur moyenne comparée à celle des plants autofécondés ne peut être appréciée avec sécurité ; mais ils ne parurent pas avoir profité d'un croisement de cette nature.

Troisièmement, les plants de Nicotiana, sur lesquels j'expérimentai, semblent se ranger dans la même catégorie de cas, car ils varièrent dans leur constitution sexuelle et furent doués d'autofécondité plus ou moins accentuée. Ils descendirent probablement des plants qui avaient été spontanément autofécondés sous verre, pendant plusieurs générations, dans notre pays. Les fleurs des plants générateurs qui

furent d'abord fécondés avec leur propre pollen, donnèrent
encore moitié moins de graines que celles des générateurs
croisés, et les semis obtenus de ces semences autofécondées
surpassèrent en hauteur, à un degré extraordinaire, ceux
issus de graines croisées. Dans les deuxième et troisième générations, quoique les plants autofécondés n'excédassent pas
les croisés en hauteur, leurs fleurs autofécondées donnèrent,
dans deux occasions, considérablement plus de graines que
les croisées et même que celles qui furent croisées avec le
pollen d'un rameau ou d'une autre variété distincte.

Enfin, comme certains pieds de *Reseda lutea* et *odorata*
sont incomparablement plus féconds par eux-mêmes que
d'autres, les premiers pourraient trouver place dans ce
chapitre où il est traité de l'apparition de nouvelles variétés
très-autofécondes. Mais, dans ce cas, nous devons considérer les deux espèces comme normalement autostériles, et
c'est là, si j'en juge par mes expériences, la manière de
voir la plus correcte.

Nous pouvons donc conclure des faits que nous venons
de rapporter, qu'il se produit quelquefois certaines variétés,
qui, après autofécondation, sont mieux douées au point de vue
de la formation des graines et de la taille que les plants croisés ou que les autofécondés de la génération correspondante,
tous les sujets étant du reste soumis aux mêmes conditions.
L'apparition de ces variétés est intéressante en ce qu'elle
confirme l'existence naturelle des plantes qui se fécondent
régulièrement elles-mêmes, comme l'*Ophrys apifera* et
quelques autres Orchidées, ou comme le *Leersia oryzoïdes*
(Graminées), qui produit des fleurs cléistogènes en abondance, mais très-rarement des fleurs capables de fécondation croisée.

Plusieurs observations faites sur d'autres plantes me conduisent à supposer que l'autofécondation produit, à certains
égards, de bons effets; mais les avantages ainsi obtenus
n'offrent pas la constance que l'on constate à la suite du croi-

sement de deux plantes distinctes. Ainsi nous avons vu, dans le dernier chapitre, que des semis de Mimulus et d'Ipomœa obtenus de fleurs fécondées par leur propre pollen (ce qui est la forme la plus stricte d'autofécondation), furent supérieurs en hauteur, en poids et en précocité de floraison aux semis obtenus de fleurs croisées avec le pollen d'autres fleurs du même plant, et que cette supériorité fut apparemment trop fortement marquée pour être accidentelle. De plus, nous savons que les variétés cultivées du pois commun sont d'une autofertilité très-élevée : malgré l'influence de l'autofécondation prolongée pendant plusieurs générations, ils surpassèrent en hauteur des semis obtenus d'un croisement entre deux plants appartenant à la même variété dans la proportion de 115 à 100; mais alors quatre paires de plants seulement furent mesurées et comparées. L'autofécondité du *Primula veris* augmenta après plusieurs générations de fécondation illégitime (ce qui est un procédé très-rapproché de l'autofécondation), mais seulement pendant le temps que les plants furent cultivés sous les mêmes conditions favorables. J'ai aussi montré ailleurs [1] que, dans les *Primula veris* et *sinensis*, il apparut accidentellement des variétés isostylées qui possèdent les organes sexuels des deux formes combinés dans la même fleur. Ces variétés s'autofécondent donc d'une manière légitime et sont très-fertiles par elles-mêmes, mais, un fait remarquable, c'est qu'elles sont bien plus fécondes que les plants ordinaires des espèces légitimement fécondées par le pollen d'un individu distinct. D'abord, il me parut probable que l'augmentation en fécondité, dans ces plantes dimorphes, pouvait être expliquée par la position des anthères si rapprochée du stigmate que ce dernier peut être imprégné dans l'âge, le temps et le jour le plus favorables : mais cette explication n'est pas applicable aux cas que nous venons de donner, dans lesquels

---

[1] *Journal of Linn. Soc. Bot.* (Journal de la Société bot. linnéenne), vol. X, 1867, pp. 417-419.

les fleurs furent artificiellement fécondées avec leur propre pollen.

Si nous considérons les faits que nous venons de relater, ayant trait à l'apparition de variétés qui sont plus fécondes et plus grandes que leurs générateurs et que les plants entre-croisés de la génération correspondante, il est difficile d'écarter cette opinion que l'autofécondation est avantageuse à certains points de vue, et cependant, s'il en est réellement ainsi, un pareil avantage est presque insignifiant comparé à celui qui résulte d'un croisement avec une plante distincte et spécialement avec un sujet appartenant à un rameau nouveau. Si cette supposition se vérifiait par la suite, elle jetterait du jour sur l'existence des plantes à fleurs petites et obscures qui, comme nous le verrons dans le chapitre suivant, sont rarement visitées par les insectes et par conséquent subissent rarement l'entre-croisement.

Poids relatif et période de germination des semences issues de fleurs croisées et de fleurs autofécondées. — Un égal nombre de semences issues de fleurs fécondées par le pollen d'un autre plant et de fleurs autofécondées fut pesé, mais seulement dans six cas. Leurs poids relatifs sont donnés dans la liste suivante, celui des semences issues des fleurs croisées étant indiqué par le chiffre 100.

Ipomœa purpurea (plants générateurs)............	comme 100 est à	127
Ipomœa purpurea (troisième génération).........	—	—	87
Salvia coccinea.............................	—	—	100
Brassica oleracea...........................	—	—	103
Iberis umbellata (deuxième génération).........	—	—	136
Delphinium consolida........................	—	—	45
Hibiscus africanus..........................	—	—	105
Tropæolum minus..:.........................	—	—	115
Lathyrus odoratus (environ)..................	—	—	100
Sarothamnus scoparius.......................	—	—	88
Specularia speculum.........................	—	—	86
Nemophila insignis..........................	—	—	105
Borrago officinalis.........................	—	—	111
Cyclamen persicum (environ).................	—	—	50
Fagopyrum esculentum........................	—	—	82
Canna warscewiczi (trois générations)........	—	—	102

Il est remarquable de voir que, dans dix cas sur seize composant cette liste, les semences autofécondées furent ou supérieures ou égales en poids aux croisées ; néanmoins dans six cas sur ces dix (c'est-à-dire dans Ipomœa, Salvia, Brassica, Tropæolum, Lathyrus et Nemophila) les plants obtenus de semences autofécondées furent inférieurs, et en hauteur et à d'autres points de vue, à ceux issus de graines croisées. La supériorité en poids des semences autofécondées dans six cas au moins sur dix, c'est-à-dire dans Brassica, Hibiscus, Tropæolum, Nemophila, Borrago et Canna, peut être en partie attribuée à ce que les capsules autofécondées contenaient un nombre de graines moindre, car lorsqu'une capsule renferme seulement quelques semences, celles-ci ont tendance à être mieux nourries et plus pesantes que lorsqu'elle en renferme beaucoup. Il faut cependant remarquer que, pour plusieurs des cas ci-dessus, dans lesquels les semences croisées furent les plus lourdes, comme dans Sarothamnus et Cyclamen, les capsules croisées renfermaient un plus grand nombre de graines. Quelle que puisse être l'explication de ce fait, à savoir que les semences autofécondées furent souvent les plus lourdes, il est remarquable de voir que, dans les cas du Brassica, du Tropæolum, du Nemophila et de la première génération de l'Ipomœa, les semis obtenus de ces graines furent inférieurs, en hauteur et à d'autres égards, aux plants issus de semences croisées. Ce fait montre toute la supériorité que doivent avoir, comme vigueur constitutionnelle, les semis croisés, car on ne peut mettre en doute que de belles graines bien pesantes n'aient tendance à engendrer de belles plantes. M. Galton a montré que cette proposition s'applique bien au *Lathyrus odoratus*, et M. Wilson, au navet suédois, *Brassica campestris rutabaga*. M. Wilson, ayant séparé les plus grandes des plus petites graines de cette dernière plante (la proportion entre le poids de ces deux lots était comme 100 à 59), trouva que les semis « des plus grandes semences prirent du poids et main-

« tinrent leur supériorité jusqu'à la fin, tant comme hau- « teur que comme épaisseur des tiges [1] ». La différence, en hauteur, des semis de navet ne peut être attribuée à ce que les plus lourdes graines ont été d'origine croisée et les plus légères de race autofécondée, car il est bien connu que les plants appartenant à ce genre sont habituellement croisés par les insectes. .

Au point de vue de la période relative de germination des semences croisées et des autofécondées, on ne prit des notes que sur vingt et un cas, et les résultats en sont très-embarrassants. Si nous négligeons un cas, dans lequel les deux lots germèrent simultanément, nous en trouvons dix où exactement une moitié des graines autofécondées leva avant les croisées, et, dans les autres, une moitié des croisées germa avant les autofécondées. Dans quatre de ces vingt cas, des semences dérivées d'un croisement avec un rameau nouveau furent comparées aux graines autofécondées de l'une des dernières générations autofécondées, et, ici encore, dans la moitié des cas les semences croisées, et dans l'autre moitié les graines autofécondées, eurent la priorité. Cependant les semis de Mimulus obtenus de ces graines furent inférieurs à tous égards aux semis croisés, et dans le cas de l'Eschscholtzia, ils furent inférieurs comme fécondité. Malheureusement, le poids relatif des deux lots de semences ne fut obtenu que dans deux cas où leur germination avait été observée ; mais, dans

---

[1] *Gardeners' Chronicle* (Chronique des jardiniers), 1867, p. 107. Loiseleur-Delongchamp (*Les Céréales*, 1842, pp. 208-219) fut conduit par ses observations à cette extraordinaire conclusion que les plus petits grains de céréales produisent d'aussi belles plantes que les grosses semences. Cette conclusion est, cependant, combattue par les grands succès du major Hallet, qui améliora le froment en choisissant des plus belles graines. Il est possible, du reste, que l'homme, par une sélection prolongée, ait donné aux semences des céréales une plus grande quantité d'amidon et d'autres matières qu'il n'en faut aux semis pour leur développement. Il est à peine douteux, comme Humboldt le remarqua il y a longtemps, que les grains de céréales ont été rendus attrayants pour les oiseaux à un degré qui a été très-préjudiciable pour l'espèce.

l'Ipomœa, et dans quelques autres espèces je pense, la légèreté relative des semences autofécondées détermina apparemment leur germination hâtive, probablement en raison de ce que les plus petites masses sont favorables au plus rapide achèvement des changements chimiques et morphologiques nécessaires à l'acte germinatif. D'autre part, M. Galton me donna des semences (sans doute toutes autofécondées) de *Lathyrus odoratus*, qui furent divisées en deux lots : les plus lourdes et les plus légères ; et plusieurs des premières eurent la priorité comme germination. Il est évident qu'il faudra un bien plus grand nombre d'observations avant que rien ne puisse être décidé au point de vue de la période relative de germination dans les semences croisées et dans les graines autofécondées.

CHAPITRE X.

Procédés de fécondation.

Stérilité et fécondité des plantes après l'exclusion des insectes. — Procédés par lesquels les fleurs sont fécondées par croisement. — Dispositions favorables à l'autofécondation. — Relations entre la structure et la beauté des fleurs, entre la visite des insectes et les avantages de la fécondation croisée. — Procédés par lesquels les fleurs sont fécondées par une plante distincte. — Pouvoir fécondant plus marqué d'un pareil pollen. — Espèces anémophiles. — Conversion des espèces anémophiles en entomophiles. — Origine du nectar. — Les plantes anémophiles ont généralement leurs sexes séparés. — Conversion de fleurs diclines en hermaphrodites. — Les arbres ont souvent leurs sexes séparés.

Dans le chapitre Ier d'introduction, j'ai brièvement énuméré les divers moyens par lesquels la fécondation croisée se trouve favorisée ou assurée, à savoir : la séparation des sexes; la maturité de l'élément mâle et femelle à des périodes différentes; la condition hétérostylée ou dimorphe et trimorphe de certaines plantes; plusieurs dispositions mécaniques; la plus ou moins complète insuffisance du pollen d'une fleur sur son stigmate; enfin, la prépondérance du pollen provenant d'un autre individu sur celui qui est propre à la plante. Quelques-uns de ces points demandent à être complétement développés, mais, pour les détails complets, je renvoie le lecteur aux nombreux et excellents ouvrages mentionnés dans l'introduction. Je veux donner ici la première place à deux listes : la première renferme des plantes qui, après éloignement des insectes, restent complétement stériles ou qui produisent

moins de la moitié de la totalité des graines; la seconde
contient les plantes qui, dans les mêmes conditions, sont
tout à fait fécondes ou donnent au moins la moitié de la
totalité de leurs semences. Ces listes ont été dressées en
consultant les tableaux antérieurs, auxquels j'ai ajouté
quelques cas résultant de mon observation propre ou de
celle d'autrui. Les espèces sont arrangées à peu près dans
l'ordre suivi par Lyndley dans son « Vegetable Kingdom [1] ».
Le lecteur voudra bien remarquer que la stérilité ou la fécondité des plantes renfermées dans ces deux lots dépend de
deux causes complétèment distinctes, à savoir : la présence ou l'absence des moyens appropriés par lesquels le
pollen est appliqué sur le stigmate, et la plus ou moins
grande efficacité de ce pollen après cette application.
Comme il est évident que dans les plantes dont les sexes
sont séparés, le pollen doit, par certains moyens spéciaux, être transporté de fleur à fleur, les espèces qui présentent ces dispositions sont exclues de ces listes; il en est de
même des plantes dimorphes et trimorphes, dans lesquelles
la même nécessité se présente, quoique dans une mesure
restreinte. L'expérience m'a prouvé que, indépendamment
de l'exclusion des insectes, le pouvoir reproducteur n'est
en rien amoindri dans une plante quand elle est recouverte,
durant sa période de floraison, par un tissu qu'un cadre
supporte; cette conclusion aurait pu être tirée de cette
considération que dans les deux listes suivantes, qui renferment un nombre considérable d'espèces appartenant aux
mêmes genres, quelques-unes sont complétement stériles
et d'autres complétement fertiles lorsqu'elles sont protégées par une gaze contre l'accès des insectes.

---

[1] Le Règne végétal, ou la structure, la classification et les usages des
plantes par John Lyndley. 2ᵉ édition. Londres, 1847. (*Traducteur.*)

Liste des plantes qui, lorsque les insectes en de-
meurent écartés, sont complétement stériles ou
produisent, autant que j'ai pu en juger, moins
de la moitié du nombre des graines données par
les plantes vivant à découvert.

Passiflora alata, racemosa, edulis, laurifolia, et quelques
  individus du *P. quadrangularis* (Passiflorées), sont complétement stériles dans ces conditions : voir « Variation des animaux et des plantes sous l'influence de la domestication »,
  chap. xvii, 2º édition, vol. II, p. 118. •

Viola canina (Violacées). — Fleurs parfaites complétement
  stériles à moins d'être croisées par les abeilles, ou fécondées
  artificiellement.

Viola tricolor (Violacées). — Graine très-peu, donne de très-
  pauvres capsules.

Reseda odorata (Résédacées). — Quelques individus complétement stériles.

R. lutea. — Quelques individus produisent des capsules peu
  nombreuses et très-pauvres.

Abutilon Darwini (Malvacées). — Complétement stérile au
  Brésil ; voyez une discussion antérieure sur les plantes autostériles.

Nymphœa (Nymphæacées). — Le professeur Caspary m'informe
  que quelques-unes de espèces de ce genre sont complétement
  stériles quand les insectes sont exclus.

Euryale amazonica (Nymphæacées). — M. J. Smith de
  Kew m'informe que des capsules provenant de fleurs livrées
  à elles-mêmes et n'ayant probablement pas subi la visite des
  insectes contenaient de huit à quatorze graines ; celles issues
  de fleurs artificiellement fécondées avec le pollen d'autres
  fleurs prises sur la même plante en contenaient quinze à
  trente, et enfin deux fleurs fécondées avec le pollen apporté
  d'une autre plante de Chatsworth renfermaient respectivement soixante et soixante-cinq semences. J'ai donné ces
  constatations parce que le professeur Gaspary cite cette
  plante comme un cas opposé à la théorie de la nécessité ou de
  l'avantage de la fécondation croisée. Voyez *Sitzungsberichte*
  der phys.-ökon. Gesell. zu Königsberg, B. VI, p. 20.

Delphinium consolida (Renonculacées). — Produit beaucoup
  de capsules, mais contient seulement environ la moitié du
  nombre de semences renfermé dans les fruits de fleurs naturellement fécondées par les abeilles.

Eschscholtzia californica (Papavéracées). — Plantes brésiliennes complétement stériles; les plants anglais donnent quelques capsules.

Papaver vagum (Papavéracées). — Dans la première partie de l'été, produit très-peu de capsules contenant très-peu de graines.

P. alpinum. — H. Hoffmann (*Speciesfrage*, 1875, p. 47) établit que cette espèce ne produit des semences capables de germination que dans une seule occasion.

Corydalis cava (Fumariacées). — Stérile. Voir la discussion antérieure sur les plants autostériles.

C. solida. — Je n'avais dans mon jardin (1863) qu'une seule de ces plantes, et vis les bourdons en sucer les fleurs sans qu'une seule graine fût produite. Je fus très-surpris de ce fait, car alors la découverte de la stérilité du *C. cava* avec son propre pollen n'avait pas encore été faite par le professeur Hildebrand. Cet observateur conclut aussi, d'après le petit nombre de ses observations sur la présente espèce, qu'elle est stérile par elle-même. Les deux cas précédents sont intéressants, parce que les botanistes pensaient autrefois (voir par exemple Lecoq : de la *Fécondation et de l'hybridisation*, 1845, p. 61, et Lyndley, *Vegetable Kingdom*, 1853, p. 436) que toutes les espèces de Fumariacées étaient spécialement adaptées pour l'autofécondation.

C. lutea. — Une plante recouverte (1861) produisit exactement la moitié du nombre de capsules données par une plante découverte de la même taille végétant dans son voisinage. Lorsque les bourdons visitent les fleurs (et je les vis souvent à l'œuvre), le pétale inférieur se dirige soudainement en bas et le pistil en haut; ce fait est dû à l'élasticité des parties qui entrent en action dès que les bords cohérents du capuchon sont séparés par l'introduction d'un insecte. Quoique les insectes visitent ces fleurs, les parties ne se meuvent pas. Néanmoins plusieurs des fleurs dans les plantes que j'avais protégées produisirent des capsules, et cependant leurs pétales et leurs pistils gardèrent leur première position : je trouvai, à ma grande surprise, que ces capsules contenaient plus de semences que celles des fleurs dont les pétales avaient été séparés artificiellement et disposés pour s'éloigner vivement. Ainsi, neuf capsules produites par des fleurs intactes contenaient cinquante-trois semences, tandis que neuf capsules des fleurs dont les pétales avaient été artificiellement séparés en contenaient seulement trente-deux. Mais nous nous rappellerons que si les abeilles avaient pu visiter ces fleurs, elles l'auraient fait dans le temps le plus propice à la fécondation. Les fleurs dont les pétales

avaient été artificiellement séparés donnèrent léurs capsules
avant celles qui furent laissées intactes sous le tissu. Pour
montrer avec quelle certitude les fleurs sont visitées par les
abeilles, je dois ajouter que, dans une circonstance, toutes
les fleurs de quelques pieds non protégés furent examihées,
et chacune avait ses pétales séparés; dans une seconde circonstance, quarante et une fleurs sur quarante-trois furent dans
le même état. Hildebrand établit (Pringsh. *Jahresbericht für
wissenschaftl. Botanik*, B. VII, p. 450) que le mécanisme
des différentes parties dans cette espèce est presque le même
que dans le *C. ochroleuca*, où il a été complétement décrit.

Hypecoum grandiflorum (Fumariacées). — Très-fortement
autostérile (Hildebrand, *ibid.*).

Kalmia latifolia (Ericacées). — M. W. Beal dit [*American
naturalist* (le Naturaliste américain), 1867] que les fleurs
protégées contre les insectes se fanent et tombent, « le plus
grand nombre des anthères restant dans les pochettes. »

Pelargonium zonale (Géraniacées). — Presque stérile, un
plant produisit deux fruits. Il est probable que différentes variétés doivent différer à ce point vue, car quelques-unes ne
sont que faiblement dichogames.

Dianthus caryophyllus (Caryophyllées). — Produit très-peu
de capsules, qui contiennent quelques bonnes graines.

Phaseolus multiflorus (Légumineuses). — Les plantes protégées contre les insectes donnèrent, dans deux circonstances,
environ 1/3 ou 1/8 de la totalité des graines [voir mon article dans le *Gardeners Chronicle* (Chronique des Jardiniers),
1857, p. 225, et 1858, p. 828; *Annales et Magasin d'histoire naturelle*, 3e série, vol. II, 1858, p. 462]. Le docteur
Ogle (*Revue de la science populaire*, 1870, p. 168) a trouvé
qu'une plante est complétement stérile lorsqu'elle est recouverte. Les fleurs ne sont pas visitées par les insectes dans le
Nicaragua, et d'après M. Belt l'espèce est ici tout à fait stérile. (*Le naturaliste au Nicaragua*, p. 70.)

Vicia faba (Légumineuses). — Dix-sept plants recouverts
donn'rent quarante fèves, tandis que dix-sept plants laissés
à nu en donnèrent cent trente-cinq; ces dernières plantes
furent donc entre trois et quatre fois plus fertiles que les
plants protégés. (Voyez pour les détails complets : *Chronique
des Jardiniers*, 1858, p. 828.)

Erythrina sp? (Légumineuses). — M. W. Mac Arthur m'a
appris que dans la Nouvelle-Galle du Sud (Australie) les
fleurs ne donnent pas de graines, à moins que les pétales ne
soient agités de la même manière que le font les insectes.

Lathyrus grandiflorus (Légumineuses). — Est dans notre pays plus ou moins fertile. Il ne donne jamais de gousses si les fleurs n'en sont pas visitées par les bourdons (et cela n'arrive que fort rarement) ou à moins qu'elles ne soient fécondées artificiellement. Voir mon article dans la *Chronique des Jardiniers,* 1858, p. 828.

Sarothamnus scoparius (Légumineuses). — Complétement stérile lorsque les fleurs ne sont pas visitées par les abeilles ou agitées par le vent et frappées contre le tissu qui l'enveloppe.

Melilotus officinalis (Légumineuses). — Une plante végétant à découvert, visitée par les insectes, produit au moins trente fois plus de graines qu'une plante recouverte. Dans cette dernière plante, plusieurs vingtaines de rameaux ne produisirent pas une seule gousse; plusieurs autres en donnèrent une ou deux; cinq en portèrent trois; six en produisirent quatre, et un enfin en porta dix. Sur une plante non recouverte chacun des nombreux rameaux produisit quinze gousses; neuf en donnèrent entre seize et vingt-deux; une enfin en porta trente.

Lotus corniculatus (Légumineuses). — Plusieurs plants recouverts ne produisirent que deux gousses vides et pas une seule bonne graine.

Trifolium repens (Légumineuses). — On protégea contre les insectes plusieurs plants, et les semences de dix capitules qui en provinrent furent comptées aussi bien que celles prises sur dix capitules d'autres plants végétant à découvert auprès du tissu enveloppant; les semences de ces dernières plantes furent environ dix fois aussi nombreuses que celles provenant des plantes recouvertes. L'expérience fut répétée l'année suivante : vingt capitules protégés donnèrent alors seulement une seule semence avortée, tandis que vingt capitules des plants découverts environnants (je les savais visités par les insectes) donnèrent deux mille deux cent quatre-vingt-dix semences, nombre obtenu en pesant la totalité des graines et comptant la quantité renfermée dans deux grains ($0^{gr},13$).

T. pratense. — Un cent de capitules protégés ne donna pas une seule graine, tandis que le même nombre de capitules voisins découverts, qui furent visités par les insectes, donnèrent en poids 68 grains ($4^{gr},42$) de semences; or, comme quatre-vingt semences pesaient 2 grains ($0^{gr},13$), les cent capitules devaient avoir donné deux mille sept cent vingt semences. J'ai souvent surveillé cette plante et n'ai jamais vu les abeilles en sucer les fleurs, si ce n'est par le côté, à travers les trous pratiqués par les bourdons, ou profondément au-dessus des fleurs, comme si elles recherchaient quelque sécrétion du calice, à peu près de la même manière que l'a décrit M. Farrer dans le cas du Coronilla (*Nature*, 1874, 2 juillet, p. 169). Je dois cependant en excepter une circonstance dans laquelle un champ voisin de sainfoin (*Hedysarum onobrychis*) venant d'être fauché, les abeilles en semblaient réduites au désespoir. Dans cette circonstance, le plus grand nombre de fleurs du trèfle furent en quelque sorte desséchées; elles contenaient une quantité extraordinaire de nectar que les abeilles purent sucer. Un apiculteur expérimenté, M. Miner, dit qu'aux États-Unis les abeilles ne sucent jamais le trèfle rouge, et M. R. Colgate m'informe qu'il a observé le même fait en Nouvelle-Zélande après l'introduction des abeilles dans cette île. D'un autre côté, H. Müller (*Befruchtung*, p. 224) a souvent vu les abeilles visitant cette plante en Allemagne dans le double but d'y rechercher le pollen et le nectar : elles obtenaient ce dernier en brisant séparément les pétales. Ce qu'il y a de certain, c'est que les bourdons sont les principaux agents de la fécondation du trèfle rouge carmin.

T. incarnatum. — Les capitules contenant des semences mûres, sur quelques plants couverts et nus, parurent également beaux, mais c'était là une fausse apparence; soixante capitules des plantes nues donnèrent 349 grains (22^{gr},60) de semences, tandis que soixante capitules des plantes recouvertes n'en donnèrent que 63 grains (4^{gr},09), et encore plusieurs d'entre ces dernières graines furent-elles pauvres et avortées. Donc, les fleurs qui furent visitées par les abeilles produisirent environ cinq à six fois plus de graines que celles qui furent protégées. Les plantes recouvertes qui n'avaient pas été épuisées par la fructification produisirent une seconde floraison abondante, tandis que les nues ne purent le faire.

Cytisus laburnum(Légumineuses).—Sept grappes florales prêtes à s'épanouir furent enveloppées dans un grand sac de gaze, et elles ne parurent être endommagées en rien par ce traitement. Trois seulement d'entre elles produisirent quelques gousses, une seule pour chaque, et ces trois fruits contenaient respectivement une, quatre et cinq graines. Ainsi, une seule gousse sur les sept grappes renfermait sa totalité de semences.

Cuphea purpurea (Lythrariées). — Ne produisit pas de graines. D'autres fleurs de la même plante, artificiellement fécondées sous une gaze, donnèrent des graines.

Vinca major (Apocynées). — Est généralement tout à fait

stérile, mais donne quelquefois des graines lorsqu'elle est artificiellement croisée. Voir ma notice : *Chronique des Jardiniers,* 1861, p. 552.

V. rosea. — Se comporte comme l'espèce ci-dessus. — *Chronique des Jardiniers,* 1861, pp. 699-736-831.

Tabernœmontana echinata (Apocynées). — Complétement stérile.

Petunia violacea (Solanées). — Complétement stérile, autant que je l'ai observé.

Solanum tuberosum (Solanées). — Tinzmann dit (*Chronique des Jardiniers,* 1846, p. 183) que quelques variétés sont tout à fait stériles, à moins d'être fécondées par une autre variété.

Primula scotica (Primulacées). — Espèce non dimorphe qui est fertile avec son propre pollen, mais qui est extrêmement stérile quand les insectes en sont écartés. (J. Scott, dans le *Journal de la soc. bot. linéenne,* vol. VIII, 1864, p. 119.)

Cortusa matthioli (Primulacées). — Les plantes protégées sont complétement stériles; les fleurs artificiellement auto-fécondées sont parfaitement fertiles. (J. Scott, *ibid.,* p. 84.)

Cyclamen persicum (Primulacées). — Durant une saison, plusieurs plants recouverts ne produisirent pas une seule graine.

Borrago officinalis (Borraginées). — Des plants protégés produisirent environ la moitié autant de graines que les plants à découvert.

Salvia tenori (Labiées). — Complétement stérile, mais deux ou trois fleurs du sommet des épis qui touchaient au tissu protecteur quand le vent soufflait donnèrent quelques graines. Cette stérilité n'était pas due aux effets malfaisants de l'enveloppe, car je fécondai cinq fleurs avec le pollen d'une plante voisine, et elles donnèrent toutes de belles graines. J'enlevai le tissu pendant qu'une petite branche portait encore quelques fleurs non complétement flétries; elles furent visitées par des insectes et donnèrent des graines.

S. coccinea. — Quelques plantes découvertes produisirent de nombreux et bons fruits, mais leur nombre, je le pense, fut de moitié inférieur à celui des plants découverts : vingt-huit des tétrakènes produits spontanément par la plante protégée contenaient en moyenne seulement 1.45 semences, tandis que quelques fruits artificiellement autofécondés dans la même plante en contenaient plus de deux fois autant, c'est-à-dire 3,3.

Bignonia, espèce indéterminée (Bignoniacées). — Complétement stérile. Voir mon Mémoire sur les plantes autostériles.

Digitalis purpurea (Scrofularinées). — Extrêmement stérile, quelques rares capsules très-pauvres ayant été produites.

Linaria vulgaris (Scrofularinées). — Extrêmement stérile.

Antirrhinum majus, var. rouge (Scrofularinées). — Cinquante capsules cueillies sur une grande plante recouverte d'un tissu contenaient en poids 9.8 grains (0^{gr},637) de semences, mais beaucoup d'entre les cinquante fruits (ils ne furent malheureusement pas comptés) ne renfermaient pas de graines du tout. Cinquante autres capsules d'un plant exposé à la visite des bourdons contenaient en poids 23.1 grains (1^{gr},50) de semences, c'est-à-dire plus du double, mais, dans ce cas encore, plusieurs d'entre les cinquante capsules n'avaient pas de graines. .

A. majus (variété blanche, ayant la gorge de la corolle colorée de rose). — Cinquante capsules (dont un très-petit nombre seulement furent vides) prises sur une plante recouverte contenaient un poids de 20 grains (1^{gr},30) de semences, de sorte que cette variété paraît être beaucoup plus fertile par elle-même que la précédente. D'après le docteur Ogle (*Rev. de la sc. populaire,* janv., 1870, p. 52), une plante de cette espèce fut beaucoup plus stérile après exclusion des insectes que je ne l'ai observé moi-même, car elle produisit seulement deux petites capsules. Pour appuyer l'action fécondante des abeilles, je puis ajouter que M. Croker ayant laissé à découvert des fleurs soumises à la castration préalable, elles produisirent autant de semences que les fleurs non mutilées..

A. majus (variété péloriée). — Cette variété est complétement fertile quand elle est artificiellement fécondée avec son propre pollen; mais reste complétement stérile lorsqu'elle est livrée à elle-même et recouverte, parce que les bourdons ne peuvent pas s'introduire dans l'étroite ouverture tubulaire des fleurs.

Verbascum phœniceum (Scrofularinées). — Complétement stérile. Voir mon Mémoire sur les plantes autostériles.

Verbascum nigrum. — Complétement stérile.

Campanula carpathica (Campanulacées). — Complétement stérile.

Lobelia ramosa (Lobéliacées). — Complétement stérile.

L. fulgens. — Cette plante n'est jamais visitée par les abeilles dans mon jardin, et y demeure tout à fait stérile; mais, dans un jardin pépiniériste, à quelques milles de distance, je vis

24

des bourdons visiter ces fleurs et elles produisirent alors quelques capsules.

Isotoma. Une var. à fleurs blanches (Lobéliacées). — Cinq
plantes laissées à découvert dans ma serre produisirent
vingt-quatre belles capsules contenant ensemble 12.2 grains
(0^{gr},76) de semences, et treize autres capsules très-pauvres
qui furent rejetées. Cinq plantes protégées contre les insectes,
mais exposées par ailleurs aux mêmes conditions que ci-dessus, produisirent seize belles capsules et vingt autres fruits
qui furent rejetés. Les seize belles capsules renfermèrent
une telle proportion de graines, que vingt-quatre auraient
donné un poids de 4.66 grains (0^{gr},30). Ainsi donc, les plants
découverts produisirent à peu près trois fois autant de semences en poids que les plants protégés.

Leschenaultia formosa (Goodéniacées). — Complétement stériles. Mes expériences sur cette plante, montrant la nécessité de l'intervention des insectes, sont données dans la
Chronique des Jardiniers, 1871, p. 1166.

Senecio cruentus (Composées). — Complétement stériles.
Voir mon travail sur les plantes fertiles par elles-mêmes.

Heterocentron mexicanum (Mélastomacées). — Complétement
stériles; mais cette espèce et les membres suivants du même
groupe produisent des graines après autofécondation artificielle.

Rhexia glandulosa (Mélastomacées). — Donne spontanément
deux ou trois capsules seulement.

Centradenia floribunda. — A donné spontanément pendant
quelques années deux ou trois capsules, quelquefois pas du
tout.

Pleroma (espèce indéterminée de Kew). — A donné spontanément pendant quelques années deux ou trois capsules, quelquefois aucune.

Monochœtum ensiferum (Mélastomacées). — Pendant quelques années a produit spontanément deux ou trois capsules,
quelquefois pas du tout.

Hedychium, espèce indéterminée (Marantacées). — Presque
autostérile quand elle est livrée à elle-même.

Orchis. — Une immense quantité d'espèces de ce genre est stérile en dehors de l'intervention des insectes.

Liste des plantes qui, lorsqu'elles sont protégées contre les insectes, sont ou complétement fertiles, ou donnent plus de la moitié du nombre total des semences produites par des plantes non protégées.

Passiflora gracilis (Passiflorées). — Produit plusieurs fruits contenant moins de graines que ceux des plantes entre-croisées.

Brassica oleracea (Crucifères). — Produit plusieurs capsules, mais moins riches en graines que celles des plantes recouvertes.

Raphanus sativus. — La moitié d'une grande plante rameuse ayant été recouverte d'un tissu, se chargea aussi lourdement de capsules que l'autre moitié non couverte ; mais vingt des capsules de cette dernière partie contenaient en moyenne 3.5 semences, tandis que vingt des capsules protégées en contenaient seulement 1.85, ce qui fait un peu plus que la moitié moins. Cette plante aurait été peut-être mieux à sa place dans la première liste.

Iberis umbellata. — Grandement fertile.

I. amara. — Grandement fertile.

Reseda odorata et *lutea* (Résédacées). — Certains individus sont complétement fertiles par eux-mêmes.

Euryale ferox (Nymphéacées). — Le professeur Caspary m'informe que cette plante est tout à fait fertile par elle-même quand les insectes en sont écartés. Il remarque dans la note déjà indiquée que cette plante, aussi bien que la *Victoria regia*, produit une fleur seulement à la saison, et que comme cette espèce est annuelle et fut introduite en 1809, elle doit avoir été autofécondée pendant les cinquante-six dernières générations ; mais le docteur Hooker m'assure qu'à sa connaissance cette plante a été introduite à plusieurs reprises, et qu'à Kew les mêmes plantes, Euryale et Victoria, produisent plusieurs fleurs dans le même temps.

Nymphœa. — Quelques espèces, comme m'en informe le professeur Caspary, sont complétement autofertiles quand les insectes en sont écartés.

Adonis œstivalis (Renonculacées). — Produit, d'après le professeur H. Hoffmann (*Speciesfrage*, p. 11), beaucoup de graines en dehors de l'action des insectes.

Ranunculus acris. — Produit beaucoup de graines sous un tissu protecteur.

Papaver somniferum (Papavéracées). — Trente capsules prises sur des plants nus donnèrent 15.6 grains (1^{gr},01) en poids de semences, et trente capsules de plants couverts végétant dans le même carré donnèrent 16.5 grains (1^{gr},07), de sorte que ces derniers plants furent plus productifs que les premiers. Le professeur Hoffmann a aussi trouvé (*Species-frage*, 1875, p. 53) que cette espèce est autofertile quand elle est protégée contre les insectes.

P. vagum. — Produisit à la fin de l'été beaucoup de graines qui germèrent mal.

P. argemonoides ⎫ D'après Hildebrand (*Jahrbuch für w.*
Glaucium luteum ⎬ *Botanik,* B. XII, p. 466), les fleurs
Argemone ochroleuca ⎭ spontanément autofécondées ne sont en aucune façon stériles.

Adlumia cirrhosa (Fumariacées). — Donne des capsules en abondance.

Hypecoum procumbens. — Hildebrand dit (*idem*), en parlant des fleurs protégées, que *eine gute Fruchtbildung eintrete*[1].

Fumaria officinalis. — Les plants recouverts et à nu produisirent en apparence un nombre égal de capsules, et les semences des premiers parurent être également bonnes. J'ai observé cette plante, comme l'a fait Hildebrand, et nous n'avons jamais vu d'insecte en visiter les fleurs. H. Müller fut aussi frappé de la rareté des visites des insectes, quoiqu'il ait surpris quelquefois les abeilles à l'œuvre. Les fleurs sont peut-être fréquentées par de petits papillons, et le même cas doit se présenter probablement avec les espèces suivantes.

F. capreolata. — Plusieurs grands carrés de cette plante végétant à l'état sauvage furent observés par moi pendant plusieurs jours, mais les fleurs ne furent jamais visitées par les insectes, quoique une abeille fût vue occupée à les examiner de près. Cependant, comme les nectaires renferment beaucoup de nectar, spécialement le soir, je restai convaincu qu'elles sont visitées probablement par des papillons. Les pétales ne s'ouvrent ni ne se séparent naturellement, mais ils avaient été ouverts d'une façon quelconque dans un certain nombre de fleurs, et de la même manière que cela se produit quand une forte soie résistante est introduite dans le nectaire, de sorte qu'à ce point de vue cette plante ressemble au *Corydalis lutea*. Trente-quatre inflorescences renfermant chacune beaucoup de fleurs furent examinées, et vingt d'entre elles avaient de une à quatre fleurs ainsi ouvertes, tandis que quatorze n'en présentaient aucune. Il est donc clair que quelques-unes des fleurs avaient reçu la visite

---

[1] Une bonne fructification se produisait.

des insectes, tandis que la majorité y avait échappé; cependant le plus grand nombre donna des capsules.

Linum usitatissimum (Linées). — Paraît être complétement fertile. (H. Hoffmann, *Bot. Zeitung*, 1876, p. 566.)

Impatiens barbigerum (Balsaminées). — Les fleurs, quoique parfaitement adaptées pour la fécondation croisée par les abeilles qui les visitent librement, grainent abondamment sous une gaze.

I. noli-me-tangere. — Cette espèce produit des fleurs cléistogènes et des fleurs parfaites. Une plante fut recouverte d'une gaze, et quelques fleurs parfaites marquées avec des fils produisirent onze capsules spontanément autofécondées, qui contenaient en moyenne 3.45 semences. Je négligeai de m'assurer du nombre de graines produites par des fleurs parfaites soumises à la visite des insectes, mais je crois qu'il ne dépassa pas de beaucoup ce chiffre moyen. M. A. Bennett a décrit avec soin la structure des fleurs de l'*I. fulva* dans le *Journal de la soc. linn.*, vol. XIII. Bot., 1872, p. 147. Cette dernière espèce est indiquée comme stérile avec son propre pollen (*Chronique des Jardiniers*, 1868, p. 1286), et s'il en est ainsi, elle présente un remarquable contraste avec les *I. barbigerum* et *noli-me-tangere*[1].

Limnanthes Douglasii (Géraniacées). — Grandement fertile.

---

[1] M. A. Loche (*Bulletin de la Soc. bot. de France*, t. XXIII, 1876, p. 367-368) a réédité, sans la connaître sans doute, sous ce titre : *Note sur un fait anormal de fructification chez quelques Balsaminées*, l'observation déjà faite par M. A. Bennett : il résulte de cette note que *I. fulva* produit des fleurs cléistogènes (encore nommées cléistogames ou clandestines) avant les fleurs normales. Ce fait se produit quelquefois, comme dans le *Viola palustris* (Ad. Chatin), mais non pas toujours, car dans le *Lamium purpureum* c'est le contraire qui a lieu. D'après les observations de Bennett, les fleurs parfaites, objet de l'étude comparée de M. Loche, ne devraient leur productivité qu'à l'influence des insectes (bourdons et abeilles) qui les fréquentent, et c'eût été un point intéressant à bien établir. Si M. Loche a le désir de trouver du nouveau sur ce sujet, je me permets de lui signaler ce fait important à élucider complétement, car tout ce qu'il a publié jusqu'ici était absolument connu, et j'ajoute que la structure des fleurs cléistogènes des Impatiens a fait l'objet d'un travail remarquable de H. Mohl (*Bot. Zeitung*, 1863, pp. 313 et 322). Jusqu'à présent l'on ne connaît que fort peu de plantes cléistogènes dans lesquelles les fleurs parfaites restent sans utilité apparente (et elle deviendrait réelle dans le cas actuel si les insectes étaient écartés) ; il serait donc très-important d'avoir le plus grand nombre possible de ces cas à enregistrer, pour confirmer ou détruire certaines interprétations plus ou moins heureuses de ces phénomènes encore peu étudiés et qui méritent cependant la plus grande attention.   (*Traducteur.*)

Viscaria oculata (Caryophyllées). — Produit beaucoup de capsules contenant de bonnes graines.

Stellaria media. — Les plantes découvertes et à nu produisirent un égal nombre de capsules et des graines, qui, dans les deux cas, parurent également bonnes et en nombre égal.

Beta vulgaris (Chénopodiacées). — Grandement fertile par elle-même.

Vicia sativa (Légumineuses). — Des plantes protégées et non couvertes produisirent un même nombre de gousses et des graines également belles. S'il exista quelque différence entre les deux lots, ce fut au bénéfice des plantes recouvertes qui furent les plus productives.

V. hirsuta. — Cette espèce porte les fleurs les plus petites parmi celles des Légumineuses de la Grande-Bretagne. Les résultats obtenus en recouvrant ces plantes furent les mêmes que dans l'espèce précédente.

Pisum sativum. — Complétement fertile.

Lathyrus odoratus. — Complétement fertile.

L. nissolia. — Complétement fertile.

Lupinus luteus (Légumineuses). — Très-productive.

L. pilosus. — Produit beaucoup de gousses.

Ononis minutissima (Légumineuses). — Douze fleurs parfaites d'un plant recouvert furent marquées avec des fils et produisirent huit gousses, contenant en moyenne 2.38 semences. Les gousses produites par les fleurs ayant reçu la visite des insectes auraient probablement contenu en moyenne 3.66 graines, si j'en juge par les effets de la fécondation croisée artificielle.

Phaseolus vulgaris (Légumineuses). — Complétement fertiles.

Trifolium arvense (Légumineuses). — Les fleurs excessivement petites sont incessamment visitées par les abeilles et les bourdons. Les têtes florales dont les insectes furent écartés semblèrent produire autant et d'aussi belles graines que les têtes laissées à nu.

T. procumbens. — Dans une circonstance, les plants recouverts parurent donner autant de graines que les plants non couverts. Dans une seconde circonstance, soixante têtes florales découvertes donnèrent 9.1 grains (0^{gr},59) de semences, tandis que soixante têtes appartenant à des plantes protégées n'en donnèrent pas moins de 17.7 (1^{gr},15), de façon que ces derniers plants furent beaucoup plus productifs; mais je suppose que ce résultat fut accidentel. J'ai souvent observé cette plante, et jamais je n'ai vu les insectes en visiter les fleurs; mais j'ai lieu de supposer que les fleurs de cette espèce, et plus spécialement celles du *T. minus*, sont fréquentées par les petits papillons nocturnes, qui, comme je l'apprends de M. Bond, hantent les plus petits trèfles.

Medicago lupulina (Légumineuses). — A cause du danger que je courais de perdre les graines, je fus forcé de cueillir les gousses avant leur maturité complète; cent cinquante têtes florales des plants visités par les insectes donnèrent des gousses pesant 101 grains (6^{gr},56), tandis que cent cinquante têtes des plantes protégées donnèrent des gousses pesant 77 grains (5 grammes). La différence eût été probablement plus considérable si des graines mûres avaient pu être sûrement ramassées et comparées. Ig. Urban (*Keimung, Bluthen*, etc., *bei Medicago*, 1873) a décrit les procédés de fécondation dans ce genre, ainsi que le Rev. G. Henslow, dans le *Journal de la soc. linnénne. Bot.*, vol. IX, 1866, p. 327 et 335.

Nicotiana tabacum (Solanées). — Complétement fertile par elle-même.

Ipomœa purpurea (Convolvulacées). — Grandement fertile par elle-même.

Leptosiphon androsaceus (Polémoniacées). — Les plants placés sous une gaze produisirent un grand nombre de capsules.

Primula mollis (Primulacées). — Espèce non dimorphe, fertile par elle-même. J. Scott, dans le *Journal de la soc. linnéenne. Bot.*, vol. VIII, 4864, p. 120.

Nolana prostrata (Nolanacées). — Les plants recouverts donnèrent, dans la serre, des semences dont le poids fut comparé à celui des graines provenant des plants découverts qui eurent leurs fleurs visitées par les abeilles; ces poids furent dans la proportion de 100 à 61.

Ajuga reptans (Labiées). — Donne une grande quantité de semences, mais aucun des pieds placés sous une gaze ne produisit autant de graines que plusieurs pieds découverts végétant dans le voisinage.

Euphrasia officinalis (Scrofularinées). — Des plants recouverts donnèrent beaucoup de graines, mais je ne saurais dire si elles furent moins nombreuses que celles des plants découverts. Je vis deux petits insectes diptères (*Dolichopus nigripennis* et *Empis chioptera*) suçant fréquemment les fleurs; comme ils y pénétraient, ils frottaient contre les poils qui recouvrent les anthères et se trouvaient recouverts de pollen.

Veronica agrestis. — Les plants recouverts produisirent des graines en abondance. Je ne sais pas si les insectes en fréquentent les fleurs ; mais j'ai observé des Syrphidés fréquemment recouverts de pollen visitant les fleurs des *V. hederifolia* et *Chamœdrys*.

Mimulus luteus. — Très-fertile par lui-même.

Calceoralia (variété de serre). — Très-fertile par elle-même.

Verbascum thapsus. — Très-fertile par elle-même.

V. lychnitis. — Très fertile par elle-même.

Vandellia nummularifolia. — Les fleurs parfaites produisent beaucoup de capsules.

Bartsia ondontites. — Les plants recouverts produisirent de nombreuses graines, mais plusieurs d'entre elles furent racornies ; aussi leur nombre ne fut-il pas aussi considérable que dans les plantes non protégées qui furent incessamment visitées par les abeilles et par les bourdons.

Specularia speculum (Lobéliacées). — Les plants recouverts produisirent presque autant de capsules que les découverts.

Lactuca sativa (Composées). — Les plants recouverts produisirent quelques graines, mais l'été fut humide et défavorable.

Galium aparine (Rubiacées). — Les plants recouverts donnèrent tout autant de graines que les découverts.

Apium petroselinum (Ombellifères). — Les plants recouverts furent apparemment aussi productifs que les découverts.

Zea maïs (Graminées). — Un seul plant dans la serre produisit de nombreuses graines.

Canna warscewiczi (Marantacées). — Hautement fertile par elle-même.

Orchidées. — En Europe, l'*Ophrys apifera* est aussi régulièrement autofécondé qu'aucune fleur cléistogène. Dans les Etats-Unis, dans le sud de l'Afrique et en Australie, il existe quelques espèces qui sont parfaitement fertiles par elles-mêmes. Ces nombreux cas sont donnés dans la 2ᵉ édition de mon livre sur la Fécondation des Orchidées.

Allium cepa, var. à fleurs rouges (Liliacées). — Quatre têtes florales furent recouvertes d'une gaze et produisirent des capsules en quelque façon plus petites et moins nombreuses que celles des têtes découvertes. Les capsules furent comptées sur une tête découverte, et leur nombre fut de deux cent quatre-vingt-neuf, tandis que celles d'une belle tête placée sous une gaze furent seulement de cent quatre-vingt-dix-neuf.

Chacune de ces deux listes renferme, par une coïncidence fortuite, le même nombre de genres, c'est-à-dire quarante-neuf. Les genres de la première liste contiennent soixante-cinq espèces et ceux de la seconde soixante, les Orchidées ayant été exclues de l'une comme de l'autre. Si les genres de ce dernier ordre, aussi bien que des Asclépiadées et des Apocynées, y avaient été inclus, les nombre des espèces qui sont stériles en dehors de l'action des insectes eût été considérablement augmenté; mais ces listes sont limitées aux espèces qui furent alors mises en expérience. Les résultats ne peuvent être considérés que comme approximativement exacts, car la fécondité est un caractère si variable que chaque espèce eût dû être expérimentée à plusieurs reprises. Le nombre (125) des espèces ci-dessus est bien petit si on le compare à la multitude des plantes vivantes; mais ce simple fait que plus de la moitié d'entre elles reste stérile, dans la mesure spécifiée, lorsque les insectes sont écartés, est des plus frappants, car toutes les fois que le pollen a besoin d'être transporté des anthères au stigmate pour que la complète fécondité soit assurée, il y a au moins grande chance pour que la fécondation croisée se produise. Je ne veux pas croire cependant que si toutes les plantes connues étaient soumises à la même épreuve, la moitié d'entre elles serait trouvée stérile dans les limites indiquées, et cela parce que, en vue de l'expérimentation, plusieurs fleurs furent choisies présentant une structure remarquable par un certain côté, et que de pareilles fleurs exigent souvent l'aide des insectes. Ainsi, sur les quarante-neuf genres de la première liste, trente-deux environ ont des fleurs asymétriques ou présentant quelque particularité remarquable, tandis que dans la seconde liste, qui renferme des espèces complétement ou modérément fertiles en dehors de l'intervention des insectes, vingt et un genres environ seulement sur les quarante-neuf sont asymétriques ou présentent quelque particularité saisissante.

Procédés de fécondation croisée. — Les insectes appartenant aux ordres des *Hyménoptères, Lépidoptères* et *Diptères*, et, dans certaines parties du monde, les oiseaux sont les agents les plus importants du transport du pollen des anthères au stigmate dans la même fleur ou de fleur à fleur [1]. Le vent a dans le même sens une importance rapprochée, mais inférieure, et pour quelques plantes aquatiques, d'après Delpino, les courants d'eau ont la même valeur. Le simple fait de la nécessité, dans plusieurs cas, d'un facteur extérieur pour assurer le transport du pollen aussi bien que les nombreux artifices employés dans ce but, rendent très-probable la réalisation de quelque grand bénéfice par leur mise en œuvre, et cette conclusion a été ferme-

---

[1] Je veux donner ici tous les cas qui me sont connus d'oiseaux fécondant les fleurs. Dans le sud du Brésil, les oiseaux-mouches fécondent certainement les différentes espèces d'Abutilon qui restent stériles sans leur aide. (Fritz Müller, *Jenaische Zeitschrift für Naturwissenschaft*, B. VII, 1872, p. 24.) Des oiseaux-mouches à long bec visitent les fleurs de *Brugmansia*, tandis que quelques espèces à bec court pénètrent souvent dans la grande corolle d'une façon anormale et de la même manière que le pratiquent les abeilles dans toutes les parties du monde. Il paraît, en effet, que les becs des oiseaux-mouches sont spécialement adaptés aux différentes espèces qu'ils visitent : dans les Cordillères ils sucent les Sauges et déchirent les fleurs de Tacsonia ; dans le Nicaragua, M. Belt les vit suçant les fleurs de Marcgravia et d'Erythrina et transportant aussi le pollen de fleur à fleur. Dans le nord de l'Amérique, on dit qu'ils fréquentent les fleurs de l'Impatiens. (Gould, *Introduction to the Trochilidæ*, Introduction aux Trochilidées, 1861, pp. 15 et 120 ; *Gardners' Chronicle*, Chronique des Jardiniers, 1869, p. 389 ; *The Naturalist in Nicaragua*, Le Naturaliste au Nicaragua, p. 129 ; *Journal of Linn. Soc. Bot.*, Journal de la Soc. Linn. bot., vol. XIII, p. 151, 1872.) Je dois ajouter que j'ai vu souvent au Chili un Mimus ayant sa tête jaunie par le pollen d'un Cassia, je crois. On m'a assuré qu'au cap de Bonne-Espérance, le Strelitzia est fécondé par les Nectarinidées. On peut difficilement revoquer en doute que plusieurs fleurs australiennes soient fécondées par les nombreux oiseaux melliphages de cette contrée. M. Wallace dit (*Adress to the Biological Section, Brit. Assoc.*, Discours à la section de Biologie de l'Association britannique, 1876) qu'il « a souvent vu le bec et la face des lories des Molluques à langue en brosse, recouverts de pollen ». En Nouvelle-Zélande, plusieurs spécimens de l'*Anthornis melanura* avaient leurs têtes colorées avec le pollen des fleurs d'une espèce indigène de Fuchsia. (Potts, *Transact. New Zealand Institute*, Comptes rendus de l'Institut de la Nouvelle-Zélande, vol. III, 1870, p. 72.)

ment établie par la supériorité bien prouvée en accroissement, en vigueur et en fécondité, des plants d'une parenté
croisée sur ceux d'un lignage autofécondé. Mais nous ne
devons jamais oublier que deux buts opposés en quelque
sorte doivent être atteints : le premier et le plus important
est la production des graines par tous les moyens possibles,
et le second, la fécondation croisée.

Les avantages que procure un croisement jettent beaucoup de lumière sur les principaux caractères des fleurs. Par
là s'expliquent pour nous leurs grandes dimensions, leurs
couleurs brillantes et, dans quelques cas, les teintes accentuées des parties accessoires, comme les pédoncules, les bractées, etc. De cette façon elles attirent en effet l'attention des
insectes, et cela d'après le même principe qui veut qu'à peu près
chaque fruit appelé à devenir la proie des oiseaux présente,
comme couleur, un puissant contraste avec le vert du feuil-
lage, afin qu'il puisse être bien vu et que ses graines soient
largement disséminées. Dans plusieurs fleurs, la beauté est
obtenue aux dépens des organes reproducteurs mêmes,
comme dans les demi-fleurons de beaucoup de Composées,
les fleurs extérieures de l'Hydrangea et les fleurs terminales
de l'épi du Muscari. Il y a aussi des raisons pour croire
(et c'était l'opinion de Sprengel) que les fleurs diffèrent en
couleur d'après les espèces d'insectes qui les fréquentent.

Ce ne sont pas seulement les couleurs brillantes des fleurs
qui ont pour but d'attirer les insectes, mais encore les stries
et les bandes de couleur foncée dont la présence est fréquente
et dont l'usage, d'après les affirmations anciennes de Sprengel, serait de leur servir de guide pour atteindre au nectar.
Ces marques suivent les vaisseaux dans les pétales ou en occupent les intervalles. Elles peuvent régner seulement sur
un ou exister sur tous les pétales supérieurs ou inférieurs
(un ou plusieurs exceptés) ; elles peuvent encore former un anneau de couleur foncée dans le tube de la corolle,
ou être concentrées sur les lèvres d'une fleur irrégulière.

Dans les variétés blanches de plusieurs fleurs, comme *Digitalis purpurea, Anthirrinum majus*, plusieurs espèces de Dianthus, Phlox, Myosotis, Rhododendron, Pelargonium, Primula et Petunia, les marques se conservent généralement, quoique le reste de la corolle soit devenu d'un blanc pur ; mais cette persistance est due simplement à ce que leur couleur, étant plus intense, est moins facilement anéantie. Le rôle que, d'après l'opinion de Sprengel, rempliraient les taches en tant que guides, je le considérai longtemps comme imaginaire, car les insectes en dehors de leur secours découvrent très-bien les nectaires et pratiquent des ouvertures latérales pour l'atteindre. Ils trouvent même les petites glandes nectarifères des stipules et des feuilles dans certaines plantes. Du reste, quelques fleurs, comme certains pavots, quoique non nectarifères, ont ces marques conductrices ; mais nous pouvons admettre, il est vrai, que quelques plantes retiennent des traces d'un premier état nectarifère. D'autre part, les marques sont beaucoup plus fréquentes dans les fleurs asymétriques, dont l'entrée pourrait embarrasser les insectes, que dans les fleurs régulières. M. John Lubbock a aussi prouvé[1] que les abeilles distinguent parfaitement les couleurs et qu'elles perdent beaucoup de temps quand la position du nectar qu'elles ont une fois visité est changée, même très-légèrement. Ces différents cas donnent, je pense, la meilleure preuve que le développement de ces marques est réellement corrélatif de celui du nectar. Les deux pétales supérieurs du Pelargonium commun sont aussi marqués à leur base, et j'ai fréquemment constaté que lorsque les fleurs varient defaçon à devenir péloriées ou régulières, elles perdent leurs nectaires et en même temps leurs taches de couleur sombre. Ces marques et les nectaires sont donc apparemment en connexion intime les uns avec les autres, et la manière de voir la

---

[1] *British Wild Flowers in relation to Insects,* 1875, p. 44.

plus simple est qu'ils sont développés simultanément dans un
but spécial, dont le seul concevable est que les marques servent de guides vers le nectar. D'après ce qui a été dit
déjà, il est, du reste, évident que les insectes découvriraient
fort bien ce nectar sans l'aide de ces marques directrices.
Elles sont au service de la plante, uniquement pour aider
ces animaux à visiter et à sucer en un laps de temps donné,
un plus grand nombre de fleurs qu'il ne serait possible
de le faire dans d'autres conditions : ainsi se trouve assurée
une chance plus forte de fécondation par le pollen apporté d'un plant distinct, et nous savons que le croisement
a une importance capitale.

Les odeurs émises par les fleurs attirent les insectes, ainsi
que je l'ai observé dans le cas des plantes recouvertes par un
tissu. Naegeli attachait à des rameaux d'abord des fleurs arti-
ficielles rendues odoriférantes par l'addition d'huiles essen-
tielles, puis des fleurs naturelles dépourvues de senteur, et
les insectes étaient attirés vers les premières d'une manière
indubitable[1]. Les fleurs sont rarement tout à la fois odoriférantes et remarquables par leur beauté. De toutes les
couleurs, le blanc est le plus répandu, et parmi les fleurs
blanches une bien plus grande proportion est douée de
parfum que parmi celles autrement colorées, c'est-à-dire
14.6 pour cent; dans la couleur rouge, 8.2 pour cent seulement sont odoriférantes[2]. Ce fait qu'une plus grande proportion de fleurs blanches est pourvue de senteur dépend en
partie du grand nombre de celles qui pour être fécondées par
les papillons exigent la coexistence de l'odeur et de la couleur
qui les rend visibles dans l'obscurité. L'économie de la nature est telle que le plus grand nombre des fleurs fécondées

---

[1] *Entstehung, etc., der natur-hist. Art.*, 1865, p. 23.
[2] Les couleurs et les odeurs des fleurs de 4,200 espèces ont été enre-
gistrées par Landgrabe et par Schübler et Köhler. Je n'ai pas vu leurs
travaux originaux, mais une analyse très-complète en est donnée dans
London's Gardener's Magasin (Magasin des Jardiniers de Londres),
vol. XIII, p. 367.

par les insectes crépusculaires ou nocturnes émet surtout ou même exclusivement son parfum le soir. Plusieurs
fleurs, du reste, qui sont très-odoriférantes doivent leur
fécondation à cette propriété, comme, par exemple, les végétaux à floraison nocturne (Hesperis et quelques espèces de
Daphne) : ces dernières présentent le rare cas de fleurs fécondées par les insectes quoique portant des couleurs obscures.

L'entassement d'une provision de nectar dans une fleur
protégée est manifestement lié à la visite des insectes. Il
en est de même de la position que les étamines et les pistils occupent, soit d'une façon permanente, soit à la période propice sous l'influence de leurs mouvements propres, car, lorsqu'ils sont mûrs, ces organes se tiennent
invariablement sur le chemin qui conduit aux nectaires.
La forme des nectaires et des parties accessoires est aussi
dépendante des espèces particulières d'insectes qui habituellement visitent les fleurs ; ce fait a été bien montré
par H. Müller quand il a comparé les espèces de la plaine,
qui sont surtout fréquentées par les abeilles, avec les
espèces alpines appartenant au même genre qui sont visitées par les papillons[1]. Les fleurs peuvent aussi être adaptées à certaines espèces d'insectes en sécrétant un nectar
qu'elles apprécient particulièrement et qui n'attire pas les
autres : l'*Epipactis latifolia* présente de ce fait l'exemple
le plus frappant qui me soit connu, car il est uniquement
visité par les guêpes. Il est aussi certaines structures qui,
comme celle des poils de la corolle de la digitale, servent apparemment à exclure les insectes mal agencés pour le transport du pollen d'une fleur à l'autre[2]. Je n'ai rien à dire
ici des mécanismes sans but connu, comme les glandes vis-
queuses attachées aux masses polliniques des Orchidées et
des Asclepiadées, ou de l'état soit gluant soit rude des grains

[1] *Nature,* 1874, p. 110 ; 1875, p. 190 ; 1876, pp. 210, 289.
[2] Belt, *The Naturalist in Nicaragua* (Le Naturaliste au Nicaragua),
1874, p. 132.

polliniques dans beaucoup de plantes, ou encore de l'irritabilité de leurs étamines quand elles sont touchées par les insectes [1]; toutes ces dispositions favorisent évidemment ou même assurent la fécondation croisée.

Toutes les fleurs ordinaires sont assez ouvertes pour que les insectes puissent se frayer un passage dans leur corolle, et cependant plusieurs d'entre elles, comme le Muflier (Antirrhinum), plusieurs fleurs de Papilionacées et de Fumariacées sont fermées en apparence. On ne peut pas soutenir que leur ouverture soit nécessaire à leur fécondité, puisque les fleurs cléistogènes, quoique complétement fermées, donnent cependant une grande quantité de graines. Le pollen contient beaucoup de matières azotées et de phosphore qui sont les deux éléments les plus précieux pour l'accroissement des végétaux ; mais, dans le cas des fleurs les plus ouvertes, une grande quantité de pollen est consommée par les in-

---

[1] Je me suis préoccupé, depuis le commencement de cette traduction, de savoir ce que je devais penser de l'utilité des mouvements staminaux soit provoqués, soit spontanés, au point de vue de la fécondation croisée. Mes expériences ont porté d'une part sur les Mahonia et les Berberis à étamines irritables, et de l'autre sur les Saxifraga, les Ruta et le *Limnanthes rosea*, qui présentent le phénomène du mouvement staminal spontané. Les résultats que j'ai obtenus sans avoir pu les publier jusqu'ici, et dans le détail desquels ce n'est pas le lieu d'entrer, me conduisent à penser que le mouvement provoqué, qui ne peut se produire que par l'intervention des insectes, est au service de la fécondation croisée (les Mahonia et les Berberis conservés sous gaze ne m'ont donné en effet que de rares fruits). Pour ce qui touche au mouvement spontané des étamines, il en serait tout autrement, puisque des représentants de trois familles différentes (Saxifragées, Rutées et Limnanthées) ont parfaitement fructifié sous gaze et n'ont pas moins donné de graines ni de fruits que d'autres sujets cultivés dans les mêmes conditions en plein air. Puisque ces plantes ne tirent aucun profit de la fécondation croisée, il est probable que le mouvement staminal a pour unique but d'assurer la fécondation directe, ce qui est du reste la première idée qui vient à l'esprit de quiconque observe ces faits. Les plantes à étamines douées de mouvements provoqués sont donc dans des conditions supérieures à celles qui ne possèdent que l'irritabilité spontanée, puisque cette manière d'être rend dans les premières la fécondation croisée nécessaire, indispensable même sous peine de stérilité; or, il est évident qu'une plante placée dans ces conditions ne peut avoir qu'une descendance toujours bien munie dans la lutte pour l'existence, et c'est là une supériorité incontestable.   (*Traducteur.*)

sectes qui s'en nourrissent ou se trouve détruite par les pluies lontemps continuées. Dans beaucoup de plantes, ce dernier dommage est évité, autant que faire se peut, par la déhiscence 'des anthères, qui s'opère seulement en temps sec[1], par la position et la forme de plusieurs ou de tous les pétales, par la présence des poils, et, comme l'a montré Kerner dans une intéressante expérience[2], par les mouvements des pétales de la fleur entière pendant les temps froids et humides. Afin de compenser la perte du pollen par tant de moyens, les anthères en produisent une bien plus grande quantité qu'il n'en faut pour féconder une même fleur. Je suis conduit à cette appréciation par mes expériences sur l'Ipomœa, relatées dans l'introduction ; elle est mieux confirmée encore par l'étonnante petite quantité de pollen que donnent les fleurs cléistogènes (qui ne perdent rien de ce pollen), comparée à l'abondante masse qu'en produisent les fleurs ouvertes dans les mêmes plantes, et encore cette petite quantité suffit-elle à la fécondation des nombreuses graines qu'elles contiennent. M. Harssall prit la peine de compter le nombre de grains polliniques produits par une fleur de Dent-de-Lion (Leontodon), et en trouva un total de 243,600 ; dans la pivoine, il atteignit le chiffre de 3,654,000[3]. Le rédacteur du *Botanical Register*, après avoir pris le nombre des ovules dans les fleurs de *Wistaria sinensis*, compta avec soin les grains de pollen et trouva qu'il y en avait 7,000 pour chaque ovule[4]. Dans le

[1] M. Blackley a observé que les anthères mûres du seigle ne s'ouvrent pas quand elles sont maintenues sous une cloche de verre dans une atmosphère humide, tandis que d'autres anthères exposées à la même température en plein air s'ouvrent facilement. Il a trouvé aussi beaucoup plus de pollen adhérant à des *appendices* gluants qui furent attachés à des cerf-volants et élevés haut dans l'atmosphère, dans les jours secs et beaux qui suivent les temps humides, qu'à toute autre époque. (*Experimental Researches on Hay Fever*, 1873, p. 127.)

[2] *Die Schutzmittel d. Pollens* (Les moyens de protection du pollen), 1873.

[3] *Annals and Mag. of Nat. Hist.*, vol. VIII, 1842, p. 108.

[4] Cité dans *Gardener's Chronicle*, 1846, p. 771.

Mirabilis, trois ou quatre des très-gros grains de pollen suffisent à féconder un ovule, mais j'ignore combien une fleur peut produire de ces grains. Dans l'Hibiscus, Kölreuter trouva que 60 grains sont nécessaires pour féconder tous les ovules d'une fleur, et il a calculé que 4,863 grains sont produits par une seule fleur, c'est-à-dire quatre-vingt-une fois plus qu'il n'en faut[1]. Comme nous voyons par là que l'état d'ouverture de toutes les fleurs ordinaires et la perte considérable en pollen qui en est la conséquence nécessitent le développement d'un prodigieux excès de cette précieuse substance, nous pouvons nous demander pourquoi les fleurs sont toujours ouvertes. Plusieurs plantes à fleurs cléistogènes existant dans le règne végétal, on peut difficilement mettre en doute que toutes les fleurs ouvertes puissent être aisément converties en fleurs closes. Les divers degrés par lesquels cette transformation pourrait être effectuée sont actuellement saisissables dans les *Lathyrus nissolia*, *Biophytum sensitivum* et plusieurs autres fleurs. Quant à la réponse à la question que nous venons de nous poser, elle consiste certainement en ceci : que dans les fleurs constamment fermées, il ne pourrait y avoir fécondation croisée.

La fréquence, pour ne pas dire la régularité, avec laquelle le pollen est transporté de fleur à fleur par les insectes et souvent à une distance considérable, mérite attention[2]. Ce fait est mieux démontré encore par l'impossibi-

---

[1] Kölreuter, *Vorläufige Nachricht*, 1761, p. 9. Gärtner, *Beiträge zur Kenntniss*, etc., p. 346.

[2] Une expérience de Kölreuter (*Fortsetzung*, etc., 1763, p. 69) apporte une bonne preuve de ce fait. L'*Hibiscus vesicarius* est fortement dichogame, puisque son pollen tombe avant que les stigmates soient mûrs. Kölreuter marqua 310 fleurs et en imprégna chaque jour les stigmates avec le pollen d'autres fleurs, de façon à les féconder complétement, puis il livra le même nombre de fleurs à l'action des insectes. Plus tard il compta les semences des deux lots : les fleurs qu'il avait fécondées avec un soin si particulier donnèrent 11.237 graines, tandis que celles qui furent abandonnées aux insectes en produisirent 10.886, ce qui fait une différence de 351 seulement, et cette faible infériorité est

lité d'obtenir pures deux variétés de la même espèce quand'
elles végètent côte à côté; mais je reviendrai bientôt sur
ce sujet, aussi bien que sur les nombreux cas d'hybrides
spontanément apparus, soit dans les jardins, soit à l'état naturel. Pour ce qui touche à la distance que peut franchir le
pollen, nous pouvons dire qu'aucun expérimentateur ne doit
s'attendre à avoir, par exemple, des semences de chou pures,
si une plante d'une autre variété se trouve à 2 ou 300 mètres
de distance. Un observateur soigneux, feu M. Masters de
Canterbury, m'affirma qu'une année il eut toute sa récolte de graines « sérieusement composée par un hybride
pourpre » sous l'influence de quelques plants de chou
pourpre qui fleurissaient dans un jardin de village situé
à la distance de 800 mètres; aucun autre plant de cette variété ne végétait dans le voisinage[1]. Mais le cas le plus
remarquable qui ait été rapporté est dû à M. Godron[2], qui
a montré par la nature des hybrides produits que le *Pri-*
mula grandiflora doit avoir été croisé par le pollen du
P. officinalis apporté par les abeilles de la distance
d'environ 2 kilomètres.

Tous ceux qui se sont longuement occupés de l'hybridation insistent très-fortement sur la facilité qu'ont les
fleurs châtrées à être fécondées par le pollen apporté de
plants éloignés de la même espèce[3]. Le cas suivant montre

complétement attribuable à la suspension du travail des insectes pendant
quelques journées froides et continuellement pluvieuses.

[1] M. W. C. Marshall ne prit pas moins de sept spécimens d'un papillon nocturne (*Cucullia umbratica*) portant les pollinies du grand Orchis-
papillon (*Habenaria chlorantha*) appliquées contre les yeux et par
conséquent dans la position la plus propre pour féconder les fleurs de
cette espèce; c'était dans une île de Derwentwater, à la distance de
800 mètres de tout lieu où cette plante vivait (*Nature*, 1872, p. 393).

[2] *Revue des Sciences naturelles* de Montpellier, 1875, p. 331.

[3] Voyez, par exemple, les remarques d'Herbert (*Amaryllidées*, 1837,
p. 349); voir aussi Gärtner, qui est très-expressif sur ce sujet dans son
Bastarderzeugung, 1849, et son *Kenntniss der Befruchtung*, 1844,
pp. 510 et 573; voir aussi Lecoq (*De la fécondation*, etc., 1845, p. 27).
Quelques faits ont été publiés dans ces dernières années en vue de
prouver la tendance extraordinaire des hybrides à retourner avec formes

ce fait de la manière la plus claire : Gärtner, encore inexpérimenté, châtra et féconda 520 fleurs, prises sur plusieurs espèces, avec le pollen d'autres genres ou d'autres espèces, et les laissa ensuite sans protection; mais, comme il le dit, il lui vint la louable inspiration que des fleurs de la même espèce les plus rapprochées vivaient à moins de 5 à 600 mètres de là[1]. Il en résulta que 289 de ces 520 fleurs ne grainèrent pas ou que les graines produites ne germèrent point; les semences de 29 fleurs donnèrent naissance à des hybrides, comme on pouvait s'y attendre d'après la nature du pollen employé, et enfin les semences des 202 fleurs restant produisirent des plantes parfaitement pures, de sorte qu'elles durent être fécondées par les insectes apportant du pollen d'une distance d'environ 500 à 600 mètres[2]. Il est peut-être possible que quelques-unes de ces 202 fleurs aient été fécondées avec leur pollen accidentellement laissé après castration, mais pour montrer combien cette supposition est improbable, je dois ajouter que Gärtner, pendant les huit années suivantes, ne châtra pas moins de 8,042 fleurs, les hybrida dans une chambre fermée, et les semences de 70 seulement d'entre elles (ce qui nous fait moins de 1 pour 100) donnèrent une descendance pure et sans hybride[3].

Des faits nombreux que nous venons de rapporter, il se dégage évidemment que les fleurs sont admirablement adaptées pour la fécondation croisée. Cependant, le plus grand nombre

génératrices, mais comme on ne dit pas comment les fleurs furent protégées contre les insectes, on peut supposer qu'elles furent souvent fécondées avec du pollen apporté à distance des espèces génératrices.

[1] *Kenntniss der Befruchtung,* pp. 539-550-575-576.

[2] Les expériences d'Henschel (cité par Gärtner, *Kenntniss,* etc, p. 574), qui, à tous les autres points de vue, sont sans valeur, montrent aussi combien largement les fleurs sont entre-croisées par les insectes. Il châtra plusieurs fleurs dans trente-sept espèces appartenant à vingt-deux genres, et laissa les stigmates sans pollen ou les recouvrit du pollen de genres distincts; elles fructifièrent cependant toutes, et tous les semis qui en provinrent furent purs.

[3] *Kenntniss,* etc., pp. 555 et 576.

d'entre elles présente des dispositions qui sont, quoique d'une manière moins frappante, manifestement propices à l'autofécondation. La principale d'entre ces adaptations est leur état d'hermaphroditisme, c'est-à-dire l'inclusion dans la même corolle des deux organes reproducteurs mâle et femelle. Ils sont souvent très-rapprochés et d'une maturité simultanée, de façon que le pollen de la même fleur ne peut guère manquer d'être déposé sur le stigmate au moment favorable. Il existe aussi de nombreux détails de structure réalisés en vue de l'autofécondation[1]. Ces dispositions sont bien évidentes dans les curieux cas découverts par H. Müller, où une espèce existe sous deux formes, l'une portant des fleurs visibles construites pour le croisement, et l'autre de petites fleurs adaptées pour l'autofécondation, ces dernières pourvues de plusieurs parties légèrement modifiées pour ce but spécial[2].

Comme deux buts opposés à presque tous les points de vue (la fécondation croisée et l'autofécondation) doivent être atteints dans plusieurs cas, nous pouvons comprendre la coexistence constatée dans un si grand nombre de fleurs de structures qui, au premier abord, paraissent être d'une complexité inutile et d'une nature opposée. Nous pouvons également nous expliquer le grand contraste qui existe comme structure entre les fleurs cléistogènes, qui sont adaptées exclusivement pour l'autofécondation, et les fleurs ordinaires de la même plante, qui sont disposées pour profiter de la moindre occasion de fécondation croisée[3]. Les pre-

---

[1] H. Müller, *Die Befruchtung*, etc., p. 448.

[2] *Nature*, 1873, pp. 44, 433.

[3] Fritz Müller a découvert dans le règne animal (*Jenaische Zeitschrift*, B. IV, p. 451) un cas qui présente une curieuse analogie avec les plantes portant à la fois des fleurs parfaites et cléistogènes. Il trouva dans les nids de Termite, au Brésil, des mâles et des femelles à ailes imparfaites, qui ne quittent pas le nid et y propagent leur espèce d'une manière cléistogène, mais seulement dans le cas où une reine complétement développée, après avoir essaimé, n'entre plus dans le vieux nid. Les mâles et les femelles sont complétement développés, et les individus de deux nids différents peuvent difficilement manquer de s'entre-croiser.

mières sont toujours petites, complétement fermées, et munies de pétales plus ou moins rudimentaires dépourvus·de couleurs brillantes : elles ne sécrètent jamais de nectar, ne sont jamais odoriférantes, portent de très-petites anthères produisant quelques grains de pollen seulement·, enfin, ont des stigmates très-peu développés. Si nous nous souvenons que plusieurs de ces fleurs sont croisées par l'action du vent (Delpino les nomme *anémophiles*), et d'autres par l'intervention des insectes (*entomophiles*), nous pouvons de plus comprendre, comme je l'avais montré il y a plusieurs années[1], le grand contraste apparent entre ces deux classes de fleurs. Les fleurs anémophiles, qui rappellent à divers égards les fleurs cléistogènes, s'en éloignent beaucoup en ce qu'elles ne sont pas fermées, en ce qu'elles produisent une quantité extraordinaire de pollen qui est toujours sans cohésion, et enfin en ce que leur stigmate est souvent plus développé et plumeux. Nous devons certainement la beauté et le coloris de nos fleurs, aussi bien que l'accumulation d'une grande abondance de nectar, à l'existence des insectes[2].

Des relations entre la structure et l'éclat des fleurs, entre les visites des insectes et les avantages de la fécondation croisée.

Il a été démontré déjà qu'il n'existe aucune relation étroite entre le nombre des semences produites par les fleurs

---

Dans l'acte de l'essaimage, ils sont détruits en nombre presque infini par une nuée d'ennemis, de sorte qu'une reine peut souvent ne pas entrer dans le vieux nid ; alors les mâles et les femelles imparfaitement développés propagent la vieille souche et la conservent.

[1] *Journal of Linn. Soc.*, vol. VII, Bot., 1863, p. 77.

[2] Un fait cependant semble s'inscrire en faux contre cette assertion, c'est que les plantes alpines des grandes altitudes (*Geum alpinum, Dryas octopetala, Myosotis alpestris, Viola grandiflora et calcarata, Ranunculus aconitifolius* et *platanifolius, Trollius europeus,* etc.), produisent des fleurs plus développées et plus brillantes que celles de la plaine, et cependant dans ces régions élevées (2,500 mètres) les insectes sont rares sinon nuls.   (*Traducteur.*)

soit après croisement, soit après autofécondation, et le degré
d'influence que subit leur descendance par ces deux procédés. J'ai aussi exposé les raisons qui portent à croire que
l'inefficacité du propre pollen d'une plante est, dans le
plus grand nombre des cas, un résultat accidentel, ou n'a
pas été acquis en vue de prévenir l'autofécondation.
D'autre part, on peut difficilement mettre en doute que
la dichomagie (qui prévaut, d'après Hildebrand[1], dans le
plus grand nombre des espèces), que la condition hétérostylée de certaines plantes, et que plusieurs autres dispositions mécaniques n'aient été réalisées pour mettre
obstacle à l'autofécondation et favoriser le croisement. Les
moyens propres à protéger la fécondation croisée doivent
avoir été acquis avant ceux qui préviennent l'autofécondation, car il serait manifestement préjudiciable à une
plante que son stigmate pût manquer de recevoir son propre pollen, à moins qu'elle ne fût déjà bien adaptée à recevoir celui d'un autre individu. Il est bon de remarquer que plusieurs plantes possèdent encore un haut pouvoir d'autofécondation, quoique leurs fleurs soient excel-
lemment construites pour la fécondation croisée, par
exemple celles de plusieurs espèces de Papilionacées.

On peut admettre comme presque certain que plusieurs
dispositions, telles qu'un nectaire étroitement allongé ou
une corolle à long tube, ont été développées en vue de
permettre uniquement à certaines espèces d'insectes d'atteindre le nectar. Les insectes trouvent ainsi une provision de nectar garantie contre l'attaque des autres insectes, et sont par là conduits à visiter fréquemment ces
fleurs et à en transporter le pollen de l'une à l'autre[2]. On
eût pu s'attendre peut-être à ce que les plantes à fleurs
douées de cette structure particulière profiteraient à un
plus haut degré d'un croisement que les fleurs ordinaires ou

---

[1] *Die Geschlechter-Vertheilung*, etc. (La Séparation des sexes), p. 32.
[2] *Die Befruchtung*, etc., p. 431.

simples, mais cela ne paraît pas être ainsi. Le *Tropœolum
minus*, par exemple, possède un long nectaire et une corolle irrégulière, tandis que le *Limnanthes Douglasii*
a une fleur régulière sans nectaire propre; et cependant les
semis croisés des deux espèces sont aux autofécondés, en
hauteur, comme 100 est à 79. Le *Salvia coccinea* est
pourvu d'une corolle irrégulière et muni d'une disposition
curieuse qui permet aux insectes de déprimer les étamines, tandis que les fleurs de l'Ipomœa sont régulières,
et les semis croisés des premiers sont, en hauteur, aux
autofécondés comme 100 est à 76, tandis que ceux de
l'Ipomœa sont dans la proportion de 100 à 77. Le Blé
noir est dimorphe, l'*Anagallis collina* ne l'est point, et
les semis croisés issus des deux plantes sont, en hauteur,
aux autofécondés, comme 100 est à 69.

Dans les plantes européennes, si nous en exceptons les
espèces anémophiles comparativement rares, la possibilité
de l'entre-croisement de deux plants distincts dépend de la
visite des insectes, et H. Müller a prouvé par ses importantes expériences que des fleurs grandes et belles sont visitées par un plus grand nombre d'insectes et plus souvent
fréquentées que les petites fleurs obscures [1]. Il fait remarquer, de plus, que les fleurs qui sont rarement visitées
doivent être capables d'autofécondation, sous peine de disparaître promptement [2]. Il y a, du reste, quelque chance
d'erreur à courir si l'on veut émettre un jugement sur ce
point, à cause de l'extrême difficulté de s'assurer si les fleurs
qui ne sont que rarement ou point du tout fréquentées pendant le jour (comme dans le cas du *Fumaria capreolata* ci-
dessus indiqué) ne reçoivent pas la visite de petits Lépidoptères nocturnes, que l'on sait être fortement attirés par les li-

---

[1] Il y a également des réserves à faire sur ce point pour ce qui touche
aux plantes alpines, qui échappent évidemment, et même de la manière
la plus absolue, à cette règle spéciale aux végétaux de la plaine ou des
régions subalpines.   (*Traducteur.*)

[2] *Befruchtung*, p. 426. *Nature*, 1873, p. 433.

queurs sucrées [1]. Les deux listes données dans la première partie de ce chapitre confirment la conclusion de Müller, à savoir que les fleurs petites et obscures sont complétement fécondes par elles-mêmes, car huit ou neuf espèces seulement sur les cent vingt-cinq portées dans ces listes rentrent dans le cas actuel, et toutes furent trouvées très-fécondes après exclusion des insectes. Les singulières fleurs obscures de l'Ophrys mouche (*O. muscifera*), comme je l'ai montré ailleurs, sont rarement visitées par les insectes, et c'est là un étrange exemple d'imperfection (en contradiction avec la règle ci-dessus) que le fait de voir ces fleurs infécondes par elles-mêmes, à ce point qu'un grand nombre d'entre elles ne produit pas de graines. L'inverse de cette proposition que les plantes à fleurs petites et obscures sont fertiles par elles-mêmes, c'est-à-dire cette règle que les plantes à fleurs grandes et belles sont autostériles, est loin d'être vraie, comme nous pouvons le voir en examinant notre seconde liste d'espèces spontanément autostériles. Cette liste renferme, en effet, des espèces telles que *Ipomœa purpurea*, *Adonis œstivalis*, *Verbasc. thapsus*, *Pisum sativum*, *Lathyrus odoratus*, quelques espèces de Papaver, de Nymphæa et d'autres.

La rareté des visites des insectes aux petites fleurs ne dépend pas de leur obscurité, mais seulement du manque d'attraction suffisante ; ainsi les fleurs du *Trifolium arvense*, quoique extrêmement petites, sont incessamment visitées par les abeilles et par les bourdons, comme le sont les fleurs petites et obscures de l'asperge. Les fleurs de *Linaria cymbalaria* sont petites et peu brillantes, et cependant, en temps propice, elles sont souvent fréquentées par les abeilles. Je dois ajouter, d'après M. Bennet [2],

---

[1] Comme réponse à une question que je lui posai, l'éditeur d'un journal d'entomologie m'écrit : « Les Dépressariés, comme c'est bien connu de tout collectionneur de Nocturnes, sont attirés très-facilement par les liquides sucrés et visitent sans doute naturellement les fleurs. » *L'Entomologists' Weekly Intelligencer*, 1860, p. 103.

[2] *Nature*, 1869, p. 11.

qu'il existe une autre classe très-distincte de plantes qui ne peuvent être souvent visitées par les insectes, parce qu'elles fleurissent souvent ou même exclusivement en hiver, et elles semblent alors adaptées pour l'autofécondation, car leur pollen tombe avant que les fleurs soient épanouies.

Que les fleurs aient acquis de la beauté en vue de guider les insectes, la chose est très-probable ou même presque certaine; mais on peut se demander alors si les autres fleurs sont devenues obscures, afin de n'être point fréquentées par les insectes, ou si elles ont simplement gardé une condition primitive ou antérieure. Si une plante était très-réduite dans ses proportions, il est probable qu'il en arriverait de même à ses fleurs sous l'influence d'une décroissance corrélative; mais les dimensions et la couleur de la corolle sont des caractères très-variables, et il est difficile de mettre en doute que, si le brillant et l'ampleur des fleurs étaient de quelque avantage pour une espèce, ces qualités se fussent développées par sélection naturelle dans un court laps de temps, comme cela se produit réellement pour les plantes alpines. Les fleurs papilionacées sont manifestement construites pour les visites des insectes, et il paraît improbable, d'après les caractères ordinaires du groupe, que les progéniteurs des genres Vicia et Trifolium aient produit des fleurs si petites et aussi dépourvues d'attrait que celles du *Vicia hirsuta* et de *T. procumbens*. Nous sommes donc conduits à cette déduction, que plusieurs plantes, ou n'ont pas augmenté les dimensions de leurs fleurs, ou les ont actuellement réduites et rendues obscures dans un certain but, de sorte qu'elles sont maintenant peu fréquentées par les insectes. Dans l'un ou l'autre cas, elles ont ainsi acquis ou retenu un haut degré d'autofécondité.

Si, par une raison quelconque, il devenait avantageux pour une espèce de voir sa capacité d'autofécondation augmentée, il n'y aurait que peu de difficulté à admettre que cette propriété puisse être affectée rapidement. Trois cas de plantes variant de façon à devenir plus fécondes avec leur propre pollen qu'elles ne l'étaient originellement, se présentèrent en effet dans le cours de mes expériences, c'est-à-dire dans le Mimulus, l'Ipomœa et le Nicotiana. Il n'y a pas de raisons pour douter que plusieurs espèces de plantes soient capables, dans des circonstances favorables, de se propager d'elles-mêmes par autofécondation pendant de nombreuses générations. C'est là le cas pour les variétés du *Pisum sativum* et du *Lathyrus odoratus* qui sont cultivées en Angleterre, et pour l'*Ophrys apifera* et quelques autres plantes vivant à l'état naturel. Néanmoins, le plus grand nombre de ces plantes et peut-être toutes retiennent des dispositions très-efficaces qui ne peuvent être utilisées pour aucun autre but que la fécondation croisée. Nous avons acquis aussi des raisons de supposer que l'autofécondation donne certains bénéfices spéciaux à quelques plantes, mais, si le fait est réel, les avantages ainsi obtenus sont plus que contrebalancés par un croisement avec un rameau nouveau ou avec une variété légèrement différente.

Malgré les nombreuses considérations que nous venons d'avancer, il me semble absolument improbable que les plantes pourvues de fleurs petites et obscures, aient été soumises à l'autofécondation pendant une longue série de générations ou continuent à les subir. Je suis conduit à cette manière de voir, non point par la considération du dommage manifeste que cause l'autofécondation (il se produit dans quelques cas même après la première génération, comme dans *Viola tricolor*, Sarothamnus, Nemophila, Cyclamen, etc.), ni même en raison de la probabilité de l'augmentation de ce dommage après plusieurs générations, car sur ce point je n'ai pu acquérir aucune preuve suffisante, par la méthode qui a présidé à mes expériences; mais, si les plantes à fleurs petites et obscures n'étaient pas accidentellement croisées et ne devaient pas profiter de ce procédé de fécondation, toutes leurs fleurs

seraient probablement devenues cléistogènes, car elles
auraient été par cette disposition largement favorisées,
n'ayant à produire qu'une petite quantité de pollen sûrement protégé. Pour arriver à cette conclusion, j'ai été guidé
par la fréquence avec laquelle les plantes appartenant à
des ordres distincts ont été rendues cléistogènes, mais je ne
connais aucun exemple d'une espèce dont toutes les fleurs
le seraient constamment. Le Leersia se rapproche le plus
de cet état, mais, comme je l'ai dit déjà, on constate que
cette plante produit des fleurs parfaites dans une partie de
l'Allemagne. Plusieurs autres plantes de la classe des cléistogènes, l'Aspicarpa par exemple, sont restées sans produire de fleurs parfaites dans une serre chaude pendant
plusieurs années, mais il ne s'ensuit pas qu'elles agiraient
de même dans leur pays d'origine, pas plus que le Vandellia, qui ne me donna que des fleurs cléistogènes pendant
certaines années. Les plantes de cette classe portent communément les deux espèces de fleurs à chaque saison, et
les fleurs parfaites de *Viola canina* donnent de belles
capsules, mais seulement lorsqu'elles sont visitées par les
abeilles. Nous avons vu aussi que les semis d'*Ononis minutissima* obtenus de fleurs parfaites fécondées avec le
pollen d'un autre plant, furent plus beaux que ceux issus
de fleurs autofécondées, et ce fut également le cas, dans une
certaine mesure, avec le Vandellia. Donc, comme il n'y a
pas d'exemples qu'une espèce portant à un moment donné des
fleurs réduites et obscures les ait transformées en cléistogènes, je dois croire que les plantes actuellement pourvues de
fleurs petites et sans éclat profitent de leur état d'épanouissement en ce qu'elles sont accidentellement entre-croisées par
les insectes. Une des plus grandes lacunes dans mon travail
fut constituée par le manque d'expériences sur ces fleurs,
occasionné et par la difficulté de les féconder et par mon
ignorance primitive de l'importance de ce sujet[1].

[1] Quelques espèces de Solanum seraient appropriées à ces expériences,

Il est bon de rappeler que dans deux des cas où des variétés hautement fertiles par elles-mêmes apparurent parmi mes plants mis en expérience, c'est-à-dire dans le Mimulus et le Nicotiana, ces variétés profitèrent grandement d'un croisement avec un rameau nouveau ou avec une variété légèrement différente : le même cas se présenta avec les variétés cultivées du *Pisum sativum* et du *Lathyrus odoratus*, qui ont été longtemps propagées par autofécondation. Donc, jusqu'à preuve distincte du contraire, il faut considérer comme une règle générale que les fleurs petites et obscures sont occasionnellement entre-croisées par les insectes, et que si, après une autofécondation longuement continuée, elles sont croisées par le pollen apporté d'une plante végétant dans des conditions quelque peu différentes, ou issue de générateurs ainsi cultivés, leur descendance doit en tirer grand profit. Dans l'état actuel de nos connaissances, il est impossible d'admettre que l'autofécondation continuée pendant plusieurs générations successives soit toujours le meilleur mode de reproduction.

Moyens qui assurent ou favorisent la fécondation des fleurs par un pollen distinct. — Nous avons vu quatre cas dans lesquels des semis obtenus d'un croisement entre fleurs de la même plante ou même de plantes parais-

---

car H. Müller les considère (*Befruchtung,* p. 434) comme n'attirant pas les insectes, à cause du manque absolu de nectar dans les fleurs, de la petite quantité de pollen qu'elles produisent, et de leur état d'obscurité. Ainsi s'explique probablement, d'après Verlot (*Production des Variétés,* 1865, p. 72), pourquoi les variétés « de l'aubergine et de la tomate » (espèces de Solanum) ne s'entre-croisent pas quand elles sont cultivées côte à côte ; mais il ne faut pas oublier que ces espèces ne sont pas indigènes. D'un autre côté, les fleurs de la pomme de terre commune (*Solanum tuberosum*), quoique ne sécrétant pas de nectar (Kurr, *Bedeutung der Nectarien,* 1833, p. 40), ne peuvent être considérées comme obscures et sont quelquefois visitées par les Diptères (H. Müller) et, comme je l'ai constaté, par les bourdons. Tinzmann (cité par le *Gardeners' Chronicle,* 1846, p. 183) trouva que quelques-unes des variétés portant graines après fécondation par la même variété sont aussi fécondes avec le pollen d'une autre variété.

sant distinctes parce qu'elles avaient été propagées par stolons ou boutures, ne furent en rien supérieurs aux semis
issus des fleurs autofécondées; dans un cinquième cas (Digitalis) ils eurent seulement une légère supériorité. Nous
pourrions donc nous attendre à voir dans les plantes vivant à l'état naturel, non pas simplement un croisement
entre fleurs de la même plante, mais bien entre fleurs d'individus distincts, s'effectuer généralement ou au moins
très-souvent par certains moyens. Ce fait que les abeilles
et quelques Diptères visitent les fleurs de la même espèce
aussi longtemps qu'elles le peuvent, au lieu de fréquenter
indistinctement plusieurs espèces, favorise l'entre-croisement des plantes distinctes. D'autre part, les insectes épui-
sent un grand nombre de fleurs sur la même plante avant de
s'envoler vers une autre, et cette pratique est contraire à la
fécondation croisée. Le nombre extraordinaire de fleurs que
les abeilles sont aptes à visiter dans un très-court espace
de temps, comme nous le verrons dans un prochain chapitre, augmente les chances de fécondation croisée; le même
résultat est obtenu par ce fait que ces insectes ne peuvent
savoir, sans entrer dans une fleur, si d'autres abeilles ont
épuisé le nectar. Par exemple, H. Müller a trouvé [1] que les
quatre cinquièmes des fleurs de *Lamium album* visitées
par un bourdon avaient été déjà débarrassés de leur nectar.
Pour que des plants distincts puissent être entre-croisés,
il est sans doute indispensable que deux ou plusieurs individus puissent vivre rapprochés les uns des autres, et c'est
généralement ce qui se passe. Ainsi A. de Candolle remarque qu'en gravissant une montagne, on ne voit pas les individus de la même espèce disparaître d'ordinaire graduellement en atteignant leur limite supérieure, mais bien plutôt
brusquement. Ce fait pourrait être difficilement expliqué
par la variation graduelle et insensible des conditions

---

[1] *Die Befruchtung*, etc., p. 311.

ambiantes, il dépend probablement en grande partie de ce
que des semis vigoureux ne sont produits assez haut sur
la montagne que lorsque plusieurs individus peuvent y
subsister ensemble.

Pour ce qui touche aux plantes dioïques, des individus
distincts doivent toujours se féconder l'un l'autre. Dans
les plantes monoïques, comme le pollen doit être transporté
de fleur à fleur, il y a toujours de fortes chances pour qu'il
soit transporté de plante à plante. Delpino a aussi observé [1]
ce fait curieux que certains individus du noyer monoïque
(*Juglans regia*) sont protérandres et d'autres protérogynes, et ceux-ci se fécondent réciproquement l'un l'autre.
Il en est ainsi avec la noisette commune (*Corylus avel-
lana*) [2], et, ce qui est plus surprenant, avec quelques plantes
hermaphrodites, comme l'a observé H. Müller [3]. Dans les
plantes hermaphrodites, l'épanouissement simultané de
quelques fleurs seulement, est un des moyens les plus
simples propres à favoriser l'entre-croisement des individus
distincts; mais ce procédé rendrait les plantes moins visibles pour les insectes, à moins que les fleurs eussent de
grandes proportions, comme c'est le cas dans plusieurs
plantes bulbeuses. Kerner pense [4] que c'est dans ce but que
la plante australienne *Villarsia parnassifolia* produit
chaque jour une fleur seulement. M. Cheeseman fait remarquer aussi [5] que, comme certaines Orchidées de la Nouvelle-
Zélande qui ont besoin de l'aide des insectes pour leur fécondation, portent une fleur unique, les plants distincts ne
peuvent manquer d'être entre-croisés.

La dichogamie qui prévaut si largement dans le règne
végétal augmente de beaucoup les chances de croisement
entre individus distincts. Dans les espèces protérandres,

[1] *Ult. Osservazioni*, etc., part. II, fasc. II, p. 337.
[2] *Nature*, 1875, p. 26.
[3] *Die Befruchtung*, etc., pp. 285-339.
[4] *Die Schutzmittel*, etc., p. 23.
[5] *Transact. New Zealand Institute*, vol. V, 1873, p. 356.

qui sont de beaucoup plus communes que les protérogynes, les jeunes fleurs ont une fonction ·exclusivement·mâle et les vieilles remplissent le rôle de femelles. Les abeilles s'abattent habituellement à la partie inférieure des épis floraux pour se glisser vers le haut, puis elles s'envolent recouvertes avec le pollen des fleurs supérieures, qu'elles transportent aux stigmates des fleurs inférieures plus anciennes placées sur l'épi voisin qu'elles vont visiter. Le degré auquel les plants distincts peuvent être ainsi entre-croisés dépend du nombre des épis qui sont en pleine fleur dans le même temps et sur la même plante. Dans les fleurs protérogynes disposées en grappes pendantes, la manière dont les insectes·visitent les·fleurs doit être diamétralement opposée pour que les plantes distinctes puissent être entre-croisées. Mais ce sujet tout entier demande de nouvelles recherches, car l'importance des croisements entre individus distincts sur le simple entre-croisement des fleurs distinctes, a jusqu'ici à peine été reconnu.

Dans quelques cas, les mouvements spéciaux à certains organes assurent presque le transport du pollen de plante à plante. Ainsi, dans plusieurs Orchidées, les masses polliniques, après avoir été attachées à la tête ou à la trompe d'un insecte, n'exécutent aucun mouvement capable de les mettre en position d'atteindre le stigmate, jusqu'à ce qu'un temps suffisant se soit écoulé pour que l'insecte puisse voler à une autre plante. Dans le *Spiranthes autumnalis*, les masses polliniques ne peuvent être appliquées contre le stigmate avant que le labelle et le róstellum (bursicule) se soient mus séparément, et ce mouvement est très-lent [1]. Dans le *Posqueria fragrans* (Rubiacée) le même but est atteint par le mouvement d'une étamine spécialement construite, comme l'a décrit Fritz Müller.

---

[1] *The Various Contrivances by which British and Foreign Orchids are fertilised* (De la Fécondation des Orchidées par les insectes; traduction française par L. Rerolle), 1ʳᵉ édition, p. 128.

Nous arrivons maintenant à des moyens plus généraux, et par conséquent plus importants, par lesquels la fécondation mutuelle des plantes distinctes est effectuée, je veux dire au pouvoir fécondateur plus accentué dans le pollen d'un autre variété ou d'un autre individu que dans celui de la plante elle-même. Le cas le plus simple et le plus connu de l'action prépondérante d'un pollen, est celui (il ne se rapporte cependant pas directement à notre sujet) de la supériorité du pollen propre à la plante sur celui d'une espèce distincte. Si le pollen d'une espèce distincte est appliqué sur le stigmate d'une fleur châtrée et qu'ensuite, après plusieurs heures, le pollen de la même espèce soit porté sur cet organe, les effets du premier seront complétement paralysés, excepté dans quelques rares cas. Le même traitement appliqué à deux variétés donne des résultats analogues, quoique de nature directement opposée, car le pollen d'une autre variété est souvent et même généralement prépondérant sur celui de la même fleur Je veux en donner quelques preuves : on sait que le pollen du *Mimulus luteus* tombe régulièrement sur le stigmate de sa propre fleur, ce qui fait que la plante est grandement féconde par elle-même en dehors de l'action des insectes. Les fleurs d'une variété blanchâtre remarquable par sa constance furent fécondées, sans castration préalable, par le pollen d'une variété jaunâtre, et sur vingt-huit semis ainsi obtenus, chaque pied porta des fleurs jaunâtres, de sorte que le pollen de la variété jaune anéantit complétement celui de la plante-mère. De plus, l'*Iberis umbellata* est spontanément fécond par lui-même, et je constatai que les stigmates sont pourvus d'une abondante quantité de pollen appartenant à la fleur même : cependant, sur trente semis obtenus des fleurs non châtrées d'une variété cramoisie croisée avec le pollen d'une variété rose, vingt-quatre portèrent des fleurs roses comme celles du plant mâle ou porte-pollen.

Dans ces deux cas, des fleurs furent fécondées avec le

pollen d'une variété distincte, et la prépondérance du pollen se manifesta par les caractères de la descendance. Les mêmes résultats se présentent souvent lorsque deux ou plusieurs variétés fécondes par elles-mêmes peuvent végéter l'une à côté de l'autre et sont visitées par les insectes. Le chou commun produit sur le même pied un grand nombre de fleurs, qui, lorsque les insectes sont écartés, donnent beaucoup de capsules modérément riches en graines. Je plantai un chou-rave blanc, un pourpre, un broccoli de Portsmouth, un chou de Bruxelles et un chou sucre-blanc, les uns auprès des autres, sans les recouvrir. Des graines cueillies sur chaque espèce furent semées dans des couches séparées, et la majorité des semis dans les cinq couches fut métissée de la manière la plus compliquée, les uns empruntant plus à une variété et les autres à une autre. Les effets du chou-rave furent particulièrement démontrés par l'élargissement des tiges dans plusieurs semis. Au total, 233 plants furent obtenus, dont 155 furent métissés de la manière la plus sensible, et sur les 78 autres, la moitié ne fut pas absolument pure. Je répétai l'expérience en plantant les unes près des autres deux variétés de chou, l'une à feuilles laciniées vert-pourpre et l'autre blanc-verdâtre; sur les 325 semis obtenus de la variété vert-pourpre, 165 avaient les feuilles blanc-verdâtre et 160 vert-pourpre. Sur les 466 semis obtenus de la variété blanc-verdâtre, 220 avaient des feuilles vert-pourpre et 246 blanc-verdâtre. Ces cas démontrent combien le pollen d'une variété de chou voisine efface largement l'action du pollen propre à la plante. Nous ne perdons pas de vue que les abeilles doivent transporter le pollen de fleur à fleur sur la même tige très rameuse beaucoup plus abondamment que de plante à plante, et que dans les cas de plantes dont les fleurs sont douées d'une certaine dichogamie, celles de la même tige étant d'âge différent, seraient par suite aussi bien préparées pour la fécondation mutuelle que les fleurs des pieds distincts, si la prépondérance du pollen d'une autre variété n'existait pas[1].

Plusieurs variétés de radis (*Raphanus sativus*), lequel est modérément autofécond après exclusion des insectes, furent simultanément en fleurs dans mon jardin. On cueillit des semences sur l'un des pieds, et des vingt-deux semis qui en sortirent douze seulement furent d'espèce pure[2].

L'oignon produit un grand nombre de fleurs, toutes ramassées en une tête globuleuse et ayant toutes six étamines, de sorte que les stigmates reçoivent beaucoup de pollen, soit de leurs propres anthères, soit des étamines voisines. Il s'ensuit que la plante est nettement autoféconde quand elle est protégée contre les insectes. Plusieurs oignons furent piqués les uns près des autres : un rouge-sang, un argenté, un globuleux et un d'Espagne : dès semis de chaque variété furent obtenus dans quatre couches séparées. Dans toutes les couches, des métis très-variés furent nombreux; excepté parmi les semis de la variété rouge-sang, qui n'en contenaient que deux. Trente-six semis en furent obtenus, dont trente et un avaient été certainement croisés.

On sait qu'un résultat semblable se produit dans les variétés de plusieurs autres plantes, quand on les laisse fleurir les unes près des autres. Je rapporterai ici seulement deux espèces qui sont certainement capables de se féconder elles-mêmes, car si le fait n'était pas exact, elles seraient sans doute aptes à être croisées par une autre variété vivant dans le voisinage. Les horticulteurs ne distinguent pas habi-

---

[1] Un auteur déclare (*Gardeners' Chronicle*, 1855, p. 730) qu'après avoir planté une couche de navets (*Brassica napus*) et une de rave (*Brassica rapa*) très-rapprochées, il sema les graines des derniers. Il en résulta qu'un semis à peine fut d'espèce pure et que les autres avaient une ressemblance intime avec la rave.

[2] Duhamel (cité par Godron, *De l'Espèce*, t. II, p. 50) établit un fait analogue pour cette même plante.

tuellement les effets de la variabilité de ceux de l'entre-croisement; j'ai cependant amassé des preuves du croisement naturel des variétés de la tulipe, de la jacinthe, de l'anémone, de la renoncule, de la fraise, du *Leptosiphon androsaceus*, de l'oranger, du rhododendron, de la rhubarbe, toutes plantes que je crois autoféondes[1]. Beaucoup d'autres preuves indirectes pourraient être données de la mesure dans laquelle des variétés de la même espèce s'entre-croisent spontanément.

Les jardiniers qui obtiennent des semis pour le commerce sont conduits par leur expérience de chaque jour à prendre des précautions extraordinaires contre l'entre-croisement. Ainsi MM. Sharp « ont de la terre occupée par la culture des graines au moins dans huit communes différentes ». Le simple fait de la coexistence rapprochée d'un grand nombre de plantes appartenant à la même variété constitue une protection considérable, parce qu'alors les chances sont fortement en faveur de l'entre-croisement des plantes de la même variété, et c'est en grande partie à cette circonstance que certains villages doivent leur réputation comme lieux d'origine de semences pures pour certaines variétés[2]. Deux expériences seulement furent

---

[1] Pour ce qui concerne la tulipe et quelques autres fleurs, voir Godron, *De l'Espèce*, t. I, p. 252; pour les anémones, *Gardeners' Chronicle*, 1859, p. 98; pour les fraisiers, voir Herbert dans *Trans. of Hort. Society*, vol. IV, p. 17. Le même observateur parle ailleurs du croisement spontané des rhododendrons. Gallesio établit le même fait pour les orangers. J'ai moi-même constaté que des croisements étendus se produisent dans la rhubarbe commune. Pour le Leptosiphon, voir Verlot, *Des Variétés*, 1865, p. 20. Je n'ai pas placé dans ma liste l'Œillet, le Nemophila ou l'Antirrhinum, dont on a constaté que les variétés s'entre-croisent facilement, parce que ces plantes ne sont pas toujours fécondes par elles-mêmes. Je ne sais rien sur l'autoféondité du Trollius (Lecoq, *De la Fécondation*, 1862, p. 93), du Mahonia et du Crinum, genres dont les espèces s'entre-croisent largement. Pour ce qui concerne le Mahonia, il est difficile maintenant dans notre pays de se procurer des specimens purs de *M. aquifolium* ou *repens*, et les diverses espèces de Crinum envoyées de Calcutta par Herbert (*Amaryllidées*, p. 32) s'y croisent si facilement que des semences pures ne peuvent être obtenues.

[2] Pour ce qui touche à MM. Sharp, voir *Gardeners' Chronicle*, 1856, p. 823; *Theory of Horticulture*, de Lyndley, p. 319.

tentées par moi en vue de savoir après combien de temps
le pollen d'une variété distincte paralyserait plus ou
moins complétement l'action de celui propre à la plante.
Les stigmates de deux fleurs tardivement épanouies d'une
variété de chou vert lacinié furent bien recouvertes du
pollen de la même plante. Après un intervalle de vingt-
trois heures, le pollen d'un chou hâtif de Barnes végétant à distance fut placé sur les deux stigmates, et, la
plante ayant été laissée à découvert, le pollen des autres
fleurs du chou vert lacinié doit avoir certainement
été déposé sur les deux stigmates par les abeilles durant les deux ou trois premiers jours. Dans de pareilles conditions, il semblait très-improbable que le pollen du chou de Barnes pût produire quelque effet; cependant trois des quinze plantes issues des deux siliques ainsi
produites furent complétement métissées, et je ne doute
pas que les douze autres plants n'aient été aussi influencés, car ils s'accrurent beaucoup plus vigoureusement que
les semis autoféconds du chou vert lacinié plantés dans le
même temps et dans les mêmes conditions. Secondement, je
plaçai sur plusieurs stigmates d'une primevère à long style
(*Primula veris*) une grande quantité de pollen de la même
plante, et vingt-quatre heures après, j'en ajoutai une autre
quantité provenant d'un Polyanthus rouge foncé, à court
style, qui constitue une variété de la primevère. Des fleurs
ainsi traitées il sortit vingt semis, qui tous sans exception
eurent des fleurs rouges; donc, l'effet du propre pollen de
la plante, placé même vingt-quatre heures à l'avance sur
les stigmates, fut complétement détruit par celui de la variété rouge. Il faut, du reste, remarquer que ces plantes
sont dimorphes et que la seconde union fut légitime,
tandis que la première était illégitime; cependant les fleurs
illégitimement fécondées avec leur propre pollen donnèrent un léger excès de graines.

Jusqu'ici nous n'avons considéré que la prépondérance du

pouvoir de fécondation dans le pollen d'une variété distincte
sur celui de la plante elle-même, les deux espèces de pollen
étant placées sur le même stigmate. Un fait beaucoup
plus remarquable, c'est que le pollen d'un autre individu
de la même variété est prépondérant sur celui de la plante
elle-même, ainsi que le prouve la supériorité des semis obtenus d'un croisement de cette nature sur ceux issus de
fleurs autofécondées. Ainsi, dans les tableaux A, B et C, il
existe au moins quinze espèces complétement autofécondes
après exclusion des insectes, et ce fait implique que leurs
stigmates doivent recevoir leur propre pollen : néanmoins,
le plus grand nombre des semis qui résultèrent de la fécondation des fleurs non châtrées de ces quinze espèces
avec le pollen d'une autre pied fut très-supérieur en
hauteur, én poids et en fertilité à la descendance autofécondée[1]. Par exemple, dans l'*Ipomœa purpurea*, chaque
plant entre-croisé surpassa en hauteur son antagoniste autofécondé jusqu'à la sixième génération, et il en fut de même
pour le *Mimulus luteus* jusqu'à la quatrième. Sur six
paires de choux soit croisés soit autofécondés, un quelconque
des premiers fut beaucoup plus lourd que chacun des derniers. Dans le *Papaver vagum*, sur quinze paires, tous
les plants croisés, moins deux, furent plus grands que leurs
adversaires autofécondés. Sur huit paires de *Lupinus luteus*, tous les plants croisés, excepté deux, furent plus
grands; sur huit couples de *Beta vulgaris*, tous les
croisés, moins un, eurent la supériorité, et sur quinze paires
de *Zea maïs*, tous, moins deux, furent les plus grands. Sur
quinze paires de *Limnanthes Douglasii*, et sur sept paires
de *Lactuca sativa*, chaque plant croisé eut la supériorité
en hauteur sur son opposant autofécondé. Il faut aussi

---

[1] Ces quinze espèces sont les suivantes : *Brassica oleracea, Reseda
odorata* et *lutea, Limnanthes Douglasii, Papaver vagum, Viscaria
oculata, Beta vulgaris, Lupinus luteus, Ipomœa purpurea, Mimulus
luteus, Calceolaria, Verbascum thapsus, Vandellia nummularifolia,
Lactuca sativa* et *Zea maïs.*

faire remarquer que, dans mes expériences, aucun soin particulier ne fut pris de croiser les fleurs immédiatement après leur épanouissement; il est donc presque certain que, dans plusieurs de ces cas, un peu de pollen de la même fleur dut être déjà tombé sur le stigmate et l'avoir influencé.

On peut difficilement mettre en doute que plusieurs autres espèces, dont les semis croisés sont plus vigoureux que les autofécondés, comme c'est montré (outre les quinze ci-dessus) dans les tableaux A, B, C, n'aient reçu à peu près simultanément et leur propre pollen et celui d'une autre plante : s'il en est ainsi, les mêmes remarques que celles données ci-dessus leur sont applicables. Aucun résultat, dans mes expériences, ne me surprit autant que le fait de la prépondérance du pollen d'un individu distinct sur celui propre à la plante, telle qu'elle fut établie par la vigueur constitutionnelle plus qu'accentuée des semis croisés. La preuve de la prépondérance est ici basée sur l'examen de l'accroissement dans les deux lots de semis, mais nous trouvons, dans plusieurs autres cas, la même preuve reposant sur la comparaison entre la fécondité plus accentuée dans les fleurs non châtrées sur la plante-mère, après que celles-ci eurent reçu dans le même temps leur propre pollen et celui d'un plant distinct, et celle des fleurs qui reçurent seulement leur propre pollen.

Des différents faits que nous venons d'établir touchant l'entre-croisement spontané de variétés vivant côte à côte, et concernant les effets de la fécondation croisée dans les fleurs qui sont autofécondées sans castration préalable, nous pouvons conclure que le pollen apporté d'une plante distincte par les insectes ou par le vent, préviendra généralement l'action du propre pollen de la fleur, même quand ce dernier aura été appliqué quelque temps avant; et ainsi se trouve grandement favorisé ou même assuré l'entre-croisement des plants à l'état naturel.

Le cas d'un grand arbre recouvert d'innombrables fleurs

hermaphrodites semble à première vue fortement contraire
à la théorie de la fréquence des croisements entre individus
distincts. Les fleurs développées sur des points opposés
d'un tel arbre doivent être exposées à des conditions
quelque peu différentes, et un croisement entre elles peut
être avantageux à certains égards; mais il n'est pas probable que ces bénéfices soient aussi accusés que ceux qui
résultent d'un croisement entre fleurs d'arbres distincts,
comme nous pouvons le déduire de l'inefficacité du pollen
dans les sujets qui ont été propagés par le même rameau,
quoique végétant au moyen des racines séparées. Le
nombre des abeilles qui fréquentent certaines espèces d'arbres au moment de leur floraison est très-grand, et on
peut les voir volant d'un arbre à l'autre plus fréquemment qu'on aurait pu le croire. Néanmoins, si nous considérons, par exemple, le grand nombre de fleurs portées
par un marronnier d'Inde ou par un tilleul, nous voyons
qu'un nombre incomparablement plus grand de fleurs doit
être fécondé par le pollen pris sur les autres fleurs du
même arbre qu'avec le pollen des fleurs d'un arbre distinct. Mais nous ne devons pas oublier qu'avec le marronnier d'Inde, par exemple, une ou deux seulement des fleurs
du même pédoncule produisent une graine, et que, dans
l'espèce, cette graine est le produit d'un des nombreux
ovules contenus dans l'ovaire. Or nous savons, d'après
les expériences d'Herbert et d'autres[1], que si une fleur est
fécondée avec un pollen plus efficace que celui qui est appliqué sur les autres fleurs du même pédoncule, les dernières tombent souvent, et il est probable que c'est là
ce qui se produirait dans plusieurs des fleurs autoZfécon-
dées d'un grand arbre si d'autres fleurs voisines avaient
été croisées. Parmi les fleurs produites annuellement par

---

[1] *Variation under Domestication* (Variation sous l'influence de la
Domestication, trad. française Moulinié), chap. XVII, 2ᵉ édition, vol. II,
p. 120.

un grand arbre, il est presque certain qu'un grand nombre d'entre elles doit être autofécondé, et si nous supposons qu'un arbre donne seulement cinq cents fleurs, et que
cette quantité de graines soit nécessaire pour conserver
la souche, de façon qu'un semis au moins puisse dans la
suite arriver à maturité, il s'ensuit qu'une grande proportion des semis devra nécessairement dériver de graines
autofécondées. Mais si cet arbre donne par an cinq mille
fleurs, dont toutes les autofécondées tombent sans fructi-
fier, alors les fleurs croisées devront donner suffisamment
de graines pour conserver la vieille souche, et le plus grand
nombre des semis seront vigoureux, étant les produits
d'un croisement entre individus distincts. De ce cette manière, la production d'un grand nombre de fleurs, outre
qu'elle servira à attirer de nombreux insectes et à compenser
la destruction de plusieurs d'entre elles par les gelées prin-
tanières ou par d'autres accidents, sera également très-
avantageuse à l'espèce : ainsi donc, lorsque nous voyons
nos arbres fruitiers recouverts de leur livrée printanière de
fleurs blanches, nous ne devons pas accuser à tort la nature de folle prodigalité, parce qu'elle nous donne comparativement peu de fruits en automne.

Plantes anémophiles. — La nature et les relations
des plantes qui doivent leur fécondation à l'action du vent
ont été admirablement discutées par Delpino[1] et H. Müller.
J'ai déjà fait quelques remarques sur la structure de leurs
fleurs comparée à celle des entomophiles. Il y a de

[1] Delpino, *Ult. Osservazioni sulla Dicogamia* (Nouvelles observations sur la Dichogamie), part. II, fasc. I, 1870, et *Studi sopra un Lignaggio anemofilo* (Études sur un lignage anémophile), etc., 1871,
H. Müller, *Die Befruchtung,* etc., pp. 412-442. Tous les auteurs re-
marquent que les plantes doivent avoir été anémophiles avant d'être
devenues entomophiles. H. Müller discute de plus d'une manière très-
intéressante les degrés par lesquels les fleurs entomophiles sont devenues
nectarifères et ont acquis peu à peu leur structure actuelle à la suite
de changements successifs et avantageux.

bonnes raisons pour croire que les premières plantes qui
apparurent sur notre globe .furent cryptogames, et, si
nous en jugeons d'après les phénomènes actuels, l'élément
fécondateur mâle, ou bien doit avoir été doué de la propriété de se mouvoir spontanément dans l'eau ou les surfaces humides, ou bien a dû être transporté, à la faveur
des courants d'eau, aux organes femelles. Que quelques-
unes des plus anciennes plantes, telles que les Fougères,
aient possédé de vrais organes sexuels, cela ne peut être
mis en doute, et nous voyons par là, comme le fait remarquer Hildebrand[1], que les sexes furent séparés dès les
premières périodes. Lorsque les plantes devinrent phanérogames et purent végéter sur un terrain sec, si l'entre-
croisement se produisit, il fallut absolument que l'élément fécondateur mâle put être transporté par certains
procédés à travers les airs, et le vent constitue le moyen de
transport le plus simple. Il dut y avoir aussi une période
durant laquelle les insectes ailés n'existaient pas, et les
plantes alors ne purent devenir entomophiles. Même dans
une période un peu plus avancée, les ordres plus spécialisés des Hyménoptères, des Lépidoptères et des Diptères,
qui sont actuellement les agents principaux du transport
du pollen, n'existaient pas encore. Donc les plus anciennes plantes terrestres qui nous soient connues, c'est-à-
dire les Conifères et les Cycadées, furent sans aucun doute
anémophiles, comme le sont encore les espèces vivantes de
cette classe. Une trace de ce premier état de choses est encore mise en lumière par la manière d'être de quelques
autres groupes de plantes actuellement anémophiles, qui, en
somme, occupent dans la série végétale une place moins
élevée que les espèces entomophiles.

Il n'y a pas grande difficulté à comprendre comment
une plante anémophile peut être devenue entomophile. Le

---

[1] *Die Geschlechter-Vertheilung* (La séparation des Sexes), 1867,
pp. 84-90.

pollen est une substance nutritive qui doit avoir été de
bonne heure découverte et dévorée par les insectes, et s'il en
restait adhérent à leur corps, il dut être transporté des anthères au stigmate de la même fleur ou d'une fleur à une autre.
Un des caractères principaux du pollen des plantes anémophiles est son manque de cohérence, qui ne l'empêche pas
toutefois d'adhérer au corps velu des insectes, comme nous
le voyons dans quelques Légumineuses, Éricacées et Mélastomacées. Du reste, nous avons une meilleure preuve de
la possibilité de la transition dont nous venons de parler
dans certaines plantes qui, actuellement, sont en partie fécondées par le vent et en partie par les insectes. La rhubarbe commune (*Rheum rhaponticum*) est si bien dans
un état intermédiaire, que j'ai vu plusieurs Diptères qui en
sucent les fleurs porter beaucoup de pollen adhérent à leur
corps, et cependant ce pollen est si peu cohérent que l'on peut
en faire surgir de vrais nuages si l'on secoue la plante
doucement un jour de soleil, et alors il ne peut guère
manquer de choir sur les grands stigmates des fleurs environnantes. D'après Delpino et H. Müller[1], quelques
espèces de Plantago sont dans la même condition intermédiaire.

Quoiqu'il soit probable que le pollen ait servi d'abord
d'unique attraction pour les insectes, et quoiqu'il existe encore aujourd'hui beaucoup de plantes dont les fleurs sont
exclusivement fréquentées par les insectes polliniphages,
cependant la grande majorité des végétaux possède dans la
sécrétion du nectar son principal attrait. Il y a longtemps
déjà, je soutenais que primitivement la matière saccharine
du nectar était excrétée[2] comme produit inutile résultant
de modifications chimiques survenues dans la sève, et que

---

[1] *Die Befruchtung*, etc., p. 342.
[2] Le nectar était regardé par De Candolle et Dunal comme une excrétion, ainsi que l'établit Martinet, *Annales des Sc. nat.*, 1872, t. XIV,
p. 211.

lorsque cette excrétion arrivait à se produire dans les
enveloppes d'une fleur, elle était utilisée dans le but important de la fécondation croisée, après avoir été subséquemment augmentée en quantité et accumulée de différentes façons. Cette manière de voir est rendue probable par l'excrétion d'une matière sucrée souvent nommée rosée mielleuse, dont l'apparition en l'absence de toute
glande spéciale a été constatée sur certaines feuilles dans
quelques arbres, sous certaines conditions climatériques.
C'est ce qui se produit dans les feuilles du tilleul; car,
quoique quelques auteurs aient discuté le fait, un juge
très-compétent, le docteur Maxwell Masters, m'informe
que, après avoir écouté les discussions soutenues sur ce
sujet devant la Société d'horticulture, il ne lui reste aucun
doute sur ce point. Les feuilles, aussi bien que l'écorce
fendue du frêne à manne (*Fraxinus ornus*), sécrètent
de la même manière leur matière saccharine[1]. D'après
Tréviranus, la face supérieure des feuilles de *Carduus
arctioides* se comporte de même, et beaucoup d'autres
faits semblables pourraient être relatés[2]. Il y a cependant
un nombre considérable de plantes pourvues de glandes[3]

[1] *Gardeners' Chronicle*, 1876, p. 242.

[2] Kurr, *Untersuchungen über die Bedeutung der Nektarien* (Recherches sur la signification des Nectaires), 1833, p. 115.

[3] Un grand nombre de ces cas sont donnés par Delpino dans *Bulletino
Entomologico*, anno VI, 1874, auxquels on peut ajouter ceux qui sont
exposés dans mon texte, aussi bien que l'excrétion de la matière saccharine du calice de deux espèces d'Iris, et des bractées de certaines Orchidées : voir Kurr, *Bedeutung der Nektarien*, 1833, pp. 25, 28. Belt aussi
rapporte (*Nicaragua*, p. 224) des cas d'excrétion semblable observés
dans les Orchidées épiphytes et les Passiflores. M. Rodgers a montré
que du nectar était abondamment sécrété à la base des pédoncules floraux
de la Vanille. Lynk dit que le seul exemple d'un nectaire hypopétale
qui lui soit connu est extérieurement situé à la base des fleurs de *Chiro-
nia decussata*, voyez *Reports on Botany, Ray Society*, 1846, p. 355.
Un important mémoire sur ce sujet, dû à Reinke (*Göttinger Nach-
richten*, 1873, p. 825), a paru dernièrement : l'auteur y montre que
plusieurs plantes ont les pointes des dentelures de leurs feuilles dans le
bouton, pourvues de glandes qui sécrètent, seulement dans le très-jeune
âge, et qui ont la même structure morphologique que les vraies glandes

sur leurs feuilles, pétioles, phyllodes, stipules, bractées
ou pédoncules floraux, ou sur l'extérieur de leur calice : ces glandes sécrètent de petites gouttes d'un
suc sucré, qui est ardemment recherché par les insectes
melliphages, comme les fourmis, les abeilles et les
guêpes. Dans le cas des glandes stipulaires du *Vicia
sativa*, l'excrétion dépend manifestement des changements opérés dans la sève sous l'influence des rayons d'un
soleil brillant, car j'ai observé à plusieurs reprises que la
sécrétion était suspendue dès que le soleil se cachait der-
rière les nuages et qu'alors les abeilles quittaient la campa-
gne, mais aussitôt qu'il redevient brillant, elles retournent
à leur festin[1]. J'ai observé un fait analogue pour ce qui
touche à la sécrétion du vrai nectar dans les fleurs du
Lobelia erinus.

Delpino cependant soutient que le pouvoir de sécréter
une liqueur sucrée a été donné à quelques organes extérieurs à la fleur, en vue spécialement d'attirer des fourmis et des guêpes, qui auraient mission de défendre la
plante contre ses ennemis; mais je n'ai jamais vu de raisons pour croire qu'il en soit ainsi dans les trois espèces
que j'ai observées : *Prunus laurocerasus, Vicia sativa* et *V. faba*. Aucune plante n'est plus faiblement at-
taquée par des ennemis, de quelque sorte que ce soit, que

---

nectarifères. Il montre de plus que les glandes sécrétant le nectar sur le
pétiole du *Prunus avium* ne sont pas développées de très-bonne heure,
quoiqu'elles soient desséchées dans les vieilles feuilles. Ces glandes sont
homologues de celles qui existent sur les dentelures des feuilles, comme
le montre leur structure et leurs formes de transition; car les dentelures les plus inférieures dans le plus grand nombre des feuilles sécrètent du nectar au lieu de résine (Harz).

[1] J'ai publié une courte note sur ce fait dans *Gardeners' Chronicle*,
1855, 21 juillet, p. 487, et plus tard j'ai fait d'autres observations. Outre
les mouches à miel, une autre espèce d'abeille, un papillon, des fourmis et deux espèces de mouches suçaient les gouttes du liquide des
stipules. Les plus grandes gouttes avaient un goût sucré. Les mouches à
miel ne regardèrent jamais les fleurs qui étaient épanouies en même
temps, tandis que deux espèces de bourdons négligeaient les stipules et
visitaient les fleurs seulement.

la fougère commune (*Pteris aquilina*), et cependant,
comme mon fils Francis l'a découvert, de grandes glandes
situées à la base des frondes excrètent, mais dans leur
jeunesse seulement, une liqueur sucrée abondante, qui est
avidement sucée par d'innombrables fourmis, appartenant
surtout au genre Myrmica. Ces fourmis, certainement, ne
servent pas à protéger la plante contre quelque ennemi.
Delpino prétend que ces glandes ne peuvent être considérées comme excrétoires, parce que, s'il en était ainsi, elles
fonctionneraient dans chaque espèce; mais je ne sens pas la
force de cet argument, car les feuilles de quelques plantes
excrètent du sucre seulement pendant la durée de certains
états de l'atmosphère. Que dans quelques cas la sécrétion serve à attirer des insectes pour défendre la plante,
et qu'elle ait été développée à un haut degré dans ce but
spécial, je n'ai pas lieu d'en douter le moindrement, d'après
les observations de Delpino et plus spécialement d'après
celles de M. Belt sur l'*Acacia sphærocephala* et sur les
fleurs de la passion. Cet acacia produit, comme nouvelle
attraction pour les abeilles, quelques corpuscules contenant beaucoup d'huile et de protoplasma, et des forma-
tions analogues sont développées sur un Cecropia dans le
même but, comme nous l'a appris Fritz Müller[1].

L'excrétion d'un fluide sucré par des glandes situées au
dehors d'une fleur est rarement utilisée en vue de la fécondation croisée déterminée par les insectes; cependant
le fait se présente dans les bractées des Marcgraviacées,
ainsi que défunt le docteur Crüger m'en informait d'après ses
observations dans les Indes Orientales, et comme Delpino
le déduit avec beaucoup plus de finesse de la position re-

---

[1] M. Belt a donné un très-intéressant travail (*The Naturalist in Nicaragua*, 1874, p. 218) sur le rôle très-important que jouent les fourmis
comme défenseurs de l'acacia ci-dessus. Pour ce qui touche au Cecropia, voir *Nature*, 1876, p. 304. Mon fils Francis a décrit la structure
microscopique et le développement de ces remarquables substances nu-
tritives dans une note lue devant la Société linnéenne.

lative des différentes parties de leurs fleurs[1]. M. Farrer a aussi montré[2] que les fleurs de Coronilla sont curieusement modifiées, de façon à permettre aux abeilles de les féconder pendant qu'elles sucent la liqueur sécrétée par les parties extérieures du calice. Il paraît, de plus, probable, d'après les observations du Rév. W. A. Leigton, que l'abondante sécrétion d'un fluide par les glandes des phyllodes situées auprès des fleurs, dans l'*Acacia magnifica* d'Australie, est en relation avec leur fécondation[3].

La quantité de pollen produite par les plantes anémophiles, et la distance à laquelle le vent transporte souvent ce pollen, sont vraiment surprenantes. M. Hassall a trouvé que le poids du pollen produit par une seule plante de massette (Typha) était de 9gr,36. Des seaux de pollen, appartenant surtout aux Conifères et aux Graminées, ont pu être balayés sur des ponts de navires près des côtes de l'Amérique du Nord, et M. Riley a vu, aux environs de Saint-Louis (Missouri), la terre couverte de pollen, comme si elle avait été saupoudrée de soufre : il y avait des raisons pour croire qu'il avait été transporté des forêts de pins situées au moins à 160 lieues au sud[4]. Kerner a

---

[1] *Ult. Osservaz. Dicogamia*, 1868-69, p. 188.

[2] *Nature*, 1874, p. 169.

[3] *Annals and Mag. of Nat. Hist.*, vol. XVI, 1865, p. 14. Dans mon ouvrage la *Fertilisation of Orchids*, et dans une note publiée ensuite dans les *Annals and Mag. of Nat. History*, j'ai montré que, quoique certaines espèces d'Orchidées possèdent un nectaire, elles ne sécrètent pas de nectar actuellement, mais que les insectes perforent leurs parois et sucent le fluide contenu dans les espaces intercellulaires. J'ai, de plus, admis pour ce qui touche certaines autres Orchidées qui ne sécrètent pas le nectar, que les insectes rongeaient le labellum, et cette supposition a depuis été confirmée par l'observation. H. Müller et Delpino ont montré que plusieurs autres plantes, qui sont sucrées et rongées par les insectes, ont épaissi leurs pétales, parce que leur fécondation se trouve ainsi favorisée. Tous les faits observés sur ce point ont été rassemblés par Delpino, dans son *Ult. Osserv.*, part. II, fasc. II, 1875, pp. 59-63.

[4] Comme quantité d'éléments reproducteurs accumulés et complètement perdus pour la conservation et l'extension de l'espèce, l'exemple le

vu des champs de neige sur les grandes Alpes saupoudrés
de même; et M. Blackley a trouvé de nombreux grains
de pollen (1,200 dans un cas) adhérents à des slides
gluants, qui furent envoyés recouverts dans l'atmosphère
à la hauteur de 150 à 300 mètres au moyen d'un cerf-
volant, puis exposés à l'air par un mécanisme spécial. Ces
expériences présentent ceci de remarquable qu'il y eut en
moyenne dix-neuf fois plus de grains polliniques dans
l'atmosphère aux niveaux les plus élevés que dans les zones
les plus basses[1]. D'après ces faits, il n'y a rien de surprenant, quoique cela le paraisse d'abord, à ce que tous ou
presque tous les stigmates des plantes anémophiles puissent
recevoir le pollen apporté par simple hasard sous le souffle
du vent. Pendant la première partie de l'été, chaque objet
est ainsi saupoudré de pollen : par exemple, pendant que
j'examinais, dans un autre but, les labelles d'un grand
nombre de fleurs de l'Ophrys mouche (lequel est rarement
visité par les insectes), je trouvai sur toutes les parties de
la corolle une grande quantité de grains de pollen provenant des autres plantes, qui y avait été retenue par la
surface veloutée des pétales.

La légèreté extraordinaire et l'abondance du pollen des
plantes anémophiles sont sans doute deux qualités nécessaires, puisque leur poudre fécondante doit être générale-

---

plus surprenant, sans conteste, est celui que nous fournit l'observation
récente faite par MM. Bureau et Poisson (*Annales des sciences naturelles. Bot.*, série 6, t. III, pp. 372, 1877) sur une roche provenant de
l'île de la Réunion et formée de spores d'une Polypodiacée. Cette roche
d'origine végétale, de plus d'un mètre d'épaisseur, occupe le sol de deux
cavernes situées à 1,200 mètres d'altitude.   (*Traducteur.*)

[1] Pour les observations de M. Hassall, voir *Annals and Mag. of
Nat. Hist.*, vol. VIII, 1842, p. 108. *North American Journal of Science*,
janv. 1842; là se trouve la note concernant le pollen balayé sur le pont
d'un vaisseau. Riley, *Fifth Report on the Noxious Insects of Missouri*,
1873, p. 86. Kerner, *Die Schutzmittel des Pollens*, 1873, p. 6. Cet auteur a vu aussi un lac du Tyrol tellement recouvert de pollen que les
eaux pendant longtemps en perdirent leur couleur bleue. M. Blackley,
Experimental Researches on Hay-fever (Recherches expérimentales
sur la fièvre de fenaison), 1873, pp. 132, 141-152.

ment transportée sur les stigmates d'autres plantes souvent
éloignées, car, comme nous l'avons vu déjà, le plus grand
nombre des plantes anémophiles ont leurs sexes séparés.
La fécondation de ces plantes est généralement aidée par la
manière d'être des stigmates qui sont ou nombreux ou établis sur de grandes dimensions, et dans le cas des Conifères
par la nudité des ovules sécrétant une goutte de liquide,
comme l'a montré Delpino. Quoique le nombre des espèces
anémophiles soit petit, comme le fait remarquer l'auteur
que nous venons de citer, le nombre des individus est considérable comparé à celui des espèces entomophiles. Ceci
s'applique spécialement aux régions froides et tempérées,
où les insectes sont moins nombreux que sous les climats
chauds, et où par conséquent les plantes entomophiles occupent une situation moins favorable. Nous voyons ce fait
se produire dans nos forêts de Conifères, dans d'autres arbres, tels que chênes, hêtres, bouleaux, frênes, etc., et dans
les Graminées, Cypéracées et Joncacées qui forment nos
prairies et nos marécages ; tous ces arbres et toutes ces
plantes sont fécondés par le vent. Comme une grande quantité de pollen est perdue pour les plantes anémophiles, il
est surprenant que dans cette catégorie tant d'espèces vigoureuses riches en individus puissent encore exister dans toutes
les parties du monde, car si elles étaient devenues entomophiles, leur pollen eût été transporté à l'aide des organes et
suivant l'appétit des insectes bien plus sûrement que par
le vent. Que pareilles traces évolutives soient possibles, il
est difficile d'en douter d'après les remarques faites déjà sur
l'existence des formes intermédiaires, et apparemment, du
reste, elle a été réalisée dans différents groupes de saules,
comme nous pouvons le déduire de la nature de leurs plus
proches alliés[1].

Il semble, à première vue, bien plus surprenant que des

[1] H. Müller, *Die Befruchtung*, etc., p. 149.

plantes, après avoir été rendues entomophiles, aient pu redevenir jamais anémophiles : c'est cependant ce qui s'est produit quelquefois mais rarement, comme par exemple dans le *Poterium sanguisorba* commun, ainsi qu'on peut le déduire de ce que cette plante appartient aux Rosacées. Ces cas sont cependant compréhensibles ; presque toutes les plantes exigent un entre-croisement occasionnel : si donc une espèce entomophile cessait d'être visitée par les insectes, elles périrait probablement, à moins qu'elle ne devint anémophile. Une plante serait négligée par les insectes si le nectar n'était plus sécrété, à moins qu'elle ne possédât une grande abondance de pollen capable de les attirer, et comme nous avons vu que l'excrétion du liquide sucré des feuilles et des glandes est grandement influencée dans beaucoup de cas par l'action climatérique, comme, d'autre part, des fleurs qui aujourd'hui ne donnent plus de nectar retiennent encore des marques conductrices colorées, il s'ensuit que la disparition de la sécrétion ne peut pas être considérée comme absolument improbable. Le même résultat se produirait certainement si des insectes ailés ou cessaient d'exister dans un district ou y devenaient très-rares. Actuellement, il n'existe qu'une seule plante anémophile dans le grand groupe des Crucifères et elle habite la terre de Kerguelen[1], où il existe à peine quelques insectes ailés, probablement parce que, comme je l'ai pensé d'après ce que j'ai vu à Madère, ils y courent de grands risques d'être projetés par le vent dans la mer et détruits.

Un fait remarquable dans les plantes anémophiles est leur état de diclinie, c'est-à-dire qu'elles sont ou monoïques avec leurs sexes séparés sur la même plante, ou dioïques avec les sexes portés sur pieds distincts. Dans la classe de la Monœcie de Linnée, Delpino montre[2] que les espèces sont anémophiles dans vingt-huit genres et entomophiles dans

[1] Le Rév. A. E. Eaton, dans *Proc. Royal Soc.*, vol. XXIII, 1875, p. 351.
[2] *Studi sopra un Lignaggio anemofila delle Compositæ*, 1871.

dix-sept. Dans la classe de la Diœcie, les espèces sont anémophiles dans dix genres et entomophiles dans dix-neuf.
La plus grande proportion des genres entomophiles dans
cette dernière classe est probablement due indirectement
à ce que les insectes ont le pouvoir de transporter plus facilement que le vent le pollen d'une plante à une autre,
malgré la distance qui les sépare. Dans les deux classes ci-
dessus prises ensemble, il existe trente-huit genres anémophiles et trente-six entomophiles; tandis que dans la
grande masse des plantes hermaphrodites, la proportion
des genres anémophiles aux entomophiles est extrêmement
petite. La cause de cette remarquable différence peut être
attribuée à ce que les plantes anémophiles ont retenu à un
plus haut degré que les entomophiles la condition primitive
dans laquelle les sexes furent séparés, et leur fécondation
mutuelle effectuée par le souffle du vent. Que les membres
les plus anciens et les moins parfaits du règne végétal aient
eu leurs sexes séparés, comme cela se produit encore dans
une large mesure, c'est là une opinion appuyée par une
haute autorité, Nägeli[1]. Il est, en effet, difficile d'éviter
cette conclusion si nous admettons cette manière de voir
(elle semble très-probable) que la conjugation des Algues et
de quelques-uns des animaux les plus simples est le premier
degré de la reproduction sexuelle, et si, de plus, nous ne
perdons pas de vue qu'on peut suivre pas à pas, entre les
cellules appelées à se conjuguer, les degrés de plus en plus
marqués de différenciation et arriver ainsi apparemment jusqu'au développement des deux formes sexuelles[2]. Nous avons
aussi vu que dès que les plantes devinrent plus élevées en
organisation et se fixèrent à la terre, elles furent conduites,

---

[1] *Entstehung und Begriff der naturhist. Art*, 1865, p. 22.
[2] Voir l'intéressante discussion sur ce sujet tout entier par O. Bütschli
dans ses *Studien über die ersten Entwickelungsvorgänge der Eizelle*,
etc., 1876, pp. 207-219; également Engelmann, *Ueber Entwickelung von
Infusorien, Morphol. Jahrbuch*, B. I, 573; enfin docteur A. Dodel, *Die
Kraushaar-Alge, Pringsheims Jahrb. f. wiss. Bot.*, B. X.

par la nécessité de l'entre-croisement, à être anémophiles.
Donc, toutes les plantes qui depuis lors n'ont pas reçu de
profondes modifications doivent tendre à être tout à la
fois diclines et anémophiles, et nous pouvons ainsi comprendre la connexion qui existe entre les deux états, quoique, à première vue, ces manières d'être paraissent dépourvues de toute relation. Si cette manière de voir est
correcte, les plantes doivent être devenues hermaphrodites
à une période dernière quoique très-ancienne, et entomophiles à une période plus avancée, c'est-à-dire après le développement des insectes ailés. De cette façon, les relations
entre l'hermaphroditisme et la fécondation par les insectes
sont également intelligibles, dans une certaine mesure.

Comment les descendants des plantes qui furent originellement dioïques et qui, par conséquent, devaient toujours profiter de la nécessité d'un entre-croisement forcé
avec un autre individu, sont ils devenus hermaphrodites?
Ce fait peut s'expliquer par les risques que les descendants couraient, spécialement pendant la durée de leur
état anémophile, de ne pas être toujours fécondés et par
conséquent de ne pas laisser de descendance. Ce dernier
dommage, le plus grand que puisse subir un organisme,
devait être bien atténué par la transformation hermaphrodite, malgré le désavantage résultant d'une fréquente autofécondation. Par quels moyens l'état d'hermaphroditisme
fut-il graduellement acquis, c'est ce que nous ignorons.
Mais nous pouvons préjuger que si une forme organisée inférieure dans laquelle les deux sexes étaient représentés
par quelque différence individuelle dut s'accroître par bourgeonnement, soit avant soit après la conjugation, les deux
sexes rudimentaires furent capables d'apparaître par bourgeons sur la même souche : la même chose se produit
actuellement pour certains caractères. L'organisme put
ainsi atteindre la condition monoïque qui dut être probablement la première étape vers l'hermaphrodisme, car si

une fleur mâle très-simple et une femelle (chacune consistant en une seule étamine ou en un seul carpelle) furent
portées ensemble sur le même rameau et entourées par
une enveloppe commune à peu près de la même manière
que les fleurons des Composées, la fleur hermaphrodite se
trouvait ainsi constituée.

Il semble qu'il n'y a aucune limite aux changements
que les organismes subissent sous l'influence des conditions
variables de la vie, car quelques plantes hermaphrodites,
issues comme nous devons le supposer de plantes originellement diclines, ont eu leurs sexes séparés à nouveau. Une
semblable formation peut se déduire de l'existence d'étamines rudimentaires dans les fleurs de quelques individus
et de la présence de pistils dans les fleurs d'autres individus, par exemple le *Lychnis dioïca*. Mais une transformation de ce genre ne dut point se produire, à moins que
la fécondation croisée ne fût généralement déjà assurée
par l'action des insectes. Comment la production des fleurs
mâles et des femelles sur des pieds distincts a-t-elle pu être
avantageuse à l'espèce, la fécondation croisée ayant été
antérieurement assurée, voilà ce qu'il n'est pas aisé de
comprendre. Une plante peut, en effet, produire deux fois
autant de graines qu'il lui en faut pour conserver son lignage
en dépit du changement ou de la nouveauté des conditions
vitales ; si aucune variation ne vient diminuer le nombre
de ses fleurs, si, de plus, elle subit des modifications dans
l'état de ses organes reproducteurs (comme cela résulte
souvent de la culture), une dépense exagérée de graines
et de pollen sera empêchée par la transformation dicline
de ses organes floraux.

Un point rapproché est digne d'être noté ici. Je fis remarquer, dans mes *Origines des espèces*, qu'en Angleterre il existe une plus forte proportion de grands arbres
et d'arbrisseaux ayant leur sexes séparés que de plantes
herbacées diclines ou dioïques : il en est de même, d'après

Asa Gray et Hooker, dans l'Amérique du Nord et la Nouvelle-Zélande[1]. Il y a cependant des doutes à émettre sur l'étendue de cette règle, car il ne doit pas en être ainsi en Australie. Mais on m'assure que les fleurs des arbres qui prédominent en Australie, c'est-à-dire les Myrtacées, abondent en insectes, de sorte que si elles étaient dichogames, elles pourraient être pratiquement considérées comme diclines[2]. Pour ce qui touche aux plantes anémophiles, nous savons qu'elles sont aptes à séparer leurs sexes, et nous pouvons préjuger que ce serait pour elles une circonstance défavorable que de porter des fleurs près de terre, attendu que leur pollen peut être transporté par le vent à une très grande hauteur dans l'air[3] : mais puisque nous savons que les chaumes des Graminées atteignent une taille suffisante pour assurer l'accès du pollen, nous ne pouvons, par cette explication, nous rendre compte de l'existence de la diclinie dans tant d'arbres et tant d'arbrisseaux. De la discussion précé-

---

[1] Je trouve dans *London Catalogue of British Plants*, qu'il existe en Angleterre 32 arbres et arbrisseaux indigènes classés dans neuf familles; mais, pour ne pas m'exposer à une erreur, j'ai compté seulement six espèces de saules. Sur ces 32 arbres et arbrisseaux, 19, c'est-à-dire plus de la moitié, ont leurs sexes séparés, et c'est là une proportion considérable comparée à celle des autres plantes. La Nouvelle-Zélande abonde en plantes et en arbres diclines et le docteur Hooker a calculé que sur environ 756 plantes phanérogames habitant les îles, il ne compte pas moins de 108 arbres appartenant à trente-cinq familles. Sur ces 108 arbres, 52, c'est-à-dire à peu près la moitié, ont leurs sexes plus ou moins séparés. Les arbrisseaux sont au nombre de 149, dont 61 ont leurs sexes dans le même état, tandis que sur les 500 plantes herbacées restant, 121 seulement, c'est-à-dire moins d'un quart, ont leurs sexes séparés. Enfin, le professeur Asa Gray m'informe que, aux États-Unis, on trouve 132 arbres indigènes (appartenant à vingt-deux familles), dont 95 (appartenant à dix-sept familles) « ont leurs sexes plus ou moins séparés, mais dont la plus grande partie est décidément dicline ».

[2] Pour ce qui concerne les Protéacées d'Australie, M. Bentham a fait des observations (*Journal Linn. Soc. Bot.*, vol. XIII, 1871, p. 58 et 64) sur les procédés variés par lesquels le stigmate dans plusieurs genres est abrité contre l'action du pollen dans la même fleur. Par exemple, dans le Synaphea, « le stigmate est gardé par un eunuque (c'est-à-dire une étamine stérile) contre tout contact des autres anthères et se trouve ainsi conservé indemne de tout pollen apporté par les insectes ou par tout autre agent de fécondation ».

[3] Kerner, *Schutzmittel des Pollens*, 1873, p. 4.

dente.nous pouvons conclure qu'un arbre portant de nombreuses fleurs hermaphrodites serait rarement entre-croisé par un autre arbre, à moins que la prépondérance d'un pollen étranger sur celui propre à la fleur ne se fît sentir. Actuellement la séparation des sexes dans les plantes soit entomophiles soit anémophiles, serait le meilleur obstacle à l'autofécondation, et là doit être la cause de l'état dicline dans tant d'arbres et dans tant d'arbrisseaux. Je dirai encore, pour porter la question sur un autre terrain, qu'une plante serait mieux placée pour se développer en arbre si elle était munie de sexes séparés qu'étant à l'état hermaphrodite, car, dans le premier cas, ses nombreuses fleurs seraient moins exposées à la fécondation directe. Mais il faut remarquer aussi que la longue vie d'un arbre ou d'un arbrisseau permet la séparation des sexes, en ce sens que ces derniers auront moins à souffrir d'un manque accidentel de fécondation et de formation subséquente des graines que ne le feraient des plantes à existence courte. De là probablement, comme le fait remarquer Lecoq, la rareté de la diœcie-dans les plantes annuelles.

Enfin, nous avons des raisons de croire que les plus grandes plantes proviennent généalogiquement des formes extrêmement inférieures douées de conjugation, et que les individus conjugués différaient quelque peu les uns des autres; l'un représentant le mâle et l'autre la femelle, de façon que les plantes furent originellement dioïques. A une période très-primitive, ces végétaux inférieurs dioïques donnèrent probablement naissance par bourgeonnement aux plantes monoïques ayant les deux sexes portés sur le même individu, et plus tard, par une union plus intime des sexes, aux formes hermaphrodites, qui sont maintenant les plus communes de toutes[1]. Dès que les plantes devinrent fixées

[1] Il y a beaucoup de preuves pour faire admettre que les animaux les plus élevés soient descendus des hermaphrodites, et c'est un curieux problème que celui de savoir si un pareil hermaphrodisme n'aurait pas été le résul-

au sol, leur pollen dut être transporté d'une fleur à l'autre par des moyens appropriés, et tout d'abord certainement sur les ailes du vent, ensuite par les insectes mangeurs de pollen et enfin par les insectes suceurs de nectar. Pendant les âges suivants, quelques plantes entomophiles sont retournées à l'état anémophile et quelques plantes hermaphrodites ont eu leurs sexes séparés de nouveau : nous n'apercevons que vaguement les avantages résultant de pareils changements récurrents produits sous certaines conditions.

Les plantes dioïques, de quelque façon qu'elles soient fécondées, ont un grand avantage sur les autres, en ce que leur fécondation croisée est assurée. Mais cet avantage, réalisé dans le cas des espèces anémophiles aux dépens de la production d'une énorme superfluité de pollen, s'accompagne de quelques risques pour elles et pour les espèces entomophiles de voir leur fécondation ne point se produire. La moitié des individus, du reste, c'est-à-dire les mâles, ne donnent pas de graines; ce qui peut constituer une réelle infériorité. Delpino fait remarquer que les plantes dioïques ne peuvent pas prendre un développement aussi aisé que les espèces monoïques et hermaphrodites, car un seul individu qui aurait la chance de parvenir à une certaine hauteur ne saurait reproduire sa manière d'être avec ses seules forces : mais il est permis de douter que ce désavantage soit sérieux. Les plantes monoïques peuvent difficilement manquer de remplir, dans une large mesure, une fonction dioïque, en raison de la légèreté de leur pollen et de la direction latérale du vent, causes auxquelles il faut ajouter l'avantage d'une production accidentelle ou fréquente de semences croisées. Quand elles sont en outre di-

tat de la conjugation de deux individus légèrement différents, qui présentaient les deux sexes rudimentaires. D'après cette manière de voir, les animaux les plus élevés devraient leur structure bilatérale, avec tous leurs organes doubles dès la période embryonnaire, à la fusion ou conjugation des deux individus primordiaux.

chogames, de toute nécessité la fonction dioïque s'établit.
Enfin, les plantes hermaphrodites peuvent généralement
produire tout au moins quelques graines autofécondées, et
elles sont en même temps capables de fécondation croisée
par la mise en œuvre des moyens variés spécifiés dans ce
chapitre. Lorsque leur structure prévient absolument l'autofécondation, elles sont les unes vis-à-vis des autres dans
la position relative des plantes monoïques ou dioïques,
avec cet avantage de plus que chaque fleur peut produire
des graines.

CHAPITRE XI.

Les habitudes des insectes en relation avec la fécondation des fleurs.

Les insectes visitent aussi longtemps qu'ils le peuvent les fleurs des mêmes espèces. — Causes de cette habitude. — Moyens par lesquels les abeilles reconnaissent les fleurs de la même espèce. — Sécrétion instantanée du nectar. — Le nectar de certaines fleurs n'attire pas certains insectes. — Industrie des abeilles et nombre de fleurs qu'elles visitent dans un court espace de temps. — Perforation de la corolle par les abeilles. — Habileté déployée dans cette opération. — Les abeilles profitent des trous pratiqués par les bourdons. — Effets de cette habitude. — Le motif de cette perforation des fleurs est de gagner du temps. — Les fleurs rapprochées en masses serrées sont surtout perforées.

Les abeilles comme d'autres nombreux insectes doivent être dirigés par leur instinct dans leurs recherches en vue d'atteindre le pollen et le nectar des fleurs, car elles commencent ce travail sans instruction préalable et dès qu'elles sortent de l'état de chrysalide. Leurs instincts, cependant, ne sont pas d'une nature spéciale car elles visitent plusieurs fleurs exotiques aussi promptement que les espèces indigènes, et souvent on les voit chercher du nectar dans les fleurs qui n'en produisent pas, ou essayer de le sucer en dehors des nectaires à une profondeur telle qu'elles ne sauraient y atteindre [1]. Toutes les espèces d'abeilles et cer-

[1] Voir sur ce sujet H. Müller, *Befruchtung*, etc., p. 427; sir John Lubbock, *British Wild Flowers*, etc., p. 20. Müller trouve (*Bienen-Zeitung*, juin 1876, p. 119) de bonnes raisons pour croire que les abeilles et plusieurs autres Hyménoptères ont hérité de quelques ancêtres suceurs de nectar leur habilité à dépouiller les fleurs plus grande que celle qui est déployée par les autres insectes.

tains autres insectes visitent habituellement les fleurs de
la même espèce aussi longuement qu'elles le peuvent, avant
de s'abattre sur une autre. Ce fait, observé par Aristote
chez les abeilles il y a plus de 2000 ans, a été indiqué par
Dobbs dans une note publiée en 1736 dans les *Philosophical Transactions.* Dans tous jardins à fleurs chacun peut
voir, soit chez les abeilles, soit chez les bourdons, que
cette habitude n'est pas invariablement suivie. M. Bennet observa pendant plusieurs heures[1] quelques plants de
Lamium album, de *L. purpureum* et d'une autre La-
biée, *Nepeta glechoma*, tous vivant pêle-mêle sur une
banquette auprès de quelques abeilles, et il trouva que
chaque mouche à miel concentrait ses visites sur la même
espèce. Le pollen de ces trois plantes différant comme couleur, cet observateur put confirmer ses observations en
examinant la nature de celui qui adhérait au corps des
abeilles capturées et il ne trouva qu'une espèce de pollen
sur chacun de ces insectes.

Les bourdons et les abeilles sont de bons botanistes, car
ils savent que les variétés peuvent présenter de profondes
différences dans la couleur de leurs fleurs sans cesser d'appartenir à la même espèce. J'ai vu fréquemment des bourdons voler droit d'une plante de *Dictamnus fraxinella* ordinaire toute rouge vers une variété blanche; d'une variété de
Delphinium consolida et de *Primula veris* à une autre
différemment colorée; d'une variété pourpre foncée de *Viola
tricolor* à une autre jaune d'or, et dans deux espèces de
Papaver, d'une variété à une autre qui différait beaucoup
comme couleur. Mais, dans ce dernier cas, quelques abeilles
volaient indifféremment à l'une ou à l'autre espèce, quoique passant à travers d'autres genres, et agissaient comme
si ces deux espèces avaient été de simples variétés. H. Müller a vu aussi des abeilles voler d'une fleur à l'autre dans les
Ranunculus bulsosus et *arvensis* aussi bien que dans

[1] *Nature*, 4 juin 1874, p. 92.

les *Trifolium fragiferum* et *repens*, et même des Jacinthes bleues aux violettes[1].

Quelques espèces de Diptères ou mouches fréquentent les fleurs de la même espèce avec presque autant de régularité que les abeilles, et quand on les capture on les trouve recouvertes de pollen. J'ai vu le *Rhingia rostrata* se livrant à cette pratique avec les fleurs de *Lychnis dioïca*, *Ajuga reptans* et *Vicia sepium*. Les *Volucella plumosa* et *Empis cheiroptera* volent droit d'une fleur à l'autre du *Myosotis sylvatica*. Le *Dolichopus nigripennis* se comportait de même avec la *Potentilla tormentosa*, et d'autres Diptères avec *Stellaria holostea*, *Helianthemum vulgare*, *Bellis perennis*, *Veronica hederæfolia* et *chamædrys*; mais quelques mouches visitaient indifféremment les fleurs de ces deux dernières espèces. J'ai vu plus d'une fois un petit Thrips portant du pollen adhérent à son corps, voler d'une fleur à une autre de même nature, et l'un deux s'étant montré à moi pénétrant dans une fleur de Convolvulus, sa tête était garnie de quatre grains de pollen adhérents qui furent déposés sur le stigmate.

Fabricius et Sprengel ont établi que quand des mouches ont pénétré dans une fleur d'Aristoloche elles ne peuvent plus en sortir, et (proposition à laquelle je ne puis croire) que, dans ce cas, ces insectes n'aident pas à la fécondation croisée de la plante. Hildebrand, à notre époque, en a du reste prouvé la fausseté. Comme les spathes de l'*Arum maculatum* sont pourvues de filaments adaptés pour prévenir la sortie des insectes, elles rappellent à ce point de vue les fleurs de l'Aristoloche, et en examinant quelques spathes, on constata dans plusieurs d'entre elles l'existence de trente à soixante petits Diptères appartenant à trois espèces différentes : plusieurs de ces insectes furent trouvés morts au fond des fleurs, comme s'ils avaient été pris au piége depuis longtemps. Afin de savoir si les vi-

[1] *Bienen-Zeitung*, juillet 1876, p. 183.

vants pourraient s'échapper et transporter le pollen à une autre plante, je serrai fortement, durant le printemps de 1842, un sac de fine mousseline autour d'une spathe, et quand j'y retournai, une heure après, je vis plusieurs petites mouches grimpant sur la face intérieure du sac. Je cueillis alors la spathe, soufflai très-fort dans son intérieur, et plusieurs mouches en sortirent aussitôt : toutes, sans exception, étaient recouvertes du pollen de l'Arum. Ces insectes s'enfuirent promptement et je vis distinctement trois d'entre eux voler à une plante distante d'un mètre environ : elles s'abattirent sur la face concave de la spathe et pénétrèrent ensuite dans sa profondeur. J'ouvris alors la fleur, et quoique pas une seule anthère ne fût en déhiscence, je trouvai dans le fond plusieurs grains de pollen qui durent avoir été apportés d'une autre plante par l'une de ces mouches ou par quelques autres insectes. Dans une autre fleur, de petites mouches grouillaient, et je les vis abandonnant du pollen sur les stigmates.

J'ignore si les Lépidoptères fréquentent généralement les fleurs de la même espèce, mais j'ai observé une fois plusieurs petits papillons [le *Lampronia* (Tinea) *calthella*, je crois] dévorant ostensiblement le pollen du *Mercurialis annua* : ils avaient toute la partie antérieure de leur corps recouverte de ce pollen. Je vins alors à une plante femelle éloignée d'un mètre environ, et je vis, dans l'espace de dix minutes, trois de ces papillons voler sur les stigmates. Les Lépidoptères sont probablement souvent conduits à visiter les fleurs de la même espèce par l'existence dans ces dernières d'un nectaire long et étroit ; dans ce cas, en effet, les autres insectes ne peuvent atteindre au nectar, dont l'accès se trouve ainsi réservé à ceux qui ont une trompe allongée. Il n'y a pas de doute que le papillon du Yucca [1] visite uniquement les fleurs de la plante à la-

---

[1] Décrit par M. Riley dans l'*American Naturalist* (Naturaliste américain), vol. VII, octobre 1873.

quelle il doit son nom, car un instinct très-remarquable,
pousse cet insecte à placer le pollen sur le stigmate, afin de
faire développer les ovules dont ses larves se nourrissent.
Pour ce qui touche aux Coléoptères, j'ai vu un Meligethes
recouvert de pollen voler d'une fleur à l'autre de la même
espèce, et ce fait doit se produire souvent, puisque, d'après
M. Brisout, « plusieurs insectes de cette espèce affectionnent
spécialement une catégorie spéciale de plantes [1] ».

D'après ces faits nombreux, on peut supposer que les insectes bornent strictement leurs visites à la même espèce. Elles
fréquentent souvent d'autres espèces, mais seulement lorsque des plantes de même nature vivent côte à côte. Dans un
jardin contenant quelques plants d'Onagraire, dont les formes
polliniques peuvent être facilement reconnues, je ne rencon-
trai pas seulement quelques grains isolés, mais des masses de
ce pollen dans les fleurs de Mimulus, de Digitale, d'Antirrhinum et de Linaire. D'autres espèces de pollen furent aussi
découvertes dans ces mêmes fleurs. Un grand nombre des
stigmates d'un plant de Thym, dont les anthères étaient
complétement avortées, fut soumis à l'examen, et je les
trouvai, malgré leurs dimensions comparables à celles d'une
aiguille à coudre, recouverts non-seulement du pollen
de Thym apporté d'autres plants par les abeilles, mais
encore de poudre fécondante de différentes espèces.

Il est d'une grande importance pour la plante que les insectes visitent les fleurs de la même espèce aussi longtemps qu'elles le peuvent, parce que la fécondation croisée
se trouve ainsi favorisée dans les divers individus de la
même espèce, mais personne ne supposera que les insectes
agissent de cette manière en vue des intérêts de la plante.
La vraie cause se trouve probablement dans ceci, que les
insectes sont, par cet artifice, rendus capables d'un travail plus prompt, et cela parce qu'ils ont appris comment

---

[1] Reproduit dans *American Natur.* mai 1873, p. 270.

ils doivent se tenir sur la fleur pour en occuper la partie la plus propice, et jusqu'à quelle profondeur, dans quelle direction enfoncer leur trompe [1]. Elles agissent d'après le même principe qu'un industriel qui, ayant à construire une demi-douzaine de machines, épargne son temps en fabriquant consécutivement chaque rouage et chaque partie spéciale pour toutes les machines ensemble. Les insectes ou au moins les abeilles semblent être très-influencées par l'habitude dans leurs nombreuses opérations, et nous allons voir maintenant que cette opinion s'accorde bien avec leur pratique insidieuse qui consiste à percer la corolle.

Une curieuse question à résoudre serait de savoir comment les abeilles reconnaissent les fleurs de la même espèce. Que la coloration de la corolle soit pour elles le principal guide, cela n'est pas douteux. Par un beau jour, les abeilles visitaient incessamment les petites fleurs bleues du *Lobelia erinus;* j'arrachai tous les pétales dans plusieurs d'entre elles et seulement le pétale inférieur strié dans les autres. De ce moment, ces fleurs ne furent plus une seule fois sucées par les abeilles, quoique plusieurs de ces insectes se glissassent sur elles. La disparition des deux petits pétales supérieurs seuls n'entraîna aucune différence dans leurs visites. M. J. Anderson a aussi constaté que, lorsqu'il arrachait les corolles du Calceolaria, les abeilles n'en visitaient plus les fleurs [2]. D'autre part, dans quelques grandes masses

[1] Depuis que ces remarques ont été écrites, j'ai trouvé que H. Müller est arrivé presque exactement aux mêmes conclusions pour ce qui touche aux causes qui poussent les insectes à fréquenter la même espèce aussi longtemps qu'ils le peuvent (*Bienen-Zeitung*, juillet 1876, p. 182).

[2] *Gardeners' Chronicle,* 1853, p. 534. Kurr, après avoir enlevé les nectaires dans un grand nombre de fleurs de plusieurs espèces, trouva qu'elles avaient grainé en majorité : mais il est probable que les insectes n'arrivaient à connaître la perte du nectaire qu'après avoir introduit leur trompe dans les trous ainsi formés, et par cette pratique ils fécondaient les fleurs. Il enleva aussi toute la corolle dans un nombre considérable de fleurs, et elles donnèrent aussi des graines. Les fleurs qui sont autofertiles devaient naturellement donner des graines dans ces conditions, mais je suis très-surpris que le *Delphinium consolida,* aussi bien qu'une autre espèce de *Delphinium,* et le *Viola tricolor* aient donné un

du *Geranium phœum*, échappé des jardins, j'observai ce fait inaccoutumé de fleurs continuant à sécréter du nectar en abondance après la chute de tous les pétales, et recevant en cet état la visite des bourdons. Mais les abeilles, après avoir trouvé du nectar dans les fleurs qui en avaient perdu un ou deux, devaient avoir appris que ces fleurs, malgré la perte totale des pétales, méritaient encore d'être visitées. La couleur seule de la corolle peut servir de guide approximatif : ainsi j'observai pendant quelque temps des bourdons qui visitaient exclusivement des plants de *Spiranthes autumnalis* à corolle blanche, végétant sur un petit gazon écarté, situé à une distance assez considérable ; ces bourdons quelquefois, dans les limites de quelques pouces, volaient sur d'autres plantes à fleurs blanches, puis passaient outre, sans autre examen, pour aller à la recherche du Spiranthes. De plus, plusieurs abeilles qui concentraient leurs visites sur la bruyère commune (*Calluna vulgaris*) volaient fréquemment sur l'*Erica tetralix*, attirées évidemment par une teinte similaire des fleurs, puis passaient instantanément à la recherche du Calluna.

Que la couleur des fleurs ne soit pas le seul guide des insectes, cela est clairement prouvé par les six cas ci-dessus donnés, dans lesquels les abeilles passaient plusieurs fois en ligne directe d'une variété à une autre de la même espèce, quoique les fleurs en fussent différemment colorées. Je vis aussi des abeilles volant en ligne droite d'un groupe d'Œnothera à fleurs jaunes à chaque autre groupe de cette plante dans mon jardin, sans se détourner d'un pouce dans leur course pour voir les plants d'Eschscholtzia ou d'autres fleurs jaunes, qui se trouvaient seulement à un pied ou deux d'un côté ou de l'autre. Dans ces cas, les

grand excès de semences après un pareil traitement. Il ne paraît pas que l'auteur ait comparé le nombre des graines ainsi produites à celui que donnent les fleurs non mutilées abandonnées au libre accès des insectes. (*Bedeutung der Nektarien*, 1833, pp. 123-135.)

abeilles connaissaient parfaitement la position de chaque
plante, ainsi que nous pouvons le déduire de la direction
de leur vol; aussi durent-elles être guidées par l'expérience
et la mémoire. Mais comment purent-elles découvrir pour
la première fois que les variétés ci-dessus à couleurs différentes appartenaient à la même espèce? Quelque invrai-
semblable que cela puisse paraître, elles semblent au moins
quelquefois reconnaitre les plants, même à distance, d'après
leur aspect général, absolument comme nous le ferions
nous-mêmes. Dans trois circonstances j'observai des bourdons
volant en parfaite ligne droite d'un pied-d'alouette (Delphinium) en pleine fleur à une autre plante de la même
espèce située à la distance de 13 mètres, qui n'avait pas une
seule fleur épanouie et dont les boutons montraient à peine
une légère teinte-bleue. Ici, ni l'odeur ni le souvenir des
premières visites ne purent venir en aide aux insectes, et la
teinte bleue était si faible qu'elle ne saurait guère leur avoir
servi de guide[1].

La beauté de la corolle ne saurait suffire à provoquer
les fréquentes visites des insectes, à moins que le nectar
ne soit en même temps sécrété, et que simultanément
quelques odeurs ne soient émises. J'observai pendant une
quinzaine, plusieurs fois chaque jour, un mur recouvert de
Linaria cymbalaria en pleine floraison, et je n'ai jamais vu
même une seule abeille les regarder. Une journée très-
chaude se présenta; et soudain plusieurs abeilles vinrent
activement se mettre à l'ouvrage sur ces fleurs. Il paraît
qu'un certain degré de chaleur est nécessaire pour la sécrétion du nectar, car j'observai dans le *Lobelia erinus*

---

[1] Un fait mentionné par H. Müller (*Die Befruchtung*, etc., p. 347)
montre que les abeilles possèdent une très-grande puissance de vision
et de discernement, car celles qui sont attirées par le *Primula elatior*
pour y butiner le pollen, passaient invariablement devant les fleurs à
forme longuement stylée, dans lesquelles les anthères sont placées au
fond de la corolle. Cependant la différence comme aspect qui existe entre
les formes à long et à court style est extrêmement légère.

que si le soleil cessait de luire pendant seulement une demi-
heure, les visites des abeilles se ralentissaient d'abord pour
cesser bientôt après. Un fait analogue a été déjà cité pour
ce qui a trait à la sécrétion sucrée des stipules de *Vicia
sativa*. Comme je l'avais fait déjà pour la Linaire, je soumis à l'observation les *Pedicularis sylvatica*, *Polygala
vulgaris*, *Viola tricolor*, aussi bien que quelques espèces
de Trifolium : jamais je n'avais pu voir une abeille à l'œuvre, quand tout à coup toutes les fleurs furent visitées par
une légion de ces insectes. Comment ces Hyménoptères sont-
ils avertis du moment où les fleurs sécrètent leur nectar?
Je présume que c'est l'odorat qui leur sert en cette circonstance, et qu'aussitôt que quelques abeilles commencent
à sucer les fleurs, d'autres insectes de même espèce ou
d'espèce différente observent le fait et en profitent. Nous
verrons bientôt, en traitant de la perforation de la corolle,
que les abeilles sont très-capables de tirer bénéfice du travail des autres insectes. La mémoire leur sert aussi, car,
comme nous l'avons déjà fait remarquer, les abeilles con-
naissent la position de chaque groupe de fleurs dans un
jardin. Je les ai vues bien souvent couper un angle (en
ligne d'ailleurs aussi droite que possible) pour aller d'une
plante de Fraxinelle ou de Linaire à un autre pied de la
même espèce très-éloigné, et cependant, en raison de l'in-
terposition d'autres plantes, ces deux végétaux n'étaient
pas en vue l'un de l'autre.

Il paraîtrait que la saveur et l'odeur du nectar de certaines plantes restent sans attrait pour les abeilles ou pour
les bourdons, ou pour les uns et les autres, car il ne semble
pas y avoir d'autre raison pour expliquer l'abandon de certaines fleurs ouvertes et en période de sécrétion. La faible
quantité de liqueur sucrée que donnent ces fleurs pourrait
difficilement être considérée comme la cause de ce dédain, car
les abeilles recherchent avidement jusqu'aux petites gouttes
sécrétées par les glandes des feuilles de *Prunus cerasus*.

28

Même les abeilles de différentes ruches fréquentent quelquefois différentes espèces de fleurs, comme c'est le cas, d'après M. Grant, pour le Polyanthus et la *Viola tricolor* [1]. J'ai su que les bourdons visitaient les fleurs du *Lobelia fulgens* dans un jardin et pas dans un autre situé à quelques kilomètres de là. La coupe nectarifère dans le labellum de l'*Epipactis latifolia* n'est jamais touchée, soit par les abeilles, soit par les bourdons, quoique j'aie vu ces insectes voler auprès de ces Orchidées, et cependant le nectar possède un goût qui nous paraît agréable, et de plus il est habituellement consommé par la guêpe commune. Dans notre pays, autant que j'ai pu le voir, les guêpes ne recherchent le nectar que dans les fleurs de l'Epipactis, du *Scrophularia aquatica*, du *Symphoricarpus racemosa* [2] et du Tritoma; les deux premières de ces plantes sont indigènes et les deux autres exotiques. Les guêpes étant très-avides de sucre et de tout liquide sucré, au point qu'elles ne dédaignent pas les petites gouttes sécrétées par les glandes du *Prunus laurocerasus,* il est étrange de ne pas les voir sucer le nectar qu'elles pourraient atteindre sans l'aide d'une trompe dans plusieurs fleurs ouvertes. Les abeilles visitent les fleurs du Symphoricarpus et du Tritoma, et il est donc bien étonnant qu'elles ne fréquentent pas celles de l'Epipactis, ou, comme j'ai pu le constater, du *Scrophularia aquatica*, tandis qu'elles visitent celles du *Scrophularia nodosa*, au moins dans l'Amérique du Nord [3].

L'étonnante industrie des abeilles et le nombre des fleurs que ces insectes visitent dans un temps très-court, de manière à ce que chacune d'elles soit scrutée plusieurs fois de suite, doit augmenter considérablement la chance qu'elles ont de recevoir le pollen d'une plante distincte.

---

[1] *Gardeners' Chronicle,* 1844, p. 374.
[2] Le même fait se produit, paraît-il, en Italie, car Delpino dit que les rs de ces trois plantes ne sont visitées que par les guêpes. (*Nettarii anuziali,* Bullettino Entomologico, anno VI.)
Silliman's American Journal of Science, août 1871.

Lorsque le nectar est caché d'une manière quelconque, les abeilles ne peuvent savoir avant d'avoir introduit leur trompe s'il vient d'être récemment épuisé par leurs sœurs, et cette ignorance, comme je l'ai fait remarquer dans un précédent chapitre, les force à visiter beaucoup plus de fleurs qu'elles ne feraient dans d'autres conditions. Cependant elles souhaitent de perdre le moins de temps possible; aussi lorsque les fleurs ont plusieurs nectaires, un d'eux étant trouvé desséché, elles n'essaient point les autres, mais, comme je l'ai souvent observé, passent à une autre fleur. Leur travail est si assidu et si efficace que même dans le cas des plantes sociales, dont des centaines de mille peuvent vivre côte à côte, et dans plusieurs espèces de Bruyères, chaque fleur est visitée : je vais donner tout à l'heure une preuve de ce dernier fait. Aucun temps n'est perdu, et elles passent très-rapidement d'une plante à l'autre, mais j'ignore quelle est la rapidité de leur vol. Les bourdons parcourent quatre lieues à l'heure : j'en ai acquis la conviction, pour ce qui concerne les mâles, en profitant de leur curieuse habitude de se rendre dans certains points fixes, coutume qui permet très-facilement de mesurer le temps qu'elles mettent à passer d'un lieu dans un autre.

Pour ce qui touche au nombre de fleurs que les abeilles visitent en un temps donné, j'observai qu'en une minute exactement un bourdon visitait vingt-quatre corolles fermées du *Linaria cymbalaria;* dans le même temps, une autre abeille passait en revue vingt-deux fleurs de *Lobelia racemosa*, et une autre dix-sept fleurs sur deux plants de Delphinium. Dans l'espace de quinze minutes, une seule fleur, placée au sommet d'un pied d'Œnothera, fut scrutée huit fois par plusieurs bourdons, et je pus suivre le dernier de ces insectes pendant qu'il visitait en quelques minutes chaque plante de la même espèce dans un grand jardin à fleurs. En dix-neuf minutes, chaque fleur d'un

Nemophila insignis fut visitée deux fois. En une minute, six fleurs d'une Campanule furent examinées par une abeille collectrice de pollen, et ces ouvrières, quand elles sont occupées à ce travail, opèrent plus lentement que quand elles sucent le nectar. Enfin, sept tiges florales d'un plant de *Dictamnus fraxinella* furent observées pendant dix minutes le 15 juin 1841 et elles reçurent la visite de treize bourdons, qui pénétrèrent chacun dans plusieurs fleurs. Le 22 de ce même mois, les mêmes fleurs furent visitées dans le même temps par onze bourdons. Cette plante portait en tout deux cent quatre-vingts fleurs, et, d'après les données ci-dessus, si nous tenons compte de ce que les bourdons travaillent très-avant dans la soirée, chaque fleur dut être quotidiennement visitée au moins trente fois, et nous savons que la même fleur demeure ouverte pendant plusieurs jours. La fréquence des visites des abeilles est encore démontrée quelquefois, par la manière dont leurs tarses crochus déchirent les pétales ; j'ai vu de grandes plates-bandes de Mimulus, de Stachys et de Lathyrus dont la beauté florale était ainsi sérieusement atteinte.

Perforation de la corolle par les abeilles. — J'ai déjà fait allusion à ce que les abeilles pratiquent des trous dans les fleurs pour atteindre le nectar. Elles agissent ainsi, avec des espèces tant indigènes qu'exotiques, dans diverses parties de l'Europe, aux États-Unis et sur l'Himalaya, et probablement aussi dans toutes les parties du monde. Les plantes dont la fécondation dépend de la pénétration des insectes dans les fleurs ne donneront pas de graines si le nectar est enlevé par l'extérieur, et même, pour les espèces qui sont capables d'autofécondation sans aucun secours du dehors, il ne peut exister de fécondation croisée possible, or nous savons que c'est là une grande source de dommages dans le plus grand nombre des cas. L'extension que les bourdons donnent à cette pratique de la perforation de la corolle est surprenante ; j'en observai un cas remarquable près Bournemouth, où existaient des landes très-étendues. Je faisais une longue promenade et de temps en temps je cueillais un rameau d'*Erica tetralix;* quand j'en eus une poignée, j'examinai toutes les fleurs avec ma loupe. Ce procédé fut renouvelé fréquemment, et, quoique j'en eusse examiné plusieurs centaines, je ne réusis pas à trouver une seule corolle qui n'eût été perforée. Les bourdons avaient, en leur temps, sucé ces fleurs à travers ces trous. Le jour suivant, dans une autre lande, un grand nombre de fleurs fut examiné avec le même résultat, mais là les abeilles avaient sucé à travers les trous. Ce cas est de tous le plus remarquable, en ce sens que ces trous innombrables avaient été pratiqués dans la durée d'une quinzaine de jours, car avant ce temps j'avais vu les abeilles sucer partout à la manière ordinaire, par la gorge de la corolle. Dans un grand jardin à fleurs, plusieurs grandes couches de *Salvinia Grahami,* de *Stachys coccinea* et de *Pentstemon argutus* (?) avaient toutes leurs fleurs percées ; j'en examinai un grand nombre. J'ai trouvé des champs entiers de trèfle rouge (*Trifolium pratense*) dans le même état. Le docteur Ogle a constaté que 90 p. 100 des fleurs de *Salvia glutinosa* avaient été perforées. Aux États-Unis, M. Barley dit qu'il est difficile de trouver un bouton de *Gerardia pedicularia* (plante indigène) non percé, et M. Gentry, en parlant du *Wistaria sinensis* introduit en Amérique, dit : « que presque chaque fleur avait été perforée[1]. »

Autant que j'ai pu le voir, ce sont toujours les bourdons qui pratiquent les premiers trous, et ils sont bien disposés à ce travail par la possession de deux puissantes mandibules ; mais ensuite les abeilles profitent de ces ou-

---

[1] Docteur Ogle, *Pop. Science Review,* juillet 1869, p. 267. Bailey, *American Naturalist,* novembre 1873, p. 690. Gentry, *Ibid.,* mai 1875, p. 264.

vertures. Le docteur H. Müller, cependant, m'écrit que
les abeilles opèrent quelquefois elles-mêmes dans les fleurs
de l'*Erica tetralix*. Aucun autre insecte que l'abeille,
si ce n'est exceptionnellement la guêpe pour le cas du Tritoma, n'a assez de sens, autant que j'ai pu l'observer,
pour profiter des trous déjà pratiqués. Les bourdons eux-
mêmes ne découvrent pas toujours qu'il leur serait avantageux de perforer certaines fleurs. Il existe dans le nectaire du *Tropæolum tricolor* une abondante provision de
nectar, cependant j'ai toujours trouvé, et dans plus d'un
jardin, cette plante intacte, tandis que les fleurs d'autres
plantes avaient été largement perforées; mais, il y a plusieurs années, le jardinier de sir John Lubbock m'assura
avoir vu des bourdons perforant les nectaires de Tropæolum. Müller a vu des bourdons essayant de sucer, par
la gorge de la corolle, les fleurs des *Primula elatior* et
de l'Ancolie, et, comme ils ne pouvaient y atteindre, ils
pratiquèrent des trous dans la corolle; mais ils la perforent également alors que sans beaucoup de peine ils pourraient obtenir le nectar d'une manière légitime par l'ouverture naturelle de la corolle.

Le docteur Ogle m'a fait connaître un cas curieux. Il
cueillit en Suisse cent tiges florales de la variété bleue
commune de l'Aconit (*Aconitum napellus*) dont pas une
seule fleur n'était perforée; il cueillit ensuite cent inflorescences d'une variété blanche végétant dans le voisinage, et
chacune des fleurs épanouies portait son ouverture artificielle. Cette surprenante différence dans l'état des corolles
doit être attribuée avec beaucoup de probabilité à ce que la
variété bleue est désagréable comme goût aux abeilles, à
cause de la présence de la matière àcre qui est si généralement répandue dans les Renonculacées, tandis qu'elle dis-
paraît dans la variété blanche en même temps que la teinte
bleue. D'après Sprengel [1], cette plante est fortement proté-

[1] *Das Entdeckte*, etc., p. 278.

randre, elle serait donc stérile plus ou moins si les abeilles
ne transportaient le pollen des fleurs jeunes aux vieilles.
Conséquemment, les variétés blanches dont les fleurs sont
toujours percées au lieu d'être visitées normalement par
les abeilles, ne devraient pas donner toutes leurs graines
et seraient des plantes relativement rares; or le docteur
Ogle m'informe que c'est ce qui arrive.

Les abeilles montrent beaucoup d'habileté dans leur travail, car elles pratiquent toujours leurs ouvertures à l'endroit même où le nectar se trouve caché dans la corolle.
Toutes les fleurs d'une grande couche de *Stachys coccinea*
avaient une ou deux fentes situées à la partie supérieure
de la corolle et près de sa base. Les fleurs d'un Mirabilis et
d'un *Salvia coccinea* furent perforées de la même manière, tandisque celles du *Salvia Grahami*, danslesquelles
le calice est plus allongé, portaientinvariablementdesouver-
tures au calice et à la corolle tout à la fois. Les fleurs de
Pentstemon argutus sontplus larges que celles des plantes
que nous venons de nommer, et deux trous à côté l'un de
l'autre avaient été toujours pratiqués juste au-dessus du
calice. Dans ces nombreux cas les perforations furent faites
sur la face supérieure, mais dans l'*Antirrhinum majus*
un ou deux trous étaient pratiqués à la face inférieure, tout
près de la petite protubérance qui représente le nectaire,
et par conséquent immédiatement en face et tout près du
lieu où le nectar est sécrété.

Mais le cas le plus remarquable d'habileté et de jugement qui me soit connu, est celui de la perforation des fleurs
du *Lathyrus sylvatris* tel que l'a décrit mon fils Francis [1].
Le nectar, dans cette plante, est enfermé dans un tube
constitué par les étamines soudées et qui entoure le pistil si
étroitement qu'une abeille est forcée d'introduire sa trompe
en dehors de ce tube; mais deux passages arrondis ou orifices sont laissés dans le tube auprès de sa base, afin que

[1] *Nature,* 8 janvier 1874, p. 189.

le nectar puisse être atteint par les abeilles. Mon fils a trouvé
dans seize fleurs sur vingt-quatre de cette plante, et dans
onze sur seize appartenant au pois cultivé perpétuel (qui
est une variété de la même espèce ou d'une espèce très-voi-
sine), que l'orifice gauche est plus grand que le droit. De
là découle ce fait important : les bourdons font des trous
à travers l'étendard, et ils opèrent toujours du côté gauche
vers l'orifice qui est le plus grand des deux. Mon fils fait
cette remarque : « Il est difficile de dire comment les abeilles
« peuvent avoir acquis cette habitude : ont-elles décou-
« vert l'inégalité dans les dimensions des orifices du nectar
« en suçant les fleurs à la manière ordinaire et ont-elles alors
« utilisé cette connaissance pour déterminer le point où le
« trou doit être pratiqué, ou bien ont-elles trouvé la meil-
« leure situation en perforant l'étendard sur plusieurs points,
« et retenu ensuite cette situation en visitant d'autres
« fleurs ? Dans l'un comme dans l'autre cas elles montrent
« une remarquable puissance d'utilisation des faits acquis
« par expérience. » Il semble probable que les abeilles
doivent leur habileté à pratiquer des trous dans les fleurs
de toutes sortes, à ce qu'elles se sont longtemps livrées
instinctivement au moulage des cellules et des gâteaux
de cire ou à l'agrandissement de leurs cocons avec des
tubes de cire, car elles sont ainsi forcées de travailler
le même objet à l'intérieur et à l'extérieur.

Dans la première partie de l'été de 1857, je fus conduit
à observer, pendant quelques semaines, plusieurs rangées
du haricot d'Espagne (*Phaseolus multiflorus*) en vue de
connaître la fécondation de cette plante, et chaque jour je
pus voir des abeilles et des bourdons suçant les fleurs par
leur gorge. Mais, un jour, je trouvai plusieurs bourdons
occupés à perforer une corolle après l'autre, et, le jour suivant, chaque abeille, sans exception, au lieu de s'abattre
sur l'aile gauche et de sucer la fleur de la manière convenable, volait droit et sans la moindre hésitation au calice

pour sucer le nectar à travers les trous pratiqués 24 heures
avant par les bourdons ; elles continuèrent à agir ainsi pendant plusieurs jours suivants[1]. M. Belt m'a communiqué
(28 juin 1874) un fait en tout semblable, avec cette seule
différence que moins de la moitié des corolles avaient été perforées par les bourdons, et néanmoins toutes les abeilles
cessèrent de sucer les fleurs par leur ouverture naturelle et
visitèrent exclusivement celles qui étaient percées. Comment les abeilles s'aperçurent-elles si rapidement que des
ouvertures avaient été pratiquées? L'instinct semble être
ici hors de question, puisque la plante est exotique. Ces
trous ne peuvent être vus par les abeilles lorsqu'elles sont
sur les ailes où elles s'abattaient toujours antérieurement.
D'après la facilité avec laquelle les abeilles furent trom-
pées par l'enlèvement des pétales du *Lobelia erinus*, il
était clair que, dans ce cas, elles ne furent pas conduites
au nectar par son parfum, et il est douteux qu'elles aient été
attirées aux trous de ces fleurs de Phaseolus par l'odeur
qui s'en échappait. Sentirent-elles les ouvertures avec leurs
trompes par le toucher en suçant les fleurs à la manière
ordinaire, et alors comprirent-elles qu'elles gagneraient du
temps à s'abattre sur l'extérieur de la fleur et à se servir
de ces trous? C'est là un acte de raisonnement qui paraît
trop profond pour une abeille; il est plus probable qu'ayant
vu les bourdons à l'œuvre et ayant compris ce qu'ils fai-
saient, elles les imitèrent et tirèrent avantage de l'emploi
de ce petit passage vers le nectar. Même chez les animaux
haut placés dans la série, comme les singes, nous éprouve-
rons quelque surprise à apprendre que les individus d'une
espèce ont, dans l'espace de vingt-quatre heures, compris
un acte accompli par une autre espèce et en ont profité.

J'ai fréquemment observé dans plusieurs espèces de fleurs,
que toutes les abeilles et les bourdons qui suçaient à travers
les perforations, volaient vers elles, sans la moindre hési-

[1] *Gardeners' Chronicle*, 1857, p. 725.

tation, au-dessus comme au-dessous de la corolle, ce qui montre combien la même connaissance se répand promptement parmi les individus d'une localité[1]. Cependant ici l'habitude intervient dans une certaine mesure, comme dans bien d'autres opérations des abeilles. Le docteur Ogle, MM. Farrer et Belt ont observé, dans le cas du *Phaseolus multiflorus*[2], que certains individus viennent seulement aux parties perforées, tandis que d'autres de la même espèce pénètrent dans les fleurs par leur ouverture. Je notai exactement le même fait, en 1861, sur le *Trifolium pratense*. La force de l'habitude est si persistante, que lorsqu'une abeille qui visite les fleurs perforées en rencontre une qui ne l'est pas, elle ne se rend pas à l'ouverture, mais s'envole immédiatement à la recherche d'une autre corolle percée. Néanmoins, je pus voir une fois un bourdon visiter l'hybride *Rhododendron azaloides*, et pénétrer dans quelques fleurs par l'ouverture, tandis que sur d'autres il pratiquait des trous. Le docteur H. Müller m'informe que dans la même région il a vu plusieurs individus du *Bombus mastrucatus* percer la corolle et le calice du *Rhinanthus alecterolophus*, et d'autres la corolle seulement. On peut cependant observer différentes espèces d'abeilles agissant différemment dans le même temps sur la même plante. J'ai vu des abeilles sucer par leur ouverture naturelle les fleurs du haricot commun, des bourdons d'une espèce opérer par les trous percés à travers le calice, et d'autres d'une

[1] J'ai observé, l'an dernier (1876), dans le jardin botanique de Nancy, une série d'inflorescences de divers Digitalis dont toutes les fleurs portaient fort uniformément une large perforation située sur le côté gauche de la corolle. Ces ouvertures avaient été pratiquées par les bourdons, mais les abeilles que je vis à l'œuvre s'en servaient sans hésiter pour sucer le nectar. Je les observai pendant plusieurs jours et je constatai qu'elles ne cherchaient jamais l'ouverture à droite et que jamais non plus elles ne pénétraient normalement dans la fleur par son ouverture naturelle. Leur travail s'opérait avec une rapidité étonnante. (*Traducteur.*)

[2] Docteur Ogle, *Pop. Science Review*, avril 1870, p. 167. M. Farrer, *Annals and Mag. of Nat. Hist.*, 4° série, vol. II, 1868, p. 258. M. Belt in litteris.

espèce différente sucer les petites gouttes de liqueur excrétées par les stipules. M. Béal du Michigan m'informe que
les fleurs de la groseille du Missouri *(Ribes aureum)*
abondent en nectar au point que les enfants le sucent souvent, et il a vu les abeilles butiner à travers les trous faits par
un oiseau, le Loriot, tandis que dans le même temps des bourdons suçaient à la manière ordinaire par la gorge des fleurs[1].
Ce fait concernant le Loriot me rappelle ce que j'ai dit de
certaines espèces d'oiseaux mouches perforant les fleurs
de Brugmansia, tandis que d'autres espèces pénètrent par
la gorge.

Le motif qui pousse les abeilles à pratiquer des ouvertures à travers la corolle paraît être l'économie de temps,
car elles en perdent beaucoup en grimpant au dedans et au
dehors des fleurs et en introduisant de force leur tête dans
celles qui sont fermées. Dans le Stachys et dans le Pentstemon, en s'abattant sur la face supérieure de la corolle
et suçant à travers les trous perforés au lieu d'y pénétrer
à la manière ordinaire, elles furent capables de visiter à peu
près deux fois autant de fleurs que je l'aurais pu juger. Cependant chaque abeille, avant d'avoir acquis beaucoup de
pratique doit perdre beaucoup de temps à faire chaque nouvelle perforation, surtout lorsque cette ouverture doit être
pratiquée à la fois à travers la corolle et le calice. Cette
pratique indique donc une certaine prévision, qualité dont
nous avons de nombreuses preuves dans leurs opérations
architecturales; et ne pourrions-nous pas admettre, de plus,
que quelque trace de leur instinct social, c'est-à-dire de ce
besoin d'être utiles aux autres membres de la communauté,
puisse trouver ici sa place?

Il y a quelques années, je fus frappé de ce fait que,

---

[1] Les fleurs du Ribes sont cependant quelquefois perforées par les
bourdons, et M. Bundy dit que ces insectes peuvent percer sept fleurs et
les vider de leur nectar dans l'espace d'une minute (*American Naturalist*, 1876, p. 238).

règle générale, les bourdons perforent les fleurs seulement lorsque celles-ci se trouvent en grand nombre côte à côte. Dans un jardin où se trouvaient quelques couches très-grandes de *Stachis coccinea* et de *Pentstemon argutus,* chaque fleur était percée, mais je trouvai deux plants de la première espèce vivant très-éloignés, dont les pétales dilacérés, témoignaient de la visite fréquente des abeilles, et cependant aucune fleur n'avait été perforée. Je trouvai également un plant séparé de Pentstemon dans les corolles duquel je vis pénétrer naturellement des abeilles, et pas une fleur n'était perforée. L'année suivante (1842), je visitai plusieurs fois le même jardin : le 19 juillet des bourdons suçaient les fleurs du *Stachys coccinea* et du *Salvia Grahami* à la manière normale, et pas une corolle ne portait de trous. Le 7 août, toutes les fleurs étaient perforées, même celles de quelques plants de Salvia qui vivaient à une petite distance de la grande couche. Le 21 août, quelques fleurs seulement du sommet des épis de deux espèces restaient intactes et aucune d'elles ne fut plus perforée. De plus, dans mon propre jardin, chaque plant appartenant à plusieurs rangées de haricot commun portait plusieurs fleurs perforées; mais je trouvai dans les parties éloignées dudit jardin trois plants qui y avaient levé accidentellement, et ceux-là n'avaient pas une seule fleur percée. Le général Strachey avait vu antérieurement beaucoup de fleurs perforées dans un jardin de l'Himalaya; il écrivit au propriétaire de s'assurer si cette relation entre l'entassement des plantes et leur perforation était réelle dans ce pays, et il lui fut répondu affirmativement. Il suit de là que le trèfle rouge (*Trifolium pratense*) et le haricot commun, quand ils sont cultivés en grande masse, l'*Erica tetralix* qui végète en grandes touffes dans les landes, les rangées du haricot d'Espagne dans les jardins potagers et un grand nombre d'espèces dans les jardins à fleurs, sont tous parfaitement disposés pour la perforation.

L'explication de ce fait n'est point difficile. Les fleurs réunies en grand nombre constituent pour les abeilles un riche butin très-visible à une grande distance ; elles sont donc visitées par des nuées de ces insectes, et j'ai compté une fois environ vingt ou trente abeilles volant au dessus d'une couche de Pentstémon. Par rivalité, ces insectes sont stimulés à un travail rapide, et ce qui est plus important, ils trouvent une grande quantité de ces fleurs, ainsi que l'a avancé mon fils[1], dépouillées de nectar par succion antérieure. Comme ils perdent alors beaucoup de temps à scruter des fleurs vides, ils se trouvent conduits à percer des trous afin d'arriver aussi promptement que possible à savoir s'il y a du nectar et à l'obtenir quand il en existe.

Les fleurs qui sont partiellement ou complétement stériles en dehors de la visite normale des insectes, comme celles du plus grand nombre des espèces de Salvia, de *Trifolium pratense*, de *Phaseolus multiflorus*, doivent manquer plus ou moins complétement de produire des graines quand les abeilles bornent leur action à la perforation. Les fleurs perforées, dans les espèces capables de se féconder elles-mêmes, ne donneront que des semences autofécondées et les semis qui en viendront seront en conséquence moins vigoureux. Donc toutes les plantes ont à souffrir, à un degré quelconque, de ce que les abeilles obtiennent leur nectar d'une manière détournée en pratiquant des trous à travers la corolle, et beaucoup d'espèces, on peut l'admettre, devraient ainsi disparaître. Mais ici, comme cela se produit généralement dans la nature, il existe une tendance vers le rétablissement de l'équilibre. Si une plante souffre de son état de perforation, un moins grand nombre d'individus arrive à développement, et comme le nectar est important pour les abeilles, celles-ci à leur tour souffriront et leur nombre décroîtra ; mais (ce qui est plus efficace), aussitôt que les plantes deviennent

---

[1] *Nature,* 8 janvier 1874, p. 189.

assez rares pour ne plus s'accroître en touffes, les abeilles
n'étant plus poussées à percer les fleurs, y pénètrent naturellement. Une plus grande quantité de graines sera ainsi
produite et les semis issus de la fécondation croisée devenant alors plus vigoureux, l'espèce tendra à augmenter
en nombre jusqu'à ce qu'elle soit de nouveau réduite dès
que les plants se réuniront encore en grandes masses.

CHAPITRE XII.

Résultats généraux.

Preuves des avantages de la fécondation croisée et des dommages causés par l'autofécondation. — Des espèces voisines diffèrent beaucoup par les moyens propres à y favoriser la fécondation croisée et à en éloigner l'autofécondation. — Les avantages et les dommages entraînés par ces deux procédés dépendent du degré de différenciation des éléments sexuels. — Les effets préjudiciables ne sont pas dus aux tendances morbides des parents. — Nature des conditions auxquelles les plantes sont assujetties lorsqu'elles végètent rapprochées ou à l'état naturel ou dans des conditions culturales; effets de pareilles conditions. — Considérations théoriques sur l'action réciproque des éléments sexuels différenciés. — Déductions pratiques. — Génèse des deux sexes. — Concordance entre les effets de la fécondation croisée et de l'auto-fécondation, et ceux des unions légitimes et illégitimes dans les plantes hétérostylées, en comparaison avec les unions hybrides.

La première et la plus importante des conclusions à tirer des observations consignées dans ce livre est que la fécondation croisée reste généralement avantageuse et l'autofécondation préjudiciable. Cette proposition se trouve démontrée par la différence en hauteur, en poids, en vigueur constitutionnelle et en fécondité entre la descendance des fleurs soit croisées, soit autofécondées, comme par le nombre des semences que produisent les plants générateurs. Pour ce qui touche à la seconde partie de cette proposition, c'est-à-dire au préjudice généralement causé par l'autofécondation, nous en avons des preuves abondantes. La structure des fleurs dans des plantes telles que les *Lobelia ramosa*, *Digitalis purpurea*, rend l'intervention des insectes presque indispensable à leur fécondation, et si nous

nous rappelons la prépondérance que possède le pollen d'un individu distinct sur celui du même individu, de pareilles plantes doivent certainement avoir été croisées, sinon dans toutes, au moins dans plusieurs générations antérieures. En raison même de la prépondérance d'un pollen étranger, il doit en être ainsi dans les choux et dans diverses autres plantes dont les variétés s'entrecroisent presque invariablement quand elles vivent ensemble. La même déduction peut être tirée avec plus de sûreté, pour ce qui concerne les plantes qui, comme le Réséda et l'Eschscholtzia, sont stériles avec leur propre pollen, mais fertiles sous l'influence de celui d'un autre individu. Ces nombreuses plantes doivent donc avoir été croisées pendant une longue série de générations antérieures, et les croisements artificiels résultant de mes expériences ne peuvent pas avoir augmenté la vigueur de la descendance au delà de celle des progéniteurs. Donc, la différence entre les plantes croisées et les autofécondées que j'obtins ne saurait être attribuée à la supériorité des semis croisés, mais bien à l'infériorité résultant dans les autofécondés des effets préjudiciables de l'autofécondation.

Pour ce qui touche à la première proposition, c'est-à-dire aux avantages généralement réalisés par le croisement, nous avons aussi d'excellentes preuves à donner.

Des plants d'Ipomœa furent entre-croisés pendant neuf générations successives, puis ils furent de nouveau entre-croisés et en même temps croisés par un rameau nouveau, c'est-à-dire par une plante provenant d'un autre jardin, et la descendance issue de ce dernier croisement fut en hauteur à celle des plants entre-croisés comme 100 est à 78, et en fécondité comme 100 est à 51. Une expérience analogue faite sur l'Eschscholtzia donna un résultat semblable pour ce qui touche à la fécondité. Dans aucun de ces cas, ces plantes ne furent le produit de l'autofécondation. Des plants de Dianthus furent autofécondés pendant

trois générations, ce qui leur fut certainement préjudiciable; mais lorsque ces plants furent fécondés par un
rameau nouveau ou par des sujets entre-croisés appartenant
à la même souche, il y eut, entre les deux séries de semis,
une grande différence comme fécondité et une légère comme
hauteur. Le Petunia présente un cas presque parallèle.
Pour plusieurs autres plants, les effets remarquables d'un
croisement avec un rameau nouveau peuvent être saisis
dans le tableau C. Plusieurs mémoires ont été publiés [1] sur
l'accroissement extraordinaire que prennent les semis résultant d'un croisement entre deux variétés de la même
espèce, dont quelques-unes sont reconnues incapables d'autofécondation; de sorte qu'ici ni la fécondation directe, ni
la parenté, même à un degré éloigné, ne peuvent entrer en
ligne de compte. Nous pouvons donc conclure que les deux
propositions ci-dessus sont vraies, à savoir que la fécondation croisée est généralement avantageuse à la descendance, tandis que la fécondation directe lui est nuisible.

C'est certainement un fait surprenant que de voir certaines
plantes, telles par exemple que *Viola tricolor, Digitalis
purpurea, Sarothamnus scoparius, Cyclamen persicum*, etc., qui avaient été naturellement croisées pendant
plusieurs générations antérieures ou même pendant toutes
ces générations, souffrir à un extrême degré d'un seul
acte d'autofécondation. Rien de ce genre n'a été observé
dans nos animaux domestiques, mais nous ne devons pas
perdre de vue que le croisement le plus rapproché possible entre animaux placés dans des conditions semblables, c'est-à-dire entre frères et sœurs, ne peut être
considéré comme une union aussi intime que celle qui résulte du contact du pollen et des ovules de la même fleur.
Nous ne savons pas encore si le dommage résultant de
l'autofécondation va en s'accroissant pendant les généra-

---

[1] Voir *Variation under Domestication,* etc., ch. XIX, 2ᵉ édition,
vol. II, p. 159.

tions successives, mais nous pouvons déduire de mes expériences que cette augmentation est loin d'être rapide. Après que les plants ont été propagés par autofécondation pendant plusieurs générations, un simple croisement avec un rameau nouveau ramène en eux leur vigueur primitive, et nous avons de ce fait un résultat analogue dans nos animaux domestiques [1]. Les effets avantageux de la fécondation croisée sont transmis dans les plantes à la génération suivante, et, si nous en jugeons par ce qui se passe dans les variétés de pois commun, aux nombreuses générations qui suivent. Mais ce résultat peut être attribué simplement à ce que les plants croisés de la première génération sont extrêmement vigoureux et transmettent leur force, comme leurs autres caractères, à leurs successeurs.

Malgré le dommage qui résulte pour plusieurs plantes de l'autofécondation, elles peuvent être propagées de cette manière, dans des conditions défavorables, pendant plusieurs générations, comme le montrent quelques-unes de mes expériences, et comme le prouve surtout la persistance vitale, pendant au moins un demi-siècle, des mêmes variétés du pois commun et du pois de senteur. La même conclusion s'applique probablement aux nombreuses autres plantes exotiques, qui ne sont jamais ou que très-rarement croisées dans leur pays d'origine. Mais toutes ces plantes, aussi loin que l'expérience ait été poussée, profitent toujours d'un croisement par un rameau nouveau. Quelques plantes, comme l'*Ophrys apifera* par exemple, ont certainement été propagées, à l'état naturel, pendant des milliers de générations sans avoir subi un seul entrecroisement, et nous ignorons si elles profiteraient d'un croisement avec un rameau nouveau. Mais de semblables cas ne peuvent jeter aucun doute sur l'avantage du croisement en tant que règle générale, pas plus que l'existence de

---

[1] *Variation under Domestication.*, ch. xix, 2ᵉ édition, vol. II, p. 159.

plantes qui, à l'état naturel, se reproduisent exclusivement par rhizomes, stolons, etc.[1] (leurs fleurs ne produisant pas de semences) ne peut nous porter à douter que la génération par graines présente quelques bénéfices, puisque c'est le mode de propagation le plus communément employé par la nature. Quelques espèces se seraient-elles reproduites asexuellement depuis une période très-éloignée, voilà ce que nous ne pouvons affirmer. Le seul moyen que nous ayons de nous former un jugement sur ce point est la persistance, dans nos arbres fruitiers, de variétés qui sont depuis longtemps propagées par greffes et boutures. Andrew Knight soutint autrefois que dans ces conditions les plantes s'affaiblissent toujours, mais cette conclusion a été énergiquement combattue par d'autres observateurs. Un juge compétent et récent, le professeur Asa Gray[2], a adopté l'opinion de Knight, laquelle me paraît être, d'après toutes les preuves que j'ai pu colliger, la manière de voir la plus probable, malgré les nombreux faits qui la contredisent.

Les moyens propres à favoriser la fécondation croisée et à prévenir l'autofécondation, ou inversement à favoriser la fécondation directe et à prévenir le croisement dans une certaine mesure, sont remarquablement diversifiés, et il est étrange qu'ils diffèrent complétement dans des plantes très-rapprochées[3], par exemple parmi les espèces d'un même genre et quelquefois parmi les individus de la même espèce. Il n'est pas rare de rencontrer, dans le même genre, des plantes hermaphrodites et d'autres ayant leurs sexes séparés; il est commun de voir quelques-unes des

---

[1] J'en ai relaté plusieurs cas dans ma *Variation under Domestication*, etc., ch. xviii, 2e édition, vol. II, p. 152.

[2] *Darwiniana : Essays and Reviews pertaining to Darwinism*, 1876, p. 338.

[3] Hildebrand a fortement insisté sur ce point dans ses importantes observations sur la fécondation des Graminées (*Monatsbericht K. Akad.* Berlin, octobre 1872, p. 763).

espèces dichogames et d'autres non dichogames mûrir simultanément leurs éléments sexuels. Le genre Saxifrage,
qui est dichogame, renferme certaines espèces protérandres
et certaines autres protérogynes [1]. Plusieurs genres renferment à la fois des espèces hétérostylées (à formes dimorphes ou trimorphes) et des espèces homostylées.
L'Ophrys offre un remarquable exemple d'une espèce dont
la structure est manifestement adaptée à l'autofécondation
et d'autres espèces tout aussi manifestement disposées pour
la fécondation croisée. Quelques espèces congénères sont
complétement stériles et d'autres tout à fait fécondes avec
leur propre pollen. Sous l'influence de ces nombreuses
causes, nous trouvons souvent dans le même genre des espèces qui, en dehors de l'action des insectes, ne produisent
pas de graines, tandis que d'autres en donnent en abondance.
Quelques espèces portent à la fois des fleurs cléistogènes
qui ne peuvent être croisées et des fleurs parfaites, tandis
que d'autres du même genre ne produisent jamais ces
fleurs cléistogènes. Certaines espèces existent sous deux
formes, dont l'une porte des fleurs remarquables adaptées
pour la fécondation croisée, et l'autre n'a que des fleurs
obscures disposées pour l'autofécondation, tandis que
d'autres espèces du même genre ne revêtent qu'une seule
forme. Bien plus, dans les individus de la même espèce,
le degré d'autofécondité est sujet à variation, exemple le
Réséda. Chez les plantes polygames, la distribution des
sexes diffère dans les individus de la même espèce. La période relative à laquelle les éléments sexuels de la même
fleur arrivent à maturité diffère dans les variétés du Pélargonium, et Carrière relaté plusieurs cas [2] qui montrent
combien cette période varie avec la température à laquelle
les plantes sont exposées. — Cette diversité extraordinaire dans les procédés propres à favoriser ou à prévenir

[1] Docteur Engler, *Bot. Zeitung,* 1868, p. 833.
[2] *Des Variétés,* 1865, p. 30.

la fécondation soit croisée soit directe dans des formes très-
rapprochées, dépend probablement de ce que les deux procédés de fertilisation, quoique très-favorables à l'espèce, sont
directement opposés l'un à l'autre et liés à des conditions
variables. L'autofécondation assure la production d'une
grande quantité de graines, et la nécessité ou l'avantage
de ce procédé dans la plante sera déterminé par la longueur moyenne de la vie, laquelle dépend de la somme des
causes de destruction que peuvent subir les semences et
les semis. Cette destruction est liée aux influences les plus
variées et les plus variables, comme la présence des animaux de telles ou telles espèces et l'accroissement des
plantes environnantes. La possibilité de la fécondation
croisée dépend surtout de la présence et du nombre des
insectes, souvent du groupe spécial auquel appartiennent
ces insectes et du degré d'attraction qu'exercent sur eux
les fleurs d'une espèce particulière de préférence aux autres, toutes circonstances qui sont très-variables. Du
reste, les avantages qui résultent de la fécondation croisée
diffèrent beaucoup dans les diverses plantes, il est donc
probable que des espèces voisines profiteraient du croisement à un degré différent. Sous ces conditions extrêmement complexes et très-fluctuantes, et avec deux buts en
quelque sorte opposés à atteindre, savoir : la propagation
assurée de l'espèce et la production d'une vigoureuse descendance croisée, il n'est pas surprenant que des formes al-
liées présentent une extrême diversité dans les moyens mis
en œuvre pour atteindre l'un ou l'autre but. Si, comme on
peut le supposer, l'autofécondation est avantageuse à certains égards, quoiqu'elle soit plus que contrebalancée dans ses
effets par les avantages résultant d'un croisement avec un rameau nouveau, le problème devient encore plus compliqué.

N'ayant expérimenté que deux fois sur plusieurs espèces d'un même genre, je ne saurais dire si la descendance
croisée, dans plusieurs espèces du même genre, diffère

comme degré de supériorité de celle issue des mêmes espèces autofécondées ; mais, d'après ce que j'ai observé dans
les deux espèces de Lobelia et dans deux individus de la
même espèce de Nicotiana, je serais tenté d'admettre que
l'expérience démontrerait l'exactitude de la proposition. Les
espèces appartenant à des genres distincts de la même famille diffèrent certainement à ce point de vue. Les effets de
la fécondation directe et du croisement peuvent être con-
centrés ou sur le développement ou sur la fécondité de la
descendance, mais généralement ils s'étendent à ces deux
propriétés. Il ne semble donc y avoir aucune relation intime
entre les degrés auxquels les fleurs des diverses espèces
sont adaptées pour le croisement et la manière dont la descendance profite de ce mode de fécondation, mais sur ce
point nous pouvons nous tromper aisément, car il existe,
pour assurer la fécondation, deux moyens appropriés qui
ne se traduisent pas extérieurement, c'est-à-dire l'autostérilité et le pouvoir prépondérant de fécondation du pollen
pris sur un autre individu. Enfin, il a été démontré dans
un précédent chapitre que l'effet d'un croisement et de l'autofécondation sur la fertilité des générateurs ne correspond
pas à celui qui est produit sur la hauteur, sur la vigueur
et sur la fécondité de la descendance. La même remarque
s'applique aux semis croisés et aux autofécondés lorsqu'ils
sont employés comme générateurs. Ce manque de concordance dépend probablement, au moins en partie, de ce que
la quantité des graines produites est principalement sous
la dépendance du nombre des tubes polliniques qui atteignent les ovules (et cette formation est régie par l'action
mutuelle qui s'exerce entre le pollen, la surface stigmatique
et sa sécrétion), tandis que l'accroissement et la vigueur
constitutionnelle de la descendance sont surtout déterminés,
à la fois par le nombre de boyaux polliniques pénétrant les
ovules, et par la réaction qui s'exerce entre le contenu des
grains polliniques et celui des ovules.

Deux autres conclusions importantes peuvent encore
être déduites de mes observations : premièrement, que les
avantages du croisement ne dépendent pas de quelque
propriété mystérieuse résidant dans la simple union de
deux individus distincts, mais de ce que ces individus ont
été assujettis pendant les générations antérieures à des
conditions différentes, ou de ce qu'ils ont subi la variation
communément nommée spontanée, de façon que dans l'un
comme dans l'autre cas, leurs éléments sexuels se sont différenciés à un certain degré. Secondement, que le dommage
causé par l'autofécondation provient du manque d'une pareille différenciation dans les éléments sexuels. Ces deux
propositions sont bien établies par mes expériences. Ainsi,
lorsque les plants d'Ipomæa et de Mimulus qui avaient été
autofécondés pendant sept générations antérieures et conservés constamment dans les mêmes conditions, furent
entre-croisés les uns les autres, la descendance ne profita
en rien d'un croisement. Le Mimulus offre un autre cas
instructif qui montre que les avantages d'un croisement
dépendent du traitement antérieur auquel les générateurs
ont été soumis. Des plants, au préalable autofécondés pendant huit générations antérieures, furent croisés par des
plants qui avaient subi l'entre-croisement pendant le même
nombre de générations, et tous avaient été autant que possible conservés dans les mêmes conditions ; les semis issus
provenant de ce croisement vécurent en compétition avec d'autres issus de la même plante génératrice autofécondée soumise à un croisement avec un rameau nouveau, et les derniers furent aux premiers en hauteur, comme 100 est à
52 et en fécondité comme 100 est à 4. Sur les Dianthus, il
fut pratiqué une expérience exactement parallèle, présentant seulement cette différence que les plants n'avaient
été autofécondés que pendant les trois générations précédentes, et le résultat, quoique moins fortement accentué, fut
similaire. Les deux cas précédents dans lesquels les descen-

dants de l'Ipomœa et de l'Eschscholtzia dérivés d'un croisement par un rameau nouveau, devinrent aussi supérieurs
aux plants entre-croisés de la vieille souche que ces derniers le furent aux descendants autofécondés, comportent
bien les mêmes conclusions. Un croisement avec un rameau
nouveau ou avec une autre variété paraît être toujours
très-avantageux, que les plants générateurs aient été où
non entre-croisés ou autofécondés pendant plusieurs générations antérieures. Ce fait qu'un croisement entre deux
fleurs de la même plante reste sans effets avantageux ou
n'en produit que fort peu vient aussi fortement corroborer
mes conclusions, car les éléments sexuels des fleurs de la
même plante peuvent rarement être différenciés, et cependant cette variation est possible, puisque les bourgeons
floraux sont, à un certain point de vue, des individus distincts qui varient quelquefois de l'un à l'autre et se diffé-
rencient soit comme structure soit comme constitution. Donc,
cette proposition que le bénéfice résultant du croisement
dépend de ce que les plantes qui y sont soumises ont subi
pendant plusieurs générations antérieures des conditions
légèrement différentes, ou de ce qu'elles ont varié sous
l'influence d'une cause inconnue, comme si elles avaient
été soumises à ces conditions, se trouve fortement et sûrement étayée de toutes parts.

Avant d'aller plus loin, nous devons examiner l'opinion
qui a été soutenue par plusieurs physiologistes, à savoir,
que tous les désavantages provenant d'un croisement
entre animaux trop rapprochés, et sans doute de l'autofécondation des plantes, sont le résultat de l'augmentation de
quelque tendance morbide, de la faiblesse constitutive commune aux générateurs trop rapprochés ou aux deux sexes
des plantes hermaphrodites. Incontestablement certains
dommages peuvent reconnaître cette cause, mais ce serait
en vain qu'on tenterait d'étendre cette manière de voir
aux nombreux cas contenus dans mes tableaux. Il est bon

de rappeler que la plante mère avait été à la fois autofécondée et croisée, de sorte que si son état eût été maladif,
elle aurait transmis la moitié de ses tendances morbides à
sa descendance croisée. Mais on avait choisi, pour l'expérience, des plants en parfaite santé, dont quelques-uns vivaient à l'état sauvage ou furent la descendance immédiate
soit de plantes sauvages soit de vigoureuses plantes communes
dans les jardins. D'après le nombre des espèces mises en
expérience, il ne serait rien moins qu'absurde de supposer
que dans tous ces cas les plantes mères, quoique sans apparence maladive, furent faibles ou atteintes d'une maladie si
particulière que leurs semis autofécondés, au nombre de
plusieurs centaines, en sont devenus inférieurs en hauteur,
en poids, en vigueur constitutionnelle et en fécondité à leurs
descendants croisés. D'ailleurs, cette manière de voir ne
peut pas être étendue aux avantages fortement marqués
qui, autant que j'en puis juger par mes expériences, résultent immédiatement d'un croisement entre individus
de la même variété ou de variétés distinctes, lorsque
celles-ci ont été assujetties pendant plusieurs générations
à des conditions différentes.

Il est évident que le maintien des deux séries de plantes,
pendant plusieurs générations, à des conditions dissemblables
peut conduire à des résultats dépourvus de tout avantage pour
ce qui touche à un croisement, à moins que leurs éléments
sexuels n'aient été affectés par ces conditions. Que chaque
organisme soit impressionné dans une certaine mesure par
des changements dans les conditions ambiantes, c'est là,
je pense, une proposition qui ne sera pas combattue. Sur
ce point il est presque superflu de donner des preuves :
nous pouvons saisir la différence qui existe entre les individus de la même espèce ayant végété soit un peu plus à
l'ombre ou au soleil, soit dans deux lieux un peu plus
secs où un peu plus humides. Des plants qui pendant plusieurs générations ont été propagés sous des climats divers

ou dans différentes saisons de l'année transmettent à leurs semis leurs dissemblances constitutionnelles. Dans ces conditions, la constitution chimique de leurs fluides et la nature de leurs tissus se trouvent souvent modifiées[1]. On pourrait ajouter beaucoup d'autres faits de ce genre. En resumé, chaque altération dans la fonction d'une partie a probablement du retentissement sur d'autres parties, quoique souvent les changements de composition ou de structures soient presque imperceptibles.

Tout ce qui affecte un organisme de quelque façon que ce soit, tend à agir sur ses éléments sexuels. Nous en trouvons la preuve dans l'hérédité des nouvelles modifications acquises, telles que celles qui résultent de l'augmentation de l'usage ou du non-usage d'une partie, et même des mutilations pathologiques[2]. Nous avons des preuves surabondantes de la haute susceptibilité de l'appareil reproducteur sous l'influence du changement des conditions dans les nombreux exemples d'animaux rendus inféconds par la captivité (de manière qu'ils ne s'unissent plus ou le font sans produire de descendance) même lorsque la réclusion n'est pas rigoureuse, et dans les plantes rendues stériles par la culture. Mais aucun cas ne met en lumière plus vive l'influence du changement des conditions vitales sur les éléments sexuels que ceux déjà relatés, dans lesquels des plantes qui sont complétement autostériles dans un pays, donnent, quand elles sont transportées dans un autre, même à la première génération, une grande provision de graines autofécondées.

Étant admis que les changements de conditions ont une

---

[1] J'en ai cité de nombreux cas avec renvois dans ma *Variation under Domestication*, ch. XXIII, 2ᵉ édition, vol. II, p. 264. Pour les animaux, M. Brackenridge a bien montré (*A Contribution to the Theory of Diathesis,* Edinburgh, 1869) que les divers organes des animaux sont excités à une activité différente par des modifications dans la température ou dans la nourriture, et finissent par s'adapter, dans une certaine mesure, à ces conditions.

[2] *Variation under Domestication*, ch. XII, 2ᵉ édition, vol. I, p. 466.

action sur les éléments sexuels, peut-on dire jusqu'à quel point deux ou plusieurs plants vivant très-rapprochés soit dans leur pays d'origine, soit dans un jardin, seront différemment influencés, puisque les conditions auxquelles ils paraissent exposés semblent être les mêmes? Quoique cette question ait été déjà prise en considération, elle mérite, à divers points de vue, que nous nous y appesantissions.

Dans mes expériences sur le *Digitalis purpurea*, plusieurs fleurs d'un plant sauvage et d'autres furent croisées avec le pollen d'un autre plant végétant à deux ou trois pieds de distance. Les plants croisés et les autofécondés issus des semences ainsi obtenues produisirent des inflorescences dont le nombre fut comme 100 est à 47, et la hauteur moyenne comme 100 est à 70. Donc, le croisement entre ces deux plants fut très-ouvertement avantageux; mais comment leurs éléments sexuels purent-ils être différenciés par une exposition à des conditions différentes? Si les générateurs de ces deux plants avaient vécu dans le même lieu pendant les vingt dernières générations, et n'avaient jamais été croisés par aucun plant situé en dehors de la distance de quelques pieds, selon toute probabilité leur descendance eût été réduite au même état que quelques-uns de mes plants d'expérience (comme les sujets entre-croisés de la neuvième génération de l'Ipomœa, ou les plants autofécondés de la huitième génération du Mimulus, ou la descendance issue des fleurs d'un même plant), et, dans ce cas, un croisement entre les deux plants de Digitale fût resté sans bons effets. Mais les graines sont souvent dispersées à une grande distance par les moyens naturels, et l'un des deux plants ci-dessus ou un de leurs ancêtres peut être venu de très-loin et d'un lieu plus ombragé ou plus éclairé, plus sec ou plus humide, ou encore d'un sol de nature différente contenant d'autres matières organiques ou inorganiques. Nous savons par les admirables recherches de

MM. Lawes et Gilbert[1], que diverses plantes demandent
et consomment des quantités très-différentes de matières
organiques. Mais le total des matières renfermées dans un
sol ne détermine probablement pas entre les nombreux individus d'une même espèce une si grande différence qu'on
pourrait le croire d'abord, car les espèces environnantes,
dont les exigences sont dissemblables, devraient tendre, en
raison de ce qu'elles existent en plus ou moins grand nombre, à conserver chaque espèce dans une sorte d'équilibre,
au point de vue de ce qu'elles pourraient obtenir du sol.
Il devrait en être de même pour ce qui touche à l'humidité
pendant les saisons sèches, et la puissante influence que possède une plus ou moins grande quantité d'eau dans le sol sur
la présence ou la distribution des plantes, est souvent bien démontrée dans les pâturages qui retiennent encore des traces
d'anciennes rides et de sillons. Néanmoins, comme le nombre
proportionnel des plantes environnantes est rarement le
même exactement dans deux lieux voisins, deux individus
de la même espèce y seront assujettis à des conditions
quelque peu différentes en raison de ce qu'ils peuvent absorber dans le sol. Il est surprenant de voir jusqu'à quel
point le libre développement d'une série de plantes affecte
celles qui peuvent vivre mêlées à elles. Je laissai s'accroi-
tre les plantes contenues dans un mètre carré environ de
gazon qui avait été régulièrement fauché pendant plusieurs
années, et neuf espèces sur vingt disparurent ; mais j'ignore
si ce résultat fut dû entièrement à ce que certaines espèces
privèrent les autres de nourriture.

Des graines dorment quelquefois pendant plusieurs années sous terre et germent lorsqu'elles sont apportées
près de la surface par un moyen quelconque, par les animaux qui se creusent un terrier par exemple. Elles doivent
probablement être affectées par cette simple condition

[1] *Journal of the Royal Agricultural Soc. of. England,* vol. XXIV,
part. I.

du sommeil longtemps prolongé, car les jardiniers croient
que les production des fleurs doubles et des fruits est soumise à cette influence. Du reste, des graines mûries en
des saisons différentes seront assujetties pendant la durée
de leur développement à des degrés différents de chaleur
et d'humidité.

Dans le dernier chapitre, j'ai montré que le pollen est
souvent transporté de plante à plante à des distances considérables. Donc, un des parents ou un des ancêtres des deux
plants de Digitale peuvent avoir été croisés par une plante
éloignée vivant dans des conditions légèrement différentes.
Des plantes ainsi croisées produisent souvent une quantité
de graines inaccoutumée : un exemple frappant de ce
fait nous est fourni par le Bignonia déjà relaté, qui,
fécondé par Fritz Müller avec le pollen des plants voisins,
ne donna que quelques graines à peine, mais qui, après fertilisation par le pollen d'un plant éloigné, devint très-fécond.
Les semis issus d'un croisement de cette nature s'accroissent
très-énergiquement, et transmettent leur vigueur à leurs
descendants. Ceux-là donc, dans la lutte pour l'existence,
arriveront à battre et à exterminer les plants qui se sont
longtemps développés dans les mêmes conditions et ten-
dront ainsi à s'accroître.

Quand on croise deux variétés présentant quelques différences bien marquées, leurs descendants de la dernière
génération diffèrent beaucoup les uns des autres comme caractères extérieurs : ce résultat est attribuable à l'augmentation ou à la disparition de quelques-uns de ces caractères
et à la réapparition des premiers par atavisme, et il doit en
être de même, nous pouvons en être presque assurés, de quelques légères différences de constitution dans leurs éléments
sexuels. Quoiqu'il en soit, mes expériences indiquent que le
croisement des plantes qui ont été longtemps assujetties à des
conditions semblables ou presque semblables, constitue le
plus puissant des moyens propres à retenir quelques degrés

de différenciation dans les éléments sexuels, ainsi que le démontre la supériorité dans les dernières générations des plants entre-croisés sur les autofécondés. Néanmoins, l'entre-croisement continu des plantes soumises à ces conditions tend à faire disparaître cette différenciation, ainsi qu'on peut le déduire de l'amoindrissement des bénéfices dérivés d'un entre-croisement en opposition avec leur augmentation à la suite d'un croisement avec un rameau nouveau. Il semble probable, je dois l'ajouter ici, que les semences ont acquis leurs innombrables et curieuses adaptations pour une large dissémination[1], non-seulement parce que les semis sont ainsi rendus capables de trouver un habitat nouveau et convenable, mais aussi parce que les individus assujettis aux mêmes conditions peuvent ainsi profiter accidentellement d'un entre-croisement avec un rameau nouveau.

Des considérations précédentes nous pouvons, je crois, conclure que dans les deux cas ci-dessus fournis par la Digitale, et même dans celui des plantes qui se sont accrues pendant plusieurs milliers de générations dans la même localité (comme cela doit se présenter pour les espèces à aires très-restreintes), nous sommes portés à exagérer l'identité absolue des conditions auxquelles les individus ont été soumis. Nous pouvons, en effet, au moins admettre sans difficulté que de semblables plantes ont été assujetties à des conditions suffisamment distinctes pour que leurs éléments sexuels en aient été différenciés, car nous savons qu'une plante propagée pendant plusieurs générations dans un autre jardin de la même contrée, joue le rôle de rameau nouveau et possède un haut pouvoir fécondateur. Les curieux cas constitués par les plantes qui peuvent féconder un autre individu de la même espèce et en être fécondées tout en restant l'une et l'autre complétement stériles sous l'influence de leur propre pollen, deviennent très-intelli-

---

[1] Voir l'excellent traité du professeur Hildebrand, *Verbreitungsmittel der Pflanzen* (Moyens de dissémination des plantes), 1873.

gibles si la manière de voir que je propose est correcte, à savoir, que les individus de la même espèce, végétant naturellement très-rapprochés, n'ont pas été, en réalité, soumis pendant plusieurs générations antérieures à des conditions absolument identiques.

Quelques naturalistes affirment qu'il existe dans tous les êtres une tendance innée à varier et à rendre leur organisation plus parfaite indépendamment de l'action des agents extérieurs[1] : ils voudraient expliquer ainsi et les légères différences qui distinguent les divers individus de la même espèce, tant comme caractères extérieurs que comme constitution, et les différences plus accentuées à l'un et à l'autre point de vue qui existent entre deux variétés très-rapprochées. Il est impossible de trouver deux indivi-

---

[1] Cette manière de voir déjà très-accréditée, et qui résulte de l'analyse des faits qu'on pourrait désigner sous le nom de *phénomènes actuels*, se trouve confirmée par l'examen de certaines modifications extérieures décelées par des fonctions physiologiques, chez des végétaux élevés en organisation. Pour ce qui a trait à un phénomène révélateur dont l'étude poursuivie dans la série végétale serait très-fructueuse, je dois citer ici les observations de mon savant collègue M. Carlet, qui, en examinant la constitution florale de la Rue, a constaté par l'étude du mouvement staminal que le type quaternaire si fréquent résulte d'un phénomène de soudure. Dans son article sur le *Mouvement dans la fleur* (*Revue scient.*, 3ᵉ année, 2ᵉ série, n° 20, 1873), M. Carlet s'exprime ainsi : « La fleur « tétramère de la Rue est donc, à vrai dire, une monstruosité; elle dérive « de la fleur pentamère et suit, même après sa transformation, les lois « auxquelles la forme à cinq pétales est assujettie.... En retournant le « même raisonnement, on ne pourrait pas dire que la fleur pentamère « de la Rue dérive de la fleur tétramère par dédoublement d'un pétale. « Si la fleur à quatre pétales était, en effet, la forme normale, l'évolu- « tion de ses étamines n'aurait pas de raison d'être, car elle ne souffre « pas d'exceptions. Je suis donc autorisé à considérer une soudure comme « une déviation du type et par suite à croire que les monopétales dé- « rivent des polypétales. » Moi-même, en étudiant les mêmes faits sur les étamines motiles des *Saxifraga sarmentosa* et *umbrosa* (*Comptes rendus de l'Acad. des Sciences*, 20 janvier 1876), je suis arrivé à cette conclusion que la tendance virtuelle vers la soudure, accusée par le même phénomène de mouvement, devient plus manifeste chez d'autres Saxifrages (*S. oppositifolia*, p. ex.) et réelle dans les fleurs tétramères de Chrysosplenium et d'Astilbe. Si l'on pousse les choses à l'extrême, on voit que certaines plantes seraient actuellement en période de passage plus ou moins accusé, de l'état polypétale à celui gamopétale qui est sans contredit supérieur.   \   (*Traducteur.*)

dus complétement semblables : ainsi, si nous semons.dans
des conditions aussi similaires que possible un certain
nombre de graines issues de la même capsule, elles ger-
meront à des degrés différents et s'accroîtront plus ou moins
vigoureusement. Elles résisteront d'une manière différente
au froid et à d'autres conditions défavorables ; selon toute
probabilité (car cela se produit, nous le savons, dans les
animaux de la même espèce), elles seront différemment influencées soit par le même poison, soit par la même maladie.
Elles transmettront à leur descendance leurs différences
de caractère avec une puissance différente, et beaucoup
d'autres dissemblances pourraient être encore signalées.
S'il était donc exact que les plantes végétant rapprochées à
l'état naturel ont été assujetties pendant plusieurs générations antérieures à des conditions absolument identiques,
ces différences que nous venons de spécificier seraient tout
à fait inexplicables, mais elles sont, dans une certaine mesure, intelligibles d'après la manière de voir que nous venons d'exposer.

Comme le plus grand nombre des plantes sur lesquelles
j'expérimentai furent cultivées dans mon jardin ou en pots
sous des verres, je dois ajouter quelques mots sur les
conditions auxquelles elles furent assujetties et sur les
effets de la culture. Lorsqu'une espèce est pour la première
fois soumise à l'influence culturale, elle peut subir ou
non un changement de climat, mais elle est toujours
appelée à végéter séparément et dans une terre plus ou
moins fumée : dans ces conditions elle se trouve garantie de
toute compétition avec les autres plantes. L'importance
considérable de cette dernière circonstance est prouvée par
la multitude des espèces qui, fleurissant et se multipliant
dans un jardin, ne peuvent exister à moins d'être protégées contre les autres plantes. Ainsi sauvées de toute compétition, elles peuvent obtenir du sol, et même probablement en excès, tout ce qui leur est nécessaire, et par là elles

se trouvent soumises à de grands changements de conditions. C'est probablement en grande partie à cette cause
qu'il faut attribuer le fait de la variation, à de rares exceptions près, de toutes les plantes après quelques générations cultivées. Les individus qui ont déjà commencé à varier s'entre-croiseront les uns avec les autres sous l'influence des insectes, et ainsi s'explique la diversité extrême de
caractères que présentent plusieurs plantes cultivées depuis
longtemps. Mais il faut remarquer que le résultat sera
largement modifié par le degré de leur variabilité aussi
bien que par la fréquence des entre-croisements, car si une
plante varie très-peu, comme on l'observe dans la plupart
des espèces à l'état naturel, la fréquence des entre-croisements tend à établir en elles l'uniformité des caractères.

J'ai essayé de démontrer que chez les plantes vivant
à l'état naturel dans la même région, excepté dans le cas
inaccoutumé où chaque individu est entouré exactement
par le même nombre proportionnel d'autres espèces douées
d'un certain pouvoir d'absorption, chacune d'elles est
soumise à des conditions très-différentes. Cette proposition
ne s'applique pas aux individus de la même espèce cultivée en terre libre dans le même jardin. Mais si leurs fleurs
sont visitées par les insectes, elles s'entre-croisent, et cette
condition donne à leurs éléments sexuels pendant un nombre considérable de générations une somme suffisante de
différenciation pour que le croisement soit avantageux. Du
reste, les semences sont fréquemment échangées entre
jardins pourvus d'une terre différente, et les individus
de la même espèce qu'on y cultive sont ainsi soumis à
des changements de conditions. Si les fleurs ne sont pas
visitées par nos insectes indigènes ou le sont rarement,
comme c'est le cas dans le pois de senteur commun et apparemment dans le tabac conservé en serre, toute différenciation dans les éléments sexuels causée par des entre-croisements tendra à disparaître. C'est ce qui paraît s'être pro-

duit dans les plantes que nous venons de citer, car elles ne
bénéficièrent en rien d'un entre-croisement, tandis qu'elles
tirèrent grand profit d'un croisement avec un rameau
nouveau.

Sur les causes de la différenciation des éléments sexuels
et de la variabilité dans nos plantes de jardin, j'ai été
conduit à la manière de voir que je viens d'exposer par
les résultats de mes nombreuses expériences et plus spécialement par les quatre cas dans lesquels des espèces extrêmement inconstantes, après avoir été cultivées et autofécondées dans les mêmes conditions pendant plusieurs générations, donnèrent des fleurs d'une teinte uniforme et
constante. Ces conditions furent à peu près les mêmes que
celles auxquelles sont soumises, quand elles sont propagées
dans le même lieu par des semences autofécondées, des
plantes végétant dans un jardin débarrassé des mauvaises
herbes. Les plantes élevées en pots furent, du reste, exposées à des variations climatériques moins rigoureuses que
celles cultivées en pleine terre, mais leurs conditions, quoique absolument uniformes pour tous les individus de la
même génération, différèrent légèrement dans la série des
générations successives. Dans ces conditions, les éléments
des plantes soumises à l'entre-croisement retinrent dans
chaque génération, pendant plusieurs années, une somme
de différenciation suffisante pour que leur descendance fût
supérieure aux générateurs entre-croisés, mais cette supériorité s'atténua graduellement d'une manière manifeste,
comme le prouva la différence constatée entre les résultats
d'un entre-croisement (parmi les plantes entre-croisées)
et ceux d'un croisement avec un rameau nouveau. Fréquemment ces plantes entre-croisées tendaient aussi
à revêtir, dans leurs caractères extérieurs, une certaine
uniformité plus accusée qu'elle ne le fut d'abord. Pour ce
qui touche aux plantes qui furent autofécondées à chaque
génération, leurs éléments sexuels perdirent en apparence

toute différenciation après quelques années, car un croisement pratiqué entre elles ne produisit pas de meilleurs effets qu'un croisement entre fleurs de la même plante. Mais
un fait encore plus remarquable fut que, malgré l'exces-
sive variation du coloris des fleurs dans les premiers semis
de Mimulus, d'Ipomœa, de Dianthus et de Petunia, leur
descendance, après avoir végété sous des conditions égales
pendant plusieurs générations, porta des fleurs presque
aussi uniformes comme teinte que celles d'une espèce
naturelle. Dans un cas, les plants eux-mêmes devinrent
d'une remarquable constance comme hauteur.

Cette conclusion, que les avantages résultant d'un croisement dépendent absolument de la différenciation des
éléments sexuels, s'accorde parfaitement avec ce fait qu'un
changement léger et circonstanciel dans les conditions
vitales est profitable à toutes les plantes et à tous les animaux [1]. Mais les descendants issus d'un croisement entre
organismes exposés au préalable à des conditions différentes, bénéficient de ce croisement à un degré incomparablement plus élevé que ne le font les êtres jeunes ou vieux à
la suite d'un simple changement dans leurs conditions d'existence. Dans ce dernier cas, nous ne voyons rien de comparable aux effets qui suivent généralement un croisement
avec un autre individu, et spécialement avec un sujet appartenant à un rameau nouveau. Ce résultat pouvait vraisemblablement être prévu, car le mélange des éléments
sexuels de deux êtres différenciés affecte la constitution
entière à une période de l'existence plus précoce et à un moment où l'organisation est douée de sa plus haute flexibilité.
Nous avons d'ailleurs des raisons pour croire que généralement les changements de condition agissent d'une manière dissemblable sur les différentes parties ou organes d'un

---

[1] J'ai donné sur ce point des preuves suffisantes dans ma *Variation
under Domestication*, ch. XVIII, vol. II, 2ᵉ édition, p. 127.

même individu.[1], et si nous pouvons admettre de plus que ces parties une fois légèrement différenciées réagissent les unes sur les autres dans le même individu, l'harmonie entre les bénéfices dus à des modifications de conditions et ceux résultant de la réaction mutuelle des éléments sexuels différenciés devient encore plus parfaite.

Bien que le remarquable et consciencieux observateur Sprengel, après avoir découvert la part importante que prennent les insectes à la fécondation des fleurs, ait appelé son livre *Le secret de la nature découvert*, cependant il n'entrevit qu'accidentellement le but pour lequel tant de curieuses et surprenantes adaptations avaient été acquises (je veux dire la fécondation croisée des plantes), et il ne reconnut aucun des bénéfices qui en résultent pour la descendance, soit comme vigueur, soit comme taille, soit comme fécondité. Mais le voile qui recouvre ce secret, bien loin d'être soulevé, nous cachera la vérité tant que nous n'aurons pas appris d'où proviennent les avantages que les éléments sexuels trouvent à être différenciés dans une certaine mesure, et comment il se fait que, si la différenciation est poussée plus loin, il en résulte des dommages. Il est un fait extraordinaire, c'est que, dans plusieurs espèces, les fleurs fécondées avec leur propre pollen sont ou absolument stériles ou frappées d'infécondité à un certain degré; si la fécondation a lieu avec le pollen d'autres fleurs appartenant à la même plante, elles sont quelquefois, quoique rarement, un peu plus fécondes; la fertilité est complète quand l'imprégnation pollinique est le résultat de l'intervention d'un autre individu ou d'une autre variété de la même espèce; enfin, si la fécondation est opérée avec le pollen d'une espèce distincte, tous les degrés possibles de stérilité jusqu'au plus extrême se trouvent réalisés. Nous

[1] Voir pour les preuves, Brackenridge, *Theory of Diathesis*, Edinburgh, 1869.

avons'donc une longue série de fécondité terminée à ses
deux points opposés par la stérilité absolue, laquelle, dans un
de ces extrêmes, est due à l'insuffisante différenciation dans
les éléments sexuels, et dans l'autre, à ce que cette différenciation s'est produite à un moindre degré ou d'une manière toute particulière.

Dans les plantes les plus élevées en organisation, la fécondation dépend, en premier lieu, de l'action réciproque
entre les grains de pollen, le tissu stigmatique et sa sécrétion, ensuite de la réaction entre les matières contenues
dans le grain pollinique et dans l'ovule. Ces deux actions,
si nous en jugeons d'après l'augmentation de fécondité
dans les plantes génératrices et d'après l'accroissement de
la puissance végétative dans la descendance, sont favorisées par certains degrés de différenciation dans les éléments qui réagissent l'un sur l'autre et s'unissent de manière à former un nouvel être. Nous avons là quelque analogie avec l'affinité ou attraction chimique, qui ne s'exerce
qu'entre des atomes ou des molécules de nature différente.
Comme le fait remarquer le professeur Miller : « En thèse
« générale, plus est grande la différence entre les proprié-
« tés de deux corps, plus accentuée aussi est leur tendance
« vers une mutuelle action chimique..... Mais entre les
« corps de même caractère la tendance à la combinaison
« est faible[1]. »

Cette dernière proposition s'accorde bien avec les effets
atténués du pollen propre à la plante sur la plante-mère
et sur le développement de la descendance; la première
est en harmonie avec la puissante influence, dans les deux
sens, du pollen d'un individu qui a été différencié par l'exposition à des modifications de conditions vitales ou par
ce que nous appelons la variation spontanée. Mais l'ana-

---

[1] *Elements of Chemistry*, 4ᵉ édition, 1867, part I, p. 11. Le docteur
Frankland m'informe que cette manière de voir pour ce qui touche à
l'affinité chimique est généralement adoptée par les chimistes.

logie fait défaut quand nous revenons aux effets négatifs
ou faibles du pollen d'une espèce sur une espèce distincte;
car, quoique certaines substances extrêmement dissemblables, par exemple le carbone et le chlore, aient une
très-faible affinité l'une pour l'autre, cependant il est impossible de dire que ce manque d'affinité dépend, dans ces
cas, du degré de dissemblance qui existe entre elles. La cause
qui rend un certain degré de différenciation nécessaire ou
favorable à l'affinité chimique ou à l'union de deux substances, nous échappe aussi bien que celle qui exige les
mêmes conditions pour la fécondation ou l'union de deux
organismes.

M. Herbert Spencer a longuement discuté l'ensemble de
ce sujet, et après avoir établi que toutes les forces de la
nature tendent vers un état d'équilibre, il fait remarquer
« que le besoin d'union entre la cellule-sperme et la cel-
« lule-germe provient de la nécessité de vaincre cet équi-
« libre et de rétablir l'activité des changements molécu-
« laires dans un germe détaché, résultat qui est proba-
« blement obtenu par le mélange d'unités atteintes d'une
« légère différence physiologique et provenant d'individus
« affectés de différenciations peu profondes[1] ». Mais nous ne
pouvons admettre cette manière de voir très-générale, pas
plus que l'analogie avec les affinités chimiques, autrement
que dans le but de nous dissimuler notre ignorance. Nous
ne savons pas quelle est, dans les éléments sexuels, la nature
du degré de différenciation qui est favorable à l'union ou qui
lui devient défavorable, comme c'est le cas quand on rapproche
des espèces distinctes. Nous ne saurions dire pourquoi cer-

---

[1] *Principles of Biology,* vol. I, p. 274, 1864. Dans mon *Origin of
Species,* publiée en 1859, je parlai des bons effets résultant soit de
légers changements dans les conditions vitales, soit de la fécondation
croisées et des mauvais effets qui suivent ou les profondes modifications
dans les conditions vitales ou le croisement des formes trop distinctes
(c'est-à-dire des espèces). Je considérai ces faits comme « reliés les uns
aux autres par un lien commun et inconnu qui se rattache essentiellement au principe de la vie ».

tains individus de certaines espèces profitent beaucoup du
croisement et d'autres très-peu. Il existe quelques espèces
qui, quoique autofécondées pendant un grand nombre de générations, sont cependant assez vigoureuses pour lutter avec
succès contre toute la foule des plantes qui les environnent.
Des variétés très-fertiles apparaissent quelquefois parmi des
végétaux qui ont été autofécondés et assujettis à des conditions uniformes pendant de nombreuses générations.
Nous ne pouvons en aucune façon concevoir comment
l'avantage d'un croisement peut être quelquefois exclusivement dirigé vers le système végétatif, et d'autres fois sur
le système reproducteur, mais plus communément sur l'un
et sur l'autre. Il est également impossible de comprendre
comment plusieurs individus de la même espèce peuvent
être stériles avec leur propre pollen tandis que d'autres
sont complétement fertiles dans les mêmes conditions,
pourquoi un changement de climat arrive à augmenter ou
à diminuer la stérilité des plantes autostériles, enfin, comment il se fait que plusieurs espèces deviennent plus fertiles sous l'influence du pollen d'une espèce distincte qu'avec
le leur propre. Il en est de même pour plusieurs autres
faits dont l'obscurité est telle que nous sommes réduits
au silence devant ces mystères de la vie.

Au point de vue pratique, les agriculteurs et les horticulteurs peuvent apprendre quelque chose des conclusions
auxquelles je suis arrivé. D'abord, nous voyons que le
dommage résultant soit du croisement entre animaux rapprochés, soit de l'autofécondation des plantes, ne dépend pas
nécessairement de quelque tendance maladive ou d'une
faiblesse de constitution commune aux parents unis,
mais indirectement de leur parenté, qui les rend aptes à
se ressembler les uns les autres à tous les points de vue,
même comme nature sexuelle. Secondement, que les avantages de la fécondation croisée dépendent de ce que les élé-

ments sexuels ont été, à un certain degré, différenciés soit par l'exposition de leurs générateurs à des conditions différentes, soit par le croisement avec des individus ayant subi ces mêmes conditions, soit enfin par cette inconnue que dans notre ignorance nous appelons la variation spontanée. Donc, quiconque désirera accoupler des animaux très-proches parents, devra les conserver dans des conditions aussi dissemblables que possible. Quelques éleveurs, guidés par leur finesse d'observation, ont agi d'après ce principe en conservant des réserves d'animaux dans deux ou plusieurs fermes éloignées et situées d'une manière différente. Ils ont ensuite rapproché et avec d'excellents résultats les couples provenant de ces diverses fermes[1]. La même méthode est inconsciemment suivie toutes les fois que des mâles élevés dans un endroit sont conduits pour la reproduction aux éleveurs d'un autre lieu. De même que certaines catégories de plantes souffrent beaucoup plus de l'autofécondation que d'autres, il est probable qu'une différence analogue doit se produire dans les animaux à la suite d'un croisement trop rapproché. Les effets de ces unions entre animaux trop proches, si nous en jugeons d'après ce qui se passe dans les plantes, doivent consister en une dépréciation comme vigueur générale et comme fécondité, sans perte nécessaire de l'excellence de la forme : c'est ce qui constitue, semble-t-il, le résultat le plus ordinaire.

C'est une pratique commune chez les horticulteurs que de se procurer des semences d'une autre localité à sol très-différent, afin d'éviter l'obtention des plantes sous les mêmes conditions pendant une longue succession de générations. Mais, pour toutes les espèces qui s'entre-croisent facilement par l'intervention des insectes ou du vent, ce serait suivre une méthode incomparablement meilleure que d'obtenir les semences de la variété demandée et dont la création

[1] *Variation of Animals and Plants under Domestication*, ch. XII, vol. II, pp. 98-105.

est due au maintien de plusieurs générations dans des conditions aussi différentes que possible, puis de les semer en séries alternatives avec des semences mûries dans le vieux jardin. Les deux souches s'entre-croiseraient et mêleraient ainsi leur organisation entière sans toutefois que la variété eût rien à perdre de sa pureté, et par cette pratique on obtiendrait des résultats bien plus favorables que d'un simple échange de graines. Nous avons vu dans mes expériences combien des croisements de ce genre donneraient à la descendance de bénéfices étonnants comme hauteur, comme poids, comme vigueur et comme fécondité. Par exemple, des plants d'Ipomœa ainsi croisés furent aux entre-croisés de la même souche, avec lesquels ils vécurent en compétition, en hauteur comme 100 est à 78, et en fécondité comme 100 est à 51 : les plants d'Eschscholtzia comparés de même furent en fécondité comme 100 est à 45. Mis en parallèle avec ceux fournis par les plants autofécondés, ces résultats sont encore plus frappants : ainsi les choux issus d'un croisement avec un rameau nouveau furent aux autofécondés, en poids, comme 100 est à 22.

Les floriculteurs pourront apprendre, d'après les quatre cas qui ont été complètement décrits, qu'ils ont en main le pouvoir de fixer chaque variété à couleur fugitive, s'ils consentent à féconder avec leur propre pollen pendant cinq ou six générations consécutives les fleurs de la variété recherchée et à entourer la culture des semis de conditions semblables. Mais tout croisement avec un autre individu de la même variété doit être soigneusement évité, car chacun de ces sujets possède une constitution particulière. Après une douzaine de générations autofécondées, il est probable que la nouvelle variété restera constante même quand elle sera cultivée dans des conditions quelque peu différentes, et il n'y aura plus aucune nécessité de la protéger contre des entre-croisements avec les individus de la même variété.

Pour ce qui touche au genre humain, mon fils George s'est efforcé de découvrir par des recherches statistiques [1] si les mariages entre cousins germains sont préjudiciables (ce degré de parenté, nous le savons, ne soulève aucune discussion pour ce qui touche à nos animaux domestiques), et il est arrivé à cette conclusion, d'après ses recherches et celles du docteur Mitchel, que les preuves du dommage causé sont contradictoires, mais que dans tous les cas le mal est très-atténué. Des faits indiqués dans ce volume nous pouvons déduire que, dans l'espèce humaine, les mariages entre personnes de parenté très-rapprochée, dont les générateurs et les ancêtres ont vécu dans des conditions fort différentes, seront moins préjudiciables que ceux entre personnes qui, ayant toujours vécu dans le même endroit, ont dû suivre le même mode d'existence. Je ne vois pas de raisons non plus pour mettre en doute que les habitudes de vie très-différentes des hommes et des femmes dans les nations civilisées, spécialement au milieu des classes élevées, ne doivent tendre à contrebalancer certains dommages résultant des mariages entre personnes bien portantes, mais parentes à un degré rapproché.

Au point de vue théorique, c'est avoir fait progresser la science d'un pas que de pouvoir considérer les innombrables structures des plantes hermaphrodites (et probablement aussi des animaux androgynes) comme des adaptations spéciales en vue d'assurer un entre-croisement éventuel entre deux individus, et de savoir que les avantages d'un pareil croisement dépendent tout à la fois de ce que les êtres unis ou leurs générateurs ont eu leurs éléments sexuels légèrement modifiés, de façon que, quoiqu'il le fasse à un degré moindre, l'embryon bénéficie cependant et de la même ma-

---

[1] *Journal of Statistical Society*, juin 1875, p. 153, et *Fortnightly Review*, juin 1875.

nière qu'une plante ou un animal adulte, de tout léger changement dans des conditions vitales.

Un autre résultat plus important peut être déduit de mes observations. Les œufs et les graines sont très-utiles comme moyens de dissémination, mais nous savons aujourd'hui que des œufs féconds peuvent être produits sans l'intervention du mâle. Il existe aussi plusieurs autres méthodes par lesquelles les organismes peuvent être propagés asexuellement. Pourquoi donc alors les deux sexes ont-ils été développés, et pourquoi les mâles existent-ils, puisqu'ils ne peuvent par eux-mêmes donner naissance à aucune descendance? La réponse, je puis difficilement en douter, se trouve dans le grand avantage qui résulte de la fusion de deux individus ayant subi une certaine différenciation, et si nous en exceptons les organismes les plus inférieurs, cette fusion n'est possible que par l'intermédiaire des éléments sexuels qui consistent en cellules séparées du corps, contenant les germes de toutes les parties et capables de se fondre complétement les uns dans les autres.

J'ai montré dans ce livre que la descendance issue de l'union de deux individus distincts, spécialement quand les générateurs ont été soumis à des conditions très-dissemblables, possède un immense avantage en hauteur, en poids, en vigueur constitutionnelle et en fécondité sur la descendance autofécondée de l'un des mêmes parents. Ce fait est suffisant pour rendre amplement compte du développement des élément sexuels, c'est-à-dire de la genèse des deux sexes.

C'est une question différente de savoir pourquoi les deux sexes sont quelquefois combinés dans le même individu et d'autres fois séparés. Comme, dans beaucoup de plantes et dans de nombreux animaux très-inférieurs, la conjugation de deux individus ou complétement semblables ou légèrement différents est un phénomène très-répandu, il semble probable, ainsi que je l'ai indiqué dans le précédent chapitre, que les deux sexes furent primitivement séparés. L'individu qui reçoit le contenu de son conjoint peut être considéré comme l'être femelle, et l'autre, souvent plus petit et plus mobile, peut être appelé le mâle, bien que des désignations sexuelles soient difficiles à appliquer tant que les contenus des deux formes sont fondus en un seul. Le but atteint par l'union des deux sexes dans la même forme hermaphrodite est probablement de permettre une autofécondation accidentelle ou fréquente en vue d'assurer la propagation de l'espèce, plus spécialement dans le cas des organismes destinés à vivre sur la même place. Il ne paraît pas y avoir grande difficulté à comprendre comment un organisme formé par la conjugation de deux individus représentant les deux sexes rudimentaires, peut avoir donné naissance par bourgeonnement d'abord à la forme monoïque, puis à l'état hermaphrodite, et même sans germination préalable dans le cas des animaux dont la structure bilatérale indique peut-être qu'ils furent originellement formés par la fusion de deux individus.

Un problème plus difficile à résoudre, c'est celui de savoir comment quelques plantes et apparemment tous les animaux supérieurs, après avoir été hermaphrodites, ont eu ensuite leurs sexes séparés de nouveau. Cette séparation à été attribuée par quelques naturalistes aux avantages résultant d'une division du travail physiologique. Ce principe est admissible quand le même organe doit accomplir à la fois différentes fonctions, mais on a peine à comprendre comment les éléments mâles et femelles placés dans des points différents d'un même composé ou d'un simple individu, ne rempliraient pas leurs fonctions aussi bien que lorsqu'ils sont placés sur deux individus distincts. Dans quelques cas, les sexes doivent avoir été séparés de nouveau dans le but de prévenir de trop fréquentes autofécondations, mais cette explication ne semble pas plausible, puisque le même but pourrait être atteint par d'autres moyens plus simples, tels que la dichogamie. Il se pour-

rait que la production des éléments reproducteurs mâles
et femelles ainsi que la maturation des ovules constituât
un effort et une dépense de force vitale trop exagérée pour
un même individu doué d'une organisation très-complexe :
si dans le même temps il n'y avait eu aucune necessité à
ce que tous les individus produisissent des rejetons, il ne
serait résulté aucun dommage, mais au contraire un certain bénéfice de ce que la moitié des individus, c'est-à-dire
les mâles, n'eussent pas produit de descendance.

Il est un autre point sur lequel les faits relatés dans ce
livre jettent quelque lumière, c'est l'hybridation. Il est bien
connu que lorsque des espèces distinctes de plantes sont
croisées, elles produisent, à de rares exceptions près, moins
de graines que dans les conditions normales. Cette impro-
ductivité varie dans différentes espèces jusqu'à atteindre
une stérilité si complète qu'il ne se forme même pas une
capsule vide, et tous les expérimentateurs ont trouvé qu'elle
est influencée par les conditions auxquelles les espèces croisées sont soumises. Le pollen de chaque espèce a une prépondérance marquée sur celui de toute autre espèce, à ce
point que, si le propre pollen d'une plante est placé sur le
stigmate quelque temps après qu'un pollen étranger y a
été appliqué, les effets de ce dernier sont complétement an-
nihilés. Il est aussi de notoriété générale que non-seulement les espèces génératrices, mais les hybrides obtenus de
ces espèces sont plus ou moins stériles, et que le pollen de
ces derniers est souvent dans un état d'avortement plus
ou moins avancé. Le degré de stérilité qui caractérise plusieurs hybrides ne correspond pas toujours strictement à
la difficulté qu'on rencontre à unir les formes génératrices.
Lorsque les hybrides sont capables d'entre-croisement, leurs
descendants sont plus ou moins stériles, et ils le deviennent
souvent davantage dans les générations plus avancées ; mais
jusqu'ici des entre-croisements très-rapprochés ont seuls
été pratiqués sur des cas semblables. Les hybrides les plus

stériles sont quelquefois très-rabougris et n'ont qu'une constitution très-faible. D'autres faits pourraient être ajoutés, mais ceux-ci nous suffisent. Les naturalistes attribuèrent d'abord tous ces résultats à ce que la différence qui existe entre les espèces est fondamentalement distincte de celle qui sépare les variétés de la même espèce, et c'est là encore la manière de voir de plusieurs naturalistes.

Les résultats de mes expériences sur l'autofécondation et sur le croisement des individus ou des variétés de la même espèce ont une analogie frappante, quoique inverse, avec ceux que nous venons de faire connaître. Dans la majorité des espèces, les fleurs fécondées avec leur propre pollen donnent moins et même quelquefois beaucoup moins de graines que celles qui sont fécondées avec le pollen d'un autre individu ou d'une autre variété. Quelques fleurs autofécondées sont absolument stériles, mais le degré de leur stérilité est largement influencé par les conditions auxquelles les plants générateurs ont été soumis, comme l'ont bien démontré les cas de l'Eschscholtzia et de l'Abutilon. L'action du pollen de la même plante est annihilée par l'influence prépondérante du pollen d'un autre individu ou d'une autre variété, quoique ce dernier ait été placé sur le stigmate quelques heures après le premier. La descendance des fleurs autofécondées est elle-même plus ou moins stérile, quelquefois elle l'est complétement et son pollen se trouve souvent frappé d'imperfection, mais je n'ai jamais rencontré un seul cas de complète infécondité dans les semis autofécondés, tandis que chez les hybrides elle se présente communément. Le degré de leur stérilité ne concorde pas avec celui qui existe dans les plantes génératrices après une première autofécondation. La descendance des plantes autofécondées se trouve dépréciée dans sa stature, dans son poids et dans sa vigueur constitutionnelle d'une manière plus fréquente et à un plus haut degré que ne l'est la descendance du plus grand nombre des espèces croisées. La diminution en hauteur est un caractère qui se transmet à la génération suivante, mais je ne puis affirmer qu'il en soit de même pour la diminution de la fécondité.

J'ai démontré ailleurs[1] qu'en unissant de différentes manières des plantes hétérostylées dimorphes ou trimorphes appartenant sans contestation à la même espèce, on obtient une autre série de résultats exactement parallèles à ceux qui résultent du croisement d'espèces distinctes. Les plantes illégitimement fécondées avec le pollen d'une plante distincte appartenant à la même forme, produisent moins et souvent même beaucoup moins de graines qu'elles ne le font après un croisement légitime avec une plante appartenant à une forme distincte. Quelquefois elles ne donnent pas de graines ni même de capsule vide, comme c'est le cas dans les espèces fécondées avec le pollen d'un genre différent. Le degré de stérilité est considérablement influencé par les conditions auxquelles les plantes ont été soumises[2]. Le pollen d'une forme distincte est fortement prépondérant sur celui de la même forme, alors même que le premier a été placé sur le stigmate quelques heures après le dernier. La descendance issue d'une union entre plants de la même forme est, à la façon des hybrides, plus ou moins stérile, le pollen qu'elle porte est plus ou moins avorté et quelques-uns des semis qui en proviennent sont tout aussi nains et rabougris que les hybrides les plus réduits. La ressemblance avec les hybrides se poursuit sous d'autres points de vue (il n'est pas nécessaire de les spécifier en détail), tels que la non-concordance du degré de stérilité entre elle et ses plants générateurs, l'inégale infécondité de ces derniers lorsqu'ils sont réciproquement unis, et la variation de la stérilité dans les semis obtenus des mêmes capsules séminifères.

Nous avons ainsi deux grandes classes de cas donnant des résultats qui concordent de la manière la plus frappante

[1] *Journal Linn. Soc. Bot.*, vol. X, 1867, p. 393.
[2] *Ibid.*, vol. XIII, 1864, p. 180.

avec ceux qui suivent le croisement des espèces distinctes
et reconnues vraies. Pour ce qui touche à la différence entre
semis obtenus de fleurs croisées et de fleurs autofécondées, il
y a de fortes preuves pour qu'elle dépende absolument de
ce que les éléments sexuels des parents ont été suffisamment différenciés soit par une exposition à des conditions
dissemblables, soit par la variation spontanée. Il est probable
que les mêmes conclusions à peu près peuvent être étendues aux plantes hétérostylées ; mais ce n'est pas le lieu
de discuter l'origine des formes à long, à court et à moyen
style, qui toutes appartiennent à la même espèce avec
autant de certitude que les deux sexes d'une même plante.
Nous ne sommes donc pas en droit de soutenir que la stérilité des espèces après un premier croisement, et celle de
leur descendance hybride soit déterminée par quelque cause
fondamentalement différente de celle qui entraîne la stérilité des individus à la fois dans les plantes ordinaires et
dans les plantes hétérostylées lorsqu'elles sont unies de différentes manières. Néanmoins, je suis convaincu qu'il faudra
beaucoup de temps encore pour faire disparaître ce préjugé.

Il serait difficile de trouver dans la nature un fait plus surprenant que la sensibilité des éléments sexuels aux influences
extérieures et la délicatesse de leurs affinités réciproques.
Nous en avons la preuve dans l'action favorable de certains légers changements de vie sur la fécondité et sur la vigueur des
parents, tandis que d'autres changements aussi peu accusés
entraînent une complète stérilité sans aucun dommage apparent pour leur santé. Nous pouvons juger de la sensibilité des
éléments sexuels par la manière d'être de ces plantes qui,
complétement stériles avec leur propre pollen, sont cependant fécondes sous l'influence de celui d'un autre individu de
la même espèce. Ces plantes deviennent plus ou moins autostériles quand elles sont assujetties à des changements de
conditions même très-légers. Les ovules d'une plante hétérostylée trimorphe sont influencés très-différemment par le pol-

len des trois séries d'étamines appartenant à la même espèce.
Dans les plantes ordinaires, le pollen d'une autre variété
ou simplement d'un autre individu de la même variété est
souvent fortement prépondérant sur le leur propre, lorsque
les deux matières fécondantes sont placées en même temps
sur le stigmate. Dans les grandes familles qui renferment plusieurs milliers d'espèces voisines, le stigmate de
chacune d'elles distingue avec une certitude infaillible son
propre pollen de celui de toute autre espèce.

- On ne saurait mettre en doute que la stérilité des espèces
distinctes après un premier croisement, puis celle de leur
descendance hybride, dépend exclusivement de la nature
ou des affinités de leurs éléments sexuels. Nous en avons la
preuve dans le manque absolu de toute concordance entre
les degrés de stérilité et la somme de différence extérieure
dans les espèces croisées : ce qui le prouve plus clairement encore, c'est la grande différence qui existe entre les
résultats du croisement réciproque de deux mêmes variétés,
c'est-à-dire lorsque l'espèce A est croisée par le pollen de
B, puis l'espèce B par le pollen de A. Si nous nous
rappelons ce que nous venons de dire sur l'extrême sensibilité du système reproducteur et sur la délicatesse de
ses affinités, comment pourrions-nous éprouver quelque
surprise à voir les éléments sexuels de ces formes, que nous
appelons espèces, différenciés au point de devenir ou absolument incapables ou faiblement capables d'agir l'un sur
l'autre? Nous savons que les espèces ont généralement
vécu sous les mêmes conditions et ont retenu leurs propres
caractères pendant une période plus longue que les variétés.
La domestication prolongée, ainsi que je l'ai montré dans
mes *Variations sous l'influence de la domestication,*
fait disparaître la stérilité mutuelle que des espèces distinctes enlevées récemment à l'état naturel présentent
presque toujours après entre-croisement, et par là s'explique
ce fait que les races d'animaux domestiques les plus diffé-

rentes ne sont pas frappées de mutuelle stérilité. Mais on
ignore si la même explication s'applique aux variétés cultivées, quoique quelques faits tendent à le prouver. La disparition de la stérilité sous l'influence de la domestication
longuement continuée peut être attribuée probablement à
la variabilité des conditions auxquelles nos animaux domestiques ont été soumis, et c'est sans doute à la même cause
qu'il faut rapporter leur résistance à de grands changements soudainement survenus dans leurs conditions vitales
sans perte de fécondité au même degré que les espèces
naturelles. De ces diverses considérations paraît se déga-
ger cette probabilité que la différence dans les affinités
des éléments sexuels des espèces distinctes, différence dont
dépend leur incapacité d'entre-croisement, est causée par
l'accoutumance pendant une longue période de temps à
des conditions propres à chaque espèce et par ce fait que
les éléments sexuels ont acquis ainsi des affinités fortement
fixées. Quoi qu'il en soit, dans les deux classes de cas que
nous considérons, c'est-à-dire, ceux relatifs à l'autofécondation et au croisement des individus de la même espèce,
et ceux qui ont trait aux unions illégitimes et légitimes
des plantes hétérostylées, dire que la stérilité, soit des
espèces après un premier croisement, soit de leur descendance hybride, indique qu'elles diffèrent d'une manière
fondamentale des variétés ou des individus de la même
espèce, serait une assertion injustifiable.

INDEX ALPHABÉTIQUE

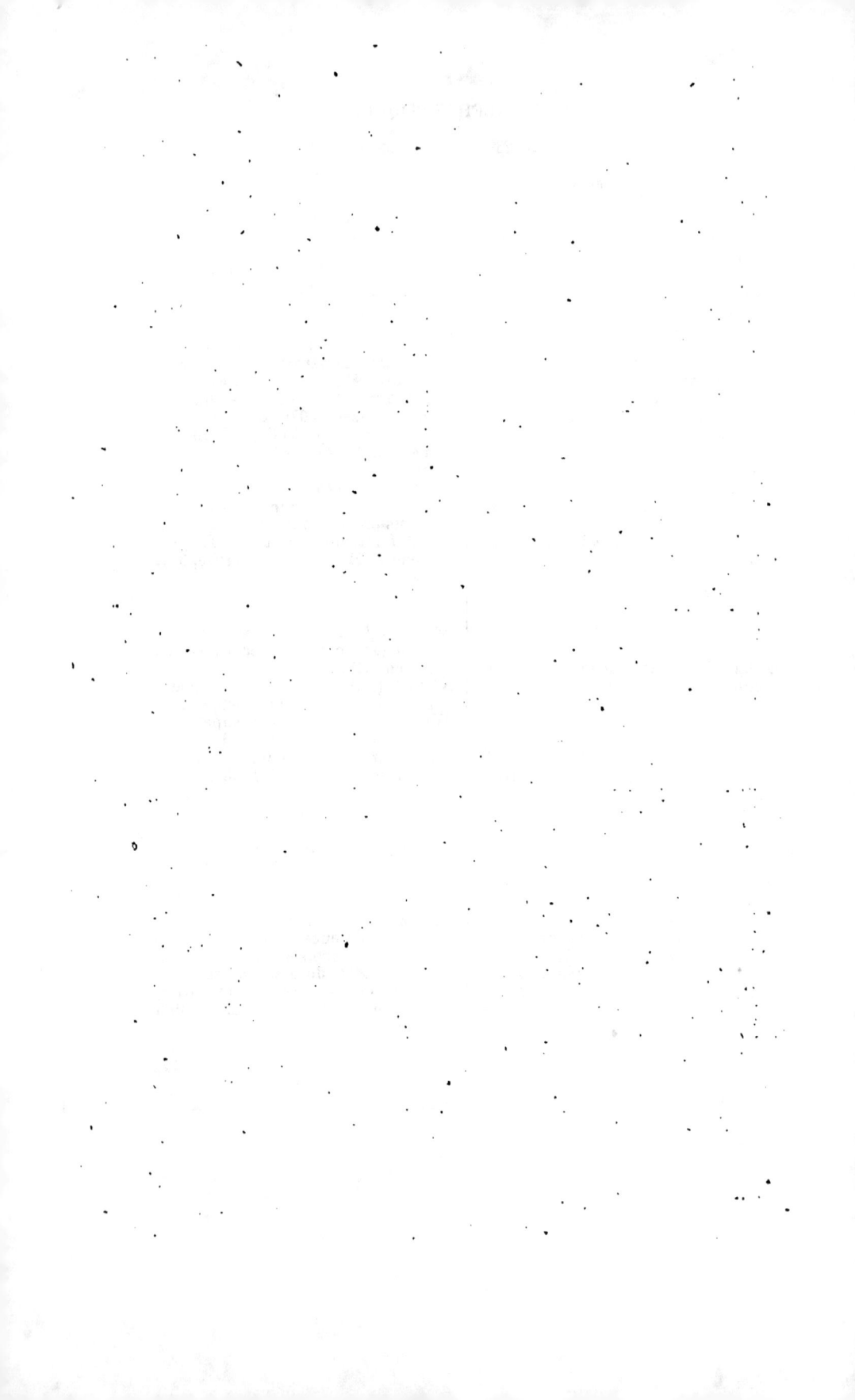

ERRATA

Page 1, ligne 15, au lieu de *causes d'erreurs,* lisez : *causes d'erreur.*
— 15, ligne 27, au lieu de *Je me suis,* lisez : *Après m'être.*
— 15, ligne 28, au lieu de *et je me suis,* lisez : *je me suis.*
— 53, après le tableau, ligne 2, au lieu de *les plantes croisées et autofécondées,* lisez : *les plantes croisées et les auto-fécondées.*
— 84, ligne 25, au lieu de *M. Belta,* lisez : *M. Belt.*
— 87, ligne 27, au lieu de *pesaient 77,* lisez : *pesaient 7,7.*
— 106, ligne 31, au lieu de *jusqu'au moment,* lisez : *jusqu'au sommet.*
— 119, ligne 11, au lieu de *par les insectes,* lisez : *contre les insectes.*
— 149, ligne 17, au lieu de *ce dernier mourut,* lisez : *l'un de ces derniers.*
— 150, ligne 4, au lieu de *originaire de Mexico,* lisez : *originaire du Mexique.*
— 164, note, ligne 1, au lieu de *par le Rew.,* lisez : *par le Rév.*
— 197, ligne 28, au lieu de *être complète,* lisez : *être complet.*
— 229, ligne 12, au lieu de *qu'un petit très-nombre,* lisez : *qu'un très-petit nombre.*
— 256, ligne 21, au lieu de *où les géniteurs,* lisez : *où les générateurs.*
— 257, ligne 17, au lieu de *et les tous autofécondés,* lisez : *et tous les autoféondés.*
— 279, ligne 14, au lieu de *Passiflora edulis,* lisez : *Passiflora gracilis.*
— 294, ligne 12, au lieu de *avec propension,* lisez : *avec la propension.*
— 308, ligne 26, au lieu de *est transmis,* lisez : *est transmise.*
— 322, ligne 14, au lieu de *Nemophida,* lisez : *Nemophila.*
— 337, ligne 33, au lieu de *(pour les autoféondées),* lisez : *(pour les croisées).*
— 363, ligne 21, au lieu de *Abuliton Darwini,* lisez : *Abutilon Darwini.*
— 371, ligne 12, au lieu de *plante rumeuse,* lisez : *plante rameuse.*

Page 373, lignes 6 et 23, au lieu de *Impatiens barbigerum*, lisez : *Impatiens barbigera*.

— 376, ligne 3, au lieu de *V. hederifolia*, lisez : *V. hederœfolia*.

— 376, ligne 6, au lieu de *Calceoralia*, lisez : *Calceolaria*.

— 376, ligne 11, au lieu de *Bartsia ondontites*, lisez : *Bartsia odon-tites*.

— 382, ligne 33, au lieu de *Asclepiadées*, lisez : *Asclépiadées*.

— 384, ligne 21, au lieu de *M. Harssall*, lisez : *M. Hassall*.

— 386, ligne 40, au lieu de *avec formes*, lisez : *aux formes*.

— 417, ligne 11, au lieu de *serait négligée*, lisez : *se verrait négligée*.

— 426, ligne 35, au lieu de *Ranunculus bulsosus*, lisez : *Ranunculus bulbosus*.

— 427, ligne 12, au lieu de *Potentilla tormentosa*, lisez : *Potentilla tormentilla*.

— 430, ligne 4, au lieu de *Elles agissent*, lisez : *Ils agissent*.

— 432, ligne 20, au lieu de *ne saurait suffire*, lisez : *ne pourrait suffire*.

— 437, ligne 19, au lieu de *Salvinia Grahami*, lisez : *Salvia Grahami*.

— 439, ligne 30, au lieu de *Lathyrus sylvatris*, lisez : *L. sylvestris*.

— 469, ligne 6, au lieu de *à un moindre degré*, lisez : *à un degré trop élevé*.

PARIS. — TYPOGRAPHIE PAUL SCHMIDT, 5, RUE PERRONET.

www.ingramcontent.com/pod-product-compliance
Lightning Source LLC
Chambersburg PA
CBHW052059230326
41599CB00054B/3064